U0099066

php8
&
MariaDB
MySQL
網站開發
超威範例集

關於本書

PHP 是極為普遍的伺服器端 Scripts，屬於開放原始碼，目前最新版本是 2020 年底釋出的 PHP 8，具有免費、穩定、快速、跨平台（Windows、Linux、macOS、UNIX...）、易學易用、物件導向等優點。

PHP 8 包含不少新功能與最佳化，例如命名參數（named argument）、屬性（attribute）、建構子屬性提升（constructor property promotion）、聯合型別（union types）、match 運算式、nullsafe 運算子、字串與數值的比較更符合邏輯、針對內部函式提供一致的型別錯誤、JIT (Just-In-Time compilation，即時編譯)、型別系統與錯誤處理的改進、其它語法調整和改進、新的類別、介面與函式等，我們會在相關的章節中做進一步的說明。

至於本書的另一個主角 MariaDB/MySQL 則是關聯式資料庫管理系統，其中 MySQL 是 Oracle 公司旗下的產品，包括 MySQL 標準版、企業版必須付費購買，而 MySQL 社群版可以免費使用。

至於 MariaDB 可以說是 MySQL 的復刻，由 MySQL 的創始者 Michael Widenius 所主導開發，與 MySQL 具有高度相容性，目的是繼續保持在 GNU GPL 下開源。MariaDB 完全相容於 MySQL，換句話說，所有使用 MySQL 的連接器、函式庫和應用程式均能夠在 MariaDB 下運作。

本書特點

本書除了詳細解說 PHP 的語法，更針對在網頁之間傳遞資訊、表單的後端處理、HTTP Header、Cookie、Session、檔案存取、例外與錯誤處理、物件導向、Ajax、存取 MariaDB/MySQL 資料庫、SQL 查詢等主題，做了深入淺出的解說，讓您克服初學者的迷思，朝向專業的程式設計之路邁進。

此外，本書提供了豐富範例，可以滿足您製作各式專題、專案及參與技能競賽的需求，包括留言板、討論群組、檔案上傳、線上寄信服務、會員管理系統、線上投票系統、網路相簿、購物車等，同時示範了如何根據上網的裝置，自動切換 PC 版網頁和行動版網頁，讓您的網站符合行動上網的趨勢。

線上下載

本書的線上下載（http://books.gotop.com.tw/download/AEL025000）提供本書範例程式與資料庫，包括 samples 與 database 資料夾，詳細的安裝方式請參閱第 1-5 節和第 11-2-6 節的說明。您可以運用本書範例程式開發自己的程式，但請勿販售或散布。

排版慣例

本書在條列程式碼、關鍵字、標籤、屬性及語法時，遵循下列排版慣例：

- HTML 不會區分英文字母的大小寫，本書將採取小寫英文字母，至於 PHP 則是變數名稱與常數名稱會區分英文字母的大小寫。
- 斜體字表示使用者自行鍵入的屬性值、敘述、運算式或名稱，例如 function *function_name*(){...} 的 *function_name* 表示使用者自行鍵入的函式名稱。
- 中括號 [] 表示可以省略不寫，例如 round(*num* [, *precision*]) 表示 round() 函式的第二個參數 *precision* 為選擇性參數，可以指定，也可以省略不寫。
- 垂直線 | 用來隔開替代選項，例如 return;|return *value*; 表示 return 關鍵字後面可以不加上傳回值，也可以加上傳回值。

連絡方式

如果您有建議或授課老師需要 PowerPoint 教學投影片、課後習題，歡迎與我們洽詢：碁峰資訊網站 https://www.gotop.com.tw/；國內學校業務處電話－台北 (02)2788-2408、台中 (04)2452-7051、高雄 (07)384-7699。

目錄

第 1 篇　PHP 基礎語法

第 1 章　開始撰寫 PHP 程式

第 2 章　型別、變數、常數與運算子

第 3 章 流程控制

第 4 章 陣列

第 5 章 函式

第 2 篇 PHP 進階技術

第 6 章 檔案存取

第 7 章 例外與錯誤處理

第 8 章 物件導向

第 9 章 在網頁之間傳遞資訊

第 10 章 Ajax

第 3 篇 MariaDB/MySQL 資料庫

第 11 章 資料庫與 SQL 查詢

第 12 章 存取資料庫

第 4 篇　應用實例

第 13 章　留言板與討論群組

第 14 章　檔案上傳

第 15 章 線上寄信服務

第 16 章 會員管理系統

第 17 章 線上投票系統

第 18 章 網路相簿

版權聲明

線上下載

本書範例程式請至 `http://books.gotop.com.tw/download/AEL025000` 下載，您可以運用本書範例程式開發自己的程式，但請勿販售或散布。

開始撰寫 PHP 程式

1-1　認識動態網頁技術

1-2　認識 PHP、Apache、MySQL 與 MariaDB

1-3　建立 PHP 執行環境

1-4　PHP 程式的編輯工具

1-5　安裝本書範例程式

1-6　撰寫第一個 PHP 程式

1-7　PHP 程式碼撰寫慣例

1-1 認識動態網頁技術

在介紹動態網頁技術之前，我們先來說明 Web 的運作原理。Web 採取的是**主從式架構** (client-server model)，如下圖，其中**用戶端** (client) 可以透過網路連線存取另一部電腦的資源或服務，而提供資源或服務的電腦就叫做**伺服器** (server)。

Web 用戶端只要安裝瀏覽器軟體（例如 Chrome、Edge、Internet Explorer、Safari、FireFox、Opera...），就能透過該軟體連上全球各地的 Web 伺服器，進而瀏覽 Web 伺服器所提供的網頁。

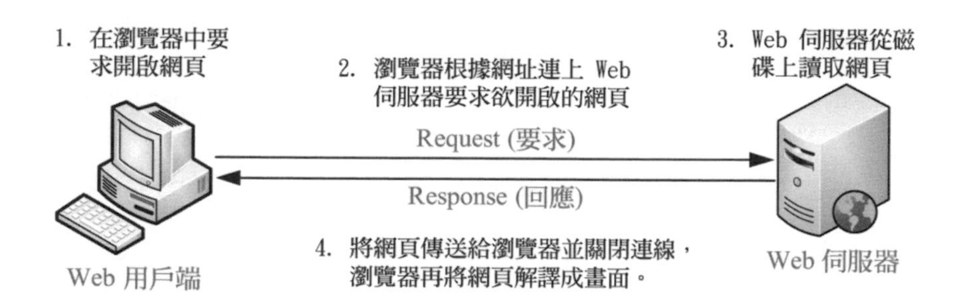
1. 在瀏覽器中要求開啟網頁
2. 瀏覽器根據網址連上 Web 伺服器要求欲開啟的網頁
3. Web 伺服器從磁碟上讀取網頁
Request (要求)
Response (回應)
4. 將網頁傳送給瀏覽器並關閉連線，瀏覽器再將網頁解譯成畫面。
Web 用戶端
Web 伺服器

由上圖可知，當使用者在瀏覽器中輸入網址或點取超連結時，瀏覽器會根據該網址連上 Web 伺服器，並向 Web 伺服器要求使用者欲開啟的網頁，此時，Web 伺服器會從磁碟上讀取該網頁，然後傳送給瀏覽器並關閉連線，而瀏覽器一收到該網頁，就會將之解譯成畫面，呈現在使用者的眼前。

事實上，當瀏覽器向 Web 伺服器送出要求時，它並不只是將欲開啟之網頁的網址傳送給 Web 伺服器，還會連同自己的瀏覽器類型、版本等資訊一併傳送過去，這些資訊稱為 Request Header (要求標頭)。

相反的，當 Web 伺服器回應瀏覽器的要求時，它並不只是將欲開啟的網頁傳送給瀏覽器，還會連同該網頁的檔案大小、日期等資訊一併傳送過去，這些資訊稱為 Response Header (回應標頭)，而 Request Header 和 Response Header 則統稱為 HTTP Header (HTTP 標頭)。

早期的網頁只是靜態的圖文組合，使用者可以瀏覽網頁上的資料，但無法做進一步的查詢、發表文章或進行電子商務、即時通訊、線上遊戲、會員管理等活動，而這顯然不能滿足人們日趨多元的需求。

為此，開始有人提出動態網頁的解決方案，**動態網頁**指的是用戶端和伺服器可以互動，也就是伺服器可以即時處理用戶端的要求，然後將結果回應給用戶端。動態網頁通常是藉由「瀏覽器端 Scripts」和「伺服器端 Scripts」兩種技術來完成，以下有進一步的說明。

1-1-1 瀏覽器端 Scripts

瀏覽器端 Scripts 是一段嵌入在 HTML 原始碼的小程式，通常是以 JavaScript 撰寫而成，由瀏覽器負責執行。

下圖是 Web 伺服器處理瀏覽器端 Scripts 的過程，當瀏覽器向 Web 伺服器要求開啟包含瀏覽器端 Scripts 的 HTML 網頁時 (副檔名為 .htm 或 .html)，Web 伺服器會從磁碟上讀取該網頁，然後傳送給瀏覽器並關閉連線，不做任何運算，而瀏覽器一收到該網頁，就會執行裡面的瀏覽器端 Scripts 並將結果解譯成畫面。

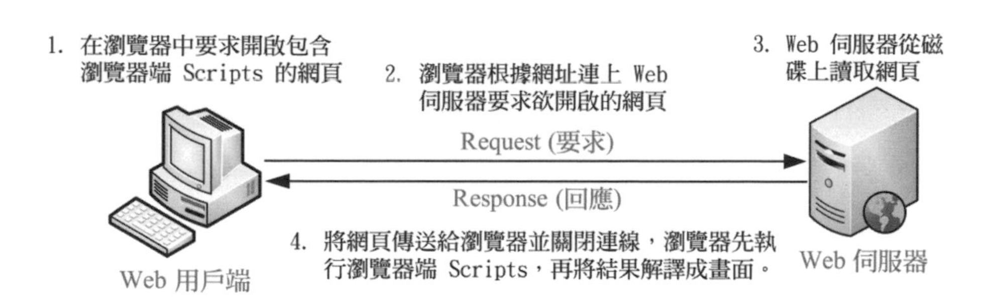
1. 在瀏覽器中要求開啟包含瀏覽器端 Scripts 的網頁
2. 瀏覽器根據網址連上 Web 伺服器要求欲開啟的網頁
3. Web 伺服器從磁碟上讀取網頁
Request (要求)
Response (回應)
4. 將網頁傳送給瀏覽器並關閉連線，瀏覽器先執行瀏覽器端 Scripts，再將結果解譯成畫面。
Web 用戶端
Web 伺服器

1-1-2 伺服器端 Scripts

雖然瀏覽器端 Scripts 已經能夠完成許多工作，但有些工作還是得在伺服器端執行 Scripts 才能完成，例如存取資料庫。**伺服器端 Scripts** 也是一段嵌入在 HTML 原始碼的小程式，但和瀏覽器端 Scripts 不同的是它由 Web 伺服器負責執行。

下圖是 Web 伺服器處理伺服器端 Scripts 的過程，當瀏覽器向 Web 伺服器要求開啟包含伺服器端 Scripts 的網頁時 (副檔名為 .cgi、.jsp、.php、.asp、.aspx 等)，Web 伺服器會從磁碟上讀取該網頁，先執行裡面的伺服器端 Scripts，將結果轉換成 HTML 網頁 (副檔名為 .htm 或 .html)，然後傳送給瀏覽器並關閉連線，而瀏覽器一收到該網頁，就會將之解譯成畫面。

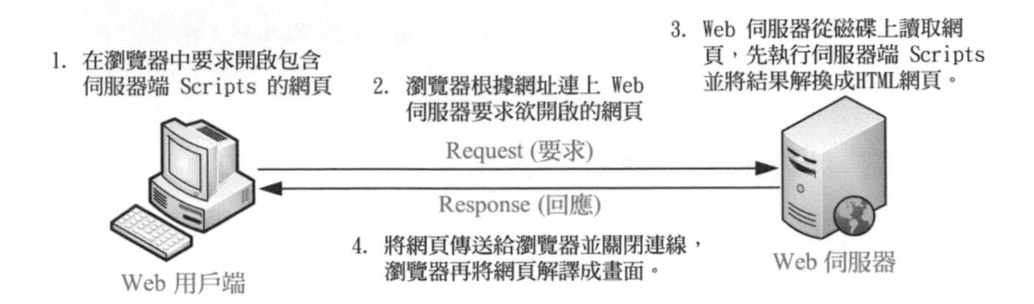
1. 在瀏覽器中要求開啟包含
伺服器端 Scripts 的網頁
2. 瀏覽器根據網址連上 Web
伺服器要求欲開啟的網頁
3. Web 伺服器從磁碟上讀取網
頁，先執行伺服器端 Scripts
並將結果解換成HTML網頁。
Request (要求)
Response (回應)
4. 將網頁傳送給瀏覽器並關閉連線，
瀏覽器再將網頁解譯成畫面。
Web 用戶端
Web 伺服器

常見的伺服器端 Scripts 有下列幾種：

- CGI (Common Gateway Interface)：CGI 是在伺服器端程式之間傳送訊息的標準介面，而 CGI 程式則是符合 CGI 標準介面的 Scripts，通常是由 Perl、Python 或 C 語言所撰寫 (副檔名為 .cgi)。

- JSP (Java Server Pages)：JSP 是 Sun 公司所提出的動態網頁技術，可以在 HTML 原始碼嵌入 Java 程式並由 Web 伺服器負責執行 (副檔名為 .jsp)。

- ASP/ASP.NET (Active Server Pages)：ASP 程式是在 Microsoft IIS Web 伺服器執行的 Scripts，通常是由 VBScript 或 JavaScript 所撰寫 (副檔名為 .asp)，而新一代的 ASP.NET 程式則改由功能較強大的 C#、Visual Basic、C++、JScript.NET 等 .NET 相容語言所撰寫 (副檔名為 .aspx)。

- PHP (PHP:Hypertext Preprocessor)：PHP 程式是在 Apache、Microsoft IIS 等 Web 伺服器執行的 Scripts，由 PHP 語言所撰寫，屬於開放原始碼，具有免費、穩定、快速、跨平台 (Windows、Linux、macOS、UNIX...)、易學易用、物件導向等優點。

1-2 認識 PHP、Apache、MySQL 與 MariaDB

PHP

PHP 原本是 Personal Home Page 的縮寫，由一位發展 Apache 的軟體工程師 Rasmus Lerdorf 於 1994 年所設計，目的是要維護個人網站並統計網站流量。Rasmus Lerdorf將一些工具程式和直譯器 (interpreter) 整合起來，稱為PHP/FI，PHP/FI 可以連接資料庫和製作簡單的動態網頁程式，並於 1995 年釋出，稱為 PHP 2。

隨著 PHP 的使用者快速增加，兩位以色列程式設計人員 Zeev Suraski 與 Andi Gutmans 於 1997 年重新改寫 PHP 的剖析器 (parser)，稱為 Zend Engine，成為 PHP 3 的基礎並於 1998 年釋出，而 PHP 就在此時正式改稱為 PHP:Hypertext Preprocessor。

之後於 2000、2004、2015 年釋出 PHP 4、PHP 5、PHP 7 (中間跳過已經終止的 PHP 6 計畫)，目前最新版本是 2020 年底釋出的 PHP 8，相關標準是由 PHP Group 和開放原始碼社群負責維護。有關 PHP 的發展現況、下載 PHP 模組、PHP 說明文件或加入討論，可以參考 PHP 官方網站。

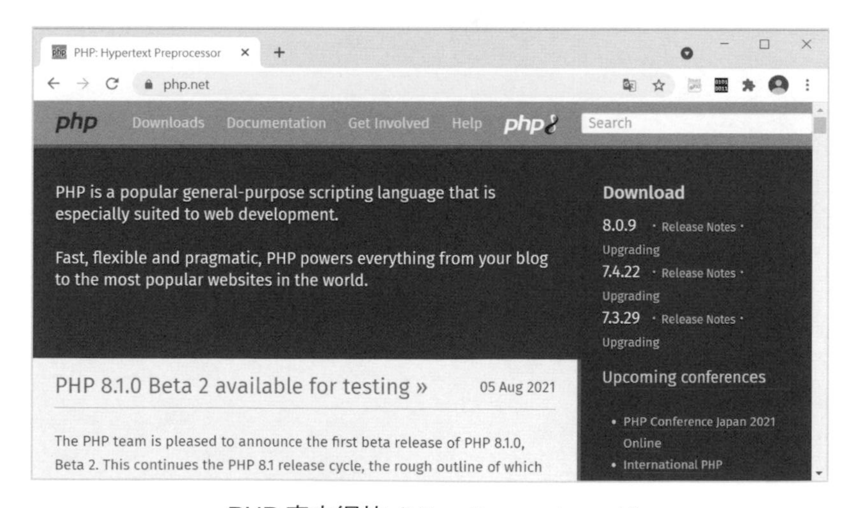

PHP 官方網站 (https://www.php.net/)

PHP 8 包含不少新功能與最佳化，例如：

- **命名參數**（named argument）：只需指明必要參數，忽略選擇性參數，同時參數沒有順序之分。

PHP 7
```
htmlspecialchars($string, ENT_COMPAT |
ENT_HTML401, 'UTF-8', false);
```

PHP 8
```
htmlspecialchars($string, double_encode:
false);
```

- **屬性**（attribute）：使用採取 PHP 原生語法的 metadata 取代 PHPDoc 註解。

PHP 7
```
class PostsController {
    /**
     * @Route("/api/posts/{id}", methods={"GET"})
     */
    public function get($id) { /* ... */ }
}
```

PHP 8
```
class PostsController {
    #[Route("/api/posts/{id}", methods: ["GET"])]
    public function get($id) { /* ... */ }
}
```

- **建構子屬性提升**（constructor property promotion）：使用更少的樣板程式碼來定義並初始化屬性（property）。

PHP 7
```
class Point {
    public float $x;
    public float $y;
    public function __construct(
        float $x = 0.0,
        float $y = 0.0,
    ) {
        $this->x = $x;
        $this->y = $y;
    }
}
```

PHP 8
```
class Point {
    public function __construct(
        public float $x = 0.0,
        public float $y = 0.0,
    ) {}
}
```

- **聯合型別**（union types）：使用 PHP 原生的聯合型別宣告取代 PHPDoc 註解。

PHP 7

```
class Number {
  /** @var int|float */
  private $number;

  /**
   * @param float|int $number
   */
  public function __construct($number) {
    $this->number = $number;
  }
}
new Number('NaN'); // Ok
```

PHP 8

```
class Number {
  public function __construct(
    private int|float $number
  ) {}
}
new Number('NaN'); // TypeError
```

- **match 運算式**：新的 match 運算式和 switch 結構類似，差別如下：
  - match 是一個運算式，其結果可以儲存在變數或當作傳回值。
  - match 運算式不需要 break 敘述。
  - match 運算式採取嚴格比較。

PHP 7

```
switch (8.0) {
  case '8.0':
    $result = "Oh no!";
    break;
  case 8.0:
    $result = "This is what I expected";
    break;
}
echo $result;
//> Oh no!
```

PHP 8

```
echo match (8.0) {
  '8.0' => "Oh no!",
  8.0 => "This is what I expected",
};
//> This is what I expected
```

- **nullsafe 運算子**：使用新的 nullsafe 運算子鏈式呼叫取代 null 條件檢查，當鏈式呼叫中的一個元素失敗時，整個呼叫會停止並認定為 null。

PHP 7

```
$country = null;

if ($session !== null) {
  $user = $session->user;

  if ($user !== null) {
    $address = $user->getAddress();

    if ($address !== null) {
      $country = $address->country;
    }
  }
}
```

PHP 8

```
$country =
$session?->user?->getAddress()?->country;
```

- **字串與數值的比較更符合邏輯**：當和數值字串做比較時，PHP 8 會按數值進行比較，否則會將數值轉換成字串，然後按字串進行比較。

PHP 7

```
0 == 'foobar' // true
```

PHP 8

```
0 == 'foobar' // false
```

- **針對內部函式提供一致的型別錯誤**：大部分的內部函式在遇到參數驗證錯誤時會丟出 Error 例外。

PHP 7

```
strlen([]); // Warning: strlen() expects
parameter 1 to be string, array given

array_chunk([], -1); // Warning:
array_chunk(): Size parameter expected to
be greater than 0
```

PHP 8

```
strlen([]); // TypeError: strlen(): Argument #1
($str) must be of type string, array given

array_chunk([], -1); // ValueError:
array_chunk(): Argument #2 ($length) must
be greater than 0
```

- JIT (Just-In-Time compilation，即時編譯)：PHP 8 導入 Tracing JIT 和 Function JIT 兩個編譯引擎，其中較具潛力的 Tracing JIT 在綜合基準測試中顯示了三倍的效能，以及在某些長時間執行的應用程式中顯示了 1.5 ~ 2 倍的效能改進，典型的應用程式效能則和 PHP 7.4 不相上下。

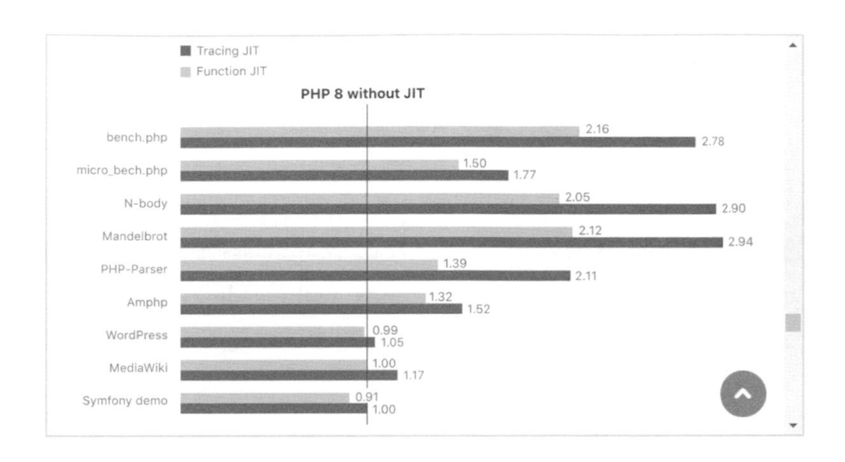

- 型別系統與錯誤處理的改進：
  - 針對算術與位元運算子提供更嚴格的型別檢查
  - 抽象特徵方法驗證（Abstract trait method validation）
  - 正確的魔術方法簽名（Correct signatures of magic methods）
  - 重新分類的引擎警告
  - 不相容的方法簽名導致嚴重錯誤
  - @ 運算子不會忽略嚴重錯誤（fatal error）
  - 私有方法繼承
  - mixed 型別
  - static 傳回型別
  - 以不透明物件取代 Curl、Gd、Sockets、OpenSSL、XMLWriter 和 XML 擴充套件。

- **其它語法調整和改進：**
  - 允許參數串列中的末尾逗號
  - 變數語法調整
  - catch 區塊的例外物件可以省略不寫
  - throw 是一個運算式
  - 將命名空間名稱視為單一 token
  - 允許物件的 ::class

- **新的類別、介面與函式：**例如 Weak Map class、Stringable interface、str_contains()、str_starts_with()、str_ends_with()、fdiv()、get_debug_type()、get_resource_id()、token_get_all()、新的 DOM 巡訪與處理 API。

Apache

本書提及的 Apache 指的是 Apache HTTP Server，這是 Apache 軟體基金會所發展的 Web 伺服器，和 PHP 一樣屬於開放原始碼，具有免費、穩定、快速、安全、跨平台等優點，被公認為是目前最穩定的 Web 伺服器，全球有超過半數的網站使用 Apache 做為 Web 伺服器，包括知名的維基百科在內。

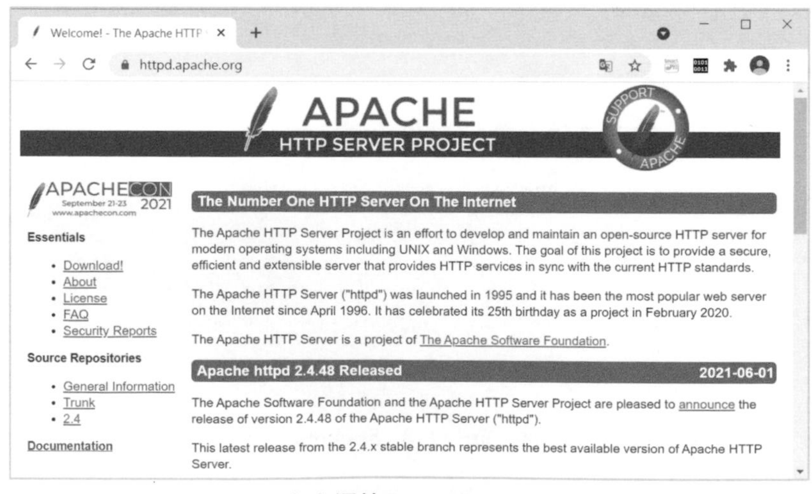

Apache 官方網站 https://httpd.apache.org/

MySQL

MySQL 是由 MySQL AB 公司所發展的關聯式資料庫管理系統，它和 PHP、Apache 一樣屬於開放原始碼，但不同的是若純粹為個人用途，無須申請即可免費使用，若為商業用途，則必須向 MySQL AB 公司購買授權。

MySQL AB 公司於 2008 年被 Sun 公司收購，而 Sun 公司又於 2009 年被 Oracle 公司收購，所以 MySQL 目前是 Oracle 公司旗下的產品，其中 MySQL 標準版、企業版必須付費購買，而 MySQL 社群版可以免費使用。

事實上，PHP 支援許多資料庫管理系統，例如 MySQL、MariaDB、Microsoft Access、Microsoft SQL Server、Oracle、Adabas D、DBA/DBM、dBase、Empress、filepro、IBM DB2、Informix、Interbase、mSQL、PostgreSQL、Solid、SQLite 等，其中 MySQL、MariaDB、DBA/DBM、PostgreSQL、SQLite 為開放原始碼。

在過去，由於個人用途無須申請即可免費使用 MySQL，同時具有快速、簡單、可靠、功能齊全、跨平台等優點，使得 MySQL 廣泛應用於許多網站，但自從被 Oracle 公司收購後，大幅調漲 MySQL 企業版的售價，而且不再支援另一個自由軟體專案 OpenSolaris 的發展，導致自由軟體社群對於 Oracle 公司是否會繼續支援 MySQL 社群版感到憂心，因而發展出接下來所要介紹的 MariaDB。

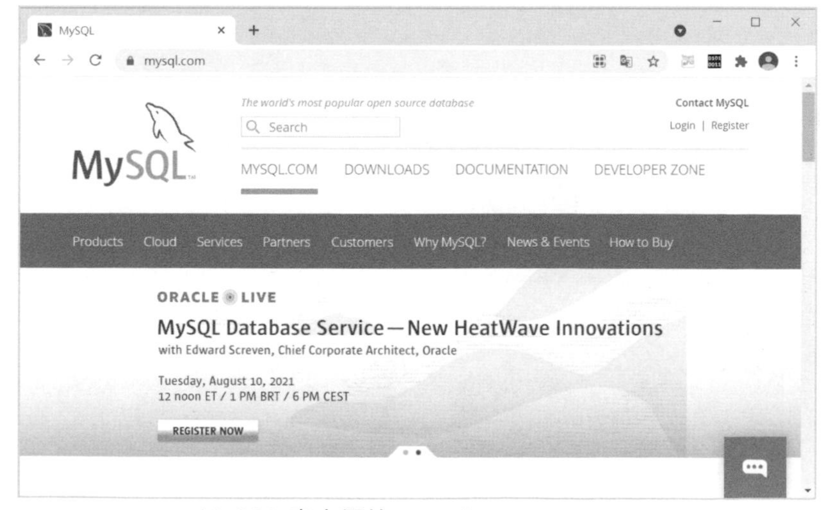

MySQL 官方網站 https://www.mysql.com/

MariaDB

MariaDB 可以說是 MySQL 關聯式資料庫管理系統的復刻，由 MySQL 的創始者 Michael Widenius 所主導開發，與 MySQL 具有高度相容性，目的是繼續保持在 GNU GPL 下開源。

這是因為在 MySQL 成為 Oracle 公司旗下的產品後，Oracle 修改了 GPL 授權內容，此舉讓 MySQL 社群對於 Oracle 繼續支持 MySQL 的開放原始碼政策感到憂心，遂以發展分支的方式來降低風險。

MariaDB 完全相容於 MySQL，換句話說，所有使用 MySQL 的連接器、函式庫和應用程式均能夠在 MariaDB 下運作。事實上，維基百科已經於 2013 年正式宣布從 MySQL 遷移到 MariaDB 資料庫。

MariaDB 在 5.5 版（含）之前均依照 MySQL 的版本做編號，之後從 10.0.x 版開始改以 MySQL 5.5 版為基礎，加上移植自 MySQL 5.6 版的功能和自行開發的新功能。

本書的資料庫是以 MariaDB 為主，不過，想要使用 MySQL 的人也可以閱讀，因為兩者的使用方式相同。

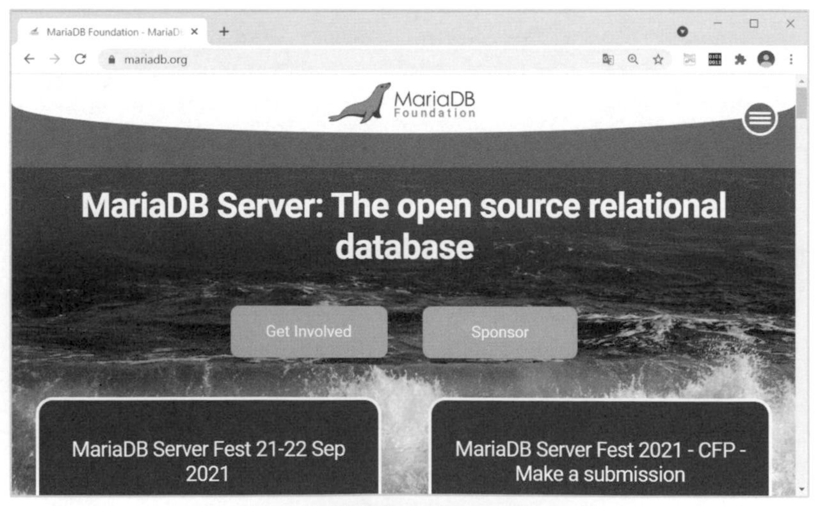

MariaDB 官方網站 https://mariadb.org/

1-3 建立 PHP 執行環境

雖然 Windows 作業系統內建 IIS Web 伺服器，而且 PHP 可以在 IIS 運作，但大部分 PHP 網頁是在 Apache Web 伺服器執行，探究其主因，不外乎是 Apache 為開放原始碼軟體，可以免費取得，同時具有穩定性高及跨平台的優勢。在 Windows 平台建立 PHP、Apache 與 MariaDB/MySQL 執行環境的方式有下列幾種：

- **傳統安裝方式**：以往在建立執行環境時，必須手動安裝下列軟體：

  - **Apache HTTP Server**：這是開發 PHP 網頁最受歡迎的 Web 伺服器軟體，您可以在 https://httpd.apache.org/ 下載最新版的軟體。

  - **PHP 模組**：Apache HTTP Server 本身無法執行 PHP 網頁，我們得額外安裝 PHP 模組，才能讓 Apache HTTP Server 具有執行 PHP 網頁的能力，您可以在 https://www.php.net/ 下載最新版的軟體。

  - **MariaDB/MySQL 資料庫**：雖然在沒有安裝 MariaDB/MySQL 資料庫的情況下，PHP 網頁也能正常運作，不過，由於 PHP 網頁的開發人員通常會將資料儲存在 MariaDB/MySQL 資料庫，因此，MariaDB/MySQL 資料庫也被列為必備軟體之一，您可以在 https://mariadb.org/ 或 https://www. mysql.com/ 下載最新版的軟體。

  傳統安裝方式的優點是較有彈性，可以個別選擇 Apache HTTP Server、PHP 模組與 MariaDB/MySQL 資料庫的版本，缺點則是在將這些軟體安裝上去後，還要進行一連串的設定，不僅過程繁複，而且參數容易設定錯誤，導致功能異常，甚至造成 Apache HTTP Server 當掉，除錯不易。

- **WAMP 安裝方式**：WAMP 並不是某個軟體的名稱，而是 Windows＋Apache＋MariaDB/MySQL＋PHP 的縮寫，也就是將 Apache、MariaDB/MySQL 與 PHP 三大功能整合在一起的套裝軟體。若是安裝在 Windows 平台，則稱為 WAMP；若是安裝在 Linux 平台，則稱為 LAMP；若是安裝在 macOS 平台，則稱為 MAMP。WAMP 安裝方式的優點是只要安裝一套軟體，即可在 Windows 平台建立 Apache＋MariaDBMySQL＋PHP 執行環境，不需要進行繁複的設定。

若您是初學者，或者，您並不堅持自行選擇 Apache HTTP Server、PHP 模組與 MariaDB/MySQL 資料庫的版本，那麼建議您使用 WAMP 安裝方式，常見的 WAMP 套裝軟體有 XAMPP、AppServ、WampServer、Zend Server CE (Community Edition)、EasyPHP 等。

在本書中，我們選擇使用 XAMPP，因為 XAMPP 為開放原始碼軟體，可以免費下載與安裝，支援最新版的 PHP 8，而且 XAMPP 的使用者相當多，遇到問題時容易找到解決方法。

1-3-1 下載與安裝 XAMPP

請依照如下步驟下載與安裝 XAMPP：

1. 連線到 XAMPP 官方網站 https://www.apachefriends.org/zh_tw/download.html，然後點取 **[更多下載]**。由於 PHP 每隔一段時間就會發布更新版本，所以 XAMPP 也會不定期推出更新版本。

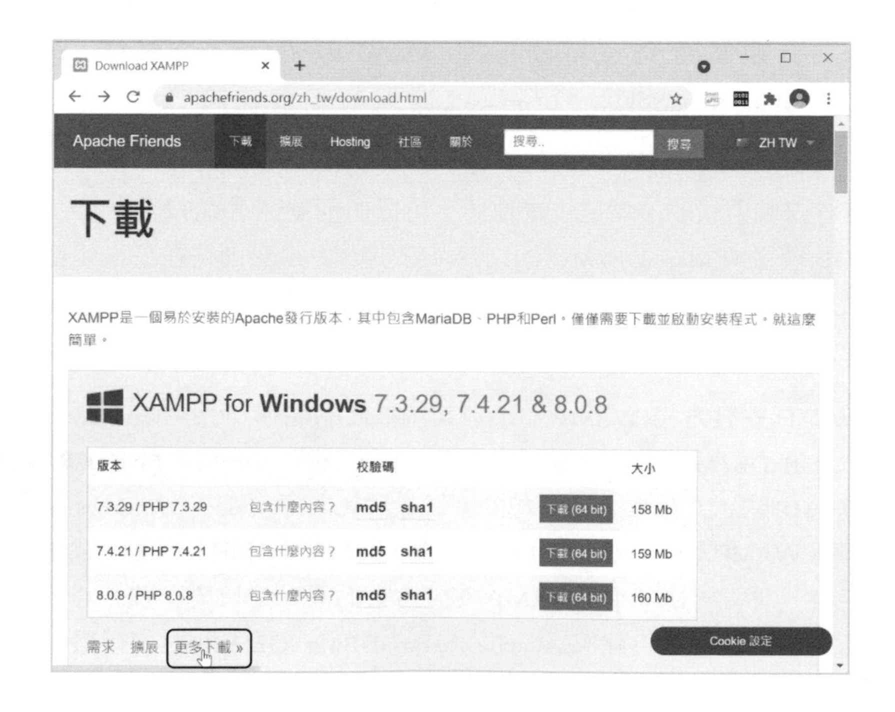

2. 根據平台選擇 XAMPP，此例是選擇 [XAMPP Windows]，適用於 Windows 作業系統。

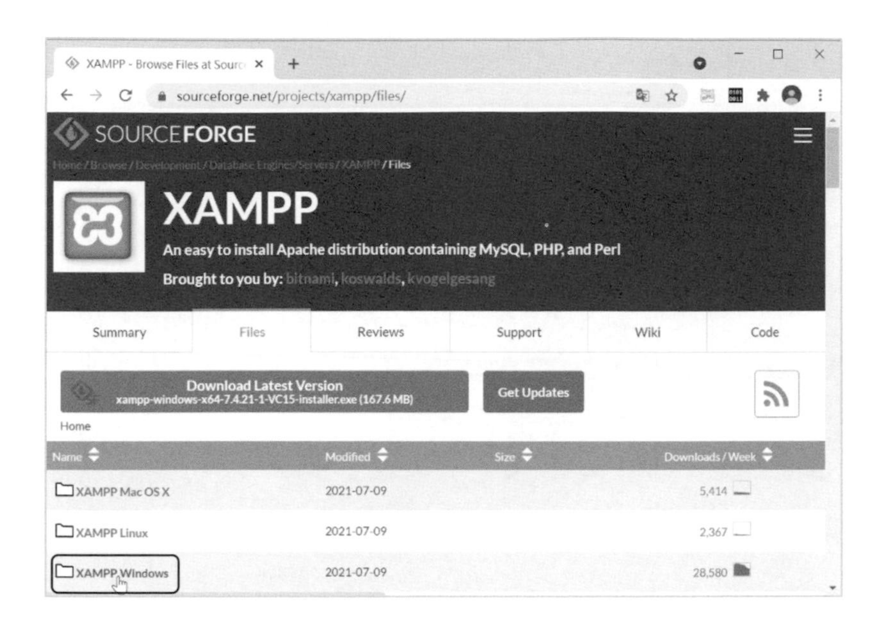

3. 選擇 XAMPP 版本，此例是選擇 [8.0.8]，表示 PHP 8。

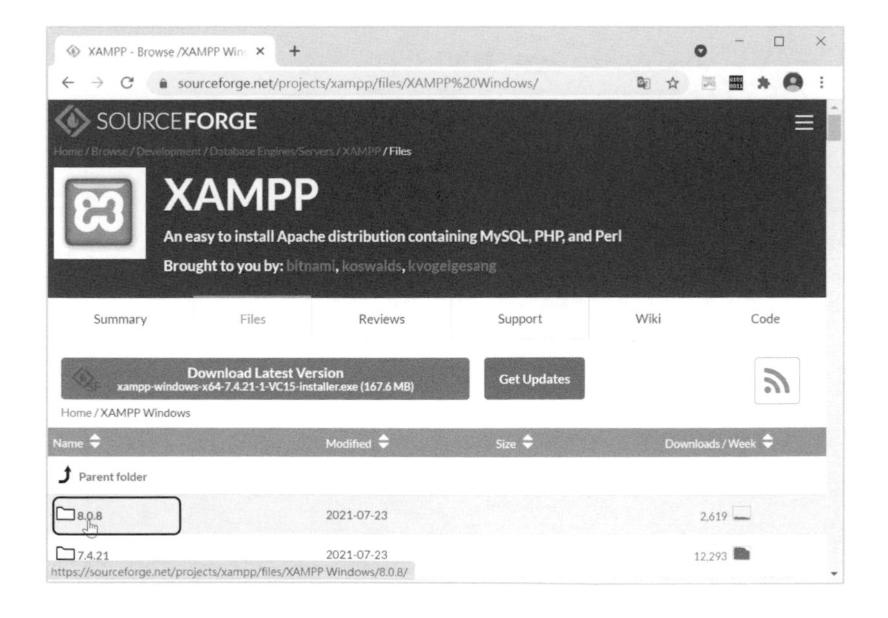

4. 點選 [xampp-windows-x64-8.0.8-1-VS16-installer.exe] 下載安裝程式。

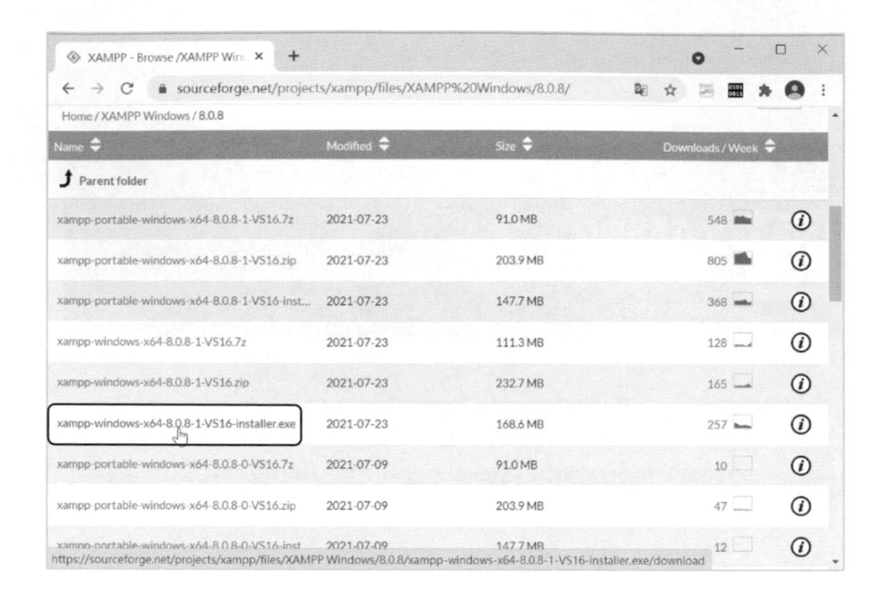

5. 執行安裝程式，螢幕上會出現安裝程式精靈，請按 [Next]。

6. 直接按 [Next] 核取全部套件，其中 phpMyAdmin 可以用來管理 MariaDB/MySQL 資料庫伺服器。

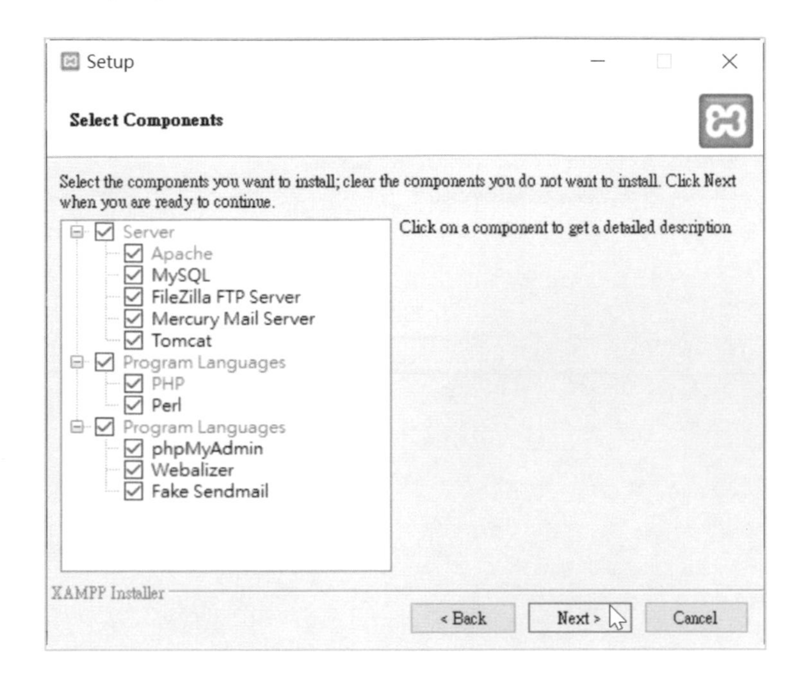

7. 直接按 [Next] 將 XAMPP 安裝在預設的路徑 C:\xampp。

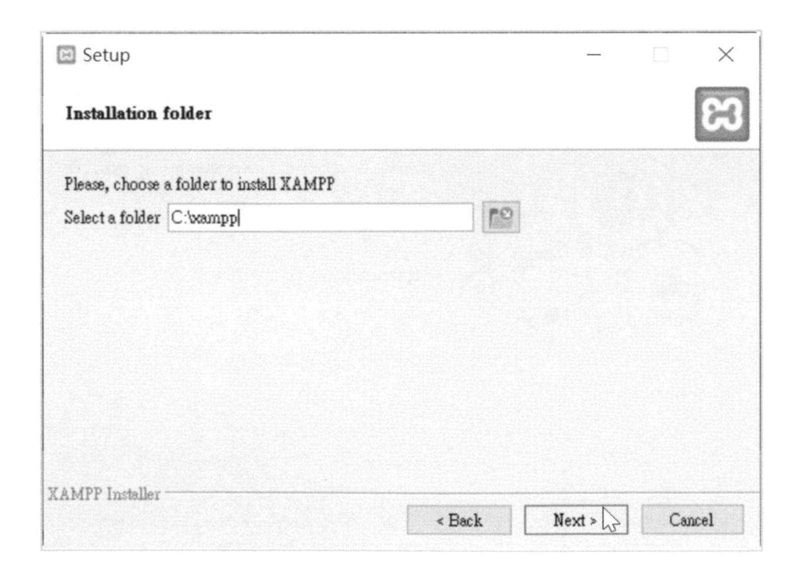

8. 選擇 [English] 語言，然後按 [Next]。

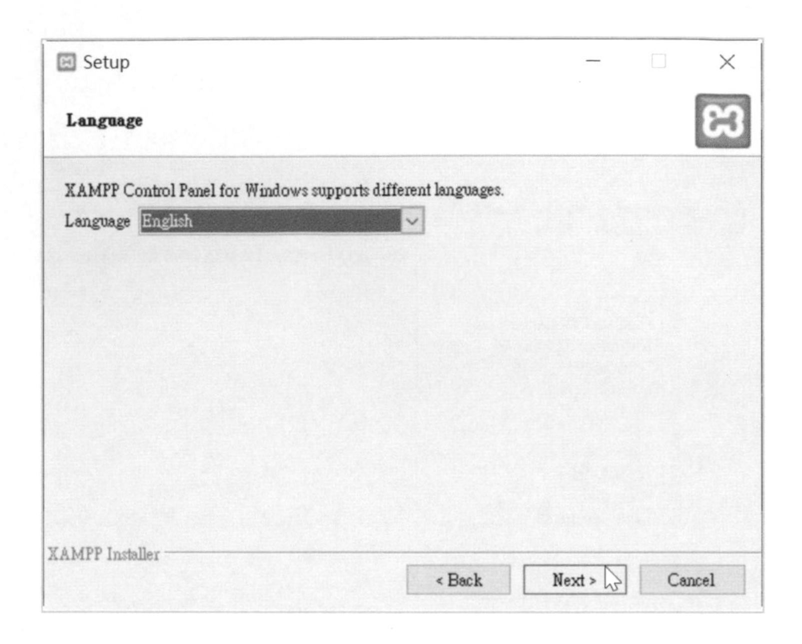

9. 取消 [Learn more about Bitnami for XAMPP]，然後按 [Next]。

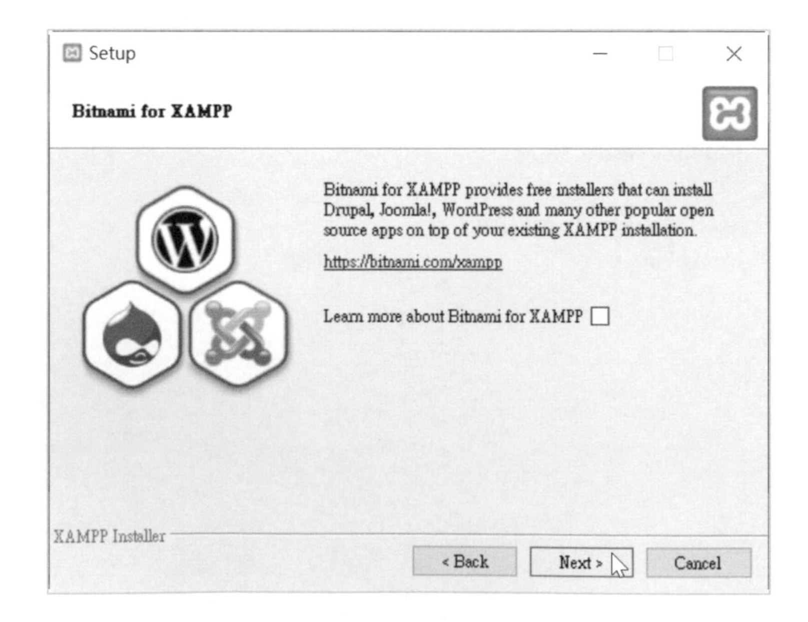

10. 準備開始安裝，請按 [Next]。

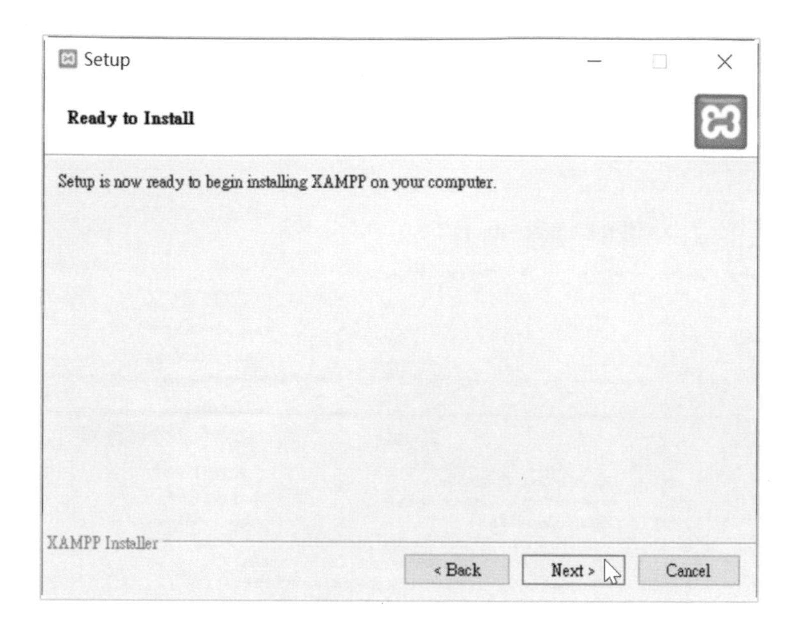

11. 安裝中，請稍候！安裝完畢請按 [Finish]。

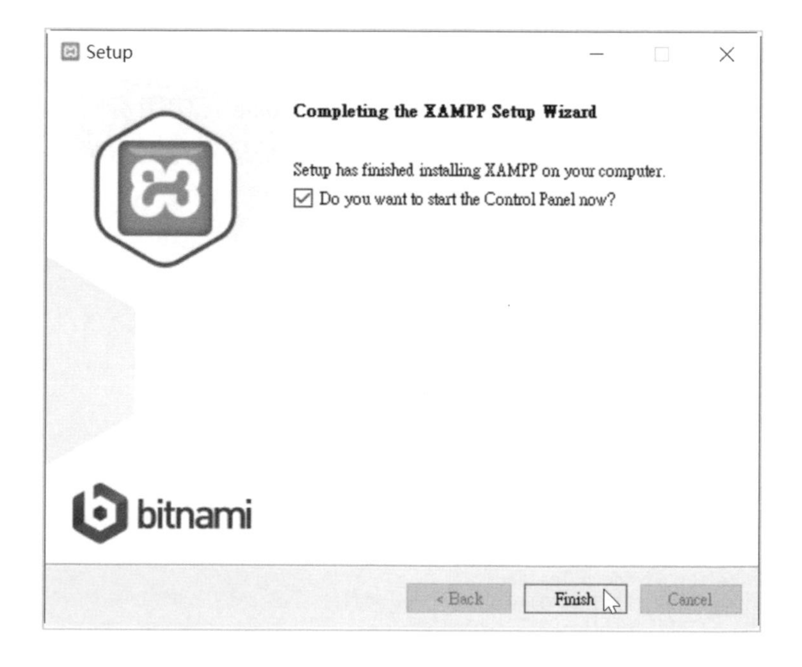

12. 接著要更改登入 phpMyAdmin 的驗證模式，以提高資料庫的安全性，請點取下圖的 [Config] 按鈕並點選 [phpMyAdmin (config.inc.php)]。順道一提，若日後要更改 PHP 的設定檔 php.ini，可以在此處點選 [PHP (php.ini)]，更改完畢後記得重新啟動 Apache，才能使設定生效。

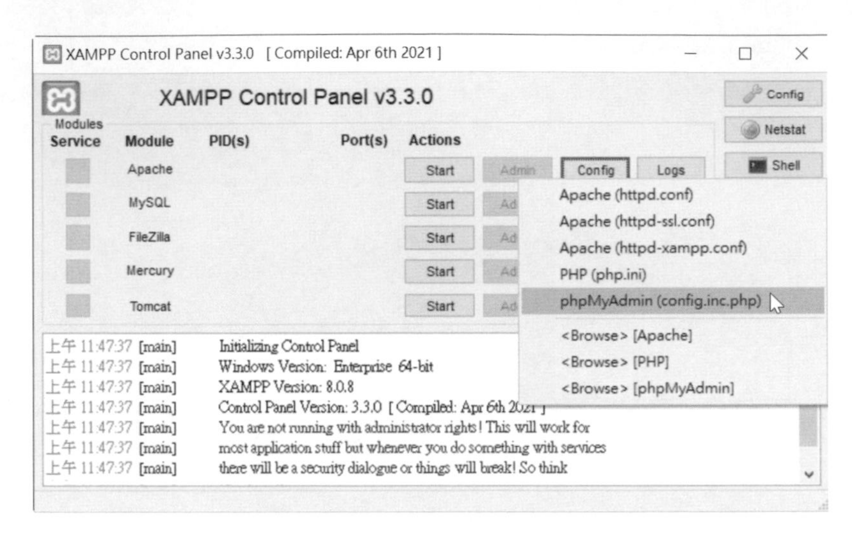

13. 將下圖的驗證模式從預設的 'config' 改為 'cookie'，然後儲存檔案。config 是將資料庫的使用者名稱與密碼輸入在 config.inc.php 檔，日後登入 phpMyAdmin 均無須重新輸入，雖然方便卻不安全，而 cookie 是使用資料庫做驗證，只要瀏覽器支援 cookie 功能就可以使用，這也是最常見的驗證模式。

config.inc.php - 記事本

檔案(F) 編輯(E) 格式(O) 檢視(V) 說明

```
/* Authentication type and info */
$cfg['Servers'][$i]['auth_type'] = 'cookie';
$cfg['Servers'][$i]['user'] = 'root';
$cfg['Servers'][$i]['password'] = '';
$cfg['Servers'][$i]['extension'] = 'mysqli';
$cfg['Servers'][$i]['AllowNoPassword'] = true;
$cfg['Lang'] = '';

/* Bind to the localhost ipv4 address and tcp */
$cfg['Servers'][$i]['host'] = '127.0.0.1';
$cfg['Servers'][$i]['connect_type'] = 'tcp';

/* User for advanced features */
$cfg['Servers'][$i]['controluser'] = 'pma';
$cfg['Servers'][$i]['controlpass'] = '';
```

14. 點取下圖圈起來的兩個按鈕，使它們從 [Start] 變成 [Stop]，以啟動 Apache 伺服器和資料庫，然後點取 Apache 的 [Admin] 按鈕。

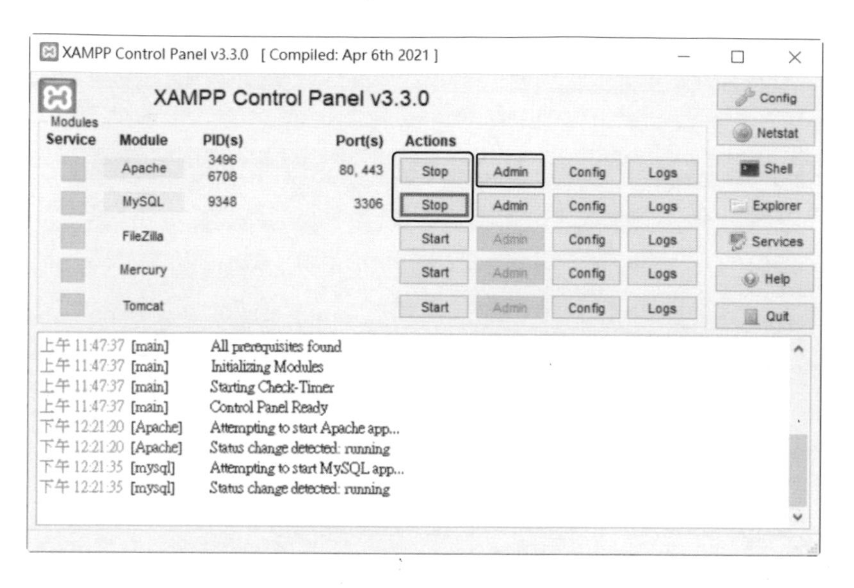

15. 出現如下畫面，表示 Apache 伺服器可以正常執行 (亦可在瀏覽器的網址列輸入 http://localhost)，請點取 [PHPInfo]。

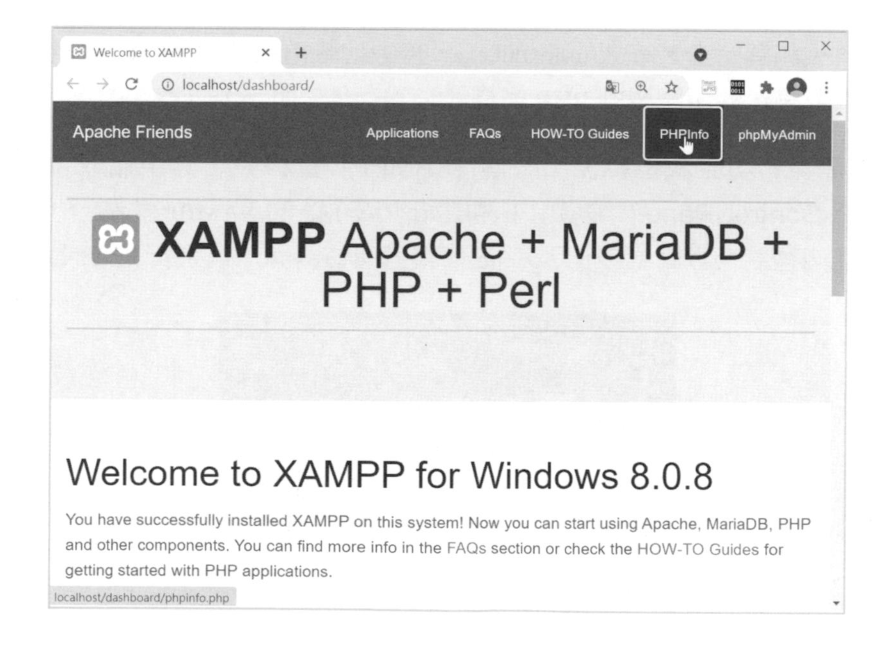

16. 出現如下畫面，裡面有 PHP 的相關資訊，例如 PHP 的版本、伺服器的環境、PHP 的擴充套件等。

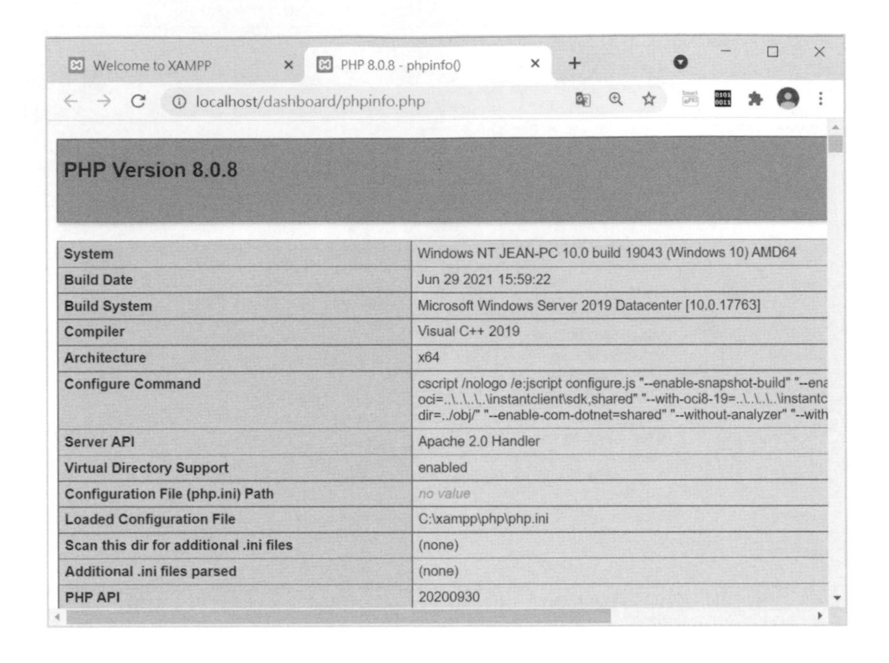

PHP Version 8.0.8

System	Windows NT JEAN-PC 10.0 build 19043 (Windows 10) AMD64
Build Date	Jun 29 2021 15:59:22
Build System	Microsoft Windows Server 2019 Datacenter [10.0.17763]
Compiler	Visual C++ 2019
Architecture	x64
Configure Command	cscript /nologo /e:jscript configure.js "--enable-snapshot-build" "--ena oci=..\..\..\..\instantclient\sdk,shared" "--with-oci8-19=..\..\..\..\instantc dir=../obj/" "--enable-com-dotnet=shared" "--without-analyzer" "--with
Server API	Apache 2.0 Handler
Virtual Directory Support	enabled
Configuration File (php.ini) Path	no value
Loaded Configuration File	C:\xampp\php\php.ini
Scan this dir for additional .ini files	(none)
Additional .ini files parsed	(none)
PHP API	20200930

在 XAMPP 安裝完畢後，C: 磁碟的根目錄會多出一個 xampp 資料夾，裡面有數個子資料夾和解除安裝程式 uninstall.exe，其中比較重要的是 htdocs 資料夾，這是網站根目錄，您所開發的 PHP 網頁都必須存放在此資料夾。

此外，[開始] 功能表也會多出一個 [XAMPP] 資料夾，其中比較重要的是 [XAMPP Control Panel] 選項用來開啟如步驟 14. 的 XAMPP 控制台，我們可以透過這個控制台啟動或停止 Apache 伺服器與資料庫，或進行組態設定。

1-3-2 設定資料庫

現在，我們要來設定登入資料庫的使用者名稱與密碼，步驟如下：

1. 按 [開始] \ [XAMPP] \ [XAMPP Control Panel]，然後依照下圖操作，或在瀏覽器的網址列輸入 http://localhost/phpmyadmin/，然後按 [Enter] 鍵。

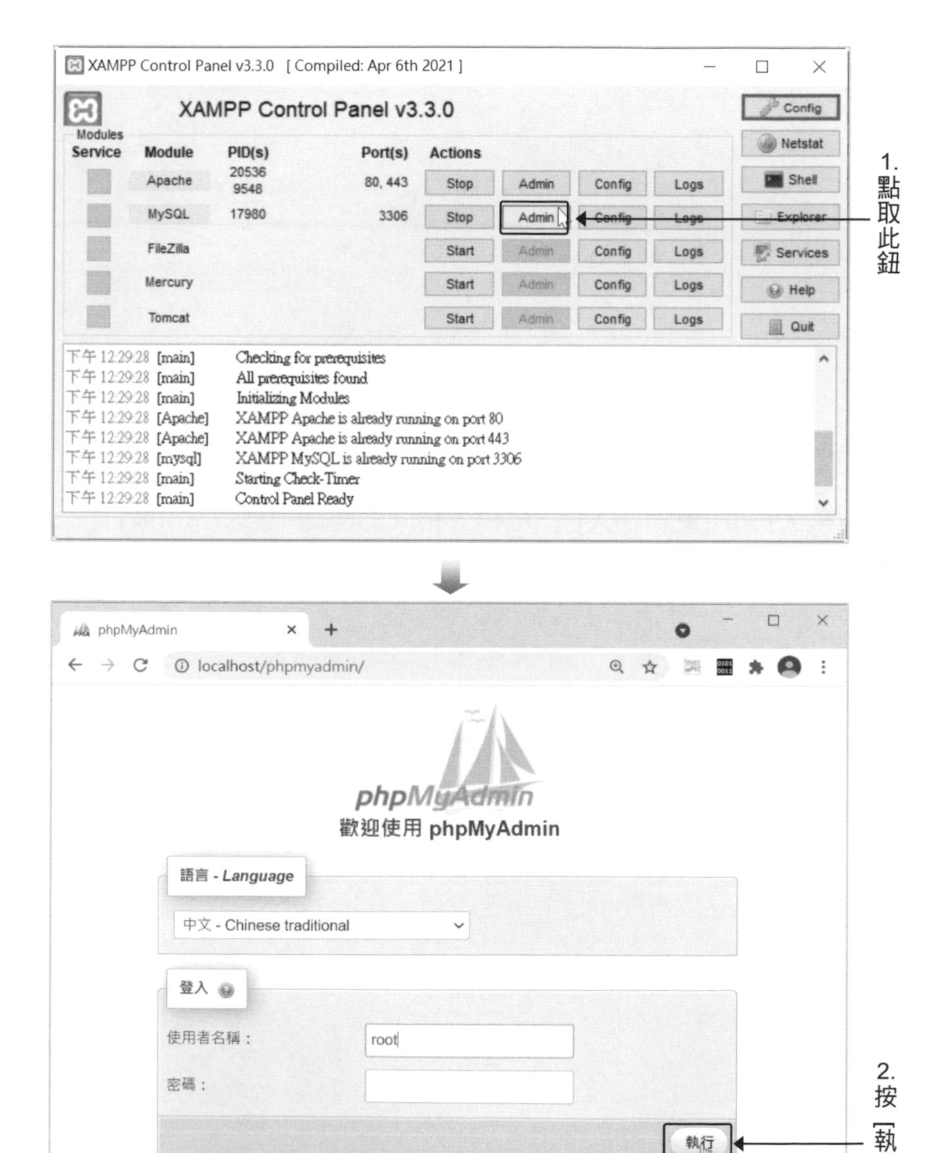

2. 目前預設的使用者名稱為 root，而密碼是空的，非常不安全，請點取 **[更改密碼]**。

3. 在 **[輸入]** 和 **[重新輸入]** 欄位輸入相同的密碼，然後按 **[執行]**。

4. 密碼變更完畢！從畫面上可以看出目前的伺服器類型為 MariaDB。

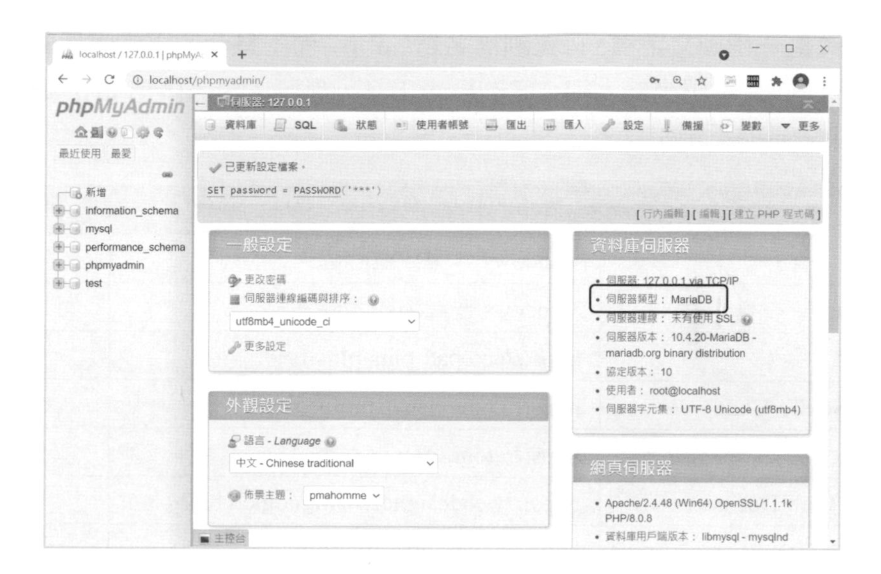

1-3-3 查看 PHP 說明文件

PHP 官方網站提供多國語言的說明文件，其中英文版的網址為 https://www.php.net/manual/en/，若要變更為其它語言，可以在右上角的清單中做選擇。

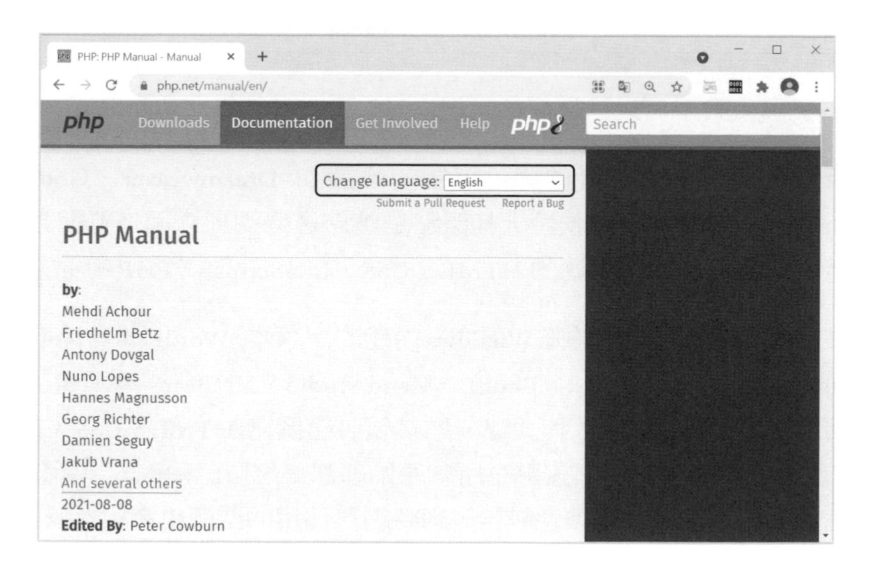

1-4 PHP 程式的編輯工具

PHP 程式是一個純文字檔，只是副檔名為 .php，而不是我們平常慣用的 .txt。原則上，任何能夠用來輸入純文字的編輯工具，都可以用來撰寫 PHP 程式，下面是一些常見的編輯工具。

文字編輯工具	網址	是否免費
記事本	Windows 作業系統內建	是
WordPad	Windows 作業系統內建	是
Notepad++	https://notepad-plus-plus.org/	是
Visual Studio Code	https://code.visualstudio.com/	是
Atom	https://atom.io/	是
Google Web Designer	https://webdesigner.withgoogle.com/	是
UltraEdit	https://www.ultraedit.com/	否
Dreamweaver	https://www.adobe.com/	否
Sublime Text	http://www.sublimetext.com/	否
PhpED	http://www.nusphere.com/	否
Zend Studio	https://www.zend.com/	否
NetBeans	https://netbeans.apache.org/	是

這些編輯工具大致上可以分為兩種類型：

- **所視即所得網頁設計軟體**：這指的是諸如 Dreamweaver、Google Web Designer 等網頁設計軟體，其優點是讓您透過圖形介面進行網頁設計，然後它會自動產生對應的 HTML、CSS、JavaScript 或 PHP 等原始碼。

- **文字編輯軟體**：這指的是 Windows 內建的記事本、WordPad 或 Notepad++、UltraEdit、Sublime Text、PhpED、Zend Studio、NetBeans 等編輯工具，使用這類軟體開發 PHP 程式時，您必須自己撰寫 HTML、CSS、JavasSript 或 PHP 等原始碼，其優點是所有原始碼都是您自己輸入的，所以不會產生額外的垃圾碼，可讀性較佳，同時網頁佔用的空間也會相對較小。

文字編輯軟體又分為單純的編輯器和整合開發環境 (IDE，Integrated Development Environment)，諸如記事本、WordPad、Notepad++、UltraEdit、Sublime Text 等是屬於前者，它們的功能比較陽春，就是編輯與儲存文字。

而諸如 PhpED、Zend Studio、NetBeans 等是屬於後者，它們不僅能夠編輯與儲存文字，還會提供語法標示、拼字檢查、顯示行號、FTP 存取、PHP 程式碼自動完成、連接資料庫、程式碼摺疊、網頁預覽等功能 (詳細功能因軟體而異)，方便用來撰寫 PHP 程式。

對於想快速設計網頁，暫時不想深入學習程式語法的人來說，所視即所得網頁設計軟體是較佳的選擇，因為它隔絕了使用者與程式語法，即便使用者不具備程式設計知識，一樣能夠設計出圖文並茂的網頁。

相反的，對於想學習程式語法的人來說，使用文字編輯軟體來設計網頁是較佳的選擇，因為它可以讓使用者專注於程式語法，不像所視即所得網頁設計軟體會產生多餘的程式碼，造成困擾。

在過去，有不少人使用 Windows 內建的記事本來編輯 PHP 程式，因為記事本隨手可得且免費，但使用記事本會遇到一個問題，就是當我們採取 UTF-8 編碼進行存檔時，記事本會自動在檔案的前端插入 BOM (Byte-Order Mark)，在多數情況下，PHP 程式的檔首被自動插入 BOM 並不會影響執行，但少數 PHP 程式可能會導致錯誤，例如呼叫 header() 函式輸出標頭資訊的 PHP 程式或啟用 Session 功能的 PHP 程式。

為了避免類似的困擾，本書範例程式將採取 UTF-8 編碼，並使用 Notepad++ 來編輯，因為 Notepad++ 具有下列特點，簡單又實用，相當適合初學者：

- 支援 HTML、CSS、JavaScript、ActionScript、C、C++、C#、Python、Perl、R、Java、JSP、ASP、Ruby、Matlab、Objective-C 等多種程式語言。
- 支援多重視窗同步編輯。
- 支援顏色標示、智慧縮排、自動完成等功能。

您可以到 NotePad++ 官方網站下載安裝程式，在第一次使用 Notepad++ 撰寫 PHP 程式之前，請依照如下步驟進行基本設定：

1. 從功能表列選取 **[設定] \ [偏好設定]**，然後在 **[一般]** 標籤頁中將介面語言設定為 **[中文繁體]**。

2. 在 **[新文件預設設定]** 標籤頁中將編碼設定為 **[UTF-8]**，預設程式語言設定為 **[PHP]**，然後按 **[儲存並關閉]**。

由於預設程式語言設定為 PHP，因此，當我們撰寫 PHP 程式時，Notepad++ 會根據 PHP 的語法以不同顏色標示 PHP 程式碼和 HTML 元素，如下圖。

```
C:\xampp\htdocs\ch01\hello.php - Notepad++
1  <!DOCTYPE html>
2  <html>
3    <head>
4      <meta charset="utf-8">
5      <title>我的第一個PHP程式</title>
6    </head>
7    <body>
8      <?php
9        echo("Hello, world!");
10       phpinfo();
11     ?>
12   </body>
13 </html>
14
length : 216   line: Ln : 13   Col : 8   Pos : 215   Windows (CR LF)   UTF-8
```

此外，當我們存檔時，Notepad++ 會採取 UTF-8 編碼，存檔類型預設為 PHP，副檔名為 .php。若要儲存為其它類型，例如 HTML，可以將存檔類型設定為 Hyper Text Markup Language file，此時副檔名會變更為 .html 或 .htm。

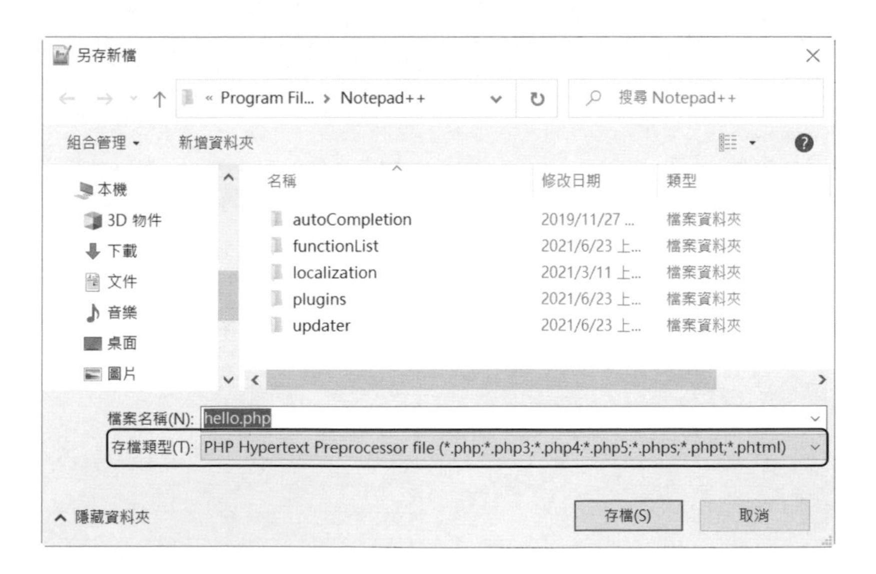

1-5 安裝本書範例程式

在您開始撰寫自己的 PHP 程式之前，請依照如下步驟安裝本書範例程式，以擁有最佳的學習效果：

1. 將本書範例程式 \samples 資料夾內的所有資料夾與檔案複製到網站根目錄，由於我們使用的是 XAMPP 套裝軟體，所以網站根目錄預設為 C:\xampp\htdocs。

   請注意，不同的安裝方式有不同的網站根目錄，例如 WampServer 套裝軟體的網站根目錄預設為 C:\wamp\www，而 AppServ 套裝軟體的網站根目錄預設為 C:\AppServ\www。

2. 您可以在瀏覽器的網址列輸入類似 http://localhost/ch01/hello.php 或 http://127.0.0.1/ch01/hello.php 的網址，來執行第 1 章的範例程式 hello.php。

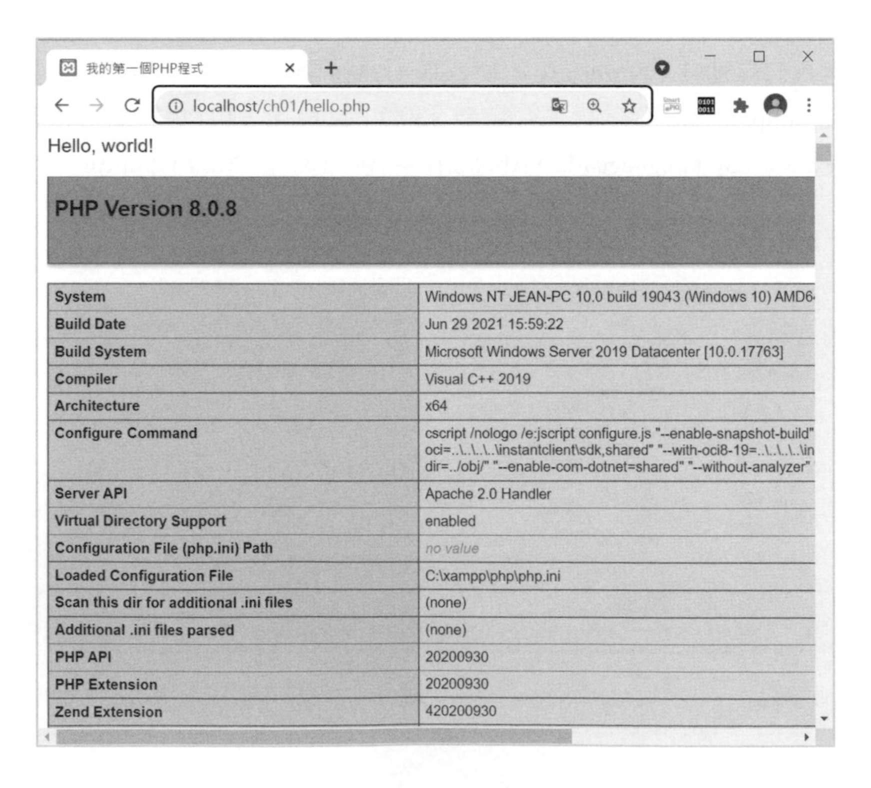

System	Windows NT JEAN-PC 10.0 build 19043 (Windows 10) AMD6
Build Date	Jun 29 2021 15:59:22
Build System	Microsoft Windows Server 2019 Datacenter [10.0.17763]
Compiler	Visual C++ 2019
Architecture	x64
Configure Command	cscript /nologo /e:jscript configure.js "--enable-snapshot-build" oci=..\..\..\..\instantclient\sdk,shared" "--with-oci8-19=..\..\..\..\in dir=../obj/" "--enable-com-dotnet=shared" "--without-analyzer"
Server API	Apache 2.0 Handler
Virtual Directory Support	enabled
Configuration File (php.ini) Path	no value
Loaded Configuration File	C:\xampp\php\php.ini
Scan this dir for additional .ini files	(none)
Additional .ini files parsed	(none)
PHP API	20200930
PHP Extension	20200930
Zend Extension	420200930

1-6 撰寫第一個 PHP 程式

PHP 程式可以嵌入 HTML 文件，也可以放在外部檔案，用戶端任何與 HTML 相容的技術亦相容於 PHP 程式，例如 CSS、JavaScript 等。當您決定要在網頁上加入 PHP 程式時，您並不需要改變自己一貫的網頁設計方式，只要在涉及伺服器端功能的部分加入 PHP 程式即可。

1-6-1 將 PHP 程式嵌入 HTML 文件

我們直接來示範如何將 PHP 程式嵌入 HTML 文件，請依照如下步驟操作：

1. 開啟 Notepad++，然後撰寫如下文件，注意最左邊的行號和冒號是為了方便解說之用，不要輸入至程式碼。

\ch01\hello.php

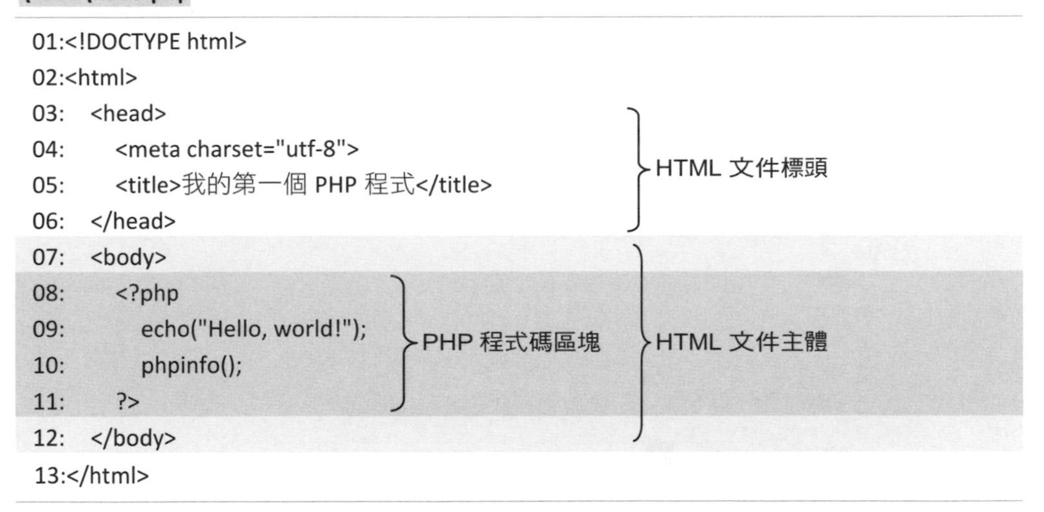

```
01:<!DOCTYPE html>
02:<html>
03:  <head>
04:    <meta charset="utf-8">
05:    <title>我的第一個 PHP 程式</title>
06:  </head>
07:  <body>
08:    <?php
09:      echo("Hello, world!");
10:      phpinfo();
11:    ?>
12:  </body>
13:</html>
```


- 03 ~ 06：HTML 文件標頭，其中第 04 行是將網頁的編碼方式設定為 UTF-8，而第 05 行是將瀏覽器的索引標籤設定為「我的第一個 PHP 程式」。
- 07 ~ 12：HTML 文件主體，您可以在此放置網頁內容。

- 08 ~ 11：PHP 程式碼區塊，前後以第 08、11 行的 <?php 和 ?> 標示起來，PHP 的剖析程式會去解譯 <?php 和 ?> 之間的程式碼。

- 09：呼叫 PHP 的內建函式 echo()，在網頁上顯示參數所指定的字串，例如此處的 "Hello, world!"。請注意，PHP 程式的敘述結尾必須加上分號 (;)。

- 10：呼叫 PHP 的內建函式 phpinfo()，在網頁上顯示 PHP 的相關資訊，包括 PHP 的版本、作業系統、Apache 環境設定、MySQL 支援、ODBC 支援等。

2. 從 Notepad++ 的功能表列選取 **[檔案] \ [儲存此檔案]** 或 **[檔案] \ [另存新檔]**，螢幕上會出現 **[另存新檔]** 對話方塊，請依照下圖操作，編碼方式為 UTF-8，檔名為 hello.php，存檔路徑為網站根目錄的 ch01 資料夾，即 C:\xampp\htdocs\ch01 (註：編碼方式可以在 **[編碼]** 功能表中查看)。

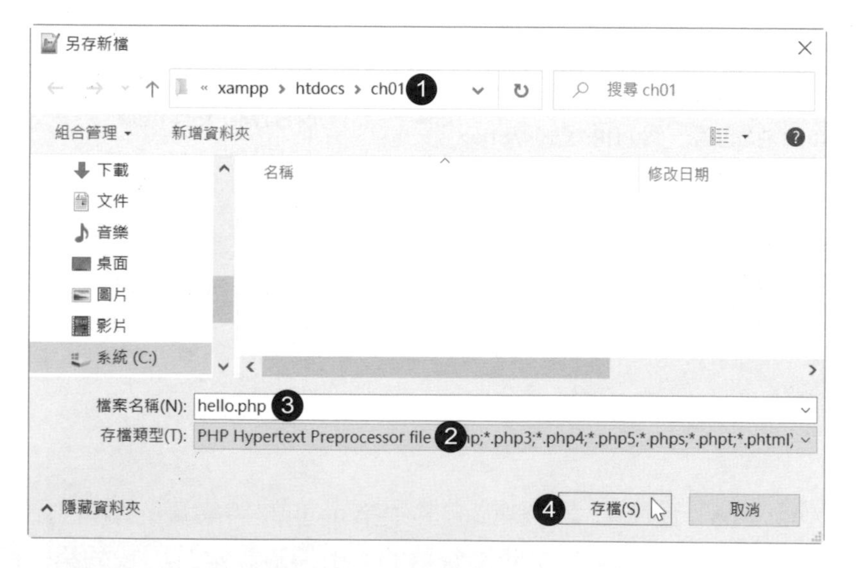

1 將存檔路徑設定為網頁主目錄的 ch01 資料夾，即 C:\xampp\htdocs\ch01
2 將存檔類型設定為 PHP
3 輸入檔案名稱為 hello.php
4 按 [存檔]

3. 開啟瀏覽器，在網址列輸入 http://localhost/ch01/hello.php 並按 [Enter] 鍵，就會得到如下結果。

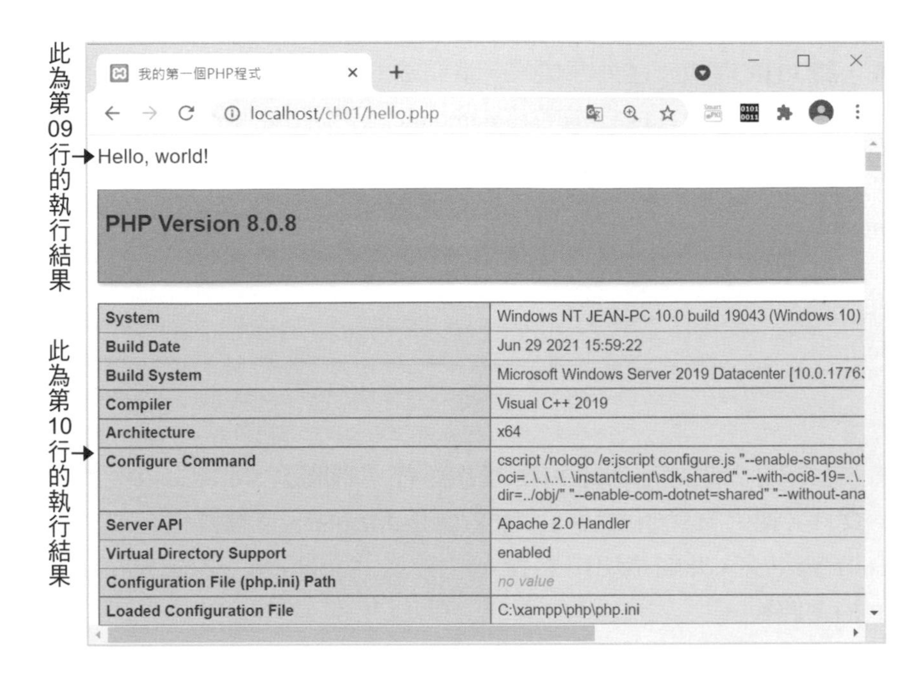

除了以 <?php 和 ?> 標示 PHP 程式碼區塊，您也可以採取下列幾種方式，但建議還是以 <?php 和 ?> 為主：

- <? 和 ?>：若您要採取 <? 和 ?> 標示 PHP 程式碼區塊，那麼必須將 php.ini 檔案內的 short_open_tag 設定為 on，雖然 <? 和 ?> 比 <?php 和 ?> 簡潔，但卻與 XML 不相容。

- <script language="php">…</script>：這種寫法是以 HTML 元素標示 PHP 程式碼區塊，不僅冗長，而且若網頁上包含 JavaScript，容易和標示 JavaScript 程式碼區塊的 <script language="javascript">…</script> 混淆。

- <% 和 %>：這種寫法其實是用來標示 ASP 程式碼區塊，在過去，為了鼓勵 ASP 網頁開發人員轉用 PHP，因而允許以 <% 和 %> 標示 PHP 程式碼區塊。

1-6-2 將 PHP 程式放在外部檔案

我們直接來示範如何將 PHP 程式放在外部檔案，請依照如下步驟操作：

1. 首先，將 PHP 程式放在外部檔案。請開啟 Notepad++，然後撰寫如下 PHP 程式，編碼方式為 UTF-8，檔名為 demo.inc，存檔路徑為網站根目錄的 ch01 資料夾（即 C:\xampp\htdocs\ch01）。

\ch01\demo.inc

```
<?php
  echo("Hello, world!");
  phpinfo();
?>
```

2. 接著，在網頁內設定外部的 PHP 檔案路徑。請開啟 Notepad++，然後撰寫如下文件，編碼方式為 UTF-8，檔名為 hello2.php，存檔路徑為網頁主目錄的 ch01 資料夾。此處是使用 PHP 的內建函式 include_once() 設定外部的 PHP 檔案路徑。

\ch01\hello2.php

```
<!DOCTYPE html>
<html>
  <head>
    <meta charset="utf-8">
    <title>我的第一個 PHP 程式</title>
  </head>
  <body>
    <?php
      include_once("demo.inc");
    ?>
  </body>
</html>
```

3. 最後，開啟瀏覽器，在網址列輸入 http://localhost/ch01/hello2.php 並按 [Enter] 鍵，就會得到如下結果。

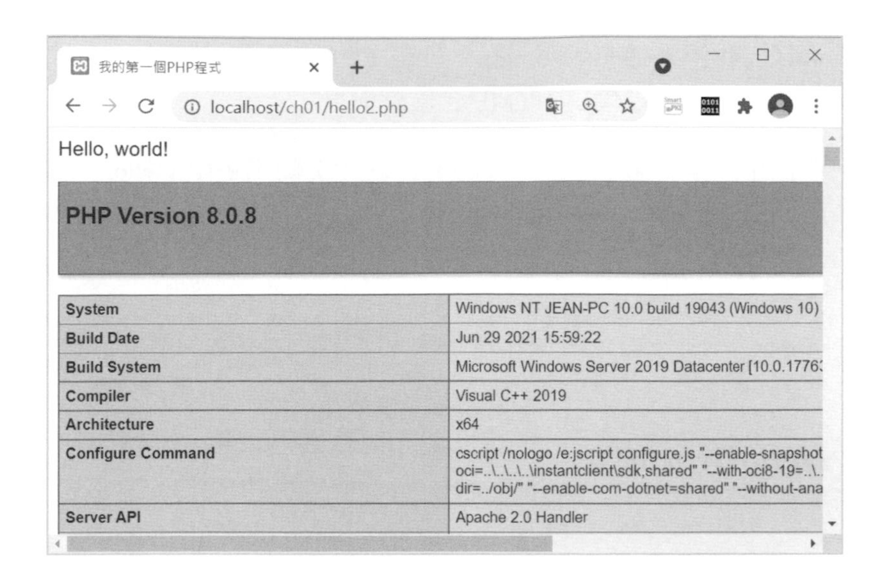

PHP 提供下列四個內建函式可以用來設定外部的 PHP 檔案路徑：

- include("/*path*/*filename*")
- require("/*path*/*filename*")
- include_once("/*path*/*filename*")
- require_once("/*path*/*filename*")

其差異如下：

- 當有錯誤發生時，include() 和 include_once() 僅會造成警告（warning），而 require() 和 require_once() 卻會造成程式終止執行（fatal error）。
- include_once() 和 require_once() 僅會載入外部的 PHP 檔案一次，不會重複載入，這兩個內建函式非常實用，因為在 PHP 程式中重複定義函式，將會導致嚴重錯誤（fatal error）。
- 既然如此，那麼 include() 和 require() 何時才派得上用場呢？當您希望自己撰寫出完美無瑕的 PHP 程式時，就可以使用這兩個比較嚴格的內建函式，一旦重複定義函式，程式將無法執行，直到您找出錯誤。

在本節的最後，我們來補充說明一點，就是 PHP 的內建函式 echo() 除了可以輸出字串到網頁，也可以輸出 HTML 元素到網頁。

下面是一個例子，其中第 09 行的 echo() 函式除了輸出字串 Hello, world! 到網頁，還輸出 <h1>、<b>、<i> 三個 HTML 元素到網頁，因此，這串字串的瀏覽結果將會呈現標題 1、粗體、斜體的效果，如下圖。

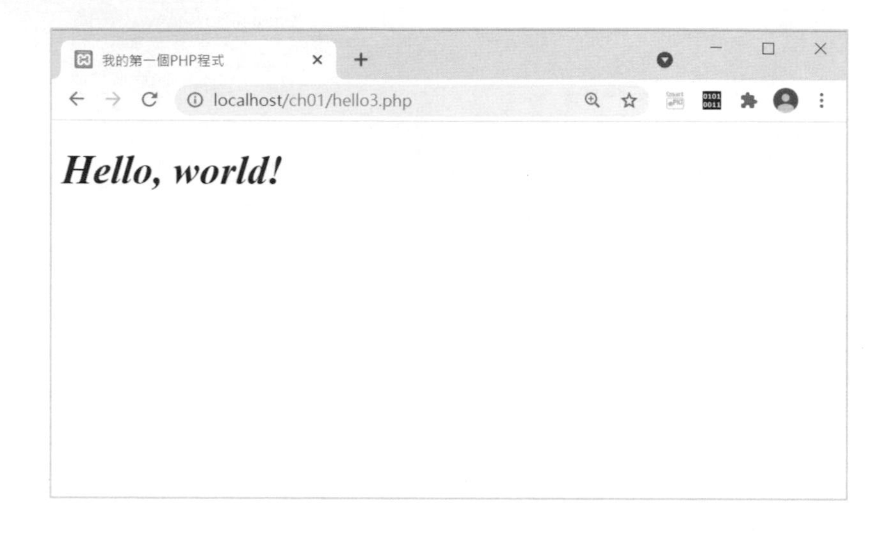

\ch01\hello3.php

```
01:<!DOCTYPE html>
02:<html>
03:   <head>
04:      <meta charset="utf-8">
05:      <title>我的第一個 PHP 程式</title>
06:   </head>
07:   <body>
08:      <?php
09:         echo("<h1><b><i>Hello, world!</i></b></h1>");
10:      ?>
11:   </body>
12:</html>
```

1-7 PHP 程式碼撰寫慣例

在說明 PHP 程式碼撰寫慣例之前，我們先來介紹什麼叫做程式，所謂**程式** (program) 是由一行一行的**敘述**或**陳述式** (statement) 所組成，裡面包含「關鍵字」、「特殊字元」或「識別字」。

- **關鍵字** (keyword)：又稱為**保留字** (reserved word)，它是由 PHP 所定義，包含特定的意義與用途，程式設計人員必須遵守 PHP 的規定來使用關鍵字，否則會發生錯誤，例如 function 是 PHP 用來定義函式的關鍵字，所以不能使用 function 定義一般的變數或常數。

- **特殊字元** (special character)：PHP 有不少特殊字元，例如定義函式時所使用的小括號、標示區塊開頭與結尾的大括號 ({ })、標示敘述結尾的分號 (;)、標示變數名稱的錢字符號 ($)、標示多行註解的 /* */ 等。

- **識別字** (identifier)：除了關鍵字和特殊字元，程式設計人員可以自行定義新字，做為變數、函式或類別的名稱，例如 userName、userID，這些新字就叫做識別字，識別字不一定要合乎英文文法，但要合乎 PHP 命名規則，而且英文字母有大小寫之分。

原則上，敘述是程式中最小的可執行單元，而多個敘述可以構成函式、流程控制、類別等較大的可執行單元，稱為**程式區塊** (code block)。

PHP 程式碼撰寫慣例涵蓋了空白、縮排、註解、命名規則等的建議寫法，遵循這些慣例可以提高程式的可讀性，讓程式更容易偵錯、修改與維護。

英文字母大小寫

HTML 不會區分標籤與屬性的英文字母大小寫，但 PHP 會區分變數名稱與常數名稱的英文字母大小寫，不會區分內建函式或 define、function、if、else、for、do、while 等關鍵字的英文字母大小寫，舉例來說，$userName 和 $username 是兩個不同的變數，因為大寫的 N 和小寫的 n 不同，而 if 和 IF 指的則都是 if 選擇結構。

空白字元

PHP 會自動忽略多餘的空白字元，例如下面幾個敘述的意義均相同：

```
$x = 10;
$x        =         10;
$x   =     10;
```

分號

PHP 程式的每行敘述結尾要加上分號 (;)，例如：

```
echo ("Hello, world!");
```

縮排

程式區塊每增加一個縮排層級就加上 2 個空白，不建議使用 [Tab] 鍵，例如：

```
<?php
  $number = 3;
  switch($number) {
    case 1:
      echo 'ONE';
      break;
    case 2:
      echo 'TWO';
      break;
    case 3:
      echo 'THREE';
      break;
    default:
      echo '超過範圍';
  }
?>
```

註解

註解（comment）可以用來記錄程式的用途與結構，PHP 提供下列註解符號：

- //、#：標示單行註解，可以自成一行，也可以放在一行敘述的最後，當直譯器遇到 // 或 # 符號時，會忽略從 // 或 # 符號到該行結尾之間的敘述，不會加以執行，例如：

```
// 將變數 X 的值設定為 1
$X = 1;

# 將變數 Y 的值設定為 2
$Y = 2;
```

亦可寫成如下：

```
$X = 1;                  // 將變數 X 的值設定為 1

$Y = 2;                  # 將變數 Y 的值設定為 2
```

- /* */：標示多行註解，當直譯器遇到 /* */ 符號時，會忽略從 /* 符號到 */ 符號之間的敘述，不會加以執行，例如：

```
/* 這是
     多行註解符號 */
```

要注意的是切勿使用巢狀註解，以免發生錯誤，例如：

```
/*
  xxxxx /* 這是巢狀註解，將發生錯誤 */
*/
```

提醒您，HTML 的註解元素為 <!-- -->，請勿與 PHP 的註解符號混淆。

關鍵字一覽

除了下表，PHP 的關鍵字尚有一些預先定義的類別名稱、函式名稱、變數名稱、常數名稱等，由於這些名稱非常多，無法一一列舉，有需要的讀者請自行參考 PHP 文件。

and	or	xor	__FILE__
exception	php_user_filter	__LINE__	array ()
as	break	case	cfunction
class	const	continue	declare
default	die ()	do	echo ()
else	elseif	empty ()	enddeclare
endfor	endforeach	endif	endswitch
endwhile	eval ()	exit ()	extends
for	foreach	function	global
if	include ()	include_once ()	isset ()
list ()	new	old_function	print ()
require ()	require_once ()	return ()	static
switch	unset ()	use	var
while	__FUNCTION__	__CLASS__	__METHOD__

型別、變數、常數與運算子

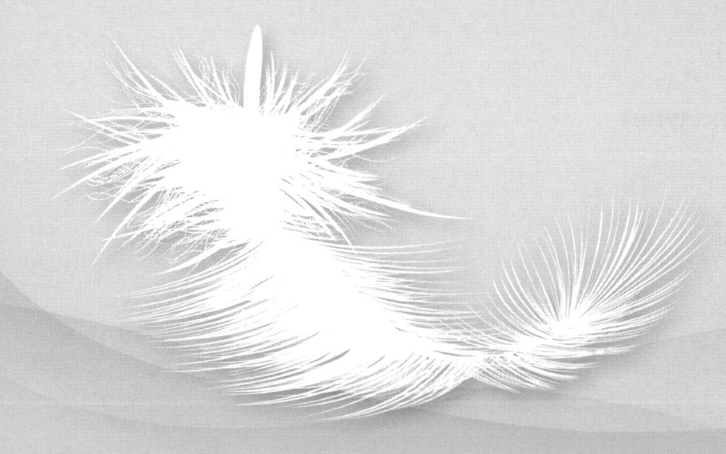

2-1 型別

和多數程式語言一樣，PHP 也是將資料分成數種**型別**（type），這些型別決定了資料將佔用的記憶體空間、能夠表示的範圍及程式處理資料的方式。但和諸如 C、C++、C#、Java 等**強型別**（strongly typed）程式語言不同，PHP 屬於**弱型別**（weakly typed）程式語言，又稱為**動態型別**（dynamically typed）程式語言，也就是資料在使用之前無須宣告型別，同時可以在執行期間視實際情況動態轉換型別。舉例來說，PHP 會將 "1 + 23" 視為字串，而 1 + "23" 則會被視為整數 24，也就是字串 "23" 會先轉換成整數 23，然後和整數 1 相加，於是得到整數 24。

PHP 支援下列幾種原始型別，在本節中，我們會介紹前六種，至於陣列、物件、callable 和 iterable 則留待第 4、8、5、5 章再做說明：

- 純量型別 (scalar type)
  - 整數 (integer)
  - 浮點數 (float、double)
  - 布林 (boolean)
  - 字串 (string)
- 特殊型別 (special type)
  - NULL
  - 資源 (resource)
- 複合型別 (compound type)
  - 陣列 (array)
  - 物件 (object)
  - callable
  - iterable

2-1-1 整數（integer）

整數 (integer) 是最簡單的型別，PHP 支援的整數範圍取決於電腦系統的字組大小 (word size)，以 64-bit 系統為例，其整數範圍為 -9223372036854775808 ~ 9223372036854775807。

PHP 接受十、八、十六、二進位整數，諸如 12、-456 均屬於十進位整數，而八、十六、二進位整數的前面是分別加上 0、0x、0b 做為區分，例如：

```
echo(10);               // 顯示十進位整數 10
echo(010);              // 顯示十進位整數 8
echo(0x10);             // 顯示十進位整數 16
echo(0b10);             // 顯示十進位整數 2
echo PHP_INT_SIZE;      // 顯示字組大小，64-bit 系統為 8，表示 8Bytes
echo PHP_INT_MAX;       // 顯示最大整數，64-bit 系統為 9223372036854775807
echo PHP_INT_MIN;       // 顯示最小整數，64-bit 系統為 -9223372036854775808
```

請注意，當您使用超過範圍的整數時 (integer overflow)，PHP 會自動將型別轉換成浮點數。此外，PHP 不支援無號整數 (unsigned integer)。至於電腦系統的字組大小及 PHP 所支援的最大整數、最小整數，則可以透過 PHP_INT_SIZE、PHP_INT_MAX、PHP_INT_MIN 等常數來取得。

2-1-2 浮點數（float、double）

浮點數 (float、double) 指的是實數，PHP 所支援的浮點數範圍亦取決於電腦系統的字組大小，以 64-bit 系統為例，最大浮點數範圍約 1.8E+308，有效位數約 14 位。我們可以使用小數點或科學記法表示浮點數，其中科學記法的 E 或 e 沒有大小寫之分 (只有變數名稱和常數名稱才有大小寫之分)，例如：

```
echo(-123.456);             // 顯示 -123.456 (符號 - 表示負數)
echo(+12.3);                // 顯示 12.3 (符號 + 或沒有符號表示正數)
echo(0.123456789012342);    // 顯示 0.12345678901234，多出的位數被四捨五入
echo(1.2345E+2);            // 顯示 123.45
echo(-123.45e-3);           // 顯示 -0.12345
```

2-1-3 布林（boolean）

布林 (boolean) 用來表示 TRUE (真) 或 FALSE (偽) 兩種值 (沒有大小寫之分)，當您要表示的資料只有 TRUE 或 FALSE、YES 或 NO、對或錯等兩種選擇時，就可以使用布林型別，換句話說，布林型別通常用來表示運算式成立與否或某個情況滿足與否。

當我們將布林資料轉換成數值型別時，TRUE 會轉換成 1，FALSE 會轉換成 0；當我們將布林資料轉換成字串型別時，TRUE 會轉換成字串 "1"，FALSE 會轉換成空字串 ""；當我們將非布林資料轉換成布林型別時，只有下列資料會轉換成 FALSE，其它資料均會轉換成 TRUE，包括所有負數及任何有效資源：

- 整數 0
- 浮點數 0.0 與 -0.0
- 空字串 "" 與字串 "0"
- 沒有元素的陣列
- 沒有成員的物件
- 特殊型別 NULL (包括尚未設定的變數)

2-1-4 字串（string）

字串 (string) 指的是由字母、數字、文字、符號所組成的單字、片語或句子，我們可以使用下列幾種方法指定字串：

- 單引號字串 (single quoted string)
- 雙引號字串 (double quoted string)
- heredoc 語法
- nowdoc 語法

單引號字串

在這種表示法中，字串的前後必須加上單引號 (')，例如 'happy'、'快樂'，有 \\ 和 \' 兩個**跳脫字元** (escaped character)，分別會被解譯為 \ 和 '，例如：

```
echo('生日快樂！');        // 顯示「生日快樂！」(字串可以包含中文和全形標點符號)
echo('C:\\Win');           // 顯示「C:\Win」(\\ 為跳脫字元，會被解譯為 \)
echo('I am \'Jean\'.');    // 顯示「I am 'Jean'.」(\' 為跳脫字元，會被解譯為 ')
```

雙引號字串

在這種表示法中，字串的前後必須加上雙引號 (")，例如 "小美"、"happy"。雙引號字串和單引號字串不同之處在於支援更多跳脫字元，而且會進行變數剖析(以變數的值取代變數)。下面是一些例子，其中最後兩個敘述使用到 UTF-8 表示法：

```
echo("I am \"Jean\".");    // 顯示「I am "Jean".」(\" 為跳脫字元，會被解譯為 ")
$str = "Mary";             // 將變數 str 設定為字串 "Mary" (變數名稱前面必須加上 $)
echo("Hi, $str.");         // 顯示「Hi, Mary.」(變數 str 會被剖析為字串 "Mary")
echo("\u{00A9}");          // 顯示 UTF-8 字元，U+00A9 表示©符號
echo("\u{A9}");            // 顯示 UTF-8 字元，U+00A9 表示©符號，開頭的 0 可以省略
```

跳脫字元	會被解譯為	跳脫字元	會被解譯為
\n	換行，ASCII 字碼 10	\\	\ (反斜線)
\r	換行，ASCII 字碼 13	\$	$ (錢字符號)
\t	Tab 鍵，ASCII 字碼 9	\"	" (雙引號)
\v	Tab 鍵，ASCII 字碼 11	\[0-7]{1,3}	八進位表示法
\e	Esc 鍵，ASCII 字碼 27	\x[0-9A-Fa-f]{1,2}	十六進位表示法
\f	換行，ASCII 字碼 12	\u{[0-9A-Fa-f]+}	UTF-8 表示法

至於 PHP 的剖析程式如何取得變數名稱呢？原則上，剖析程式一碰到 $ 符號，就會取得 $ 符號後面到下一個不是英文字母、阿拉伯數字及底線 (_) 的字元之間的字串，將它當成變數名稱，若程式中沒有這個變數，就會自動忽略。

heredoc 語法

這種表示法有固定的格式，一開始是 **<<<** 運算子，接著是一個識別字和換行，繼續是字串，最後是以同一個識別字結尾 (識別字的命名規則和變數相同)，下面是一個例子 \ch02\heredoc.php。

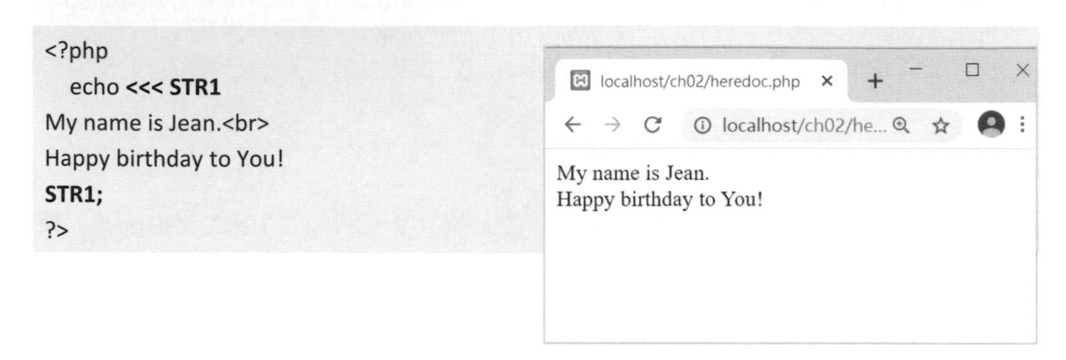
<?php
echo <<< STR1
My name is Jean.
Happy birthday to You!
STR1;
?>
localhost/ch02/heredoc.php
localhost/ch02/he...
My name is Jean.
Happy birthday to You!

nowdoc 語法

相對於 heredoc 語法是針對雙引號字串，nowdoc 語法則是針對單引號字串，即 heredoc 語法會進行變數剖析，而 nowdoc 語法不會。

下面是一個例子 \ch02\nowdoc.php，由於是採取 nowdoc 語法，故不會以變數 name 的值取代變數 name。若要進行變數剖析，必須改用 heredoc 語法，即去掉識別字 'STR1' 前後的單引號。

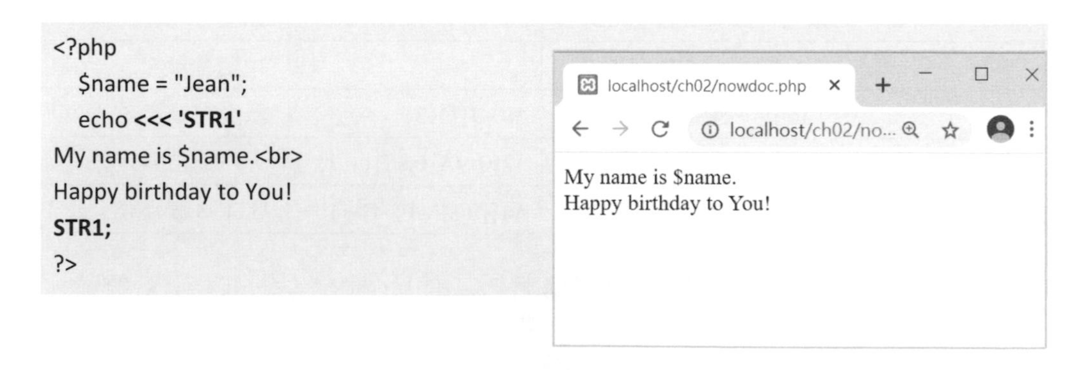
<?php
$name = "Jean";
echo <<< 'STR1'
My name is $name.
Happy birthday to You!
STR1;
?>
localhost/ch02/nowdoc.php
localhost/ch02/no...
My name is $name.
Happy birthday to You!

我們可以使用「陣列」(array) 的觀念存取字串中的字元，而且「鍵」(key) 的起始值為 0。舉例來說，假設 $str = "Day";，那麼第一個字元為 $str[0]，即 D，第二個字元為 $str[1]，即 a，其它依此類推，如欲變更字串中的字元，假設要將第一個字元變更為 P，那麼可以寫成 $str[0] = "P";，$str 的值將變成 "Pay"。

2-1-5 NULL

凡型別為 NULL 的變數，就只有一種值－常數 NULL (沒有大小寫之分)，所代表的意義是沒有值 (no value)，例如：

```
$var = NULL;            // 將變數 var 的值設定為 NULL
```

凡尚未設定值的變數、值被指派為常數 NULL 的變數或值被 unset() 函式清除的變數均會被視為 NULL。

2-1-6 資源（resource）

資源 (resource) 型別代表的是一種特殊值，用來指向 PHP 程式的外部資源，例如資料庫、檔案、圖形畫布等。

通常 resource 型別是在呼叫函式存取外部資源時自動建立，例如下面的敘述會建立一個 MySQL 資料庫連接，然後將資源指派給變數 my_resource：

```
$my_resource = mysql_connect();
```

一般來說，我們並不需要手動釋放資源，PHP Zend Engine 會自動管理除了資料庫之外的所有資源。當我們要手動釋放資源時，可以將指向資源的變數設定為 NULL，例如：

```
$my_resource = NULL;
```

2-2 型別轉換

PHP 會視實際情況自動轉換型別，其規則如下。

原始型別	目的型別	說明
float	integer	取出整數部分，小數部分無條件捨去，例如浮點數 5.6、-5.6 會分別轉換成整數 5、-5。
boolean	integer、float	FALSE 會轉換成 0，TRUE 會轉換成 1。
string	integer	從字串開頭取出整數，沒有的話，就是 0，例如字串 "3A"、"8.2bc"、"x12" 會分別轉換成整數 3、8、0。
string	float	從字串開頭取出浮點數，沒有的話，就是 0.0，例如字串 "3A"、"8.2bc"、"x12" 會分別轉換成浮點數 3.0、8.2、0.0。
integer	float	在整數後面加上小數點和 0，例如整數 5 會轉換成浮點數 5.0。
integer、float	boolean	0 會轉換成 FALSE，非 0 會轉換成 TRUE。
string	boolean	空字串 "" 或字串 "0" 會轉換成 FALSE，其它會轉換成 TRUE。
integer、float	string	將所有數字 (包括小數點) 轉換成字串，例如整數 123 會轉換成字串 "123"，浮點數 123.456 會轉換成字串 "123.456"。
boolean	string	FALSE 會轉換成空字串 ""，TRUE 會轉換成字串 "1"。
NULL	integer、float	0。
NULL	boolean	FALSE。
resource	string	類似 "Resource id #1" 的字串。
resource、array、object	integer、float	沒有定義。
integer、float	boolean	0 會轉換成 FALSE，非 0 會轉換成 TRUE。
array	boolean	沒有元素的陣列會轉換成 FALSE，否則會轉換成 TRUE。

原始型別	目的型別	說明
array	string	字串 "Array"。
object	boolean	沒有成員的物件會轉換成 FALSE，否則會轉換成 TRUE。
object	string	字串 "Object"。
integer、float、boolean、string	array	建立一個新陣列，而且第一個元素就是該整數、浮點數、布林或字串。

2-2-1 檢查型別

PHP 提供數個函式可以檢查資料的型別，比較常用的如下。

函式	說明
gettype(*arg*)	傳回參數 *arg* 的型別，傳回值有 "integer"、"double"、"boolean"、"string"、"NULL"、"resource"、"array"、"object"、"unknown type"。
is_integer(*arg*)、is_int(*arg*)、is_long(*arg*)	若參數 *arg* 為整數型別，就傳回 TRUE，否則傳回 FALSE。
is_float(*arg*)、is_real(*arg*)	若參數 *arg* 為浮點數型別，就傳回 TRUE，否則傳回 FALSE。
is_bool(*arg*)	若參數 *arg* 為布林型別，就傳回 TRUE，否則傳回 FALSE。
is_string(*arg*)	若參數 *arg* 為字串型別，就傳回 TRUE，否則傳回 FALSE。
is_null(*arg*)	若參數 *arg* 為 NULL 型別，就傳回 TRUE，否則傳回 FALSE。
is_resource(*arg*)	若參數 *arg* 為 resource 型別，就傳回 TRUE，否則傳回 FALSE。
is_array(*arg*)	若參數 *arg* 為 array 型別，就傳回 TRUE，否則傳回 FALSE。
is_object(*arg*)	若參數 *arg* 為 object 型別，就傳回 TRUE，否則傳回 FALSE。
is_numeric(*arg*)	若參數 *arg* 為數值或數值字串，就傳回 TRUE，否則傳回 FALSE。
is_scalar(*arg*)	若參數 *arg* 為數值、布林或字串等純量型別，就傳回 TRUE，否則傳回 FALSE。

2-2-2 明確轉換型別

PHP 提供下列幾種方式可以明確轉換資料的型別：

- 使用轉型運算式將資料的型別轉換成指定的型別，例如：

```
echo (int)TRUE;            // 轉型運算式 (int) 會將 TRUE 轉換成整數 1，故顯示 1
```

轉型運算式	說明
(int)、(integer)	將資料的型別轉換成 integer 型別。
(float)、(double)、(real)	將資料的型別轉換成 float 型別。
(bool)、(boolean)	將資料的型別轉換成 boolean 型別。
(string)	將資料的型別轉換成 string 型別。
(array)	將資料的型別轉換成 array 型別。
(object)	將資料的型別轉換成 object 型別。

- 使用 settype(*var, type*) 函式設定型別，第一個參數 *var* 是要設定型別的變數，第二個參數 *type* 是要設定的型別 ("integer"、"double"、"boolean"、"string"、"NULL"、"array"、"object")，例如：

```
$var = TRUE;                   // 將變數 var 設定為 TRUE (布林型別)
settype($var, "integer");      // 呼叫 settype() 函式將變數 var 的型別設定為 integer 型別
echo $var;                     // TRUE 轉換成 integer 型別會得到 1，故顯示 1
```

- 使用 intval(*var*)、floatval(*var*)、strval(*var*) 函式將參數 *var* 分別轉換成 integer、float、string 型別，例如：

```
$var = TRUE;                   // 將變數 var 設定為 TRUE (布林型別)
intval($var);                  // 呼叫 intval() 函式將變數 var 的型別轉換成 integer 型別
echo $var;                     // TRUE 轉換成 integer 型別會得到 1，故顯示 1
```

2-3 變數

在程式的執行過程中，往往需要儲存一些資料，此時，我們可以使用**變數** (variable) 來儲存這些資料。

以生活中的例子來做比喻，變數就像手機通訊錄的聯絡人，假設 SIM 卡的通訊錄裡面儲存著小美的電話號碼為 0920123456，表示聯絡人的名稱與值為「小美」和「0920123456」，只要透過「小美」這個名稱，就能存取「0920123456」這個值，若小美換了電話號碼，值也可以跟著重新設定。

2-3-1 變數的命名規則

PHP 規定變數名稱的前面必須加上錢字符號 ($)，其命名規則如下：

- 第一個字元可以是英文字母或底線 (_)，其它字元可以是英文字母、底線或阿拉伯數字，而且英文字母有大小寫之分。
- 諸如 integer、boolean、TRUE、FALSE、if、do、echo 等 PHP 的關鍵字均無大小寫之分，但變數名稱和常數名稱則有大小寫之分。
- 不能使用關鍵字，以及內建變數、內建函式、內建物件等的名稱。

下面是幾個例子：

```
$My_Variable1        // 合法的變數名稱
$_MyVariable2        // 合法的變數名稱
$3MyVariable         // 非法的變數名稱，不能以數字開頭
$My@Variable4        // 非法的變數名稱，不能包含@符號
```

此外，PHP 內建許多**預先定義的變數** (predefined variable)，例如伺服器變數 ($_SERVER)、環境變數 ($_ENV)、HTTP Cookies ($_COOKIE)、HTTP GET 變數 ($_GET)、HTTP POST 變數 ($_POST)、HTTP 檔案上傳變數 ($_FILES)、前一個錯誤訊息 ($php_errormsg)、Request 變數 ($_REQUEST)、Session 變數 ($_SESSION)、Global 變數 ($GLOBALS)...，我們會在相關章節中做介紹。

2-3-2 變數的存取方式

PHP 屬於動態型別程式語言，變數在使用之前無須宣告型別，同時可以在執行期間視實際情況動態轉換型別。

我們可以使用**指派運算子** (=) 設定變數的值，而且是以最近一次設定的值為主，例如下面的敘述是將變數 userName 的值設定為字串 "小丸子"：

```
$userName = "小丸子"; // 變數 userName 的型別為 string
```

由於變數 userName 的值為字串 "小丸子"，故 PHP 會自動將變數 userName 的型別視為 string，若中途改變它的值，例如當 PHP 碰到下面的敘述時，就會自動將變數 userName 的型別轉換成 boolean：

```
$userName = TRUE;      // 變數 userName 的型別轉換成 boolean
```

參照指派

PHP 提供另一種叫做**參照指派** (assign by reference) 的方式，也就是讓新變數指向原變數，一旦新變數的值發生改變，原變數的值也會隨著改變。以下面的敘述為例，由於新變數 var2 指向原變數 var1 (前面加上 & 符號)，因此，當新變數 var2 的值變更為 "Mary" 時，原變數 var1 的值也會隨著變更為 "Mary"：

```
$var1 = "John";          // 原變數 var1 的值為 "John"
$var2 = &$var1;          // 新變數 var2 指向原變數 var1 (前面加上 & 符號)
$var2 = "Mary";          // 新變數 var2 的值變更為 "Mary"
echo $var2;              // 新變數 var2 的值變更為 "Mary"，故顯示 "Mary"
echo $var1;              // 原變數 var1 的值隨著新變數 var2 變更為 "Mary"，故顯示 "Mary"
```

可變動變數

可變動變數 (variable variables) 指的是我們可以動態設定變數名稱，以下面的敘述為例，這是一個名稱為 var、值為 "Happy" 的變數：

```
$var = "Happy";
```

接著，我們要使用可變動變數，以下面的敘述為例，這是一個以變數 var 的值為名稱的變數，也就是名稱為 Happy、值為 "Birthday" 的變數：

```
$$var = "Birthday";
```

於是下面的敘述將分別顯示 Happy、Birthday、Birthday：

```
echo $var;          // 顯示變數 var 的值，即 "Happy"
echo $$var;         // 顯示變數 Happy 的值，即 "Birthday"
echo $Happy;        // 顯示變數 Happy 的值，即 "Birthday"
```

2-3-3 變數的有效範圍

有效範圍（scope）指的是程式中的哪些區塊能夠存取變數的值，大部分的 PHP 變數都只有一種有效範圍，就是程式中的所有區塊皆能存取變數的值，稱為**全域變數**（global variable），例外的是在函式（function）內定義的變數，稱為**區域變數**（local variable），只有函式內的敘述能夠存取區域變數的值，我們會在第 5-6 節說明兩者的差別。

2-3-4 變數處理函式

除了第 2-2-1 節所介紹的檢查型別函式，PHP 還提供其它變數處理函式，比較常用的如下。

函式	說明
isset(*arg*)	若參數 *arg* 的值不是 NULL，就傳回 TRUE，否則傳回 FALSE。
unset(*arg*)	清除參數 *arg* 的值，使之成為 NULL。
empty(*arg*)	若參數 *arg* 的值是空的，就傳回 TRUE，否則傳回 FALSE。所謂空的指的是整數 0、浮點數 0.0、空字串 ""、字串 "0"、空陣列、NULL、FALSE、var $var; (在類別內宣告且尚未設定值的變數)。
intval(*arg*)	傳回參數 *arg* 的整數值，例如 intval(4.2) 會傳回整數值 4。
floatval(*arg*)	傳回參數 *arg* 的浮點數值，例如 floatval('12.345ab') 會傳回浮點數值 12.345。

2-4 常數

常數（constant）是一個有意義的名稱，它的值不會隨著程式的執行而改變，同時程式設計人員亦無法變更常數的值。PHP 提供「使用者自訂常數」和「預先定義的常數」，以下有進一步的說明。

2-4-1 使用者自訂常數

我們可以使用 define() 函式建立常數，其語法如下：

```
define(name, value[, case_insensitive])
```

- *name*：第一個參數為 string 型別，代表常數的名稱，命名規則和變數相同，預設有大小寫之分，一般的慣例是以全部大寫來表示。
- *value*：第二個參數為純量型別，代表常數的值。
- *case_insensitive*：第三個參數為 boolean 型別，省略不寫的話，表示常數的名稱有大小寫之分，如欲設定成沒有大小寫之分，可以指派為 TRUE。

例如下面的敘述是定義一個名稱為 PI、值為 3.14、有大小寫之分的常數：

```
define("PI", 3.14);
```

此外，PHP 允許我們根據其它已經定義的常數定義新的常數，例如：

```
define("X", 10 * 5);        // 定義名稱為 X、值為 50 的常數，* 為乘法運算子
define("Y", X + 2);         // 定義名稱為 Y、值為 52 的常數，+ 為加法運算子
```

請小心不要產生循環參考，以免造成非預期的結果，下面是一個例子：

```
define("X", Y * 5);         // 常數 X 的值是根據常數 Y 的值去做定義
define("Y", X * 2);         // 常數 Y 的值又是根據常數 X 的值去做定義
echo X;                     // 循環參考導致嚴重錯誤 (fatal error)
```

隨堂練習

撰寫如下網頁，然後啟動瀏覽器執行網頁，看看執行結果為何？

\ch02\area.php

```
<!DOCTYPE html>
<html>
  <head>
    <meta charset="utf-8">
  </head>
  <body>
    <?php
      // 將圓周率 PI 定義為常數
      define("PI", 3.14);
      // 將半徑設定為 10
      $radius = 10;
      // 計算圓面積
      $area = PI * $radius * $radius;
      // 顯示圓面積
      echo $area;
    ?>
  </body>
</html>
```

【解答】

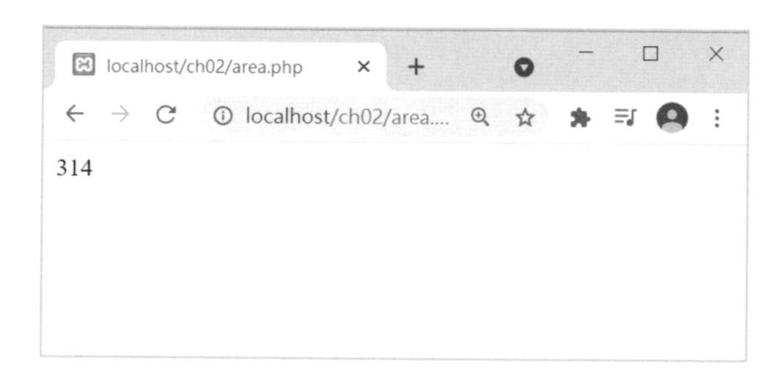

2-4-2 預先定義的常數

PHP 內建許多**預先定義的常數**（predefined constant），例如第 2-1-1 節介紹過的 PHP_INT_SIZE、PHP_INT_MAX、PHP_INT_MIN 或 TRUE、FALSE、NULL、PHP_VERSION、PHP_EOL、E_ERROR、E_WARNING 等，詳細列表可以參閱 https://www.php.net/manual/en/reserved.constants.php。

此外，PHP 還有所謂的**魔術常數**（magic constant），其值取決於所使用的地方，例如：

- __LINE__：檔案的行數。
- __FILE__：完整路徑與檔案名稱。
- __DIR__：檔案所在的目錄。
- __FUNCTION__：函式名稱。
- __CLASS__：類別名稱。
- __METHOD__：方法名稱。
- __NAMESPACE__：命名空間名稱。

下面是一個例子 \ch02\constants.php，它會顯示目前網頁的完整路徑與檔案名稱，以及目前網頁所在的目錄。

```php
<?php
  echo __FILE__;
  echo "<br>";
  echo __DIR__;
?>
```

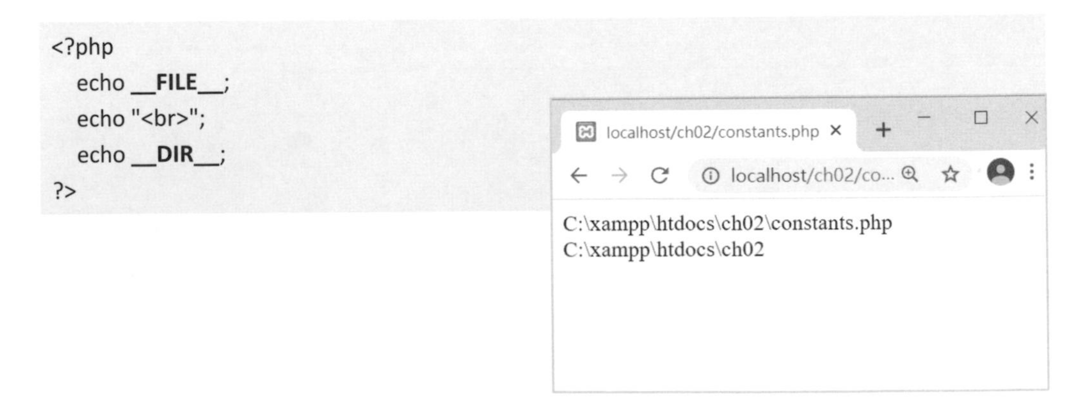

2-5 運算子

運算子（operator）是一種用來進行運算的符號，而**運算元**（operand）是運算子進行運算的對象，我們將運算子與運算元所組成的敘述稱為**運算式**（expression）。運算式其實就是會產生值的敘述，例如 5 + 10 是運算式，它所產生的值為 15，其中 + 為加法運算子，而 5 和 10 為運算元。

我們可以依照功能將 PHP 的運算子分為下列幾種類型：

- **算術運算子**：+、-、*、/、%、**
- **字串運算子**： .
- **遞增/遞減運算子**：++、--
- **位元運算子**：~、&、|、^、<<、>>
- **邏輯運算子**：!、and、or、xor、&&、||
- **比較運算子**：==、!=、<>、<、>、<=、>=、===、!==、<=>、??
- **指派運算子**：=、+=、-=、*=、/=、%=、**=、&=、|=、^=、<<=、>>=、.=
- **條件運算子**：? :
- **錯誤控制運算子**：@
- **執行運算子**：``
- **陣列運算子**：+、==、===、!=、<>、!==

我們也可以依照運算元的個數將 PHP 的運算子分為下列三種類型：

- **單元運算子**：這種運算子只有一個運算元，使用前置記法（例如 -x）或後置記法（例如 x++）。
- **二元運算子**：這種運算子有兩個運算元，使用中置記法（例如 x + y）。
- **三元運算子**：這種運算子有三個運算元，使用中置記法（例如 c? x : y）。

2-5-1 算術運算子

算術運算子可以用來進行算術運算，PHP 提供如下的算術運算子。

運算子	語法	說明	範例	傳回值
+	$a + $b	$a 加上 $b	12 + 3	15
-	$a - $b	$a 減去 $b	5.8 - 3	2.8
*	$a * $b	$a 乘以 $b	8.1 * 3	24.3
/	$a / $b	$a 除以 $b	1 / 3	0.333333333333
%	$a % $b	$a 除以 $b 的餘數	20 % 3	2
**	$a ** $b	$a 的 $b 次方	2 ** 3	8

- 加法運算子也可以用來表示正值，例如 +5 表示正整數 5。
- 減法運算子也可以用來表示負值，例如 -5 表示負整數 5。
- 若算術運算子左右兩邊的任一運算元或兩個運算元不為數值型別，那麼 PHP 會先根據第 2-2 節的原則，將運算元轉換成數值型別，再進行算術運算，例如 5 + TRUE 會得到 6，因為 TRUE 會先轉換成整數 1；5 + FALSE 會得到 5，因為 FALSE 會先轉換成整數 0。

2-5-2 字串運算子

字串運算子可以用來連接字串，PHP 提供的字串運算子為小數點 (.)，下面是一些例子，若字串運算子左右兩邊的任一運算元或兩個運算元不為 string 型別，那麼 PHP 會先根據第 2-2 節的原則將運算元轉換成 string 型別，再進行運算。

```
$a = "PHP" . "8";        // 將變數 a 的值設定為字串 "PHP8"
$b = "PHP" . 8;          // 將變數 b 的值設定為字串 "PHP8" (數字 8 會先轉換成字串 "8")
$c = "PHP" . TRUE;       // 將變數 c 的值設定為字串 "PHP1" (TRUE 會先轉換成字串 "1")
$d = 8 . "PHP";          // 將變數 d 的值設定為字串 "8PHP" (注意數字和小數點之間須隔開)
```

2-5-3 遞增/遞減運算子

遞增運算子 (++) 的語法如下，其用途是將 $a 的值加 1，第一種形式的遞增運算子出現在 $a 的前面，表示運算結果為 $a 遞增之後的值，第二種形式的遞增運算子出現在 $a 的後面，表示運算結果為 $a 遞增之前的值：

```
++$a
$a++
```

例如：

```
$a = 10;            // 將 $a 的值設定為 10
echo(++$a);         // 先將 $a 的值遞增 1，之後再顯示 $a 的值為 11
echo($a);           // $a 的值在前一個敘述中遞增為 11，因而顯示 11
$b = 5;             // 將 $b 的值設定為 5
echo($b++);         // 先顯示 $b 的值為 5，之後再將 $b 的值遞增 1
echo($b);           // $b 的值在前一個敘述中遞增為 6，因而顯示 6
```

遞減運算子 (--) 的語法如下，其用途是將 $a 的值減 1，第一種形式的遞減運算子出現在 $a 的前面，表示運算結果為 $a 遞減之後的值，第二種形式的遞減運算子出現在 $a 的後面，表示運算結果為 $a 遞減之前的值：

```
--$a
$a--
```

例如：

```
$a = 10;            // 將 $a 的值設定為 10
echo(--$a);         // 先將 $a 的值遞減 1，之後再顯示 $a 的值為 9
echo($a);           // $a 的值在前一個敘述中遞減為 9，因而顯示 9
$b = 5;             // 將 $b 的值設定為 5
echo($b--);         // 先顯示 $b 的值為 5，之後再將 $b 的值遞減 1
echo($b);           // $b 的值在前一個敘述中遞減為 4，因而顯示 4
```

2-5-4 位元運算子

位元運算子可以用來進行位元運算，PHP 提供如下的位元運算子。

運算子	語法	說明
~ (位元 NOT)	~$a	將 $a 進行位元否定，若位元為 1，就傳回 0，否則傳回 1，例如 ~10 會得到 -11，因為 10 的二進位值是 1010，~10 的二進位值是 0101，而 0101 在 2's 補數表示法中是 -11。
& (位元 AND)	$a & $b	將 $a 和 $b 進行位元結合，若兩者對應的位元均為 1，位元結合就是 1，否則是 0，例如 10 & 6 會得到 2，因為 10 的二進位值是 1010，6 的二進位值是 0110，而 1010 & 0110 會得到 0010，即 2。
| (位元 OR)	$a | $b	將 $a 和 $b 進行位元分離，若兩者對應的位元均為 0，位元分離就是 0，否則是 1，例如 10 | 6 會得到 14，因為 1010 | 0110 會得到 1110，即 14。
^ (位元 XOR)	$a ^ $b	將 $a 和 $b 進行位元互斥，若兩者對應的位元一個為 1 一個為 0，位元互斥就是 1，否則是 0，例如 10 ^ 6 會得到 12，因為 1010 ^ 0110 會得到 1100，即 12。
<< (向左移位)	$a << $b	將 $a 向左移動 $b 所指定的位元數，例如 1 << 2 表示向左移位 2 個位元，會得到 4；-1 << 2 表示向左移位 2 個位元，會得到 -4。
>> (向右移位)	$a >> $b	將 $a 向右移動 $b 所指定的位元數，例如 16 >> 1 表示向右移位 1 個位元，會得到 8；-16 >> 1 表示向右移位 1 個位元，會得到 -8。

2-5-5 邏輯運算子

邏輯運算子可以用來進行邏輯運算，PHP 提供如下的邏輯運算子。請注意，邏輯 AND 運算子有 and 和 && 兩個，而邏輯 OR 運算子也有 or 和 || 兩個，差別在於優先順序不同，第 2-5-11 節會列表比較。

<table>
<tr><th>運算子</th><th>語法</th><th>說明</th></tr>
<tr><td>!
(邏輯 NOT)</td><td>!$a</td><td>將 $a 進行邏輯否定，若 $a 的值為 TRUE，就傳回 FALSE，否則傳回 TRUE，例如 ! (5 > 4) 會傳回 FALSE，! (5 < 4) 會傳回 TRUE。</td></tr>
<tr><td>and
(邏輯 AND)</td><td>$a and $b</td><td>將 $a 和 $b 進行邏輯交集，若兩者的值均為 TRUE，就傳回 TRUE，否則傳回 FALSE，例如 (5 > 4) and (3 > 2) 會傳回 TRUE，(5 > 4) and (3 < 2) 會傳回 FALSE。</td></tr>
<tr><td>or
(邏輯 OR)</td><td>$a or $b</td><td>將 $a 和 $b 進行邏輯聯集，若兩者的值均為 FALSE，就傳回 FALSE，否則傳回 TRUE，例如 (5 > 4) or (3 < 2) 會傳回 TRUE，(5 < 4) or (3 < 2) 會傳回 FALSE。</td></tr>
<tr><td>xor
(邏輯 XOR)</td><td>$a xor $b</td><td>將 $a 和 $b 進行邏輯互斥，若兩者的值一個為 TRUE 一個為 FALSE，就傳回 TRUE，否則傳回 FALSE，例如 (5 > 4) xor (3 > 2) 會傳回 FALSE，(5 > 4) xor (3 < 2) 會傳回 TRUE。</td></tr>
<tr><td>&&
(邏輯 AND)</td><td>$a && $b</td><td>用途和 and 運算子相同，但 && 運算子的優先順序較高。</td></tr>
<tr><td>||
(邏輯 OR)</td><td>$a || $b</td><td>用途和 or 運算子相同，但 || 運算子的優先順序較高。</td></tr>
</table>

2-5-6 比較運算子

比較運算子可以用來比較兩個運算元的大小或相等與否，若結果為真，就傳回 TRUE，否則傳回 FALSE，PHP 提供如下的比較運算子。

運算子	語法	說明
==	$a == $b	若 $a 等於 $b，就傳回 TRUE，否則傳回 FALSE，例如 21 + 5 == 18 + 8 會傳回 TRUE，"abc" == "ABC" 會傳回 FALSE，1 == "1" 會傳回 TRUE。
!=	$a != $b	若 $a 不等於 $b，就傳回 TRUE，否則傳回 FALSE，例如 21 + 5 != 18 + 8 會傳回 FALSE，而 "abc" != "ABC" 會傳回 TRUE。
<>	$a <> $b	若 $a 不等於 $b，就傳回 TRUE，否則傳回 FALSE，例如 21 + 5 <> 18 + 8 會傳回 FALSE，而 "abc" <> "ABC" 會傳回 TRUE。
<	$a < $b	若 $a 小於 $b，就傳回 TRUE，否則傳回 FALSE，例如 18 + 3 < 18 會傳回 FALSE。
>	$a > $b	若 $a 大於 $b，就傳回 TRUE，否則傳回 FALSE，例如 18 + 3 > 18 會傳回 TRUE。
<=	$a <= $b	若 $a 小於等於 $b，就傳回 TRUE，否則傳回 FALSE，例如 18 + 3 <= 21 會傳回 TRUE。
>=	$a >= $b	若 $a 大於等於 $b，就傳回 TRUE，否則傳回 FALSE，例如 18 + 3 >= 21 會傳回 TRUE。
===	$a === $b	若 $a 等於 $b 且相同型別，就傳回 TRUE，否則傳回 FALSE，例如 1 === "1" 會傳回 FALSE。
!==	$a !== $b	若 $a 不等於 $b 且/或不同型別，就傳回 TRUE，否則傳回 FALSE，例如 1 !== "1" 會傳回 TRUE。
<=>	$a <=> $b	若 $a 小於、等於或大於 $b，就分別傳回 -1、0 和 1，例如 1 <=> 1 會傳回 0，1 <=> 2 會傳回 -1，2 <=> 1 會傳回 1。
??	$a ?? $b $a ?? $b ?? $c $a ?? $b ?? $c ?? $d ...	傳回由左到右第一個非 NULL 的運算元，例如 $a ?? $b ?? 'nobody' 會傳回由左到右第一個非 NULL 的運算元，若 $a 和 $b 均為 NULL，就傳回 'nobody'，這是 PHP 7 新增的運算子，可以串接在一起。

2-5-7 指派運算子

指派運算子可以用來進行指派運算，PHP 提供如下的指派運算子。

運算子	範例	說明
=	$a = 3;	將 = 右邊的值或運算式指派給 = 左邊的變數。
+=	$a += 3;	相當於 $a = $a + 3;，+ 為加法運算子。
-=	$a -= 3;	相當於 $a = $a - 3;，- 為減法運算子。
*=	$a *= 3;	相當於 $a = $a * 3;，* 為乘法運算子。
/=	$a /= 3;	相當於 $a = $a / 3;，/ 為除法運算子。
%=	$a %= 3;	相當於 $a = $a % 3;，% 為餘數運算子。
**=	$a **= 3;	相當於 $a = $a ** 3;，** 為指數運算子。
&=	$a &= 3;	相當於 $a = $a & 3;，& 為位元 AND 運算子。
|=	$a |= 3;	相當於 $a = $a | 3;，| 為位元 OR 運算子。
^=	$a ^= 3;	相當於 $a = $a ^ 3;，^ 為位元 XOR 運算子。
<<=	$a <<= 3;	相當於 $a = $a << 3;，<< 為向左移位運算子。
>>=	$a >>= 3;	相當於 $a = $a >> 3;，>> 為向右移位運算子。
.=	$a .= "str";	相當於 $a = $a . "str" ;，. 為字串運算子。

2-5-8 條件運算子

條件運算子 ?: 是一個三元運算子，其語法如下，若條件運算式的結果為 TRUE，就傳回第一個運算式的值，否則傳回第二個運算式的值：

```
條件運算式 ? 運算式1 : 運算式2
```

例如下面的敘述會得到 "YES"：

```
10 > 2? "YES" : "NO"
```

而下面的敘述會得到 8：

```
FALSE? 10 + 2 : 10 - 2
```

2-5-9 錯誤控制運算子

當我們在運算式的前面加上**錯誤控制運算子 @** 時，運算式可能產生的錯誤訊息將會被忽略。以下面的敘述為例，我們試圖開啟不存在的檔案，正常的情況下會顯示警告，但只要在運算式的前面加上 @，就不會顯示警告。

```
$a = @file("C:\hello.php");
```

請注意，@ 不能放在函式定義、類別定義或流程控制等敘述的前面，而且 PHP 8 的 @ 運算子只會忽略非嚴重錯誤（non-fatal error）。

2-5-10 執行運算子

執行運算子 `` 可以用來執行 shell 命令，下面是一個例子，它會執行 dir 命令，顯示目前路徑的目錄。

\ch02\exe_op.php

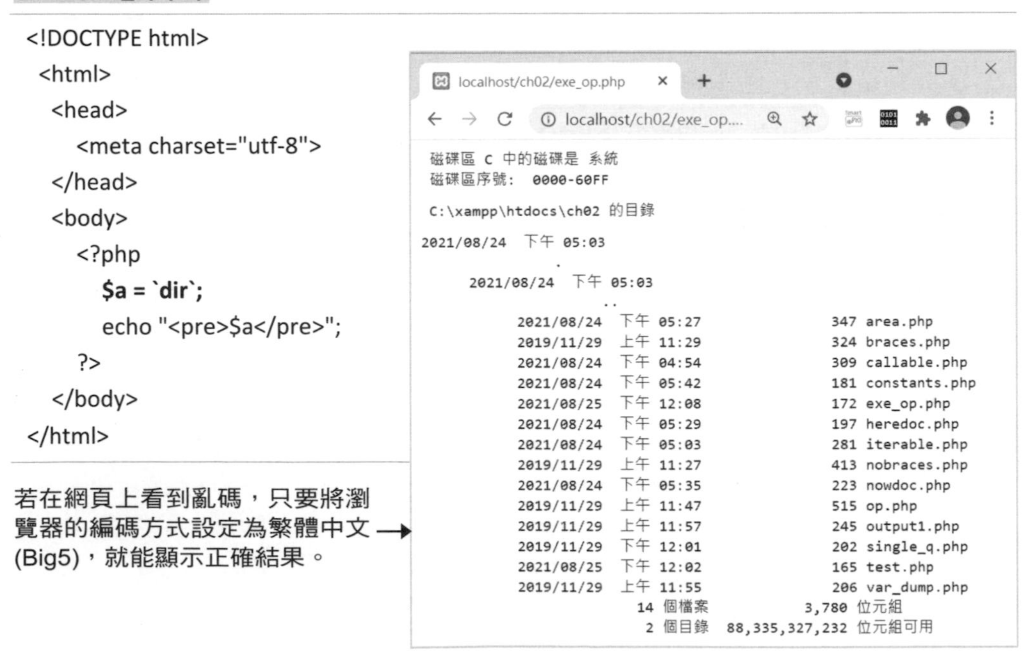

```
<!DOCTYPE html>
 <html>
  <head>
    <meta charset="utf-8">
  </head>
  <body>
    <?php
      $a = `dir`;
      echo "<pre>$a</pre>";
    ?>
  </body>
</html>
```


若在網頁上看到亂碼，只要將瀏覽器的編碼方式設定為繁體中文 (Big5)，就能顯示正確結果。

2-5-11 運算子的優先順序

當運算式中有一種以上的運算子時，PHP 會依照如下的優先順序執行運算子，若要改變預設的優先順序，可以加上小括號，PHP 就會優先執行小括號內的運算式。

高 ↓ 低

<table>
<tr><th>分類</th><th>運算子</th></tr>
<tr><td>指數運算子</td><td>**</td></tr>
<tr><td>遞增、遞減、型別運算子</td><td>++、--、~、(int)、(float)、(string)、(array)、(object)、(bool)、@</td></tr>
<tr><td>邏輯 NOT 運算子</td><td>!</td></tr>
<tr><td>乘、除、餘數運算子</td><td>*、/、%</td></tr>
<tr><td>加、減、字串運算子</td><td>+、-、.</td></tr>
<tr><td>移位運算子</td><td><<、>></td></tr>
<tr><td>比較運算子</td><td><、<=、>、>=</td></tr>
<tr><td>比較運算子</td><td>==、!=、===、!==、<>、<=></td></tr>
<tr><td>位元 AND 運算子</td><td>&</td></tr>
<tr><td>位元 XOR 運算子</td><td>^</td></tr>
<tr><td>位元 OR 運算子</td><td>|</td></tr>
<tr><td>邏輯 AND 運算子</td><td>&&</td></tr>
<tr><td>邏輯 OR 運算子</td><td>||</td></tr>
<tr><td>比較運算子</td><td>??</td></tr>
<tr><td>條件運算子</td><td>?:</td></tr>
<tr><td>指派運算子</td><td>=、+=、-=、*=、**=、/=、.=、%=、&=、|=、^=、<<=、>>=</td></tr>
<tr><td>邏輯 AND 運算子</td><td>and</td></tr>
<tr><td>邏輯 XOR 運算子</td><td>xor</td></tr>
<tr><td>邏輯 OR 運算子</td><td>or</td></tr>
</table>

隨堂練習

撰寫如下網頁，然後啟動瀏覽器執行網頁，看看執行結果為何？

\ch02\op.php

```
<!DOCTYPE html>
<html>
  <head>
    <meta charset="utf-8">
  </head>
  <body>
    <?php
      echo ((1 + 2) * 10 / 6) . "<br>";
      echo (7 * 3 % 8) . "<br>";
      echo ((4 & 6) == 4 ? "Yes" : "No") . "<br>";
      echo (100 == "100") . "<br>";
      echo ("ABCD" < "ABCd") . "<br>";
      echo ((5 <= 9) && (! (3 > 7))) . "<br>";
      echo (("abc" != "ABC") | (3 > 5)) . "<br>";
      echo ((5 <= 9) || (! (3 > 7))) . "<br>";
      echo (-128 >> 3) . "<br>";
    ?>
  </body>
</html>
```

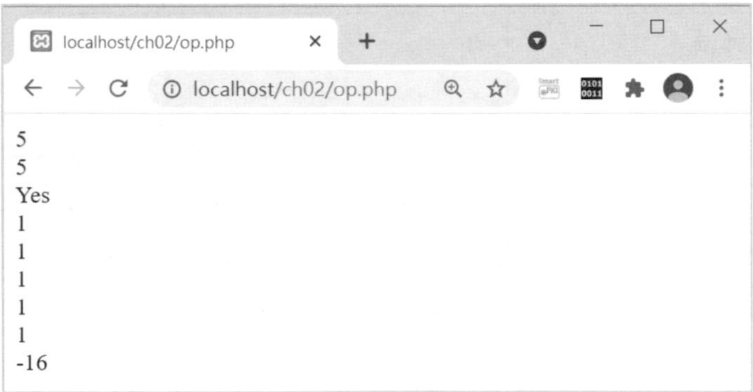

localhost/ch02/op.php

5
5
Yes
1
1
1
1
1
-16

2-6 PHP 的輸出函式

PHP 提供數個輸出函式，比較常用的有 echo、print、var_dump() 等。

echo

```
echo str1 [, str2 [, str3...]]
```

這個函式可以輸出一個或多個字串 (*str1*、*str2*、*str3...*)，下面是一個例子。

\ch02\output1.php

```
01:<!DOCTYPE html>
02:<html>
03:   <head>
04:      <meta charset="utf-8">
05:   </head>
06:   <body>
07:      <?php
08:         echo '<i>Hello!</i><br>';
09:         echo '生日', '快樂', '<br>';
10:         echo '<a href="home.html">回首頁</a>';
11:      ?>
12:   </body>
13:</html>
```

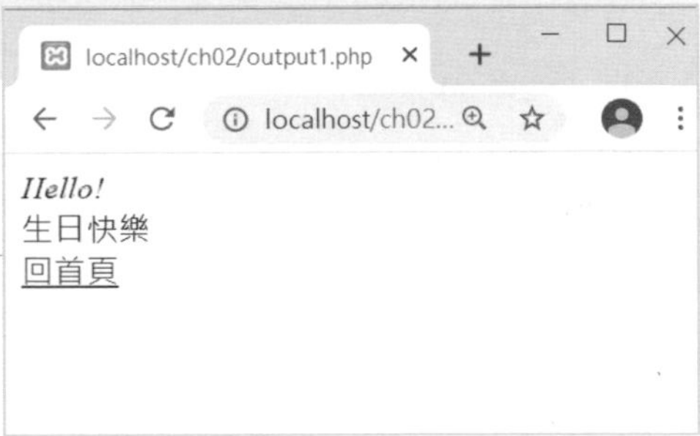

localhost/ch02/output1.php
localhost/ch02...
Hello!
生日快樂
回首頁

- 08：將參數所指定的字串 '<i>Hello World!</i>
' 輸出至網頁，其中 <i>、
 為 HTML 元素，可以將文字加上斜體及換行。
- 09：將三個參數所指定的字串 '生日'、'快樂'、'<br>' 輸出至網頁。
- 10：將參數所指定的字串輸出至網頁，其中 <a> 為 HTML 元素，可以插入超連結。

print

```
print str
```

這個函式可以輸出一個字串（*str*），基本上，它的用法和 echo 差不多，不同之處在於 print 只能接受一個參數，而且 print 有傳回值，1 表示成功，0 表示失敗。我們可以使用 print 將前面的例子 \ch02\output1.php 改寫成如下，要注意的是 print 不接受多個參數，所以將第 09 行的三個參數合併成一個參數：

```
print '<i>Hello!</i><br>';
print '生日快樂<br>';
print '<a href="home.html">回首頁</a>';
```

var_dump()

```
var_dump(var1 [, var2 [, var3...]])
```

這個函式可以輸出一個或多個變數（*var1*、*var2*、*var3...*）的相關資訊，下面是一個例子，它會顯示變數 a、b、c 的相關資訊。

\ch02\var_dump.php

```
<!DOCTYPE html>
<html>
  <head>
    <meta charset="utf-8">
  </head>
  <body>
    <?php
      $a = 1.1;
      $b = TRUE;
      $c = 'Hello!';
      var_dump($a, $b, $c);
    ?>
  </body>
</html>
```

localhost/ch02/var_dump.php

localhost/ch02...

float(1.1) bool(true) string(6) "Hello!"

流程控制

3-1 認識流程控制

我們在前兩章所示範的例子都是很單純的程式，它們的執行方向都是從第一行敘述開始，由上往下依序執行，不會轉彎或跳行，但事實上，大部分的程式並不會這麼單純，它們可能需要針對不同的情況做不同的處理，以完成更複雜的任務，於是就需要**流程控制**（flow control）來協助控制程式的執行方向。

PHP 的流程控制分成下列兩種類型：

- **選擇結構**（decision structure）：用來檢查條件式，然後根據結果為 TRUE 或 FALSE 執行不同的敘述，PHP 提供如下的選擇結構：
    - if (if…、if…else…、if…elseif…)
    - switch
    - match
- **迴圈結構**（loop structure）：用來重複執行某些敘述，PHP 提供如下的迴圈結構：
    - for
    - while
    - do…while
    - foreach

流程控制通常需要借助於邏輯資料，以下是常見的型別與邏輯資料之間的關聯：

- 等於 0 的數值會被視為 FALSE，不等於 0 的數值會被視為 TRUE。
- 空字串 "" 與字串 "0" 會被視為 FALSE，其它字串會被視為 TRUE。
- 沒有元素的陣列和沒有成員的物件會被視為 FALSE。
- NULL 會被視為 FALSE。

3-2 if

if 選擇結構可以用來檢查條件式，然後根據結果為 TRUE 或 FALSE 執行不同的敘述，又分為 if... 、if...else... 、if...elseif... 等形式。

3-2-1 if...

```
if (condition) statement;
```

這種形式的意義是「若...就...」，屬於單向選擇。*condition* 是一個條件式，結果為布林型別，若 *condition* 傳回 TRUE，就執行 *statement* (敘述)；若 *condition* 傳回 FALSE，就離開 if 選擇結構，不會執行 *statement* (敘述)。

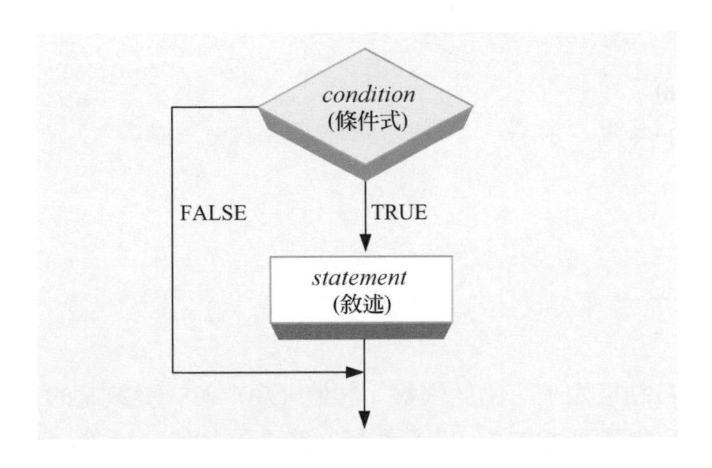

請注意，若 if 後面的 *statement* (敘述) 有很多行，那麼要加上大括號標示 *statement* (敘述) 的開頭與結尾，如下：

```
if (condition) {
    statement1;
    statement2;
    ...
    statementN;
}
```

隨堂練習

撰寫如下網頁，然後啟動瀏覽器執行網頁，看看執行結果為何？

\ch03\if1.php

```
<!DOCTYPE html>
<html>
  <head>
    <meta charset="utf-8">
  </head>
  <body>
    <?php
      $a = 20;
      $b = 10;
      if ($a > $b)
        echo '$a 比$b 大';
    ?>
  </body>
</html>
```

【解答】

這個網頁的執行結果如下，由於變數 a 的值（20）大於變數 b 的值（10），故條件式（$a > $b）會傳回 TRUE，進而執行 if 後面的敘述 echo '$a 比$b 大';，在網頁上顯示「$a 比$b 大」，此處使用單引號字串的原因是為了不要進行變數剖析。

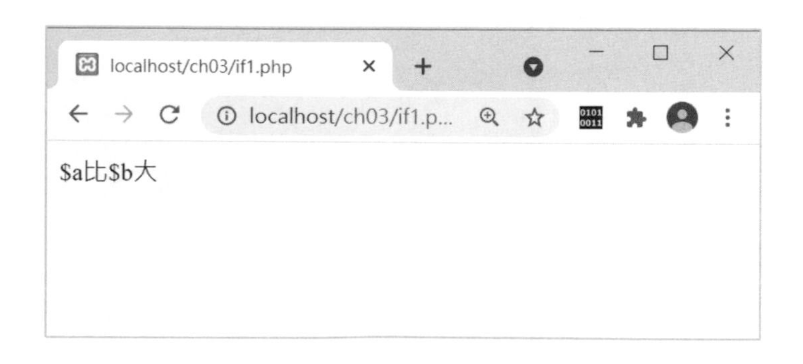

3-2-2 if…else…

```
if (condition) {
    statements1;
}
else {
    statements2;
}
```

這種形式的意義是「若…就…否則…」，屬於雙向選擇。*condition* 是一個條件式，結果為布林型別，若 *condition*(條件式) 傳回 TRUE，就執行 *statements1*(敘述 1)，否則執行 *statements2*(敘述 2)。

換句話說，若條件式成立，就執行 *statements1*，但不執行 *statements2*，若條件式不成立，就執行 *statements2*，但不執行 *statements1*。和單向 if…比起來，雙向 if…else…是比較實用的。

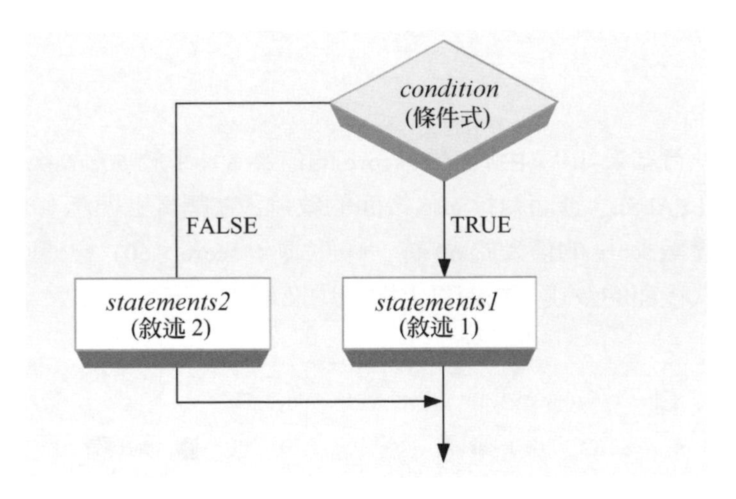

隨堂練習

撰寫如下網頁，然後啟動瀏覽器執行網頁，看看執行結果為何？

\ch03\if2.php

```
<!DOCTYPE html>
<html>
  <head><meta charset="utf-8"></head>
  <body>
    <?php
      $score = 59;
      if ($score > 60)
        echo '及格！';
      else
        echo '不及格！';
    ?>
  </body>
</html>
```

【解答】

這個網頁的執行結果如下，由於變數 score 的值為 59，小於 60，故條件式（$score > 60）會傳回 FALSE，進而執行 else 後面的敘述，在網頁上顯示「不及格！」；相反的，當變數 score 的值大於 60 時，條件式（$score > 60）會傳回 TRUE，進而執行條件式後面的敘述，在網頁上顯示「及格！」。

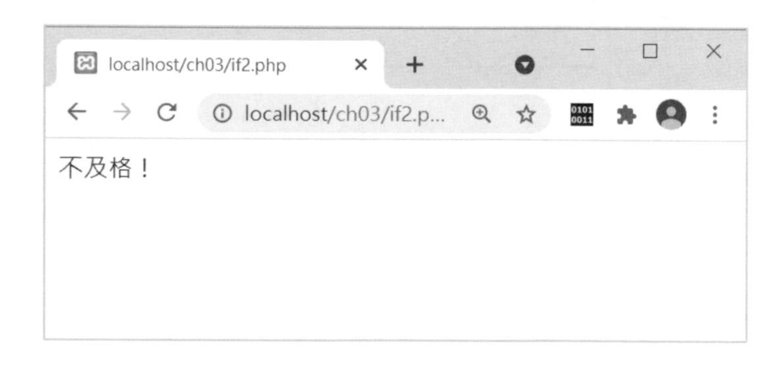

3-2-3 if…elseif…

```
if (condition1) {
    statements1;
}
elseif (condition2) {
    statements2;
}
elseif (condition3) {
    statements3;
}
...
else {
    statementsN+1;
}
```

這種形式的意義是「若…就…否則 若…」，屬於多向選擇。前面所介紹的 if… 和 if…else… 形式都只能處理一個條件式，而這種形式可以處理多個條件式，實用性較高。

一開始先檢查 *condition1* (條件式 1)，若 *condition1* 傳回 TRUE，就執行 *statements1* (敘述 1)，否則檢查 *condition2* (條件式 2)，若 *condition2* 傳回 TRUE，就執行 *statements2* (敘述 2)，否則檢查 *condition3* (條件式 3)，…，依此類推。若所有條件式皆不成立，就執行 else 後面的 *statementsN+1* (敘述 N+1)，所以 *statements1* ~ *statementsN+1* 只有一組會被執行。

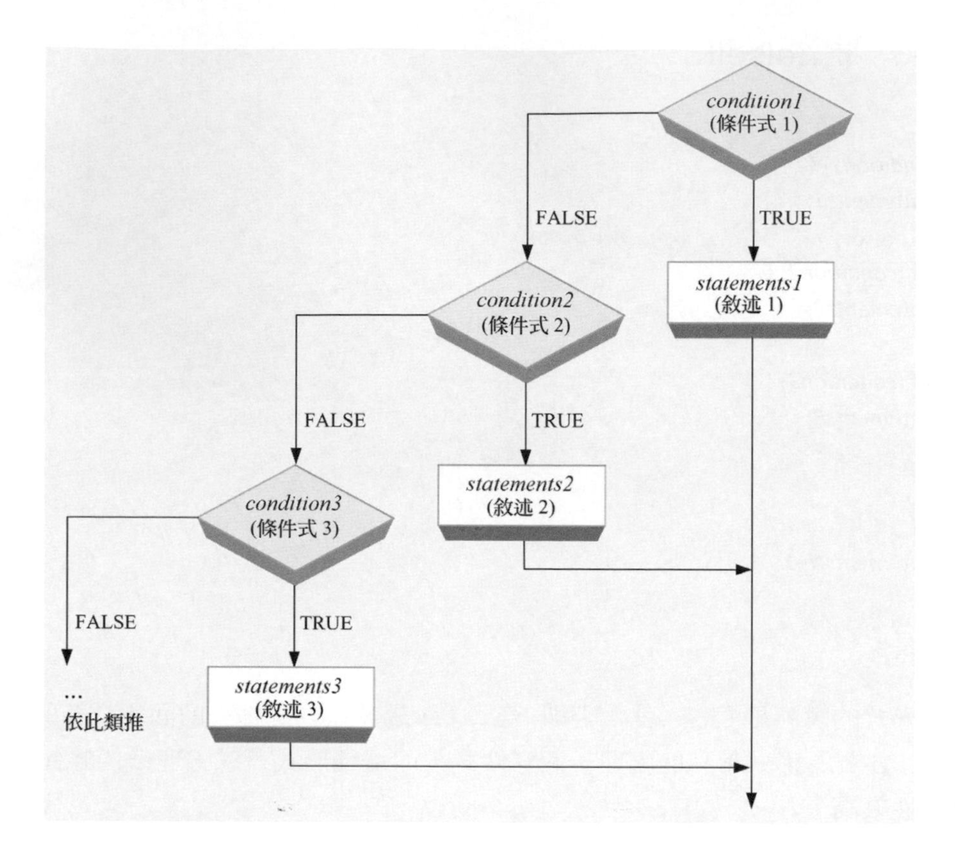

隨堂練習

撰寫如下網頁，然後啟動瀏覽器執行網頁，看看執行結果為何？

\ch03\if3.php (下頁續 1/2)

```
<!DOCTYPE html>
<html>
  <head>
    <meta charset="utf-8">
  </head>
  <body>
    <?php
      $score = 85;
```

\ch03\if3.php (接上頁 2/2)

```
        if ($score >= 90)
          echo '優等！';
        elseif ($score < 90 && $score >= 80)
          echo '甲等！';
        elseif ($score < 80 && $score >= 70)
          echo '乙等！';
        elseif ($score < 70 && $score >= 60)
          echo '丙等！';
        else
          echo '不及格！';
      ?>
    </body>
  </html>
```

【解答】

這個網頁的執行結果如下，由於變數 score 的值為 85，小於 90 大於等於 80，故條件式（$score >= 90）會傳回 FALSE，於是跳到第一個 elseif，此時條件式（$score < 90 && $score >= 80）會傳回 TRUE，進而執行 elseif 後面的敘述，在網頁上顯示「甲等！」。

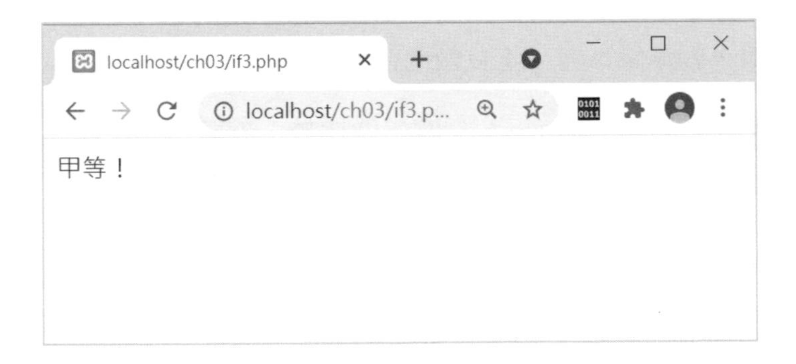

同理，當變數 score 的值小於 80 大於等於 70 時，條件式（$score >= 90）會傳回 FALSE，於是跳到第一個 elseif，此時條件式（$score < 90 && $score >= 80）會傳回 FALSE，於是又跳到第二個 elseif，此時條件式（$score < 80 && $score >= 70）會傳回 TRUE，進而執行 elseif 後面的敘述，在網頁上顯示「乙等！」。

3-3 switch

switch 選擇結構可以根據變數的值而有不同的執行方向，您可以將它想像成一個有多種車位的車庫，這個車庫是根據車輛的種類來分配停靠位置，若進來的是小客車，就會進到小客車專屬的車位，若進來的是大貨車，就會進到大貨車專屬的車位，其語法如下：

```
switch(expression) {
  case value1:
    statements1;
    break;
  case value2:
    statements2;
    break;
  ...
  default:
    statementsN+1;
}
```

我們要先給 switch 選擇結構一個運算式 *expression* 當作判斷的對象，就好像上面比喻的車庫是以車輛的種類當作判斷的對象，接下來的 case 則是要寫出這個運算式可能的值，就好像車輛可能有數個種類。

switch 選擇結構會從第一個值 *value1* 開始做比較，看看是否和運算式 *expression* 的值相等，若相等，就執行其下的敘述 *statements1*，執行完畢後，break 敘述會令其離開 switch 選擇結構；相反的，若不相等，就換和第二個值 *value2* 做比較，看看是否和運算式 *expression* 的值相等，若相等，就執行其下的敘述 *statements2*，執行完畢後，break 敘述會令其離開 switch 選擇結構，...，依此類推；若沒有任何值和運算式 *expression* 的值相等，就執行 default 之下的敘述 *statementsN+1*，然後離開 switch 選擇結構。

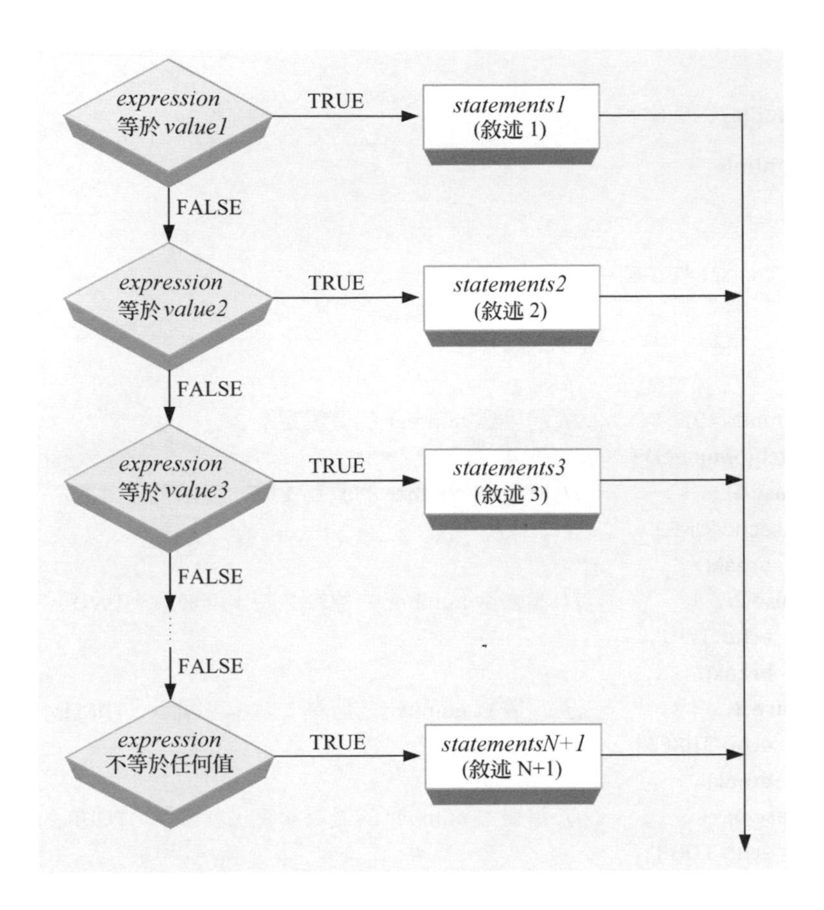

請注意，若在 switch 選擇結構中省略了 break 敘述，將會執行其下的所有程式碼，直到抵達 switch 選擇結構的結尾。

隨堂練習

撰寫一個 PHP 網頁，令它使用 switch 選擇結構根據變數 number 的值顯示對應的英文，當變數 number 的值為 1、2、3、4、5 時，就分別顯示「ONE」、「TWO」、「THREE」、「FOUR」、「FIVE」，當變數 number 的值不為 1 ~ 5 時，就顯示「超過範圍」。

【解答】

\ch03\switch.php

```
<!DOCTYPE html>
<html>
  <head>
    <meta charset="utf-8">
  </head>
  <body>
    <?php
      $number = 3;          // 將變數 number 的值設定為 3
      switch($number) {
        case 1:             // 當變數 number 的值為 1 時，就顯示「ONE」
          echo 'ONE';
          break;
        case 2:             // 當變數 number 的值為 2 時，就顯示「TWO」
          echo 'TWO';
          break;
        case 3:             // 當變數 number 的值為 3 時，就顯示「THREE」
          echo 'THREE';
          break;
        case 4:             // 當變數 number 的值為 4 時，就顯示「FOUR」
          echo 'FOUR';
          break;
        case 5:             // 當變數 number 的值為 5 時，就顯示「FIVE」
          echo 'FIVE';
          break;
        default:            // 當變數 number 的值不為 1 ~ 5 時，就顯示「超過範圍」
          echo '超過範圍';
      }
    ?>
  </body>
</html>
```

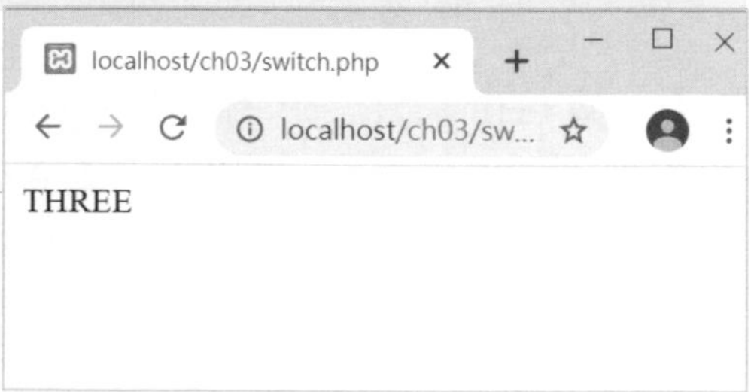

localhost/ch03/switch.php

localhost/ch03/sw...

THREE

3-4 match

PHP 8 新增 match 運算式，其作用和 switch 結構類似，差別如下：

- match 是一個運算式，其結果可以儲存在變數或當作傳回值。
- match 運算式不需要 break 敘述。
- match 運算式採取嚴格比較（===），而 switch 採取寬鬆比較（==）。

下面是一個例子，由於變數 age 的值為 25 (第 08 行)，在 match 運算式中會令 $age >= 20 為 TRUE，所以 match 運算式的結果為 '青年' (第 12 行)。您也可以試著將變數 age 設定為其它數值，例如 18，看看執行結果是否會顯示 '未成年'。

\ch03\match.php

```
01:<!DOCTYPE html>
02:<html>
03:   <head>
04:      <meta charset="utf-8">
05:   </head>
06:   <body>
07:      <?php
08:         $age = 25;
09:         $result = match (true) {
10:            $age >= 65 => '老年',
11:            $age >= 40 => '中年',
12:            $age >= 20 => '青年',
13:            default => '未成年',
14:         };
15:         echo ($result);
16:      ?>
17:   </body>
18:</html>
```

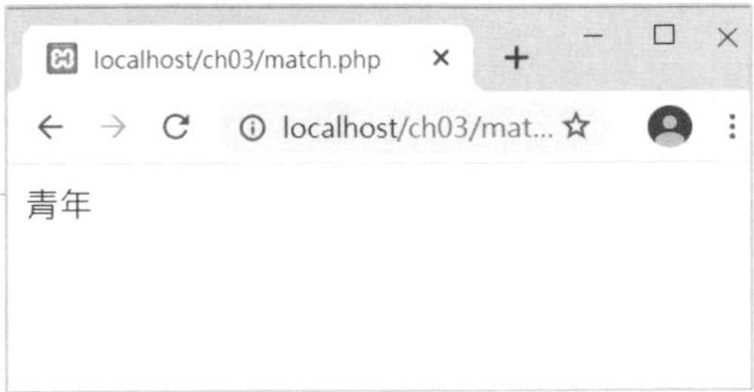

3-5 for

重複執行某個動作是電腦的專長之一，若每執行一次，就要撰寫一次敘述，那麼程式將會變得相當冗長，而 **for 迴圈** (for loop) 就是用來解決重複執行的問題。舉例來說，假設要計算 1 加 2 加 3 一直加到 100 的總和，可以使用 for 迴圈逐一將 1、2、3、...、100 累加在一起，就會得到總和。

我們通常會使用控制變數來控制 for 迴圈的執行次數，所以 for 迴圈又稱為**計數迴圈**，而此控制變數則稱為**計數器**。

```
for (initializers; expression; iterators) {
    statements;
    [break;]
    statements;
}
```

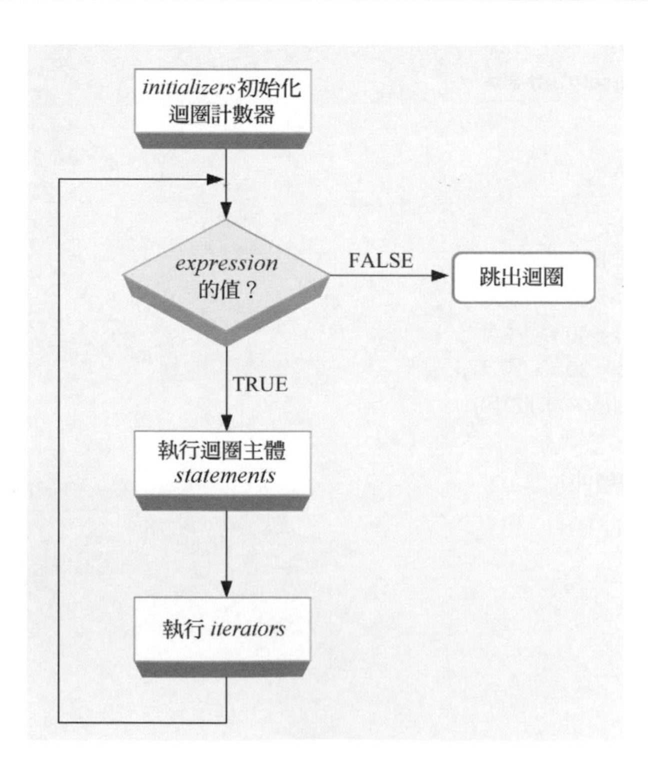

在進入 for 迴圈時，會先透過 *initializers* 初始化迴圈計數器，*initializers* 是使用逗號分隔的運算式清單或指派敘述，接著計算運算式 *expression* 的值，若為 FALSE，就離開 for 迴圈，若為 TRUE，就執行 for 迴圈內的 *statements*，完畢後跳回 for 處執行 *iterators*，再計算運算式 *expression* 的值，若為 FALSE，就離開 for 迴圈，若為 TRUE，就執行 for 迴圈內的 *statements*，完畢後跳回 for 處執行 *iterators*，再計算運算式 *expression* 的值，...，如此周而復始，直到運算式 *expression* 的值為 FALSE。

若要強制離開迴圈，可以加上 break 敘述；若 for 迴圈省略 *initializers*、*expression*、*iterators*，也就是 for (;;)，則會得到一個**無窮迴圈**（infinite loop）。

下面是一個例子 \ch03\for1.php，其中 $i = 1; 是宣告變數 i 做為計數器，初始值設定為 1，而 i <= 10; 是做為條件式，只要變數 i 小於等於 10 就會重複執行迴圈內的敘述，至於 i++ 則是迴圈每重複一次就將變數 i 的值遞增 1，因此，這個 for 迴圈總共執行 10 次 echo $i.'
'; 敘述，依序印出 1、2、3、...、10。

```
<?php
  for ($i = 1; $i <= 10; $i++)
    echo $i.'<br>';
?>
```

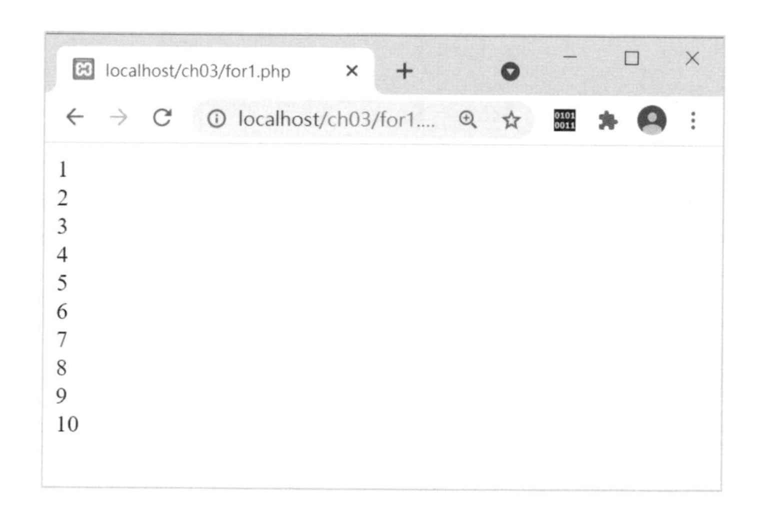

隨堂練習

撰寫一個 PHP 網頁，令它計算 2 到 100 之間所有偶數的總和，然後顯示出來。

【解答】

\ch03\for2.php

```
<?php
  $sum = 0;
  for ($i = 2; $i <= 100; $i+=2)
    $sum = $sum + $i;          // 亦可寫成$sum += $i;
  echo '2 到 100 之間所有偶數的總和為'.$sum;
?>
```

這個 for 迴圈總共執行 50 次 $sum = $sum + $i; 敘述，其中變數 sum 用來存放總和，初始值為 0。

迴圈次數	= 右邊的 $sum	$i	= 左邊的 $sum
第 1 次	0	2	2
第 2 次	2	4	6
第 3 次	6	6	12
…	…	…	…
第 50 次	2450	100	2550

隨堂練習

撰寫一個 PHP 網頁，令它計算 1 到 10 的階乘，然後顯示出來。

【解答】

\ch03\for3.php

```
<?php
  $result = 1;
  for ($i = 1; $i <= 10; $i++)
    $result = $result * $i;        // 亦可寫成$result *= $i;
  echo '1 到 10 的階乘為'.$result;
?>
```

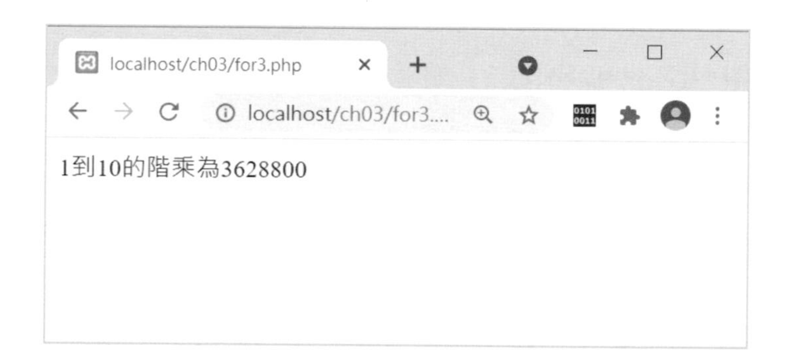

這個 for 迴圈總共執行 10 次 $result = $result * $i; 敘述，其中變數 result 用來存放結果，初始值為 1。

迴圈次數	= 右邊的 $result	$i	= 左邊的 $result
第 1 次	1	1	1*1
第 2 次	1*1	2	1*1*2
第 3 次	1*1*2	3	1*1*2*3
…	…	…	…
第 10 次	1*1*2*3*4*5*6*7*8*9	10	1*1*2*3*4*5*6*7*8*9*10

break 敘述的用途

原則上，在終止條件成立之前，程式的控制權都不會離開 for 迴圈，不過，有時我們可能需要在迴圈內檢查其它條件，一旦符合該條件就強制離開迴圈，此時可以使用 break 敘述，下面是一個例子。

\ch03\break.php

```
01:<!DOCTYPE html>
02:<html>
03:   <head>
04:      <meta charset="utf-8">
05:   </head>
06:   <body>
07:      <?php
08:         $result = 1;
09:
10:         for ($i = 1; $i <= 10; $i++) {
11:            if ($i > 6) break;
12:            $result = $result * $i;
13:         }
14:
15:         echo $result;
16:      ?>
17:   </body>
18:</html>
```

猜猜看結果是多少呢？正確的答案是 720。事實上，這個 for 迴圈並沒有執行到 10 次，一旦第 11 行檢查到變數 i 大於 6 時（即變數 i 等於 7），就會執行 break 敘述強制離開迴圈，故 result 的值為 1 * 1 * 2 * 3 * 4 * 5 * 6 = 720。

此外，break 敘述不僅可以用來強制離開 for 迴圈，也可以用來強制離開 switch 選擇結構、while 迴圈、do…while 迴圈、函式等程式碼區塊。

3-6 while

有別於 for 迴圈是以計數器控制迴圈的執行次數，while 迴圈則是以條件式是否成立做為執行迴圈的依據，只要條件式成立，就會繼續執行迴圈，所以又稱為**條件式迴圈**（conditional loop）。

```
while(condition) {
    statements;
    [break;]
    statements;
}
```

在進入 while 迴圈時，會先檢查 *condition*（條件式）是否成立，即是否為 TRUE，若結果為 FALSE 表示不成立，就離開迴圈，若結果為 TRUE 表示成立，就執行迴圈內的 *statements*（敘述），然後返回迴圈的開頭，再度檢查 *condition* 是否成立，...，如此周而復始，直到 *condition* 的結果為 FALSE 才離開迴圈。若要在中途強制離開迴圈，可以加上 break 敘述。

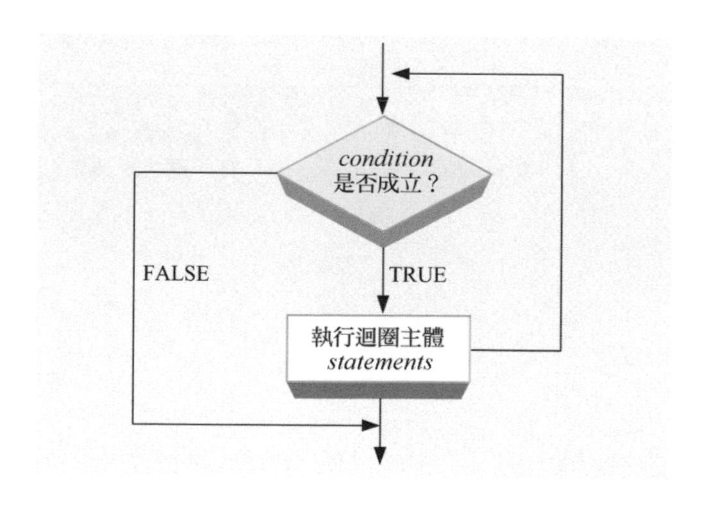

隨堂練習

撰寫一個 PHP 網頁，令它使用 while 迴圈顯示數字 1 到 10。

【解答】

\ch03\while.php

```
<!DOCTYPE html>
<html>
  <head>
    <meta charset="utf-8">
  </head>
  <body>
    <?php
      $i = 1;
      while ($i <= 10)
        echo $i++.'<br>';
    ?>
  </body>
</html>
```

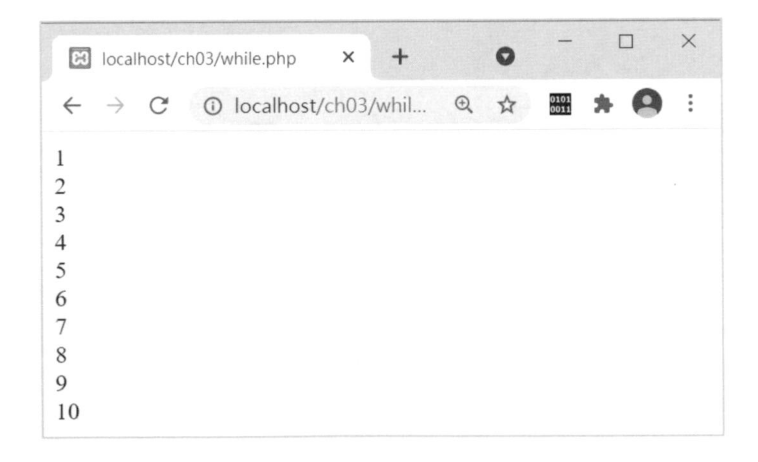

3-7 do...while

```
do {
    statements;
    [break;]
    statements;
}while (condition);
```

do...while 迴圈也是以條件式是否成立做為執行迴圈的依據，在進入 do...while 迴圈時，會先執行迴圈內的 *statements*(敘述)，完畢後碰到 while，再檢查 *condition* (條件式)，若結果為 FALSE 表示不成立，就離開迴圈，若結果為 TRUE 表示成立，就返回 do，再度執行迴圈內的 *statements*，...，如此周而復始，直到 *condition* 的結果為 FALSE 才離開迴圈。

do...while 迴圈和 while 迴圈類似，主要的差別在於能夠確保敘述至少會被執行一次，即使條件式不成立。同樣的，若要在中途強制離開迴圈，可以加上 break 敘述。

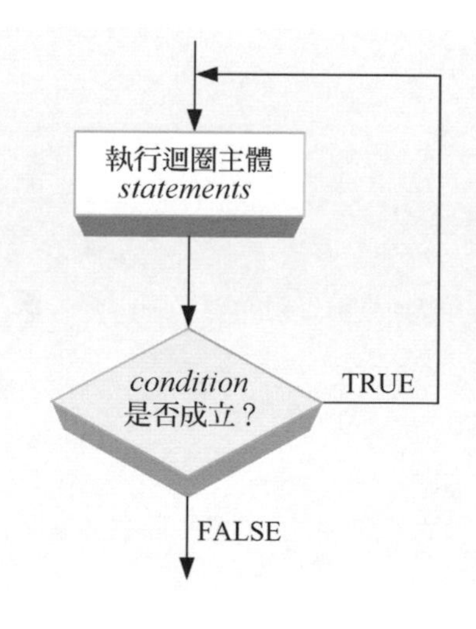

隨堂練習

使用 do…while 迴圈改寫第 3-6 節的隨堂練習 \ch03\while.php，您會發現 while 迴圈改寫成 do…while 迴圈後，執行結果是一樣的。

【解答】

\ch03\do.php

```
<!DOCTYPE html>
<html>
  <head>
    <meta charset="utf-8">
  </head>
  <body>
    <?php
      $i = 1;
      do
        echo $i++.'<br>';
      while ($i <= 10);
    ?>
  </body>
</html>
```

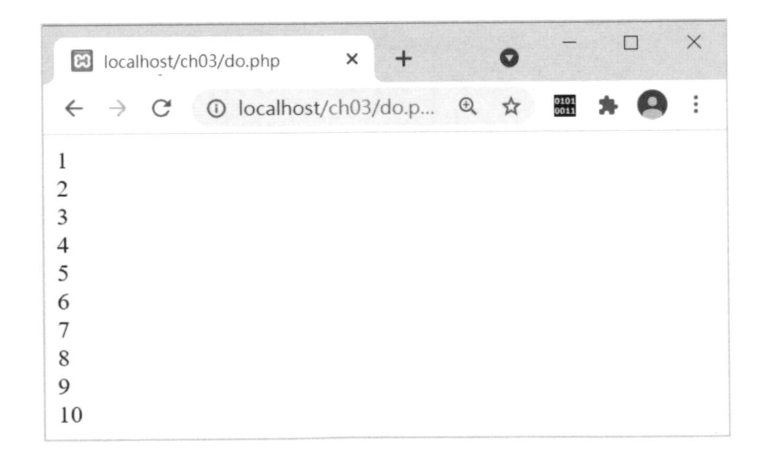

3-8 foreach

foreach 迴圈是設計給**陣列** (array) 使用的 for 迴圈，其語法有下列兩種，*array_name* 為陣列名稱，*$value* 為陣列內目前元素的值，*$key* 為陣列內目前元素的鍵，foreach 迴圈每重複一次，就會移往陣列的下一個元素，若中途要強制離開 foreach 迴圈，可以加上 break 敘述。

```
foreach (array_name as $value) {
    statements;
    [break;]
    statements;
}
```

```
foreach (array_name as $key => $value) {
    statements;
    [break;]
    statements;
}
```

陣列和變數一樣是用來存放資料，不同的是陣列雖然只有一個名稱，卻可以用來存放多個資料。陣列所存放的每個資料叫做**元素** (element)，每個元素有各自的**值** (value)，至於陣列是如何區分它所存放的元素呢？答案是透過**鍵** (key)，在預設的情況下，陣列內第一個元素的鍵為 0，第二個元素的鍵為 1，...，依此類推，第 n 個元素的鍵為 n - 1，第 4 章有進一步的介紹。

以下面的程式碼為例，\ch03\foreach1.php 的第 08 行是定義一個名稱為 city 且包含三個元素 ('東京'、'台北'、'紐約') 的陣列，而 \ch03\foreach2.php 的第 08 行也是定義一個名稱為 city 且包含三個元素 ('東京'、'台北'、'紐約') 的陣列，不同的是它還指派了這三個元素的鍵 ('Japan'、'Taiwan'、'USA')。

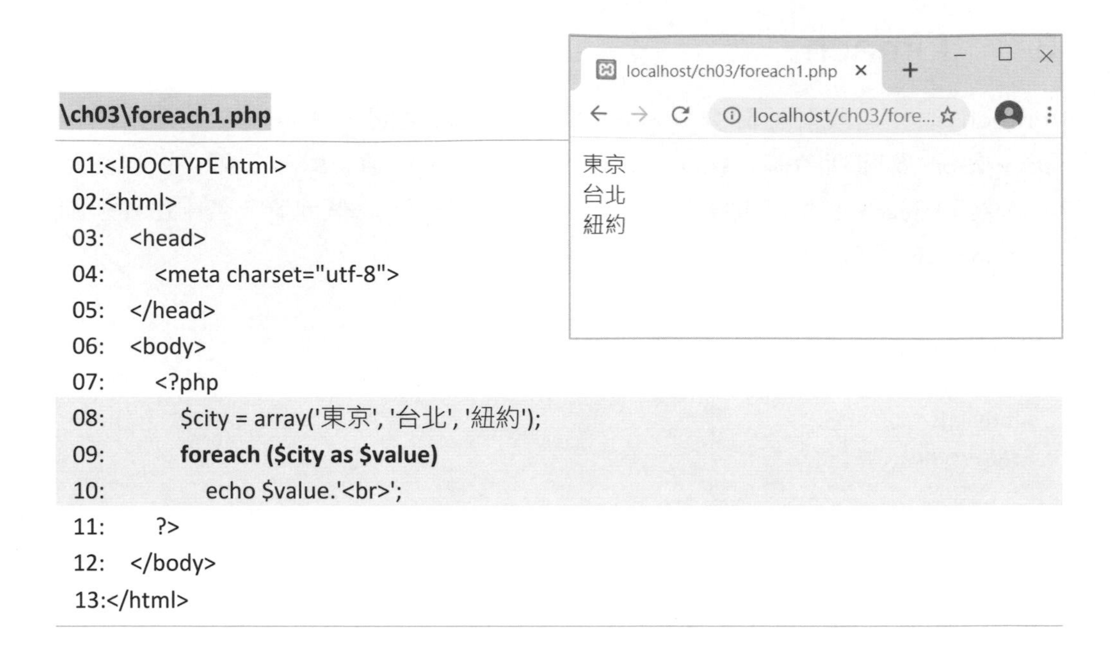

\ch03\foreach1.php

```
01:<!DOCTYPE html>
02:<html>
03:   <head>
04:      <meta charset="utf-8">
05:   </head>
06:   <body>
07:      <?php
08:         $city = array('東京', '台北', '紐約');
09:         foreach ($city as $value)
10:            echo $value.'<br>';
11:      ?>
12:   </body>
13:</html>
```

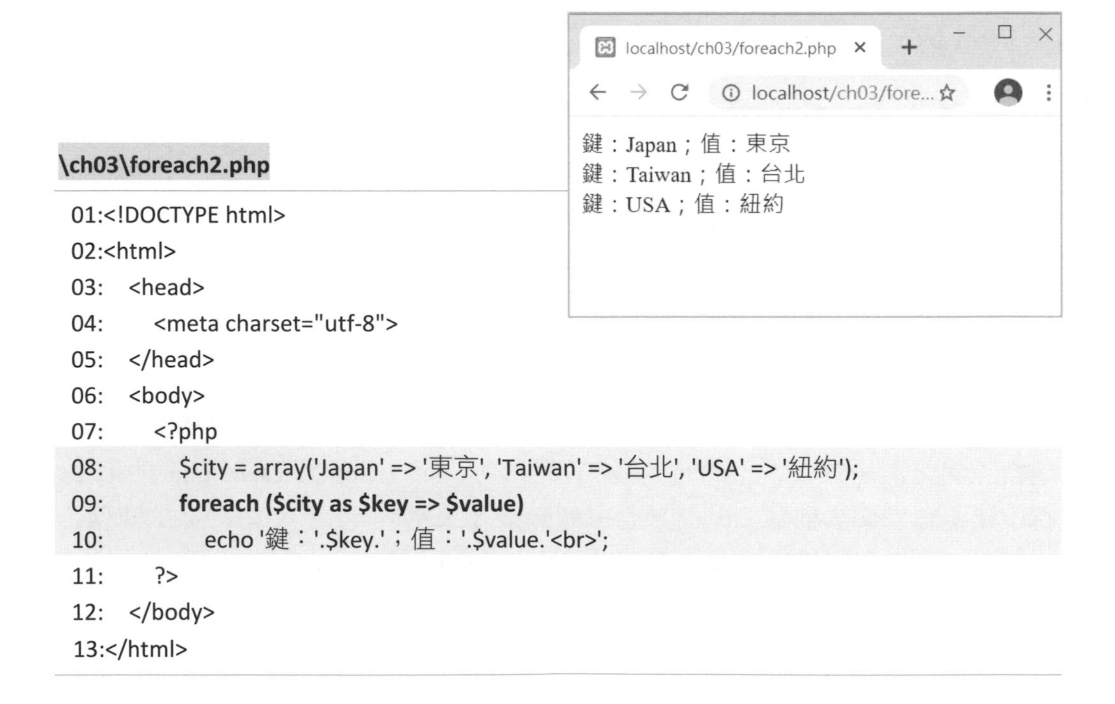

\ch03\foreach2.php

```
01:<!DOCTYPE html>
02:<html>
03:   <head>
04:      <meta charset="utf-8">
05:   </head>
06:   <body>
07:      <?php
08:         $city = array('Japan' => '東京', 'Taiwan' => '台北', 'USA' => '紐約');
09:         foreach ($city as $key => $value)
10:            echo '鍵：'.$key.'；值：'.$value.'<br>';
11:      ?>
12:   </body>
13:</html>
```

3-9 break 與 continue 敘述

誠如前面所言，break 敘述可以用來強制離開 for 迴圈、switch 選擇結構、while 迴圈、do…while 迴圈、函式等程式碼區塊，此處就不再重複講解。

至於 continue 敘述則可以用來在迴圈內跳過後面的敘述，直接返回迴圈的開頭，例如下面的程式碼只會在網頁上顯示 11 到 15，因為在執行到第 09 行時，只要變數 i 小於等於 10，就會跳過 continue; 後面的敘述，直接返回迴圈的開頭，直到變數 i 大於 10，才會執行第 10 行，在網頁上顯示變數 i 的值。

\ch03\continue.php

```
01:<!DOCTYPE html>
02:<html>
03:  <head>
04:    <meta charset="utf-8">
05:  </head>
06:  <body>
07:    <?php
08:      for ($i = 1; $i <= 15; $i++) {
09:        if ($i <= 10) continue;
10:        echo $i.'<br>';
11:      }
12:    ?>
13:  </body>
14:</html>
```

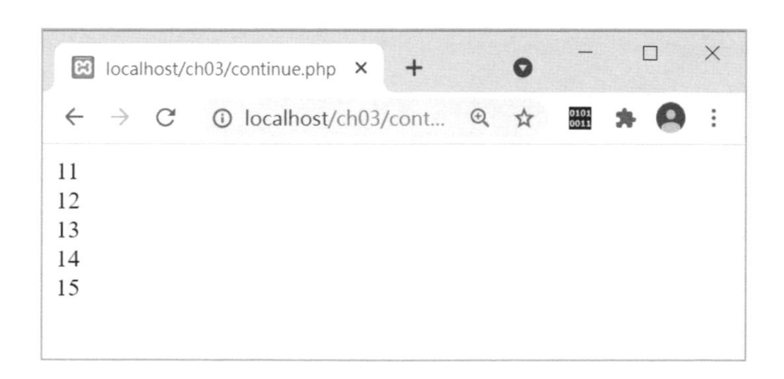

陣列

4-1　認識陣列

4-2　一維陣列

4-3　多維陣列

4-4　陣列運算子

4-5　陣列相關函式

4-1 認識陣列

我們知道電腦可以執行重複的動作，也可以處理大量的資料，但截至目前，我們都只是定義了極小量的資料，若想定義成千上百個字元或數字，該怎麼辦呢？難道要寫出成千上百個敘述嗎？喔，當然不是！此時，您應該使用**陣列**（array）定義大量的資料，而接下來的內容就是要告訴您如何建立及存取陣列。

陣列和變數一樣是用來存放資料，不同的是陣列雖然只有一個名稱，卻可以用來存放多個資料。陣列所存放的每個資料叫做**元素**（element），每個元素有各自的**值**（value），至於陣列是如何區分它所存放的元素呢？答案是透過**鍵**（key），在預設的情況下，陣列內第一個元素的鍵為 0，第二個元素的鍵為 1，...，依此類推，第 n 個元素的鍵為 n - 1。

當陣列的元素個數為 n 時，表示陣列的**長度**（length）為 n，而且除了**一維**（one-dimension）陣列之外，PHP 也允許我們使用**多維**（multi-dimension）陣列。

PHP 規定陣列的鍵必須是整數或字串，不能是陣列或物件，例如下面的敘述是將元素的值 '蘭花' 存放在一維陣列 arr 內鍵為 0 的位置：

```
$arr[0] = '蘭花';
```

而下面的敘述是將元素的值 '蘭花' 存放在一維陣列 arr 內鍵為 '花名' 的位置：

```
$arr['花名'] = '蘭花';
```

我們也可以使用多維陣列，例如下面的敘述是將元素的值 '玫瑰' 存在放二維陣列 arr 內鍵為 1、2 的位置：

```
$arr[1][2] = '玫瑰';
```

而下面的敘述是將元素的值 '玫瑰' 存在放二維陣列 arr 內鍵為 'flower'、'red' 的位置：

```
$arr['flower']['red'] = '玫瑰';
```

事實上，PHP 所支援的陣列屬於**結合陣列**（associative array），有別於 C、C++、Java、C# 等程式語言所支援的**向量陣列**（vector array），在向量陣列中，陣列的大小通常得事先宣告，每個元素的型別必須相同，同時只能透過 0、1、2、3 等整數鍵進行存取，其優點是存取效率較佳，因為編譯程式已經事先根據陣列的大小及元素的型別配置記憶體空間給陣列，自然可以快速計算出所要存取的元素位置。

相反的，在結合陣列中，陣列的大小無須事先宣告，每個元素的型別不一定要相同，同時可以透過整數鍵或字串鍵進行存取，因此，編譯程式不會事先配置記憶體空間給陣列，而是在使用者新增元素時，再配置記憶體空間給該元素，然後放到陣列後面。

此外，還有下列注意事項：

- 在 PHP 7.4.0 之前的版本中，您除了可以使用中括號（[]）存取陣列的元素，也可以使用大括號（{}），但是到了 PHP 8 已經不再支援大括號（{}）的語法。
- 當您使用布林資料做為陣列的鍵時，TRUE 會轉換成 1，而 FALSE 會轉換成 0。
- 當您使用 NULL 做為陣列的鍵時，NULL 會轉換成空字串（""）。
- 當您將 integer、float、boolean、string、resource 等型別的資料轉換為陣列時，會得到一個包含一個元素的陣列，而且元素的鍵為 0，值為該資料。
- 當您將 NULL 轉換為陣列時，會得到一個空陣列。
- 當陣列的鍵為常數或變數時，不能在其前後加上單引號，否則 PHP 將不會去解譯該常數或變數。
- 您可以使用 define() 函數定義常數陣列，稍後有進一步的說明。

4-2 一維陣列

4-2-1 建立一維陣列

方式一：直接指派

建立一維陣列最簡單的方式是直接指派它的鍵 (key) 與值 (value)，鍵必須為整數或字串，值則無此限制。以下面的敘述為例，若一維陣列 my_array 內沒有鍵為 0，就將元素的值 100 新增至陣列後面並令其鍵為 0；相反的，若一維陣列 my_array 內已經有鍵為 0，就將元素的值 100 覆寫至陣列內鍵為 0 的位置：

```
$my_array[0] = 100;
```

方式二：使用 array() 函式

除了直接指派，我們也可以使用 array() 函式建立陣列，舉例來說，假設要建立一個空陣列，然後指派給變數 my_array，可以寫成如下：

```
$my_array = array();
```

假設要建立一個包含三個元素 ('台北'、'紐約'、'東京') 的一維陣列，然後指派給變數 my_array，可以寫成如下，由於這個敘述沒有指派鍵，故預設為 0、1、2：

```
$my_array = array('台北', '紐約', '東京');
```

若要自行指派鍵為 'Taiwan'、'USA'、'Japan'，可以將這個敘述改寫成如下：

```
$my_array = array('Taiwan' => '台北', 'USA' => '紐約', 'Japan' => '東京');
```

請注意，當您有指派元素的值但沒有指派元素的鍵時，例如 my_array[] = 100;，那麼預設的鍵為陣列內最大的鍵加 1，若陣列內沒有正整數鍵 (負數或字串)，那麼預設的鍵為 0。

4-2-2 存取一維陣列

存取一維陣列最簡單的方式是透過鍵指定所要存取的元素，以下面的一維陣列為例，若要存取第一、二、三個元素，可以分別寫成 $my_array['Taiwan']、$my_array['USA']、$my_array['Japan']：

```
$my_array = array('Taiwan' => '台北', 'USA' => '紐約', 'Japan' => '東京');
```

此外，PHP 還提供一個 list() 函式可以用來存取一維陣列，以下面的程式碼為例，第 09 行是使用 list() 函式將變數 tour1、tour2 的值分別指派為一維陣列 my_array 內第一、二個元素，換句話說，變數 tour1、tour2 的值分別為 '台北'、'紐約'，故第 10、11 行會在網頁上顯示 '台北'、'紐約'。

\ch04\arr1.php

```
01:<!DOCTYPE html>
02:<html>
03:   <head>
04:      <metacharset="utf-8">
05:   </head>
06:   <body>
07:      <?php
08:         $my_array = array('台北', '紐約', '東京');
09:         list($tour1, $tour2) = $my_array;
10:         echo $tour1.'<br>';
11:         echo $tour2.'<br>';
12:      ?>
13:   </body>
14:</html>
```


事實上，list() 就像 array() 的反函式，不過，您在 list() 中所指定的變數個數不一定要和陣列的元素個數相同，例如第 08 行雖然指派三個元素給陣列，但第 09 行的 list() 卻只有指定兩個變數。

隨堂練習

撰寫一個 PHP 網頁，裡面有一個名稱為 Scores、包含 6 個元素的一維陣列，用來存放六個學生的分數 (分別為 85、60、54、91、100、77)，而且程式執行完畢後會在網頁上顯示最高分與最低分。

【解答】

\ch04\arr2.php

```
<?php
  $Scores = array(85, 60, 54, 91, 100, 77);
  $MaxScore = 0;
  $MinScore = 100;
  // 使用迴圈找出最高分
  foreach($Scores as $Value)
    if ($Value > $MaxScore)
      $MaxScore = $Value;

  // 使用迴圈找出最低分
  foreach($Scores as $Value)
    if ($Value < $MinScore)
      $MinScore = $Value;
  echo "最高分為$MaxScore<br>";
  echo "最低分為$MinScore<br>";
?>
```

我們可以使用 define() 函數定義常數陣列，例如下面的敘述是定義一個名稱為 PETS、包含三個值的常數陣列，之後 PETS[0]、PETS[1]、PETS[2] 的值將分別為 'dog'、'cat'、'bird'：

```
define('PETS', ['dog', 'cat', 'bird']);
```

4-3 多維陣列

4-3-1 建立多維陣列

方式一：直接指派

建立多維陣列最簡單的方式是直接指派它的鍵 (key) 與值 (value)，鍵必須為整數或字串，值則無此限制。

以下面的敘述為例，若三維陣列 3dim_array 內沒有鍵為 1、2、'name'，就將元素的值 '小丸子' 新增至陣列後面並令其鍵為 1、2、'name'；相反的，若三維陣列 3dim_array 內已經有鍵為 1、2、'name'，就將元素的值 '小丸子' 覆寫至陣列內鍵為 1、2、'name' 的位置：

```
$3dim_array[1][2]['name'] = '小丸子';
```

使用多維陣列時要多留意，例如下面第一個敘述是將元素的值 '玫瑰' 存放在二維陣列 2dim_array 內鍵為 0、'red' 的位置，也就是鍵為 0 的位置是用來存放另一個包含字串 '玫瑰' 的陣列，而下面第二個敘述是將元素的值 100 存放在二維陣列 2dim_array 內鍵為 1 的位置，也就是鍵為 1 的位置是用來存放整數 100：

```
$2dim_array[0]['red'] = '玫瑰';
$2dim_array[1] = 100;
```

由於二維陣列 2dim_array 內鍵為 0 的位置是用來存放另一個陣列，所以類似下面的敘述企圖將它改用來存放其它陣列是合法的：

```
$2dim_array[0]['white'] = '蘭花';
```

相反的，由於二維陣列 2dim_array 內鍵為 1 的位置是用來存放整數，所以類似下面的敘述企圖將它改用來存放另一個陣列是不合法的：

```
$2dim_array[1]['white'] = '蘭花';
```

方式二：使用 array() 函式

假設要建立一個如下的二維陣列，然後指派給變數 my_array，可以寫成如下：

'玫瑰'	'蘭花'	'菊花'	
'蘋果'	'白鳳'	'香蕉'	'葡萄'

```
$my_array = array(array('玫瑰', '蘭花', '菊花'), array('蘋果', '白鳳', '香蕉', '葡萄'));
```

由於這個敘述沒有指派鍵，所以預設的鍵如下：

[0][0]	[0][1]	[0][2]	
[1][0]	[1][1]	[1][2]	[1][3]

若要自行指派如下的鍵，可以將這個敘述改寫成如下：

['flower']['red']	['flower'][white]	['flower'][yellow]	
['fruit']['red']	['fruit']['white']	['fruit']['yellow']	['fruit']['purple']

```
$my_array = array('flower' =>
                    array('red' => '玫瑰', 'white' => '蘭花', 'yellow' => '菊花'),
                    'fruit' =>
                    array('red' => '蘋果', 'white' => '白鳳', 'yellow' => '香蕉', 'purple' => '葡萄'));
```

4-3-2 存取多維陣列

存取多維陣列最簡單的方式是透過鍵指定所要存取的元素，以前一節的二維陣列 my_array 為例，假設要存取鍵為 'flower'、'red' 的元素 (即 '玫瑰')，可以寫成 $my_array['flower']['red']；同理，假設要存取鍵為 'fruit'、'white' 的元素 (即 '白鳳')，可以寫成 $my_array['fruit']['white']。

隨堂練習

假設有 8 位學生各自舉行三輪比賽，得分如下。

	第 1 輪	第 2 輪	第 3 輪
學生 1	5	7.7	8
學生 2	8.8	5.8	8
學生 3	6	9	8.1
學生 4	7.6	8.5	9.5
學生 5	9	9	9.2
學生 6	4	6.3	7.9
學生 7	8.2	7	9.6
學生 8	9.1	8.5	8.9

撰寫一個 PHP 網頁，令它使用二維陣列存放每位學生在每一輪比賽的得分及總得分，然後在網頁上顯示每位學生的總得分，執行結果如下。

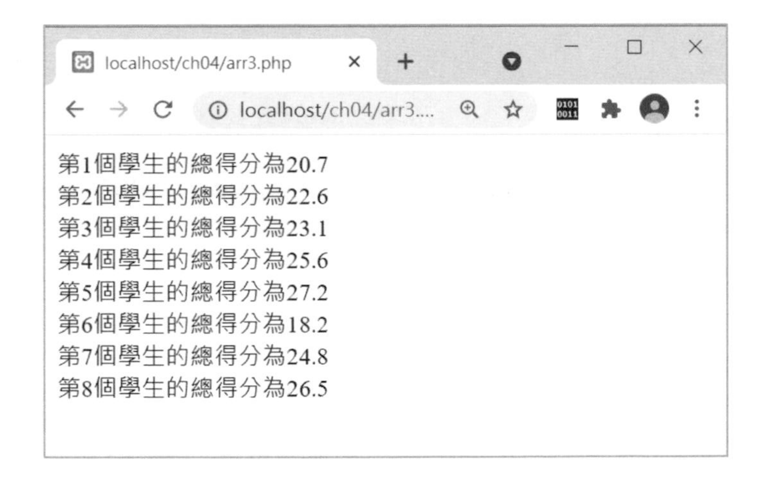

【解答】

\ch04\arr3.php

```
<!DOCTYPE html>
<html>
  <head>
    <meta charset="utf-8">
  </head>
  <body>
    <?php
      // 使用二維陣列 Scores 存放每位學生在每一輪比賽的得分及總得分
      $Scores = array(array(5, 7.7, 8, 0),    array(8.8, 5.8, 8, 0),
                      array(6, 9, 8.1, 0),    array(7.6, 8.5, 9.5, 0),
                      array(9, 9, 9.2, 0),    array(4, 6.3, 7.9, 0),
                      array(8.2, 7, 9.6, 0), array(9.1, 8.5, 8.9, 0));

      // 計算每位學生的總得分並存放在二維陣列
      for($i = 0; $i <= 7; $i++) {
        $subTotal = 0;                    // 將用來暫存每位學生總得分的變數 subTotal 歸零
        for($j = 0; $j <= 2; $j++)        // 將每一輪比賽的得分累計暫存在變數 subTotal
          $subTotal += $Scores[$i][$j];
        $Scores[$i][3] = $subTotal;       // 將累計出來的總得分存放在二維陣列
      }

      $Result = '';                       // 變數 Result 是要顯示在網頁上的字串
      for($i = 0; $i <= 7; $i++)
        $Result = $Result.'第'.($i + 1).'個學生的總得分為'.$Scores[$i][3].'<br>';
      echo $Result;
    ?>
  </body>
</html>
```

這個網頁使用一個 8×4 的二維陣列，除了用來存放 8 位學生在 3 輪比賽中的得分之外，還多加一個欄位用來存放各自的總得分，因此，巢狀迴圈內的 $Scores[$i][3] = $subTotal; 敘述就是將第 i + 1 位學生的總得分存放在二維陣列的 $Scores[$i][3] 位置。

4-4　陣列運算子

PHP 提供如下的陣列運算子，其中 + 運算子會將右邊陣列的元素加入左邊陣列，遇到相同的鍵時不做覆寫，下面是一個例子。

運算子	語法	說明
+	$a + $b	傳回陣列 a 和陣列 b 的聯集。
==	$a == $b	若陣列 a 和陣列 b 有相同的元素，就傳回 TRUE，否則傳回 FALSE。
===	$a === $b	若陣列 a 和陣列 b 有相同的元素且順序相同，就傳回 TRUE，否則傳回 FALSE。
!=	$a != $b	若陣列 a 和陣列 b 不相等，就傳回 TRUE，否則傳回 FALSE（「相等」指的是相同的鍵與相同的值）。
<>	$a <> $b	若陣列 a 和陣列 b 不相等，就傳回 TRUE，否則傳回 FALSE。
!==	$a !== $b	若陣列 a 和陣列 b 不相等，就傳回 TRUE，否則傳回 FALSE。

\ch04\arr4.php

```
<!DOCTYPE html>
<html>
  <head>
    <meta charset="utf-8">
  </head>
  <body>
    <?php
      $a = Array(0 => '台北', 1 => '紐約' );
      $b = Array(0 => '巴黎', 1 => '羅馬', 2 => '東京' );
      $c = $a + $b;
      foreach($c as $Value)
        echo $Value.'<br>';
    ?>
  </body>
</html>
```

localhost/ch04/arr4.php

台北
紐約
東京

4-5 陣列相關函式

PHP 提供許多用來處理陣列的函式，由於篇幅有限，無法一一列舉，此處僅列出比較常用的部分，其它部分請自行參考 PHP 文件 (https://www.php.net/manual/en/)。

函式	說明
is_array(*arg*)	若 *arg* 為 array 型別，就傳回 TRUE，否則傳回 FALSE。
count(*arr*)、sizeof(*arr*)	傳回陣列 *arr* 包含幾個元素。
in_array(*value*, *arr*)	若 *value* 存在於陣列 *arr*，就傳回 TRUE，否則傳回 FALSE，例如 in_array('Jean', array('Bob', 'Mary', 'Jean')); 會傳回 TRUE，in_array('jean', array('Bob', 'Mary', 'Jean')); 會傳回 FALSE，因為有大小寫之分。
unset(*value*)	清除陣列內的元素 *value*，例如 $a = array('Bob', 'Mary', 'Jean', 'Tom');，則 unset($a[1]); 將使陣列 a 剩下 'Bob'、'Jean' 和 'Tom'。
current(*arr*)、pos(*arr*)	陣列內部有一個指向目前元素的指標，其初始位置為陣列的第一個元素，而這兩個函式會傳回陣列 *arr* 內部指標目前所指向的元素，例如 $a = array('Bob', 'Mary', 'Jean');，則 current($a); 和 pos($a); 會傳回 'Bob'。
next(*arr*)	將陣列 *arr* 內部指標指向下一個元素並傳回該元素，例如 $a = array('Bob', 'May', 'Joe');，則 next($a); 會傳回 'May'。
prev(*arr*)	將陣列 *arr* 內部指標指向前一個元素並傳回該元素，例如 $a = array('Bob', 'Mary', 'Jean');，則先呼叫 next($a); 再呼叫 prev($a) 會傳回 'Bob'。
end(*arr*)	將陣列 *arr* 內部指標指向最後一個元素並傳回該元素。
reset(*arr*)	將陣列 *arr* 內部指標指向第一個元素並傳回該元素。
array_walk(*arr*, *func* [, *arg*, ...])	對陣列 *arr* 的每個元素進行 *func* 所指定的函式運算，若 *func* 所指定的函式有參數，可以在 *arg*,... 指定。
each(*arr*)	傳回陣列 *arr* 內部指標目前所指向之元素的鍵與值，然後將內部指標移到下一個元素，通常可以和 list(*arg1*, *arg2*, ...) 函式搭配使用，例如 $a = array('Bob', 'Mary', 'Jean');，而 list($key, $value) = each($a); 會將內部指標目前所指向之元素的鍵 0 與值 'Bob' 指派給變數 key、value。

函式	說明
list(*arg1* [, *arg2*, ...])	將陣列的元素指派給變數 *arg1*、*arg2*、...，例如 list($name1, $name2, $name3) = array('Bob', 'Mary', 'Jean', 'John'); 會將陣列的第一、二、三個元素 'Bob'、'Mary'、'Jean' 指派給變數 name1、name2、name3。
array_combine(*arr1*, *arr2*)	將陣列 *arr1* 的元素當成新陣列的鍵，將陣列 *arr2* 的元素當成新陣列的值，例如 $a = array('a', 'b', 'c');、$b = array('紅', '綠', '藍');，則 array_combine($a, $b); 會傳回 array('a' => '紅', 'b' => '綠', 'c' => '藍')。
array_diff(*arr1, arr2, ...*)	傳回第一個陣列 *arr1* 和其它陣列 *arr2, ...*不同的元素，例如 $a = array(1, 2, 3, 4, 5);、$b = array(1, 2);、$c = array(2, 4);，則 array_diff($a, $b, $c); 會傳回 array(3, 5)。
array_fill(*key*, *num*, *value*)	在陣列內鍵為 *key* 處填入 *num* 個 *value* 所指定的值，例如 array_fill(2, 4, 'a') 會傳回 array(2 => 'a', 3 => 'a', 4 => 'a', 5 => 'a')。
array_keys(*arr* [, *value*])	傳回陣列 *arr* 內的鍵，或值等於 *value* 的鍵，例如 $a = array(1 => 'a', 'x' => 'b', 'y' => 'b');，則 array_keys($a); 會傳回 array(1, 'x', 'y')，而 array_keys($a, 'b'); 會傳回 array('x', 'y')。
array_values(*arr*)	傳回陣列 *arr* 內的值，例如 $a = array(1 => 'a', 'x' => 'b', 'y' => 'b');，則 array_values($a); 會傳回 array('a', 'b', 'b')。
array_reverse(*arr*, [*preserve_keys*])	將陣列 *arr* 內的元素順序顛倒過來，若 *preserve_keys* 為 TRUE，表示要保留鍵的順序，例如 $a = array('a', 'b', 'c');，則 array_reverse($a) 會傳回 array(0 => 'c', 1 => 'b', 2 => 'a')，而 array_reverse($a, TRUE) 會傳回 array(2 => 'c', 1 => 'b', 0 => 'a')。
array_flip(*arr*)	將陣列 *arr* 內的鍵與值交換，例如 $a = array(1 => 'a', 'x' => 'b');，則 array_flip($a); 會傳回 array('a' => 1, 'b' => 'x')。
array_merge(*arr1* [, *arr2*, ...])	將陣列進行聯集，遇到相同的鍵時不做覆寫，例如 $a = array(1 => 'a', 'x' => 'b');、$b = array(2 => 'c', 'x' => 'd');，則 array_merge($a, $b) 會傳回 array(1 => 'a', 'x' => 'b', 2 => 'c')。
array_pad(*arr*, *size*, *value*)	將陣列 *arr* 的大小設定為 *size*，不足的元素填入 *value*，例如 $a = array('a', 'b', 'c');，則 array_pad($a, 5, 'x'); 會傳回 array('a', 'b', 'c', 'x', 'x')。

函式	說明
array_search(*value*, *arr*)	若陣列 *arr* 內有值為 *value* 的元素，就傳回元素的鍵，否則傳回 FALSE，例如 $a = array('a', 'b', 'c');，則 array_search('c', $a); 會傳回 2，而 array_search('C', $a); 會傳回 FALSE。
array_slice(*arr*, *offset* [, *length*])	根據 *offset* 和 *length* 指定的條件從陣列 *arr* 內傳回一串元素，若 *offset* 為正整數，就從陣列的開頭位移 *offset* 個元素開始，否則從陣列的結尾位移 *offset* 個元素開始，若 *length* 為正整數，就傳回 *length* 個元素，否則傳回的元素到陣列的結尾的 *length* 個元素時停止，例如 $a = array('a', 'b', 'c', 'd', 'e');，則 array_slice($a, 2); 會傳回 array('c', 'd', 'e')，array_slice($a, 2, -1); 會傳回 array('c', 'd')。
array_splice(*arr*, *offset* [, *length* [, *replace*]]	根據 *offset* 和 *length* 指定的條件從陣列 *arr* 內移除一串元素，若 *offset* 為正整數，就從陣列的開頭位移 *offset* 個元素開始，否則從陣列的結尾位移 *offset* 個元素開始，若 *length* 為正整數，就移除 *length* 個元素，否則移除的元素到陣列的結尾的 *length* 個元素時停止，當有指定 *replace* 時，表示以 *replace* 取代被移除的元素，例如 $a = array('a', 'b', 'c', 'd');，則 array_splice($a, 2); 會傳回 array('a', 'b')，array_splice($a, 1, -1); 會傳回 array('a', 'd')，array_splice($a, -1, 1, array('e', 'f')); 會傳回 array('a', 'b', 'c', 'e', 'f')。
array_sum(*arr*)	傳回陣列 *arr* 內各個元素的總和 (整數或浮點數)，例如 $a = array(1, 2, 3, 4, 5)，則 array_sum($a); 會傳回 15。
array_unique(*arr*)	移除陣列 *arr* 內重複的元素，例如 $a = array('a' => 'green', 'red', 'b' => 'green', 'blue', 'red');，則 array_unique($a); 會傳回 array('a' => 'green', 0 => 'red', 1 => 'blue')。
array_push(*arr*, *arg1* [, *arg2*, ...])	將 *arg1* [, *arg2*, ...] 等元素加入陣列 *arr* 的尾端，例如 $a = array('a', 'b', 'c');，則 array_push($a, 'd', 'e'); 會得到 $a 為 array('a', 'b', 'c', 'd', 'e')。
array_pop(*arr*)	從陣列 *arr* 的尾端移除一個元素，例如 $a = array('a', 'b', 'c');，則 array_pop($a); 會得到 $a 為 array('a', 'b')。array_push() 和 array_pop() 通常用來處理堆疊 (stack)。
shuffle(*arr*)	將陣列 *arr* 內元素的順序弄亂，每次呼叫都有不同的結果。
array_unshift(*arr*, *arg1* [, *arg2*, ...])	將 *arg1* [, *arg2*, ...] 等元素加入陣列 *arr* 的前端，例如 $a = array('a', 'b', 'c');，則 array_unshift($a, 'd', 'e'); 會得到 $a 為 array('d', 'e', 'a', 'b', 'c')。

函式	說明
array_shift(*arr*)	從陣列 *arr* 的前端移除一個元素，例如 $a = array('a', 'b', 'c');，則 array_shift($a); 會得到 $a 為 array('b', 'c')。array_unshift() 和 array_shift() 通常用來處理佇列 (queue)。
asort(*arr*)	將陣列 *arr* 內元素的值進行排序 (由小到大)，並維持所連結的鍵，例如 $a = array('c' => 'red', 'a' => 'green', 'b' => 'blue');，則 asort($a); 會得到 $a 為 array('b' => 'blue', 'a' => 'green', 'c' => 'red')。
arsort(*arr*)	將陣列 *arr* 內元素的值進行反向排序 (由大到小)，並維持所連結的鍵，例如 $a = array('c' => 'red', 'a' => 'green', 'b' => 'blue');，則 arsort($a); 會得到 $a 為 array('c' => 'red', 'a' => 'green', 'b' => 'blue')。
ksort(*arr*)	將陣列 *arr* 內元素的鍵進行排序 (由小到大)，例如 $a = array('d' => 'red', 'a' => 'green', 'b' => 'blue', 'c' => 'yellow');，則 ksort($a); 會得到 $a 為 array('a' => 'green', 'b' => 'blue', 'c' => 'yellow', 'd' => 'red')。
krsort(*arr*)	將陣列 *arr* 內元素的鍵進行反向排序 (由大到小)，例如 $a = array('d' => 'red', 'a' => 'green', 'b' => 'blue', 'c' => 'yellow');，則 krsort($a); 會得到 $a 為 array('d' => 'red', 'c' => 'yellow', 'b' => 'blue', 'a' => 'green')。
sort(*arr* [, *flag*])	將陣列 *arr* 內元素的值進行排序 (由小到大)，參數有 *flag* 三種值－SORT_REGULAR (正常比較)、SORT_NUMERIC (數值比較)、SORT_STRING (字串比較)，例如 $a = array(100, 85.2, 77, 93, 60);，則 sort($a, SORT_NUMERIC); 會得到 $a 為 array(60, 77, 85.2, 93, 100)。
rsort(*arr* [, *flag*])	將陣列 *arr* 內元素的值進行反向排序 (由小到大)，參數 *flag* 有三種值－SORT_REGULAR (正常比較)、SORT_NUMERIC (數值比較)、SORT_STRING (字串比較)，例如 $a = array(10, 8, 7, 9, 6);，則 rsort($a, SORT_NUMERIC); 會得到 $a 為 array(10, 9, 8, 7, 6)。
usort(*arr*, *func*)	將陣列 *arr* 內元素的值根據 *func* 所指定的函式進行排序。
uksort(*arr*, *func*)	將陣列 *arr* 內元素的鍵根據 *func* 所指定的函式進行排序。
range(*arg1*, *arg2* [, *arg3*])	產生一個下限為 *arg1*、上限為 *arg2*、間隔為 *arg3* 的陣列，若沒有指定 *arg3*，表示間隔為 1，例如 range(1, 5); 會產生 array(1, 2, 3, 4, 5);。

隨堂練習

這個隨堂練習的目的是要示範 usort() 函式的應用，首先，第 08 ~ 13 行宣告一個 compare() 函式比較兩個參數的大小；接著，第 15 行宣告一個名稱為 data 的一維陣列；繼續，第 17 行呼叫 usort() 函式，將一維陣列各個元素的值根據 compare() 函式進行排序；最後，第 19 ~ 21 行使用 foreach 迴圈在網頁上顯示一維陣列各個元素的鍵與值。

\ch04\usort.php

```
01:<!DOCTYPE html>
02:<html>
03:   <head>
04:      <meta charset="utf-8">
05:   </head>
06:   <body>
07:      <?php
08:         function compare($a, $b) {
09:            if ($a == $b) {
10:               return 0;
11:            }
12:            return ($a < $b) ? -1 : 1;
13:         }
14:
15:         $data = array(35, 22, 17, 58, 81);
16:
17:         usort($data, "compare");
18:
19:         foreach ($data as $key => $value) {
20:            echo "$key: $value" . "<br>";
21:         }
22:      ?>
23:   </body>
24:</html>
```

localhost/ch04/usort.php

localhost/ch04/usor...

0: 17
1: 22
2: 35
3: 58
4: 81

函式

5-1 認識函式

函式（function）是將一段具有某種功能或重複使用的敘述寫成獨立的程式單元，然後給予名稱，供後續呼叫使用，以簡化程式提高可讀性。有些程式語言將函式稱為**方法**（method）、**程序**（procedure）或**副程式**（subroutine）。

使用函式的優點如下：

- 函式具有重複使用性，我們可以在程式中不同的地方呼叫相同的函式，不必重複撰寫相同的敘述。
- 加上函式後，程式會變得比較精簡，因為雖然多了呼叫函式的敘述，卻少了更多重複的敘述。
- 加上函式後，程式的可讀性會提高。
- 將程式拆成幾個函式後，寫起來會比較輕鬆，而且程式的邏輯性和正確性都會提高，如此不僅容易理解，也比較好偵錯、修改與維護。

至於使用函式的缺點則是會使程式的執行速度減慢，因為多了一道呼叫的手續，執行速度自然比直接將敘述寫進程式裡面慢一點。

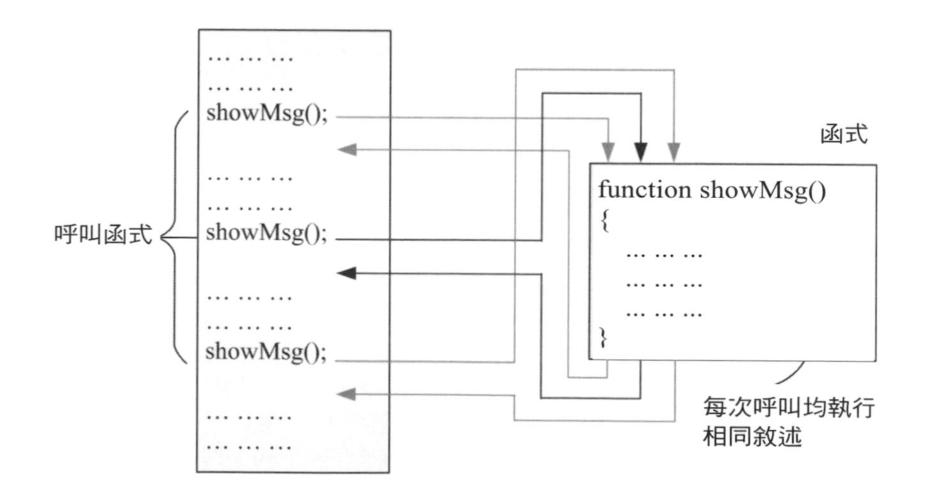

5-2 使用者自訂函式

我們可以使用 function 關鍵字定義函式，其語法如下：

```
function function_name([argumentlist]) [: return_type] {
    statements;
    [return;|return value;]
    [statements;]
}
```

- function：這個關鍵字用來表示要定義函式。
- *function_name*：這是函式的名稱，命名規則與變數相同，即第一個字元可以是英文字母或底線，其它字元可以是英文字母、底線或阿拉伯數字，不同的是函式的名稱沒有大小寫之分，PHP 會將之儲存為小寫。
- {、}：標示函式的開頭與結尾。
- ([*argumentlist*])：這是函式的參數，我們可以利用參數傳遞資料給函式。
- *statements*：這是函式主要的程式碼部分。
- [return;|return *value*;]：若要將程式的控制權從函式內移轉到呼叫函式處，可以使用 return 敘述。當函式沒有傳回值且不需要提早移轉到呼叫函式處時，return 敘述可以省略不寫；相反的，當函式有傳回值時，return 敘述不可以省略不寫，而且後面必須加上傳回值 *value*。
- [: *return_type*]：宣告傳回值的型別，這是 PHP 7 新增的功能。

例如下面的敘述是定義一個名稱為 Greeting、沒有參數、也沒有傳回值的函式：

```
function Greeting() {
    echo "歡迎光臨 PHP 的世界!";
}
```

請注意，函式必須加以呼叫才會執行，而且當函式有參數時，參數的個數及順序不能弄錯，即便函式沒有參數，小括號仍須保留，其語法如下：

```
function_name([argumentlist]);
```

下面是一個例子，第 08 ~ 10 行是定義一個名稱為 Greeting、沒有參數、也沒有傳回值的函式，第 12 行是呼叫函式，如此一來，當瀏覽者載入網頁時，就會在網頁上顯示「歡迎光臨 PHP 的世界!」，若第 12 行省略不寫，函式將不會執行。

\ch05\func1.php

```
01:<!DOCTYPE html>
02:<html>
03:   <head>
04:      <meta charset="utf-8">
05:   </head>
06:   <body>
07:      <?php
08:         function Greeting() {
09:            echo "歡迎光臨 PHP 的世界!";
10:         }
11:
12:         Greeting();
13:      ?>
14:   </body>
15:</html>
```

PHP 3 規定函式定義一定要放在函式呼叫的前面，但是到了 PHP 4 以後則無此限制，換句話說，我們也可以將第 12 行的函式呼叫移到第 08 行的函式定義前面，例外的是「條件式函式」與「函式中的函式」兩種情況。

條件式函式 (conditional function)

若函式定義放在條件式中，那麼必須在條件式成立後，才能呼叫該函式，例如：

```
<?php
  $status = TRUE;

  // 此處尚不能呼叫函式 Greeting()
  if ($status) {
    function Greeting() {
      echo "歡迎光臨 PHP 的世界!";
    }
  }

  // 此處之後才能呼叫函式 Greeting()
  Greeting();
?>
```

函式中的函式 (function within function)

若函式定義放在其它函式中，那麼必須在呼叫其它函式後，才能呼叫該函式，例如：

```
<?php
  function MyFunction() {
    function Greeting() {
      echo "歡迎光臨 PHP 的世界!";
    }
  }

  // 此處尚不能呼叫函式 Greeting()
  MyFunction();

  // 此處之後才能呼叫函式 Greeting()
  Greeting();
?>
```

5-3 函式的參數

我們可以利用**參數**（argument）傳遞資料給函式，當參數的個數超過一個時，中間以逗號隔開，而在呼叫有參數的函式時，要注意參數的個數及順序不能弄錯。PHP 支援的參數傳遞方式有「傳值呼叫」與「傳址呼叫」，以下有進一步的說明。

5-3-1 傳值呼叫

PHP 預設的參數傳遞方式為**傳值呼叫**（call by value），函式無法改變參數的值，因為 PHP 傳遞給函式的是參數的值，而不是參數的位址，如此一來，無論函式內的敘述如何改變傳遞進來的參數的值，都不會影響到原來呼叫函式處的那個參數的值，下面是一個例子。

\ch05\func2.php

```
01:<?php
02:   function swap($n1, $n2) {
03:      $temp = $n1;
04:      $n1 = $n2;
05:      $n2 = $temp;
06:      echo '$n1 的值為'.$n1.'<br>';
07:      echo '$n2 的值為'.$n2.'<br>';
08:   }
09:
10:   $num1 = 1;
11:   $num2 = 100;
12:   swap($num1, $num2);
13:   echo '$num1 的值為'.$num1.'<br>';
14:   echo '$num2 的值為'.$num2.'<br>';
15:?>
```

localhost/ch05/func2.php

$n1的值為100
$n2的值為1
$num1的值為1
$num2的值為100

- 02 ~ 08：定義一個名稱為 swap、有兩個參數、沒有傳回值的函式，其用途是將兩個參數的值交換。
- 12：呼叫函式，同時將變數 num1 和變數 num2 的值（1、100）當作參數傳遞給函式，於是變數 n1 和變數 n2 的值一開始為 1、100，經過交換後成為 100、1，遂在網頁上顯示「$n1 的值為 100」、「$n2 的值為 1」。
- 13、14：由於函式採取傳值呼叫，變數 num1 和變數 num2 的值並不會受到影響，所以會在網頁上顯示「$num1 的值為 1」、「$num2 的值為 100」。

5-3-2 傳址呼叫

PHP 亦支援另一種常見的參數傳遞方式，叫做**傳址呼叫**（call by reference），函式能夠改變參數的值，因為 PHP 傳遞給函式的是參數的位址，而不是參數的值，如此一來，只要函式內的敘述改變參數的值，原來呼叫函式處的那個參數的值也會隨著改變，因為它們指向同一個位址。

舉例來說，假設要將 \ch05\func2.php 的函式改為傳址呼叫，那麼只要將第 02 行改寫成如下即可，也就是在所定義的兩個參數 n1、n2 前面加上 & 符號：

```
function swap(&$n1, &$n2)
```

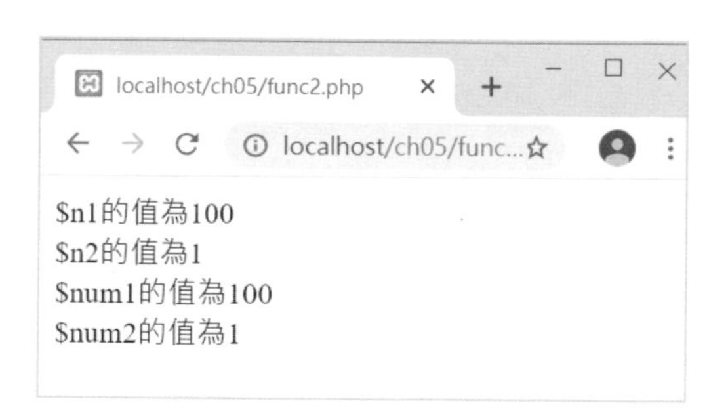

很明顯的，網頁上所顯示的字串和之前採取傳值呼叫時不同，在換成傳址呼叫後，num1 和 n1 是指向同一個位址的變數（即同一個變數），而 num2 和 n2 也是指向同一個位址的變數（即同一個變數），因此，一旦 n1 和 n2 的值交換成為 100、1，num1 和 num2 的值也會隨著交換成為 100、1。

5-3-3 設定參數的預設值

我們可以在定義函式的同時設定參數的預設值，如此一來，當函式呼叫沒有提供參數的值時，就會自動採取預設值，要注意的是擁有預設值的參數必須放在沒有預設值的參數後面。

下面是一個例子，其中第 08 行將參數的預設值設定為 '茶'，所以第 12 行雖然沒有提供參數的值，但仍會在網頁上顯示「請給我一杯茶」，至於第 13 行則因為有提供參數的值為 '咖啡'，所以會在網頁上顯示「請給我一杯咖啡」。

\ch05\func3.php

```
01:<!DOCTYPE html>
02:<html>
03:  <head>
04:     <meta charset="utf-8">
05:  </head>
06:  <body>
07:     <?php
08:        function drink($kind = '茶') {
09:           echo '請給我一杯'.$kind.'<br>';
10:        }
11:
12:        drink();
13:        drink('咖啡');
14:     ?>
15:  </body>
16: </html>
```

localhost/ch05/func3.php

localhost/ch05/func...

請給我一杯茶
請給我一杯咖啡

5-3-4 變動長度參數串列

PHP 提供所謂的**變動長度參數串列** (variable-length argument list)，也就是函式沒有固定的參數個數。在 PHP 5.5 以前（含）的版本，我們通常得借助於 func_num_args()、func_get_arg(*n*)、func_get_args() 等函式來處理變動長度參數串列，而到了 PHP 5.6 以後（含）的版本，則可以改用 **...** 符號來取代。

下面是一個例子 \ch05\func4.php，其中第 02 行使用 ... 符號宣告變動長度參數串列，而第 03、04 行使用 foreach 迴圈顯示各個參數的值，因此，在第 07 行呼叫 tour() 函式並傳入三個參數後，網頁上就會顯示這三個參數的值。

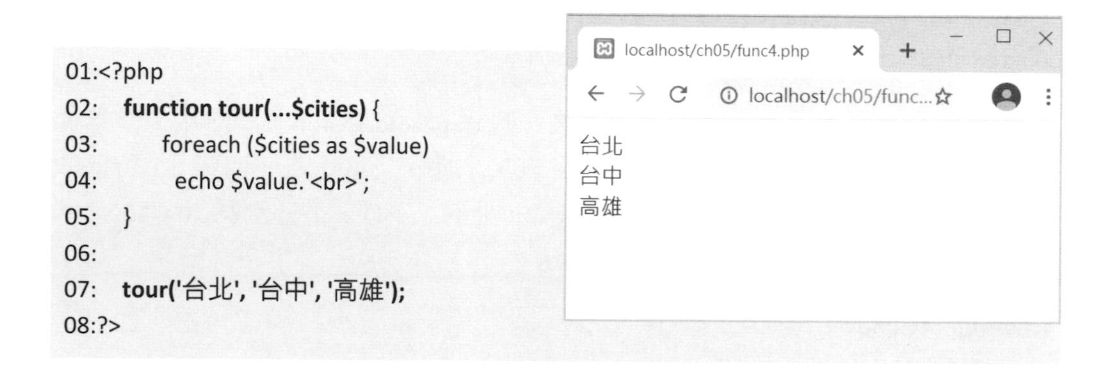


```
01:<?php
02:   function tour(...$cities) {
03:       foreach ($cities as $value)
04:         echo $value.'<br>';
05:   }
06:
07:   tour('台北', '台中', '高雄');
08:?>
```

5-3-5 純量型別宣告

PHP 7 新增**純量型別宣告**（scalar type declaration）功能，可以在宣告參數的同時指定參數的型別。下面是一個例子 \ch05\func4a.php，其中第 02 行指定參數的型別為 int，因此，第 06 行會顯示 sumOfInts(1, '4', 4.8) 的值為 9，以及該值的型別為 int。

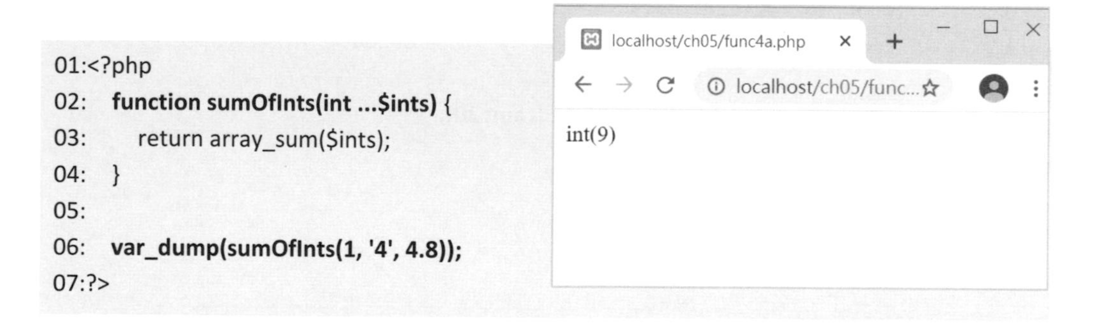


```
01:<?php
02:   function sumOfInts(int ...$ints) {
03:       return array_sum($ints);
04:   }
05:
06:   var_dump(sumOfInts(1, '4', 4.8));
07:?>
```

提醒您，array_sum(*arr*) 為 PHP 的內建函式，用途是傳回陣列 *arr* 內各個元素的總和（整數或浮點數），舉例來說，假設 $a = array(1, 2, 3, 4, 5);，則 array_sum($a); 會傳回 15。

5-3-6 命名參數

PHP 預設採取**位置參數**（position argument），函式呼叫裡面的參數順序必須對應函式定義裡面的參數順序，一旦寫錯順序，會導致對應錯誤，但有些參數順序實在不好記，此時可以使用 PHP 8 新增的**命名參數**（named argument）功能來做區分，也就是在呼叫函式時指定參數名稱。

下面是一個例子，其中第 08 ~ 11 行定義一個 trapezoidArea() 函式，用來計算梯形面積，三個參數 top、bottom、height 表示上底、下底、高，而第 13 行採取命名參數的方式呼叫 trapezoidArea() 函式，上底、下底、高分別為 10、20、5，於是得到梯形面積為 (10 + 20) * 5 /2 = 75。

\ch05\func4b.php

```
01:<!DOCTYPE html>
02:<html>
03:   <head>
04:       <meta charset="utf-8">
05:   </head>
06:   <body>
07:      <?php
08:         function trapezoidArea($top, $bottom, $height) {
09:            $area = ($top + $bottom) * $height / 2;
10:            echo "梯形面積為".$area;
11:         }
12:
13:         trapezoidArea(height: 5, top: 10, bottom: 20);
14:      ?>
15:   </body>
16:</html>
```

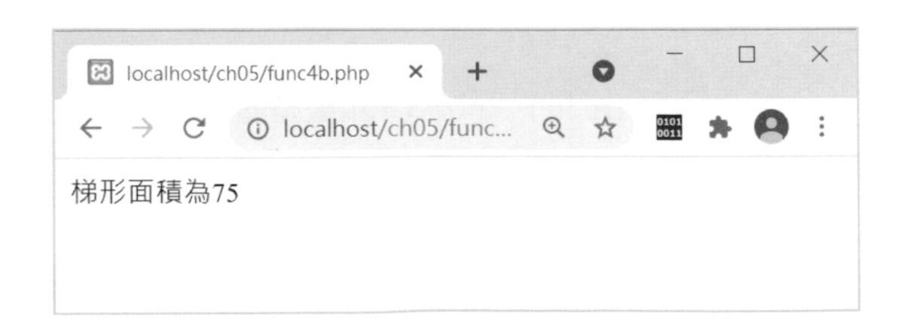

5-4 函式的傳回值

函式通常會依序執行到大括號所標示的結束處，若要提早離開函式，返回原來呼叫函式處，可以使用 return 敘述；或者，若要從函式傳回某個值，也可以使用 return 敘述，後面加上傳回值。此外，PHP 從 7.0 版開始新增**傳回值型別宣告**（return type declaration）功能，可以在宣告函式的同時指定傳回值的型別。

下面是一個例子，其中 Convert2F() 函式可以將攝氏溫度轉換為華氏溫度，因此，第 06 行的 Convert2F(14) 會傳回浮點數值 57.2，得到如下圖的執行結果。

```
01:<?php
02:   function Convert2F($DegreeC) {
03:       return $DegreeC * 1.8 + 32;
04:   }
05:
06:   echo '攝氏 14 度可以轉換為華氏'.Convert2F(14).'度';
07:?>
```

若將第 02 行改寫成如下，將傳回值型別指定為 int，則第 06 行的 Convert2F(14) 會傳回整數值 57，得到如下圖的執行結果。

```
02:   function Convert2F($DegreeC) : int {
```

5-5 型別宣告

型別宣告（type declaration）可以加在函式的參數、傳回值或類別的屬性，用來確保參數或傳回值在函式呼叫的時候能夠符合指定的型別。在本節中，我們將介紹 callable 和 iterable 兩種原始型別，以及聯合型別（union type）、nullable 型別和 mixed 型別。

5-5-1 callable 型別

我們可以使用 callable 關鍵字將函式的參數或傳回值型別指定為另一個函式，下面是一個例子，其中 f1() 函式的第一個參數為 callable 型別，所以第 11 行在呼叫 f1() 函式時將 f2() 函式當作參數傳遞進去，執行結果如下圖，會在 "Hello, world" 字串的後面加上 "!"。

\ch05\callable.php

```
01:<?php
02:   function f1(callable $format, $str) {
03:      echo $format($str);
04:      echo "<br>";
05:   }
06:
07:   function f2($str) {
08:      return $str . "!";
09:   }
10:
11:   f1("f2", "Hello, world");
12:?>
```

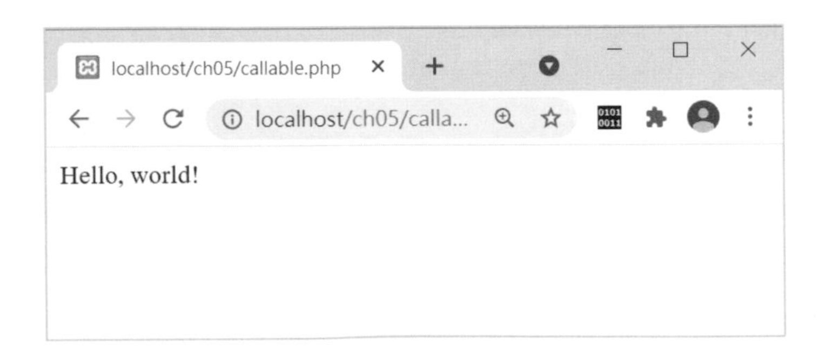

5-5-2 iterable 型別

我們可以使用 iterable 關鍵字將函式的參數或傳回值型別指定為可迭代的值，也就是能夠使用 foreach 迴圈重複存取的值，例如陣列。下面是一個例子，其中 printIterable() 函式的參數為 iterable 型別（第 08 行），所以能夠使用 foreach 迴圈印出參數的值（第 09 ~ 11 行），執行結果如下圖，會印出陣列的每個元素。

\ch05\iterable.php

```
01:<!DOCTYPE html>
02:<html>
03:  <head>
04:    <meta charset="utf-8">
05:  </head>
06:  <body>
07:    <?php
08:      function printIterable(iterable $myIterable) {
09:        foreach($myIterable as $item) {
10:          echo $item."<br>" ;
11:        }
12:      }
13:
14:      $arr = ["cat", "dog", "pig"];
15:      printIterable($arr);
16:    ?>
17:  </body>
18:</html>
```

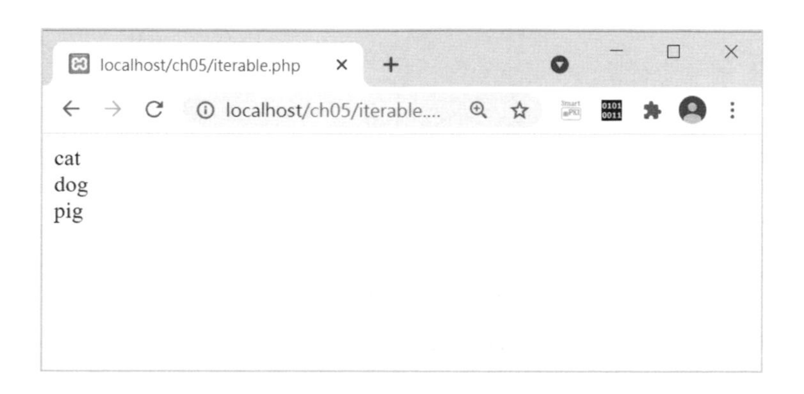

5-5-3 聯合型別

PHP 8 新增**聯合型別**（union type）可以將函式的參數或傳回值型別指定為多個不同的型別，聯合型別的語法為 *T1*| *T2*...。下面是一個例子，其中 printPara() 函式的參數為 int 和 string 聯合型別（第 08 行），執行結果如下圖，第 13、14 行會印出參數的相關資訊，而第 15 行會因為參數型別不符發生 TypeError。

\ch05\union.php

```
01:<!DOCTYPE html>
02:<html>
03:    <head>
04:        <meta charset="utf-8">
05:    </head>
06:  <body>
07:    <?php
08:        function printPara(int|string $a) {
09:            var_dump($a);
10:            echo "<br>";
11:        }
12:
13:        printPara(5);              // 參數為 int 型別
14:        printPara('cat');          // 參數為 string 型別
15:        printPara([1, 2, 3]);      // 參數為陣列（型別不符發生 TypeError)
16:    ?>
17:  </body>
18:</html>
```

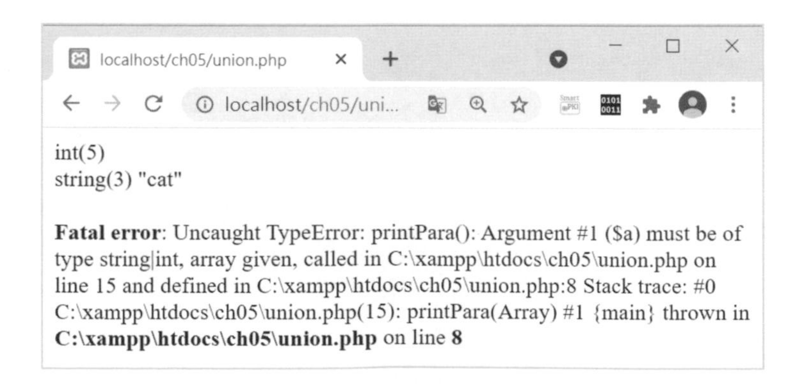

5-5-4 nullable 型別

PHP 從 7.1.0 版開始允許我們將函式的參數或傳回值型別指定為 nullable 型別，也就是 null，只要在型別前面加上 ? 符號即可。下面是一個例子，其中 printPara() 函式的參數為 nullable 型別（第 08 行），?int 表示參數可以是 null 或 int 型別，執行結果如下圖。

\ch05\nullable.php

```
01:<!DOCTYPE html>
02:<html>
03:  <head>
04:    <meta charset="utf-8">
05:  </head>
06:  <body>
07:    <?php
08:      function printPara(?int $a) {
09:        var_dump($a);
10:        echo "<br>";
11:      }
12:
13:      printPara(5);          // 參數為 int 型別
14:      printPara(null);       // 參數為 null
15:      printPara("cat");      // 參數為字串 (型別不符發生 TypeError)
16:    ?>
17:  </body>
18:</html>
```

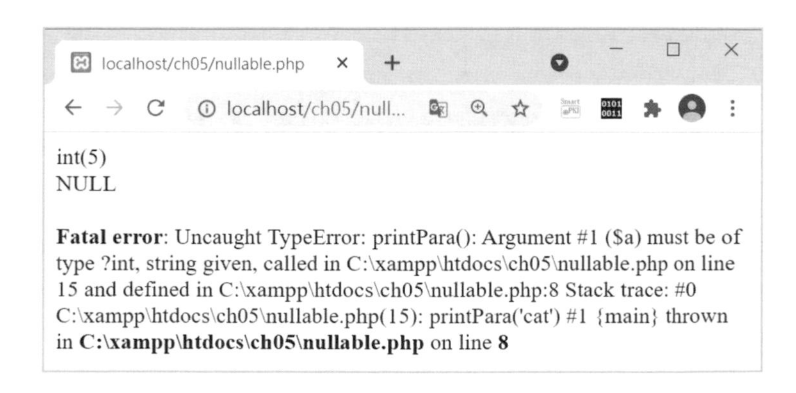

5-5-5 nullable 聯合型別

PHP 8 允許 null 也可以是聯合型別的一部分，例如 T1|T2|null，而且 ?T 可以視為 T|null 的簡易表示法。以 \ch05\nullable.php 為例，第 08 行亦可改寫成如下的 nullable 聯合型別，然後另存新檔為\ch05\nullable2.php，執行結果是相同的：

```
08:        function printPara(int|null $a) {
```

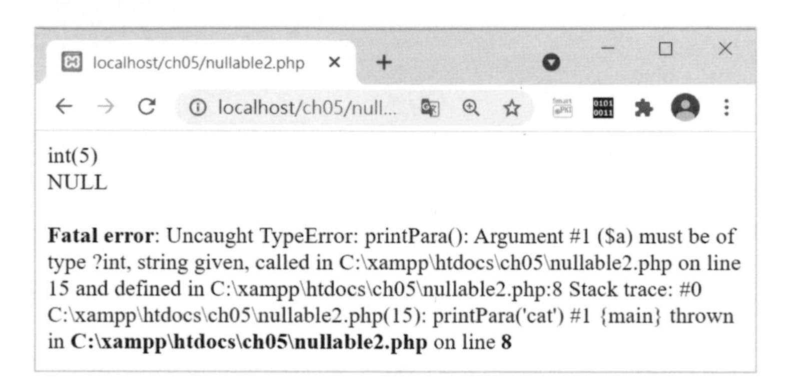

5-5-6 mixed 型別

PHP 8 新增 mixed 型別，該型別就相當於 object|resource|array|string|int|float|bool|null 聯合型別。舉例來說，假設將 \ch05\nullable.php 的第 08 行改寫成如下，然後另存新檔為 \ch05\mixed.php，執行結果如下圖，不會發生 TypeError：

```
08:        function printPara(mixed $a) {
```

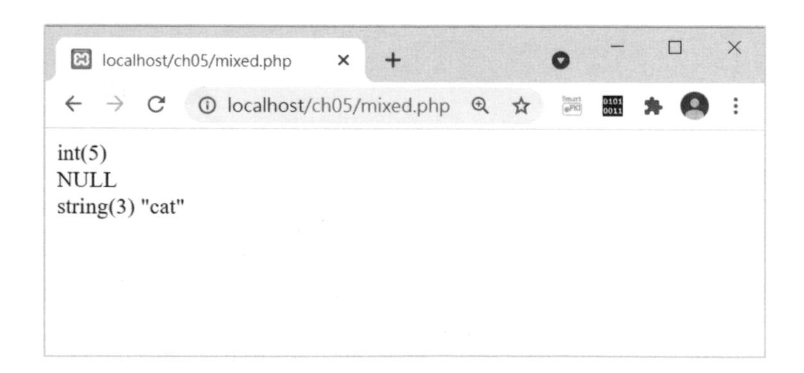

5-6 區域變數 vs. 全域變數

本節所要討論的是一個重要的觀念，就是變數的**有效範圍** (scope)，這指的是程式的哪些區塊能夠存取變數的值，大部分的 PHP 變數都只有一種有效範圍，就是程式的所有區塊均能存取變數的值，稱為**全域變數** (global variable)，例外的是在函式內定義的變數，稱為**區域變數** (local variable)，只有函式內的敘述能夠存取區域變數的值，下面是一個例子。

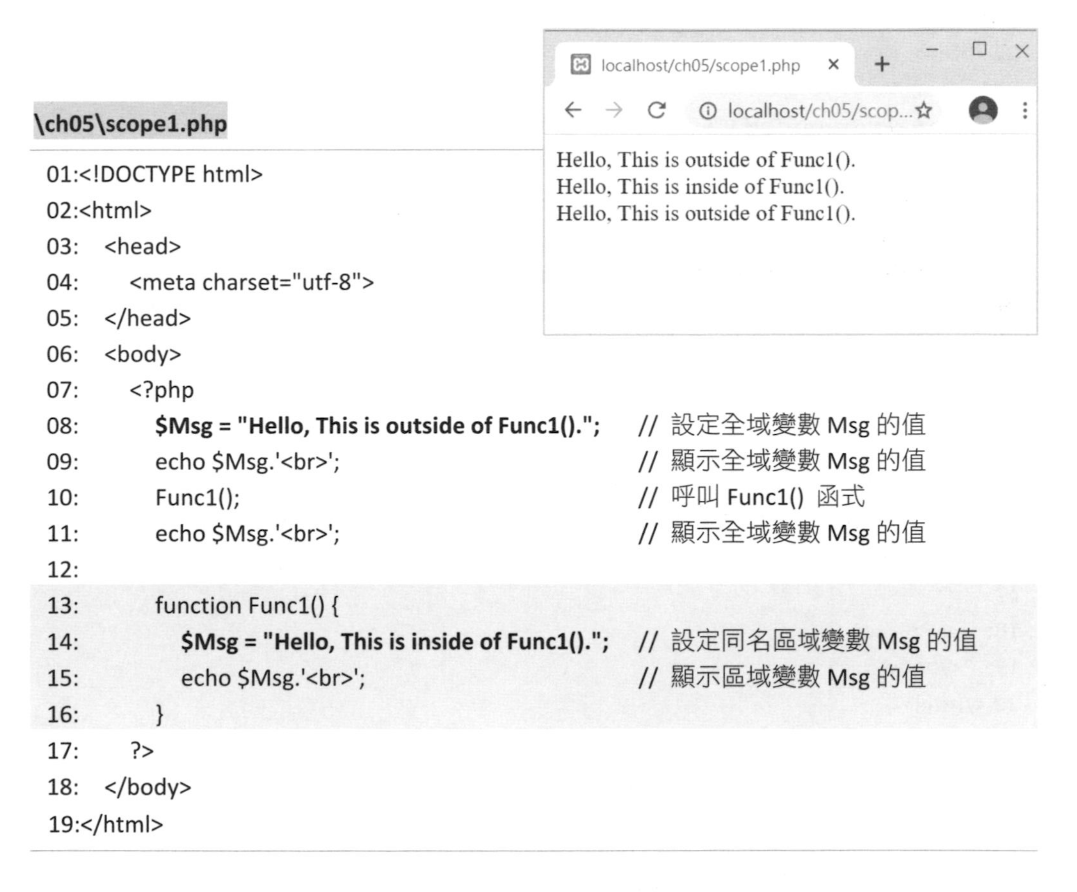

\ch05\scope1.php

```
01:<!DOCTYPE html>
02:<html>
03:  <head>
04:    <meta charset="utf-8">
05:  </head>
06:  <body>
07:    <?php
08:      $Msg = "Hello, This is outside of Func1().";   // 設定全域變數 Msg 的值
09:      echo $Msg.'<br>';                              // 顯示全域變數 Msg 的值
10:      Func1();                                       // 呼叫 Func1() 函式
11:      echo $Msg.'<br>';                              // 顯示全域變數 Msg 的值
12:
13:      function Func1() {
14:        $Msg = "Hello, This is inside of Func1().";  // 設定同名區域變數 Msg 的值
15:        echo $Msg.'<br>';                            // 顯示區域變數 Msg 的值
16:      }
17:    ?>
18:  </body>
19:</html>
```

網頁上的三行字串分別是由第 09、10、11 行所顯示，其中第 09、11 行會顯示全域變數 Msg 的值為 " Hello, This is outside of Func1()."，而第 10 行因為呼叫 Func1() 函式，故會顯示同名區域變數 Msg 的值為 "Hello, This is inside of Func1()."。

由此可知，即便使用同名區域變數，PHP 一樣能夠正確區分；相反的，若我們在函式內使用 global 關鍵字將 Msg 定義為全域變數，結果會變成怎麼樣呢？看看下面的例子就知道了。

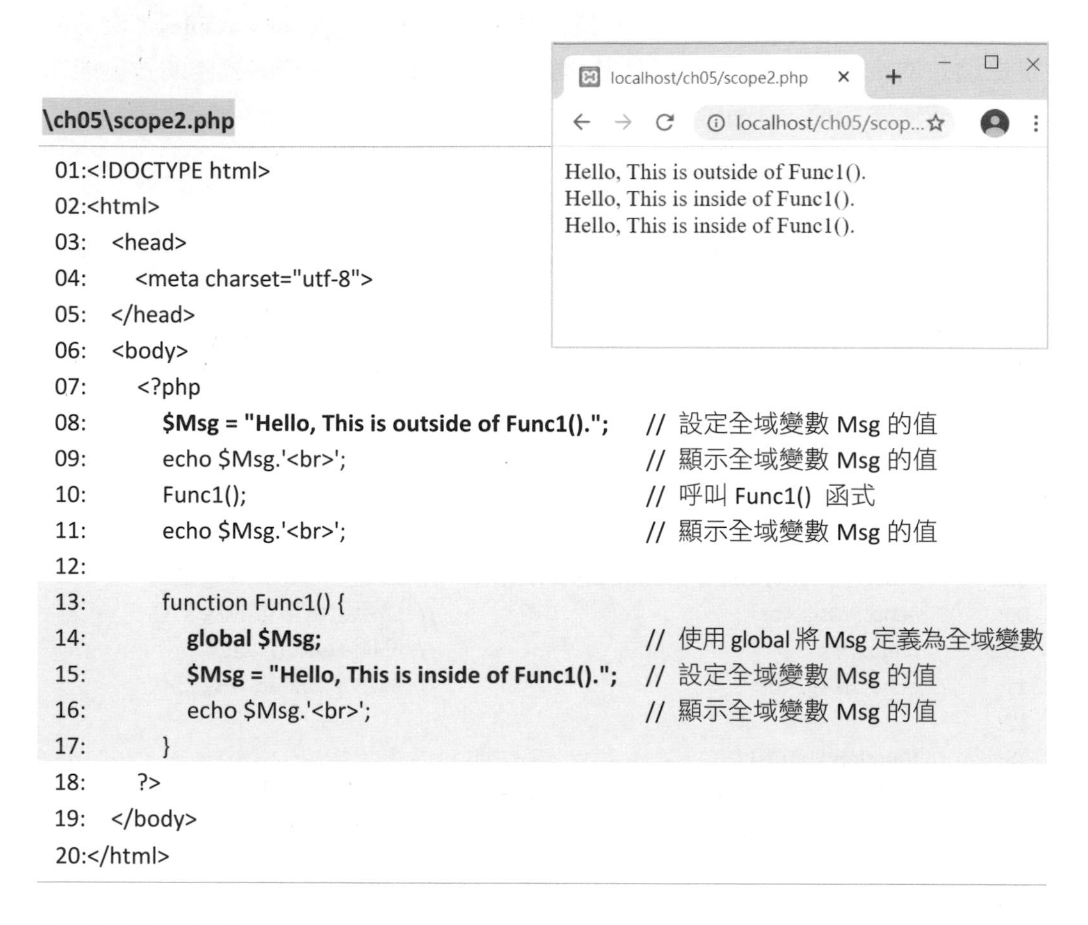

\ch05\scope2.php

```
01:<!DOCTYPE html>
02:<html>
03:  <head>
04:    <meta charset="utf-8">
05:  </head>
06:  <body>
07:    <?php
08:      $Msg = "Hello, This is outside of Func1().";   // 設定全域變數 Msg 的值
09:      echo $Msg.'<br>';                             // 顯示全域變數 Msg 的值
10:      Func1();                                      // 呼叫 Func1() 函式
11:      echo $Msg.'<br>';                             // 顯示全域變數 Msg 的值
12:
13:      function Func1() {
14:        global $Msg;                                // 使用 global 將 Msg 定義為全域變數
15:        $Msg = "Hello, This is inside of Func1().";  // 設定全域變數 Msg 的值
16:        echo $Msg.'<br>';                           // 顯示全域變數 Msg 的值
17:      }
18:    ?>
19:  </body>
20:</html>
```

網頁上的三行字串分別是由第 09、10、11 行所顯示，其中第 08 行將全域變數 Msg 的值設定為 "Hello, This is outside of Func1()."，故第 09 行會顯示全域變數 Msg 的值為 "Hello, This is outside of Func1().";接著，第 10 行呼叫 Func1() 函式，此時，第 15 行使用 global 關鍵字將 Msg 定義為全域變數，而第 16 行將全域變數 Msg 的值改設定為 "Hello, This is inside of Func1()."，故第 10、11 行會顯示全域變數 Msg 的值為 "Hello, This is inside of Func1()."。

5-7 靜態變數

對於函式內的區域變數來說，當我們呼叫函式時，區域變數會被建立，而在函式執行完畢後，區域變數就會被釋放，換句話說，區域變數的值並不會被保留下來。

以下面的程式碼為例，它會在網頁上顯示兩個 1，第一個 1 是第一次呼叫 Add() 函式的結果，而第二個 1 是第二次呼叫 Add() 函式的結果。在第一次呼叫 Add() 函式時，區域變數 Result 的初始值為 0，遞增 1 後變成 1，於是在網頁上顯示 1，待函式執行完畢後，區域變數 Result 的值會被釋放而不會保留下來；接著又再度呼叫 Add() 函式，此時，區域變數 Result 的初始值仍為 0，遞增 1 後還是會得到 1，於是在網頁上顯示 1。

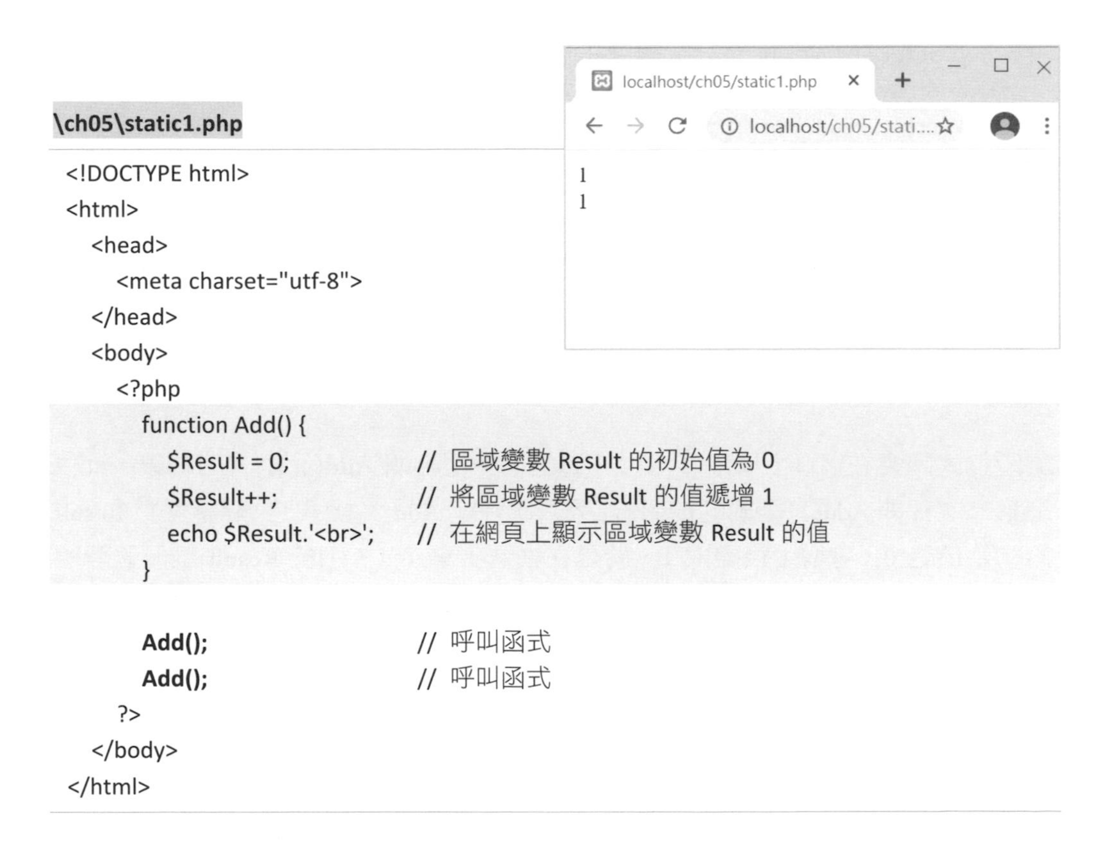

\ch05\static1.php

```
<!DOCTYPE html>
<html>
  <head>
    <meta charset="utf-8">
  </head>
  <body>
    <?php
      function Add() {
        $Result = 0;              // 區域變數 Result 的初始值為 0
        $Result++;                // 將區域變數 Result 的值遞增 1
        echo $Result.'<br>';      // 在網頁上顯示區域變數 Result 的值
      }

      Add();                      // 呼叫函式
      Add();                      // 呼叫函式
    ?>
  </body>
</html>
```

若要保留函式內區域變數的值，可以使用 static 關鍵字將它定義為**靜態變數** (static variable)，下面是一個例子。

\ch05\static2.php

```
<!DOCTYPE html>
<html>
  <head>
    <meta charset="utf-8">
  </head>
  <body>
    <?php
      function Add() {
        static $Result = 0;          // 使用 static 關鍵字將 Result 定義為靜態變數
        $Result++;                   // 將靜態變數 Result 的值遞增 1
        echo $Result.'<br>';         // 在網頁上顯示靜態變數 Result 的值
      }

      Add();                         // 呼叫函式
      Add();                         // 呼叫函式
    ?>
  </body>
</html>
```

localhost/ch05/static2.php

1
2

這段程式碼會在網頁上顯示 1 和 2，1 是第一次呼叫 Add() 函式的結果，而 2 是第二次呼叫 Add() 函式的結果。在第一次呼叫 Add() 函式時，靜態變數 Result 的初始值為 0，遞增 1 後變成 1，於是在網頁上顯示 1，由於 Result 是一個靜態變數，所以在函式執行完畢後，Result 的值會保留下來而不會被釋放；接著又再度呼叫 Add() 函式，此時，靜態變數 Result 的值為 1，遞增 1 後會得到 2，於是在網頁上顯示 2。

同理，若我們第三次呼叫 Add() 函式，網頁上會顯示多少呢？請您想想看吧！正確的答案是 3。

5-8 可變動函式

可變動函式（variable function）指的是我們可以動態設定函式的名稱，也就是當某個變數的名稱後面存在著小括號時，PHP 就會試著找出這個變數所代表的值，然後去執行和值同名的函式。

下面是一個例子，其中第 17 行使用可變動函式，由於當時變數 func 的值為 'CircleArea'，所以會執行函式呼叫 CircleArea(10);；同理，第 19 行使用可變動函式，由於當時變數 func 的值為 'SquareArea'，所以會執行函式呼叫 SquareArea(10);。

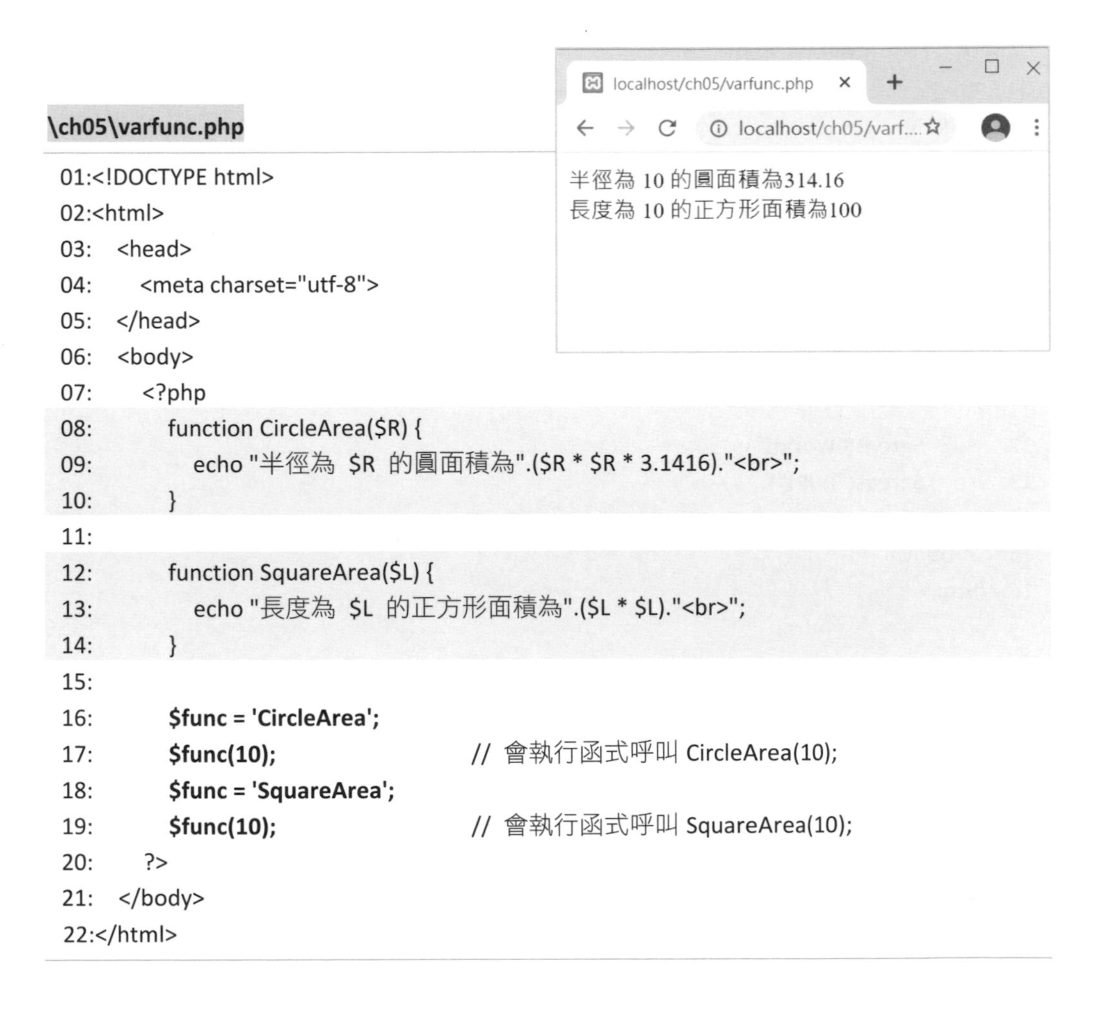

\ch05\varfunc.php

```
01:<!DOCTYPE html>
02:<html>
03:   <head>
04:      <meta charset="utf-8">
05:   </head>
06:   <body>
07:      <?php
08:         function CircleArea($R) {
09:            echo "半徑為 $R 的圓面積為".($R * $R * 3.1416)."<br>";
10:         }
11:
12:         function SquareArea($L) {
13:            echo "長度為 $L 的正方形面積為".($L * $L)."<br>";
14:         }
15:
16:         $func = 'CircleArea';
17:         $func(10);                  // 會執行函式呼叫 CircleArea(10);
18:         $func = 'SquareArea';
19:         $func(10);                  // 會執行函式呼叫 SquareArea(10);
20:      ?>
21:   </body>
22:</html>
```

5-9 匿名函式

PHP 從 5.3.0 版開始支援**匿名函式** (anonymous function)，這項功能允許程式設計人員在沒有指定名稱的情況下建立函式，下面是一個例子。

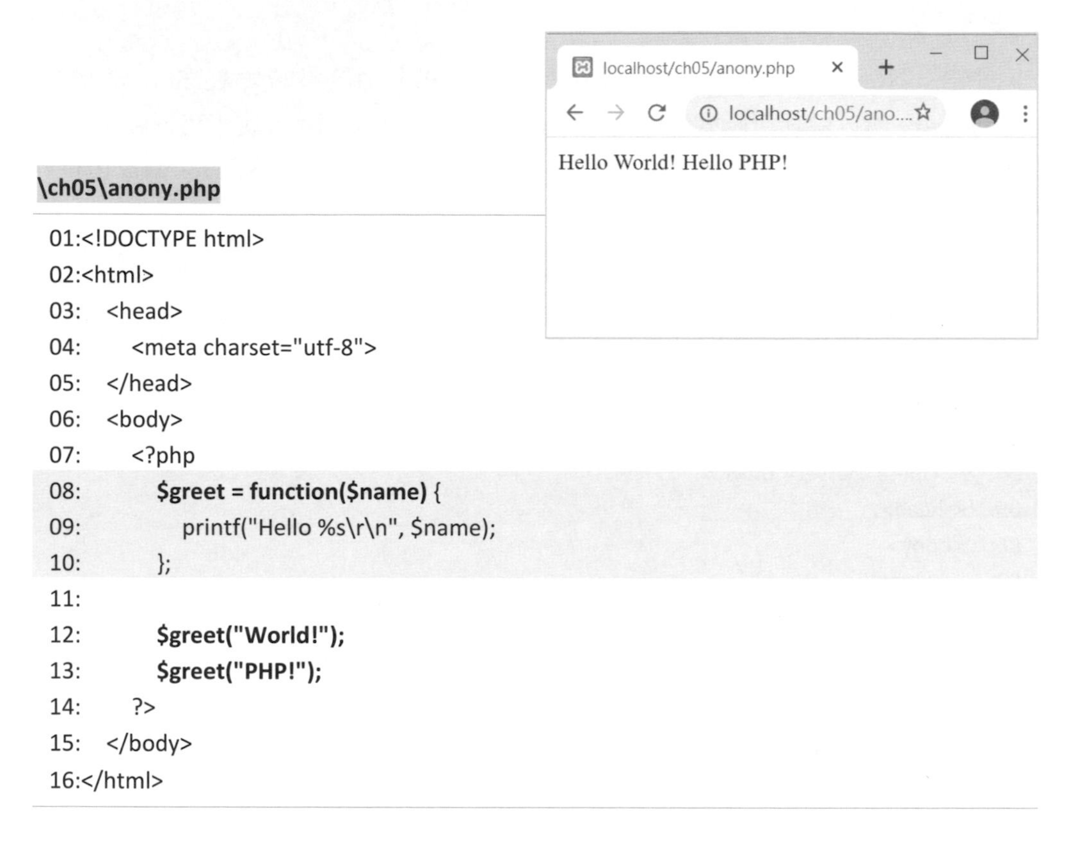

\ch05\anony.php

```
01:<!DOCTYPE html>
02:<html>
03:   <head>
04:      <meta charset="utf-8">
05:   </head>
06:   <body>
07:      <?php
08:         $greet = function($name) {
09:            printf("Hello %s\r\n", $name);
10:         };
11:
12:         $greet("World!");
13:         $greet("PHP!");
14:      ?>
15:   </body>
16:</html>
```

- 08 ~ 10：指派一個匿名函式給變數 greet，該函式會在網頁上顯示 Hello 和參數 name 的值。
- 12：呼叫指派給變數 greet 的匿名函式，且參數 name 的值為 "World!"，所以會在網頁上顯示 "Hello World!"。
- 13：呼叫指派給變數 greet 的匿名函式，且參數 name 的值為 "PHP!"，所以會在網頁上顯示 "Hello PHP!"。

5-10 閉包

閉包 (closure) 是一個匿名函式，而且可以使用 use 關鍵字傳入上層有效範圍的變數，對 PHP 來說，所有匿名函式都是使用 Closure 類別所建立的閉包。

下面是一個例子，其中第 11 ~ 13 行定義了一個閉包，同時使用 use 關鍵字傳入變數 a 和變數 b 的值，所以第 15 行的閉包傳回值為 6 (1 + 2 + 3)。

\ch05\closure.php

```
01:<!DOCTYPE html>
02:<html>
03:  <head>
04:    <meta charset="utf-8">
05:  </head>
06:  <body>
07:    <?php
08:      $a = 1;
09:      $b = 2;
10:
11:      $myClosure = function($c) use ($a, $b) {
12:        return $a + $b + $c;
13:      };
14:
15:      echo $myClosure(3);
16:    ?>
17:  </body>
18:</html>
```

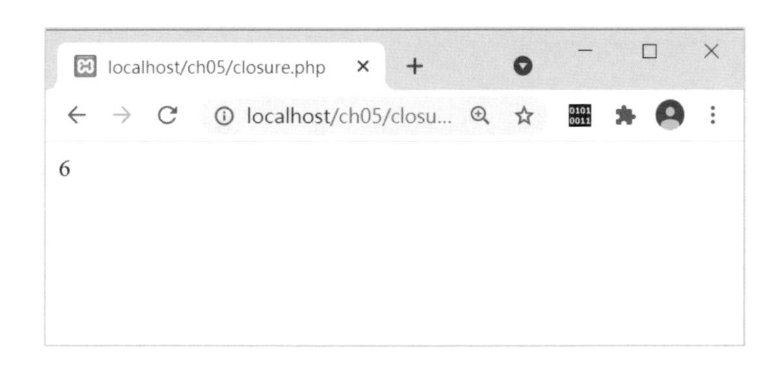

5-11 箭頭函式

箭頭函式 (arrow function) 是一個語法更簡潔的匿名函式，它一樣是使用 Closure 類別所建立的閉包，差別在於能夠自動抓取上層有效範圍的變數，同時以 fn 關鍵字取代 function 關鍵字。

下面是一個例子，其中第 11 行定義了一個箭頭函式，它能夠自動抓取上層有效範圍的變數 a 和變數 b，所以第 13 行的箭頭函式傳回值為 6 (1 + 2 + 3)。

\ch05\closure.php

```
01:<!DOCTYPE html>
02:<html>
03:   <head>
04:      <meta charset="utf-8">
05:   </head>
06:   <body>
07:      <?php
08:         $a = 1;
09:         $b = 2;
10:
11:         $myClosure = fn($c) => $a + $b + $c;
12:
13:         echo $myClosure(3);
14:      ?>
15:   </body>
16:</html>
```

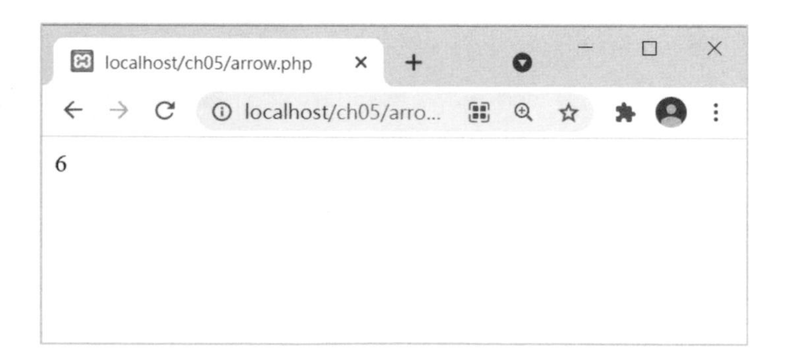

5-12 生成器

PHP 從 5.5 版開始提供**生成器** (generator) 功能，這是一個使用 yield 敘述產生可迭代值的函式，因此，生成器就像迭代器 (iterator) 一樣可以使用 foreach 迴圈來加以存取。

下面是一個例子，其中第 08 ~ 12 行定義了一個生成器，它的傳回值為 0,1,2,3,4，所以第 14 ~ 15 行可以使用 foreach 迴圈印出生成器的每個值。

\ch05\generator1.php

```
01:<!DOCTYPE html>
02:<html>
03:   <head>
04:      <meta charset="utf-8">
05:   </head>
06:   <body>
07:      <?php
08:         function generateNum() {
09:            for ($i = 0; $i < 5; $i++) {
10:               yield $i;
11:            }
12:         }
13:
14:         foreach(generateNum() as $var)
15:            echo $var;
16:      ?>
17:   </body>
18:</html>
```

此外，PHP 從 7.4 版開始又進一步擴充生成器的功能，程式設計人員可以使用 from 敘述從另一個生成器、迭代器或陣列產生值。

下面是一個例子，其中第 08 ~ 12 行定義了一個生成器，而且第 10 行還使用 from 敘述從陣列 [1, 2, 3] 產生值，所以第 14 ~ 15 行使用 foreach 迴圈所印出來的值為 01234。

\ch05\generator2.php

```
01:<!DOCTYPE html>
02:<html>
03:   <head>
04:      <meta charset="utf-8">
05:   </head>
06:   <body>
07:      <?php
08:         function generateNum() {
09:            yield 0;
10:            yield from [1, 2, 3];
11:            yield 4;
12:         }
13:
14:         foreach(generateNum() as $var)
15:            echo $var;
16:      ?>
17:   </body>
18:</html>
```

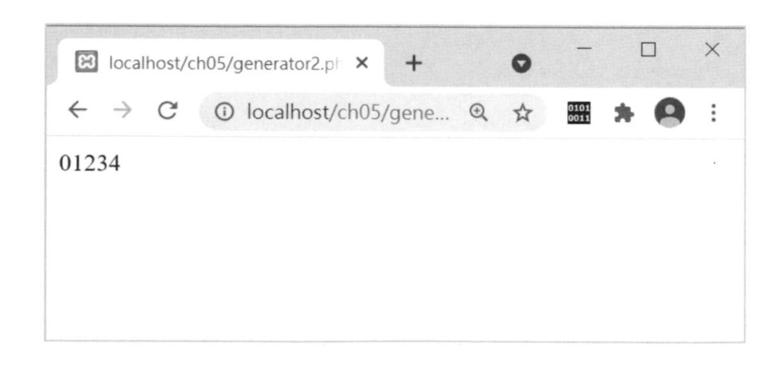

5-13 實用的 PHP 內建函式

PHP 內建許多實用的核心函式，包括第 2 章的型別函式和輸出函式、第 4 章的陣列函式，以及本節的數學函式、日期時間函式和字串函式等。

除了核心函式之外，還有一些函式會視 PHP 載入哪些 Extensions (擴充功能) 而定，例如 PHP 必須有載入 MySQL support，才能呼叫 mysqli_connect() 函式建立資料庫連接。至於 PHP 有載入哪些 Extensions，可以呼叫 phpinfo() 函式顯示相關資訊。

5-13-1 數學常數

常數	值	說明
M_PI	3.14159265358979323846	圓週率 π
M_E	2.7182818284590452354	自然對數的底數 e
M_LOG2E	1.4426950408889634074	$\log_2 e$
M_LOG10E	0.43429448190325182765	$\log_{10} e$
M_LN2	0.69314718055994530942	$\log_e 2$
M_LN10	2.30258509299404568402	$\log_e 10$
M_PI_2	1.57079632679489661923	π / 2
M_PI_4	0.78539816339744830962	π / 4
M_1_PI	0.31830988618379067154	1 / π
M_2_PI	0.63661977236758134308	2 / π
M_SQRTPI	1.77245385090551602729	sqrt(π)，即圓週率 π 的平方根
M_2_SQRTPI	1.12837916709551257390	2 / sqrt(π)
M_SQRT2	1.41421356237309504880	sqrt(2)，即 2 的平方根
M_SQRT3	1.73205080756887729352	sqrt(3)，即 3 的平方根
M_SQRT1_2	0.70710678118654752440	1 / sqrt(2)
M_LNPI	1.14472988584940017414	$\log_e(\pi)$
M_EULER	0.57721566490153286061	尤拉常數

5-13-2 數學函式

函式	說明
取絕對值 abs(*x*)	傳回參數 *x* 的絕對值，例如 abs(-123.456) 會傳回 123.456。
三角函式 cos(*x*)、sin(*x*)、tan(*x*)、acos(*x*)、asin(*x*)、atan(*x*)	分別傳回參數 *x* 的餘弦值 (cosine)、正弦值 (sine)、正切值 (tangent)、反餘弦值 (arccosine)、反正弦值 (arcsine)、反正切值 (arctangent)。請注意，參數 *x* 必須為弳度，而不是角度，換句話說，若要計算 Sin30°的值，必須先根據公式「弳度 ＝ 角度 × π ÷180」，將角度轉換成弳度，故 Sin30°的值為 Sin(30 * M_PI / 180)，將傳回 0.5。
角度轉換成弳度 deg2rad(*x*)	根據公式「弳度 ＝ 角度 × π ÷180」，將參數 *x* 由角度轉換成弳度，例如 deg2rad(45) 會傳回 0.785398163397 (M_PI_4)。
弳度轉換成角度 rad2deg(*x*)	根據公式「角度 ＝ 弳度 × 180÷π」，將參數 *x* 由弳度轉換成角度，例如 rad2deg(M_PI_4) 會傳回 45。
基底轉換 base_convert (*x*, *frombase*, *tobase*)	將參數 *x* 由參數 *frombase* 所指定的進位系統轉換成由參數 *tobase* 所指定的進位系統，例如 base_convert(256, 10, 16) 會將十進位數字 256 轉換成十六進位數字 100，然後傳回 100。
bindec(*x*)	將參數 *x* 由二進位轉換為十進位，例如 bindec(111) 會傳回 7。
decbin(*x*)	將參數 *x* 由十進位轉換為二進位，例如 decbin(7) 會傳回 111。
decoct(*x*)	將參數 *x* 由十進位轉換為八進位，例如 decoct(64) 會傳回 100。
dechex(*x*)	將參數 *x* 由十進位轉換為十六進位，例如 dechex(10) 會傳回 A。
hexedc(*x*)	將參數 *x* 由十六進位轉換為十進位，例如 hexdec(F) 會傳回 15。
octdec(*x*)	將參數 *x* 由八進位轉換為十進位，例如 octdec(100) 會傳回 64。
ceil(*x*)	傳回比參數 *x* 大 1 的整數，例如 ceil(4.3) 會傳回 5，ceil(9.999) 會傳回 10，ceil(-4.3) 會傳回 -4，ceil(-9.999) 會傳回 -9。
floor(*x*)	傳回比參數 *x* 小 1 的整數，例如 floor(4.3) 會傳回 4，floor(9.999) 會傳回 9，floor(-4.3) 會傳回 -5。
取四捨五入值 round(*x* [, *precision*])	傳回與參數 *x* 最接近的整數 (即四捨五入)，若要指定四捨五入至哪個小數位數，可以加上參數 *precision*，例如 round(3.4) 會傳回 3，round(3.5) 會傳回 4。
取浮點餘數 fmod(*x1* , *x2*)	傳回參數 *x1* 除以參數 *x2* 的餘數，和餘數運算子 % 不同的是可以套用於浮點數，例如 fmod(5.7, 1.3) 會傳回 0.5，因為 5.7 = 4 * 1.3 + 0.5。
intdiv(*x1*, *x2*)	傳回參數 *x1* 除以參數 *x2* 的商數，例如 intdiv(10, 3) 會傳回 3。

函式	說明
取自然對數之底數的某次方值 exp(*x*)	傳回自然對數之底數 e 的 *x* 次方值，參數 *x* 代表的是幾次方，e 的值約 2.71828182846，例如 exp(2) 會傳回 e 的平方值 7.38905609893。
判斷是否有限 is_finite(*x*)	若參數 *x* 的值有限，就傳回 TRUE，否則傳回 FALSE，例如 is_finite(5 / 2) 會傳回 TRUE，is_finite(log(0)) 會傳回 FALSE。
判斷是否無限 is_infinite(*x*)	若參數 *x* 的值無限，就傳回 TRUE，否則傳回 FALSE，例如 is_infinite(5 / 2) 會傳回 FALSE，is_infinite(log(0)) 會傳回 TRUE。
判斷是否非數字 is_nan(*x*)	若參數 *x* 的值不是數字 (NaN，Not a Number)，就傳回 TRUE，否則傳回 FALSE，例如 is_nan(5 / 2) 會傳回 FALSE，is_nan(log(0)) 會傳回 TRUE。
取對數值 log(*x*)	傳回參數 *x* 的自然對數值，例如 log(2) 會傳回 0.69314718056，log(exp(2)) 會傳回 2。請注意，自然對數是以 e 為底數的對數，e 的值約 2.71828182846，若要以任意底數 *n* 來計算數值 *x* 的對數值，可以使用公式 $\log_n(x) = \log(x) / \log(n)$，將 *x* 的自然對數值除以 *n* 的自然對數值。
以 10 為底數取對數值 $\log_{10}(x)$	傳回參數 *x* 的對數值，而且底數為 10，例如 $\log_{10}(10)$ 會傳回 1，$\log_{10}(100)$ 會傳回 2。
取次方值 pow(*base*, *exp*)	傳回 *base* 的 *exp* 次方值，例如 pow(10, 5) 會傳回 10 的 5 次方值為 100000，pow(2, 8) 會傳回 2 的 8 次方值為 256。
取平方根 sqrt(*x*)	傳回參數 *x* 的平方根，例如 sqrt(9) 會傳回 9 的平方根為 3。
取最大值 max(*x1*, *x2* [, *x3*…]) max(*arr1* [, *arr2*…])	傳回參數中的最大值，若參數為字串，就會被視為 0，例如 max(1, 3, 5, 6, 7) 會傳回 7，max(array(2, 4, 5)) 會傳回 5，max(0, 'hello') 會傳回 0，max(-1, 'hello') 會傳回 'hello'。
取最小值 min(*x1*, *x2* [, *x3*…]) min(*arr1* [, *arr2*…])	傳回參數中的最小值，若參數為字串，就會被視為 0，例如 min(1, 3, 5, 6, 7) 會傳回 1，min(array(2, 4, 5)) 會傳回 2，min(0, 'hello') 會傳回 0，min(-1, 'hello') 會傳回 -1。
產生亂數 rand([*min*, *max*])	傳回一個大於等於參數 *min*、小於等於參數 *max* 的亂數，若沒有提供參數 *min*、*max*，就會傳回 0 到 RAND_MAX 之間的亂數，RAND_MAX 的值視平台而定。
亂數最大值 getrandmax()	傳回亂數可能的最大值，例如在 32-bit Windows 環境下呼叫 getrandmax()，將會傳回 32767。
圓週率 π pi()	傳回圓週率 π 的值 (3.1415926535898)。

5-13-3 日期時間函式

PHP 記錄日期時間的方式是以 UNIX 時間刻記（timestamp）做為運算的依據，所謂「時間刻記」是從 1970/1/1 到指定日期或指定時間所經過的秒數，例如 2004/10/3 20:50:32 的時間刻記為 1096807832。當我們處理日期時間時，都必須先取得時間刻記，再使用格式化函式將它轉換成我們熟悉的表示方式。

取得日期時間函式

函式	說明
getdate([int *timestamp*])	將參數 *timestamp* 指定的時間刻記轉換成日期時間格式，然後傳回，若參數 *timestamp* 省略不寫，就傳回系統目前的日期時間資訊，傳回值為一個陣列，包含下列元素： • seconds：以數字格式記錄秒數。 • minutes：以數字格式記錄分鐘數。 • hours：以數字格式記錄小時數。 • mday：以數字格式記錄日期。 • wday：以數字格式記錄星期幾，0 代表星期日，1 代表星期一，依此類推。 • mon：以數字格式記錄月份。 • year：以數字格式記錄西元年份。 • yday：記錄該時間刻記為一年的第幾天。 • weekday：以英文名稱記錄星期幾。 • month：以英文名稱記錄月份。 • 0：傳回時間刻記。 舉例來說，假設目前的日期時間為 2020/1/20 15:30，$Today = getdate();，則 $Today 為一個陣列，記錄著日期時間資訊，包含上述 11 個元素，$Today["year"] 為 2020，$Today["yday"] 為 20，$Today["weekday"] 為 Monday，$Today["month"] 為 January，依此類推。
time()	取得目前的時間資訊，傳回值為 UNIX 的時間刻記，舉例來說，假設目前的時間為 2004/10/3 20:50:32，則 time() 函式會傳回時間刻記 1096807832。

函式	說明
mktime([int *hour*[, int *minute*[, int *second*[, int *month*[, int *day*[, int *year*[, int *is_dst*]]]]]])	根據參數指定的日期時間建立一個 UNIX 時間刻記，其中 *year* 為年，*month* 為月，*day* 為日，*hour* 為小時，*minute* 為分鐘，*second* 為秒，*is_dst* 用來設定該日期是否為日光節約時間 (daylight savings)，是就設定為 1，否則設定為 0，若不確定，可以省略或輸入 -1。舉例來說，mktime(20, 50, 32, 10, 3, 2004, -1) 表示要為 2004/10/3 20:50:32 建立一個 UNIX 時間刻記，傳回值為 1096807832。
checkdate(int *month*, int *day*, int *year*)	判斷參數指定的日期是否為有效日期，是就傳回 TRUE，否則傳回 FALSE，其中 *year* 為年，*month* 為月，*day* 為日。舉例來說，checkdate(10, 3, 2020) 會傳回 TRUE，因為它代表 2020/10/3 (存在)，而 checkdate(13, 3, 2020) 會傳回 FALSE，因為它代表 2020/13/3 (不存在)。

格式化日期時間函式 date()、gmdate()

```
date(string format [, int timestamp])
gmdate(string format [, int timestamp])
```

這兩個函式都可以用來格式化日期時間，差別是 date() 函式傳回的是本機電腦的時間，而 gmdate() 傳回的是格林威治標準時間 (GMT，Greenwich Mean Time)。參數 *format* 用來指定日期時間的顯示格式 (參閱下頁的表格)，參數 *timestamp* 代表要格式化的時間刻記，若省略不寫，表示為系統目前日期時間的時間刻記。

請注意，由於 PHP.ini 檔案內預設的時區為 UTC (Universal Time Coordinate，世界標準時間)，晚台灣時間八小時，導致 date() 函式傳回的時間可能會晚本機時間八小時，若出現這種情況，可以在 PHP.ini 檔案內搜尋 date.timezone 字串，刪除前面的分號 (如有的話)，並將等號後面的值修改為 Asia/Taipei，如下，然後儲存檔案，再重新啟動 Apache Web Server 即可：

```
date.timezone = Asia/Taipei
```

至於 gmdate() 傳回的是格林威治標準時間 (GMT)，和 UTC 時間相同，所以就不必修改 PHP.ini 檔案。

字元	說明
a；A	a 會顯示 am 或 pm；A 會顯示 AM 或 PM。
c	以 ISO 8601 格式顯示日期時間，例如 2020-03-18T12:20:34+00:00。
d	以數字格式顯示日期，若日期只有一位數，那麼前面要補 0 (01 ～ 31)。
D	以英文縮寫顯示星期幾 (Sun、Mon ～ Sat)。
F	以英文全名顯示月份 (January ～ December)。
g	12 小時制，若小時只有一位數，那麼前面不要補 0 (1 ～ 12)。
G	24 小時制，若小時只有一位數，那麼前面不要補 0 (0 ～ 23)。
h	12 小時制，若小時只有一位數，那麼前面要補 0 (01 ～ 12)。
H	24 小時制，若小時只有一位數，那麼前面要補 0 (00 ～ 23)。
i	以數字格式顯示分鐘，若分鐘只有一位數，那麼前面要補 0 (00 ～ 59)。
I	判斷是否為日光節約時間，傳回 1 表示是，傳回 0 表示否。
j	以數字格式顯示日期，若日期只有一位數，那麼前面不要補 0 (1 ～ 31)。
l	以英文全名顯示星期幾 (Sunday ～ Saturday)。
L	判斷是否為閏年，傳回 1 表示是，傳回 0 表示否。
m	以數字格式顯示月份，若月份只有一位數，那麼前面要補 0 (00 ～ 12)。
M	以英文縮寫顯示月份 (Jan ～ Dec)。
n	以數字格式顯示月份，若月份只有一位數，那麼前面不要補 0 (1 ～ 12)。
O	顯示與格林威治標準時間 (GMT) 的時差，例如 +0800。
r	以 RFC 2822 格式顯示日期時間，例如 Wed, 18 Mar 2020 12:21:41 +0000。
s	以數字格式顯示秒數，若秒數只有一位數，那麼前面要補 0 (00 ～ 59)。
t	顯示該日期指定的月份有幾天，例如 31。
T	顯示本機電腦的時區，例如 Asia/Taipei。
U	顯示 UNIX 時間刻記，例如 1096807832。
w	以數字格式顯示該日期時間為星期幾 (0 (星期日) ~ 6 (星期六))。
W	以 ISO-8601 格式顯示該日期時間為一年的第幾週。
Y	以 4 位數顯示西元年，例如 1999。
y	以 2 位數顯示西元年，例如 99。
z	顯示該日期為一年的第幾天。

日期時間運算函式 strtotime()

```
strtotime(string time [, int timestamp])
```

這個函式用來調整時間刻記，參數 *time* 是要調整的英文命令，參數 *timestamp* 是要被調整的時間刻記，若省略不寫，表示為目前系統日期的時間刻記。

下面是幾個例子：

- 將日期設定為今天日期：

```
strtotime("now");
```

- 將日期設定為 2020/1/10 13:00:00：

```
strtotime("10 January 2020 13:00:00");
```

- 將目前日期增加 3 天：

```
strtotime("+3 day");
```

- 將目前日期減少 5 週：

```
strtotime("-5 week");
```

- 將目前日期增加 2 週、減少 2 天、減少 5 個小時、增加 15 秒：

```
strtotime("+2 week -2 days -5 hours +15 seconds");
```

- 將目前日期跳到下個星期日：

```
strtotime("next Sunday");
```

- 將日期跳到 2020/10/5 12:20:10 的上個星期六：

```
strtotime("last Sat", mktime(12, 20, 10, 10, 5, 2020, -1));
```

5-13-4 字串函式

字串轉換函式

函式	說明
轉換成小寫 strtolower(string *str*)	將字串參數 *str* 轉換成小寫字母，例如 strtolower("Happy") 會傳回 "happy"。
轉換成大寫 strtoupper(string *str*)	將字串參數 *str* 轉換成大寫字母，例如 strtoupper("Happy") 會傳回 "HAPPY"。
字串的第一個字元大寫 ucfirst(string *str*)	將字串參數 *str* 的第一個字元轉換成大寫字母，例如 ucfirst("happy birthday") 會傳回 "Happy birthday"。
字串的每個單字第一個字元大寫 ucwords(string *str*)	將字串參數 *str* 的每個單字第一個字元轉換成大寫字母，例如 ucwords("happy birthday") 會傳回 "Happy Birthday"。
取得字元的 ASCII 碼 ord(string *str*)	傳回字串參數 *str* 第一個字元的 ASCII 碼，型別為 int，例如 ord("1") 和 ord("123") 均會傳回字元 "1" 的 ASCII 碼為 49。
取得 ASCII 碼代表的字元 chr(int *ascii*)	參數 *ascii* 的型別為 int，代表的是 ASCII 碼，傳回值為這個 ASCII 碼所代表的字元，例如 chr(65) 會傳回字元 "A"。
字串反轉 strrev(string *str*)	將字串參數 *str* 的字元順序顛倒過來，例如 strrev("Happy") 會傳回字串 "yppaH"。

字串比較函式 strcmp()、strcasecmp()、strncmp()、strncasecmp()

```
strcmp(string str1, string str2)
strcasecmp(string str1, string str2)
strncmp(string str1, string str2, int length)
strncasecmp(string str1, string str2, int length)
```

strcmp() 和 strncmp() 兩個函式都是用來比較字串，前者是比較二個字串全部的內容，後者是比較參數 *length* 指定的字元數，傳回值的型別為 int，代表字串參數 *str1* 與 *str2* 的比較結果，若 *str1* 小於 *str2*，傳回值會小於 0；若 *str1* 等於 *str2*，傳回值會等於 0；若 *str1* 大於 *str2*，傳回值會大於 0。

strcasecmp() 函式和 strcmp() 函式類似，而 strncasecmp() 函式和 strncmp() 函式類似，只是 strcasecmp() 和 strncasecmp() 兩個函式在比較字串時會區分英文字母大小寫，而 strcmp() 和 strncmp() 兩個函式則不會。

取代字串函式 str_replace()、str_ireplace()

```
str_replace(mixed search, mixed replace, mixed subject [, int count])
str_ireplace(mixed search, mixed replace, mixed subject [, int count])
```

將字串參數 *subject* 內的 *search* 子字串替換為 *replace* 子字串，選擇性參數 *count* 用來設定一個變數以存放成功取代字串的次數。舉例來說，假設 $str = "Shopping List";，則 str_replace("p", "P", $str, $count) 會傳回 "ShoPPing List"，而變數 count 的值為 2，因為有 2 個 p 被取代為 P。

str_ireplace() 函式和 str_replace() 函式的差別在於 str_replace() 函式會區分英文字母大小寫，而 str_ireplace() 函式則不會。

```
strchr(string haystack, string needle)
strstr(string haystack, string needle)
stristr(string haystack, string needle)
strrchr(string haystack, string needle)
```

strchr() 函式為 strstr() 函式的別名，兩者均是傳回第一次找到字串參數 *needle* 指定之字串後面的所有字串。舉例來說，假設 $email = "mary@ms17.url.com.tw";，則 strstr($email, "@") 會傳回 "@ms17.url.com.tw"。

此外，您也可以使用 stristr() 函式，其功能和 strchr()、strstr() 函式類似，差別在於 strchr()、strstr() 函式在搜尋時會區分英文字母大小寫，而 stristr() 函式則不會。

最後一個 strrchr() 函式，其功能也和 strchr()、strstr() 兩個函式類似，差別在於它是傳回最後一次找到參數 *needle* 指定之字串後面的所有字串。

尋找字串函式 strpos()、stripos()

```
strpos(string haystack, string needle [, int offset])
stripos(string haystack, string needle [, int offset])
```

傳回字串參數 *needle* 在字串參數 *haystack* 中第一次出現的位置，選擇性參數 *offset* 用來設定要開始搜尋的位置，例如 strpos("Hello World", "o", 3) 會傳回 4。

stripos() 函式和 strpos() 函式類似，差別在於 strpos() 函式在搜尋時會區分英文字母大小寫，而 stripos() 函式則不會。

尋找字串函式 strrpos()、strripos()

```
strrpos(string haystack, string needle [, int offset])
strripos(string haystack, string needle [, int offset])
```

strrpos() 函式和 strpos() 函式類似，但改從字串的右邊開始搜尋字串參數 *needle* 在字串參數 *haystack* 中第一次出現的位置，選擇性參數 *offset* 用來設定要從第幾個字元開始搜尋，預設值是從最後一個字元開始搜尋，例如 strrpos("Hello World", "o") 會傳回 7。

strripos() 函式和 strrpos() 函式類似，差別在於 strrpos() 函式在搜尋時會區分英文字母大小寫，而 strripos() 函式則不會。

字串操作函式

函式	說明
取得字串長度 strlen(string *str*)	傳回字串參數 *str* 的長度，型別為 int，例如 strlen("Hello World") 會傳回 11；strlen("程式設計") 會傳回 8。
由指定字元組成的字串 str_repeat(string *input*, int *count*)	傳回由參數 *input* 指定的字元所組成的字串，參數 *count* 為參數 *input* 指定的字元所要出現的次數，例如 str_repeat("-", 10) 會傳回 "----------"。
由字串中指定位置傳回指定個數字元 substr(string *str*, int *start* [, int *length*])	從字串參數 *string* 的第 *start*+1 個字元開始傳回 *length* 個字元，例如 substr("Happy Birthday", 3, 5) 會傳回 "py Bi "。
刪除字串最左邊指定的字元 ltrim(string *str* [, string *charlist*])	刪除字串參數 *str* 指定的字串最左邊符合參數 *charlist* 指定的字元，若參數 *charlist* 省略不寫，則會刪除字串參數 *str* 最左邊的空白字元，然後將結果傳回 (型別為 string)。 舉例來說，假設 $mystr = "　小丸子";，那麼 ltrim($mystr) 會傳回 "小丸子"；假設 $mystr = "小丸子";，則 ltrim($mystr, "小") 會傳回 "丸子"。
刪除字串最右邊指定的字元 rtrim(string *str* [, string *charlist*]) chop(string *str* [, string *charlist*])	刪除字串參數 *str* 指定的字串最右邊符合參數 *charlist* 指定的字元，若參數 *charlist* 省略不寫，則會刪除字串參數 *str* 最右邊的空白字元，然後將結果傳回 (型別為 string)。
刪除字串最左邊或最右邊指定的字元 trim(string *str* [, string *charlist*])	刪除字串參數 *str* 指定的字串最左邊或最右邊符合參數 *charlist* 指定的字元，若參數 *charlist* 省略不寫，則會刪除字串參數 *str* 最左邊或最右邊的空白字元，然後將結果傳回 (型別為 string)。
將換行符號轉換成 HTML 換行元素 nl2br(string *str*)	將字串參數 *str* 包含的換行符號 \n、\r 或 \r\n 轉換成 HTML 換行元素 ，然後傳回經過轉換的字串。

將字串陣列組成單一字串函式 implode()

```
implode(string separator, array pieces)
```

這個函式用來將參數 *pieces* 指定的字串陣列，以參數 *separator* 指定的分隔符號轉換成單一字串。舉例來說，假設 $source 為包含 " Jennifer"、"Peter"、"Jean"、"Robert" 等四個元素的字串陣列，則 implode(" ", $source) 會傳回 "Jennifer Peter Jean Robert"。

或者，您也可以寫成 join(" ", $source)，因為 join() 函式為 implode() 函式的別名，其功能及語法均相同。

將字串分解成子字串陣列函式 explode()

```
explode(string separator, string str [, int limit])
```

這個函式用來分解字串，它會以參數 *separator* 做為分隔符號，將字串參數 *str* 分割為多個子字串，然後傳回字串陣列，陣列的每個元素各自代表一個子字串，選擇性參數 *limit* 用來設定最多可以分割成幾個子字串，若省略不寫，表示不設定上限，允許任何數量的子字串。

舉例來說，假設 $str = "I Am Happy.";，則 explode(" ", $str) 會傳一個包含 "I"、"Am"、"Happy." 三個元素的字串陣列，而 explode(" ", $str, 2) 則會傳回一個包含 "I"、"Am Happy." 兩個元素的字串陣列，這是因為我們指定最多只能分割成兩個子字串，所以其餘沒被分割的字串均會放在最後一個子字串中。

事實上，PHP 所提供的函式遠多於本節所列出來的函式，但由於篇幅有限，無法一一列舉，有需要的讀者可以自行參考 PHP 文件 (https://www.php.net/manual/en/)。

隨堂練習

撰寫一個 PHP 網頁，令它根據星期日、一、~ 六依序變換背景圖片為 bg0.gif、bg1.gif ~ bg6.gif，\samples\ch05 資料夾有這些圖檔，執行結果如下圖。

【提示】\ch05\changeBG.php

```
<?php
  $Weekday = gmdate("l");
  // 根據今天是星期幾決定要使用哪個背景圖片
  switch ($Weekday) {
    case "Sunday":
      $Bg = "bg0.gif";
      $Weekdayname = "星期日 ($Weekday)";
      break;
    ...
  }
?>
<!DOCTYPE html>
<html>
  <head>
    <meta charset="utf-8">
  </head>
  <body background="<?php echo $Bg; ?>">
    <p>今天為 <?php echo gmdate("Y/n/j"); ?>，<?php echo $Weekdayname; ?></p>
    <p>今天的背景圖片為 <b><i><?php echo $Bg; ?></i></b></p>
  </body>
</html>
```

檔案存取

- 6-1 存取伺服器端的路徑
- 6-2 存取伺服器端的資料夾
- 6-3 存取伺服器端的檔案
- 6-4 讀取伺服器端的文字檔
- 6-5 寫入伺服器端的文字檔

6-1 存取伺服器端的路徑

無論您要存取資料夾或檔案，都必須指定路徑，PHP 提供 basename()、pathinfo()、realpath() 等函式可以用來存取伺服器端的路徑，以下有進一步的說明。

6-1-1 取得檔案名稱

basename() 函式可以用來取得指定路徑的檔案名稱，其語法如下，參數 *path* 為欲取得檔案名稱的路徑，參數 *suffix* 用來設定傳回結果所要排除的字串，傳回值為字串，若指定的路徑沒有包含檔案名稱，就傳回資料夾名稱：

```
basename(string path [, string suffix])
```

下面是一個例子，它會顯示目前網頁的檔案名稱，其中第 02 行的 $_SERVER 為 PHP 預先定義的伺服器變數，這是 PHP 內建的超全域陣列 (superglobal array)，而 $_SERVER['PHP_SELF'] 為目前網頁的路徑，第 03、04 行分別呼叫 basename() 函式取得指定路徑的檔案名稱，但第 04 行多指定第二個參數，以排除副檔名。

\ch06\path1.php

```
01:<?php
02:    $path = $_SERVER['PHP_SELF'];
03:    echo basename($path).'<br>';                  // 顯示目前網頁的檔案名稱
04:    echo basename($path, '.php').'<br>';          // 顯示目前網頁的檔案名稱，但排除副檔名
05:?>
```

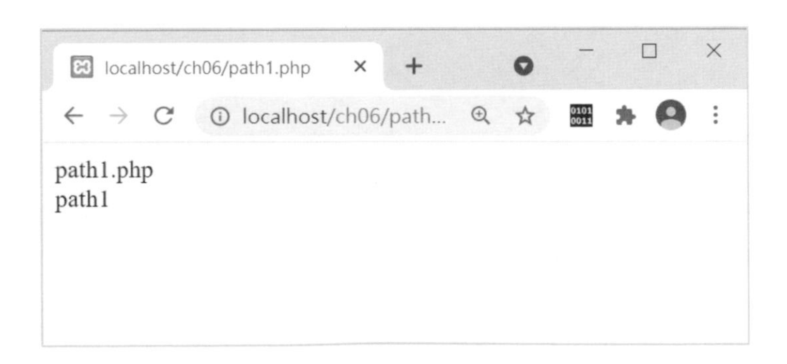

6-1-2 取得路徑資訊

pathinfo() 函式可以用來將指定路徑分割為路徑名稱、檔案名稱及副檔名三個部分，其語法如下，參數 *path* 為欲進行分割的路徑，傳回值為包含三個元素的字串陣列，我們可以分別透過 dirname、basename、extension 等三個鍵取得路徑名稱、檔案名稱（包含副檔名）及副檔名（不包含小數點）：

```
pathinfo(string path)
```

下面是一個例子，它會顯示目前網頁的路徑及 pathinfo() 函式分割出來的路徑名稱、檔案名稱及副檔名。

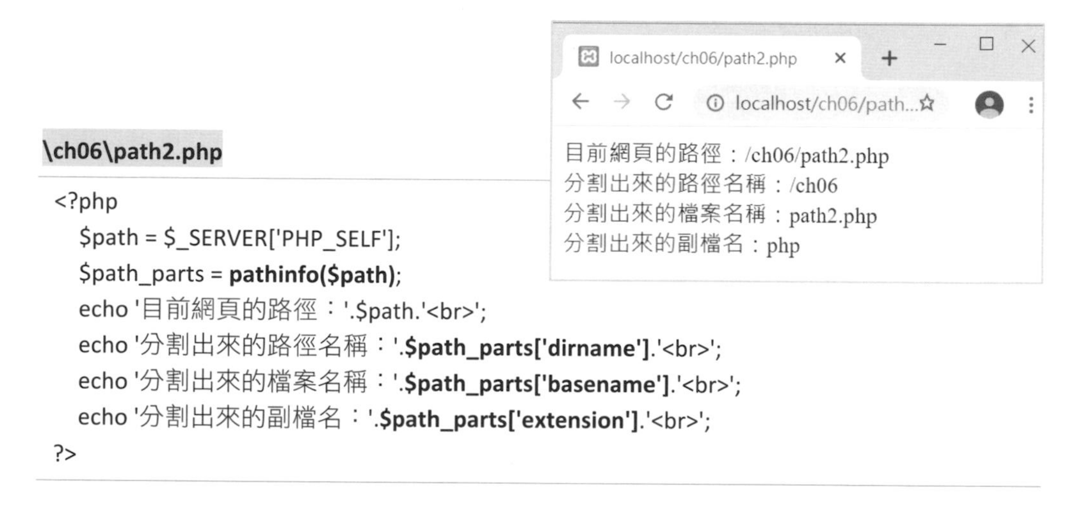

\ch06\path2.php

```php
<?php
  $path = $_SERVER['PHP_SELF'];
  $path_parts = pathinfo($path);
  echo '目前網頁的路徑：'.$path.'<br>';
  echo '分割出來的路徑名稱：'.$path_parts['dirname'].'<br>';
  echo '分割出來的檔案名稱：'.$path_parts['basename'].'<br>';
  echo '分割出來的副檔名：'.$path_parts['extension'].'<br>';
?>
```

6-1-3 取得絕對路徑

realpath() 函式可以用來取得檔案的絕對路徑，其語法如下，參數 *path* 為欲取得絕對路徑的檔案，若檔案存在，就傳回檔案的絕對路徑，否則傳回 FALSE：

```
realpath(string path)
```

例如下面的敘述會顯示目前網頁的絕對路徑：

```php
echo '目前網頁的絕對路徑：'.realpath(basename($_SERVER['PHP_SELF']));
```

6-2 存取伺服器端的資料夾

PHP 提供許多函式可以用來存取伺服器端的資料夾，例如 mkdir()、rmdir()、file_exists() 等，以下有進一步的說明。

6-2-1 建立資料夾

mkdir() 函式可以用來建立資料夾，其語法如下，若建立資料夾成功，就傳回 TRUE，否則傳回 FALSE：

```
mkdir(string pathname [, int mode [, bool recursive]])
```

- 參數 *pathname*：用來指定欲建立的資料夾路徑。
- 參數 *mode*：用來指定欲建立的資料夾權限模式，Windows 作業系統會忽略此參數，權限模式必須以數字來表示，而且前面要多加一個 0，預設值為 0777，表示最大權限，若不想設定此參數，可以設定為 NULL。
- 參數 *recursive*：用來指定當資料夾路徑的其中一個或多個資料夾不存在時，是否一併加以建立，預設值為 FALSE，表示不會一併加以建立。

例如下面的敘述是在 C:\myPHP 建立一個名稱為 pictures 的資料夾：

```
mkdir("C:\\myPHP\\pictures");
```

請注意，若 C:\myPHP 不存在，上面的敘述將會失敗 (傳回 FALSE)，此時得改寫成如下，也就是指定第三個參數為 TRUE，一併建立不存在的資料夾：

```
mkdir("C:\\myPHP\\pictures", NULL, TRUE);
```

6-2-2 取得目前工作資料夾

getcwd() 函式可以用來取得目前工作資料夾，其語法如下，它沒有參數，傳回值為字串，若沒有變更過目前工作資料夾，則傳回值恆為目前網頁所在資料夾：

```
getcwd();
```

6-2-3 切換目前工作資料夾

PHP 的目前工作資料夾預設為目前網頁所在資料夾，chdir() 函式可以用來將目前工作資料夾切換到其它資料夾，其語法如下，參數 *directory* 用來指定欲切換到的資料夾，若切換資料夾成功，就傳回 TRUE，否則傳回 FALSE：

```
chdir(string directory)
```

例如下面的敘述會先切換到 C:\，然後建立一個名稱為 pictures 的資料夾：

```
chdir("C:\");
mkdir("pictures");
```

6-2-4 刪除資料夾

rmdir() 函式可以用來刪除資料夾，其語法如下，參數 *dirname* 為欲刪除的資料夾路徑，若刪除資料夾成功，就傳回 TRUE，否則傳回 FALSE：

```
rmdir(string dirname)
```

請注意，rmdir() 函式只能刪除空的資料夾，若欲刪除的資料夾包含檔案或資料夾，就要先刪除這些檔案或資料夾，否則會失敗 (傳回 FALSE)。例如下面的敘述是在 C:\myPHP 刪除一個名稱為 pictures 的資料夾，成功的先決條件是 pictures 必須是空的資料夾：

```
rmdir("C:\\myPHP\\pictures");
```

6-2-5 判斷路徑是否為資料夾

is_dir() 函式可以用來判斷路徑是否為資料夾，其語法如下，參數 *filename* 為欲判斷是否為資料夾的路徑，若指定的路徑存在且為資料夾，就傳回 TRUE，否則傳回 FALSE，例如 is_dir("C:\") 會傳回 TRUE；此外，若只有指定名稱，沒有包含完整路徑，那麼會在目前工作資料夾內尋找是否有指定的資料夾：

```
is_dir(string filename)
```

6-2-6 判斷資料夾是否存在

file_exists() 函式可以用來判斷資料夾是否存在，其語法如下，參數 *filename* 為欲判斷是否存在的資料夾路徑，若存在，就會傳回 TRUE，否則傳回 FALSE：

```
file_exists(string filename)
```

例如下面的敘述會先判斷資料夾是否存在，不存在的話才建立資料夾，否則顯示「指定的資料夾已經存在」：

```
$folder_name = "C:\\myPHP\\pictures";
if (!file_exists($folder_name))
   mkdir($folder_name, NULL, TRUE);
else
   echo "指定的資料夾已經存在";
```

而下面的敘述會先判斷資料夾是否存在，存在的話才刪除資料夾，否則顯示「指定的資料夾不存在」：

```
$folder_name = "C:\\myPHP\\pictures";
if (file_exists($folder_name))
   rmdir($folder_name);
else
   echo "指定的資料夾不存在";
```

6-2-7 變更資料夾權限

chmod() 函式可以用來變更資料夾權限，其語法如下，參數 *filename* 用來指定資料夾名稱或檔案路徑，參數 *mode* 用來指定權限模式，必須以數字來表示，而且前面要多加一個 0，Windows 會忽略此函式：

```
chmod(string filename, int mode)
```

例如下面的敘述會將 pictures 資料夾的權限設定為「擁有者」具有讀寫權限：

```
chmod("pictures", 0600);
```

6-2-8 取得資料夾的父資料夾名稱

dirname() 函式可以用來取得資料夾的父資料夾名稱，其語法如下，參數 *path* 為欲取得父資料夾名稱的資料夾，例如 dirname("C:\\Windows\\system32\\drivers") 會傳回 "C:\Windows\system32"：

```
dirname(string path)
```

6-2-9 取得資料夾所包含的檔案名稱及子資料夾名稱

scandir() 函式可以用來取得資料夾所包含的檔案名稱及子資料夾名稱，其語法如下，參數 *directory* 為欲取得內容的資料夾，傳回值為字串陣列，而且字串陣列存放檔案名稱及子資料夾名稱的排序方式取決於參數 *sorting_order* 的設定，預設為遞增排序，若要變更為遞減排序，可以將參數 *sorting_order* 設定為 1：

```
scandir(string directory [, int sorting_order])
```

下面是一個例子，它會顯示 C:\xampp 資料夾所包含的檔案名稱及子資料夾名稱，排序方式為依名稱遞減排序，並過濾掉 . 和 .. 兩個名稱。

\ch06\dir1.php

```
<?php
  $file = scandir("C:\\xampp", 1);
  foreach($file as $value)
    if ($value != "." && $value != "..") echo $value . " " . "<br>";
?>
```

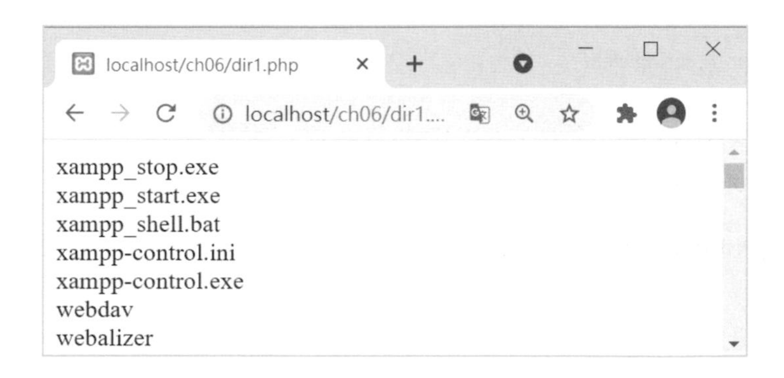

6-3 存取伺服器端的檔案

PHP 提供許多函式可以用來存取伺服器端的檔案，例如 file_exists() 函式可以用來判斷檔案或資料夾是否存在、is_file() 函式可以用來判斷指定的路徑是否為檔案、copy() 函式可以用來複製檔案等，以下有進一步的說明。

6-3-1 判斷檔案是否存在

file_exists() 函式可以用來判斷檔案或資料夾是否存在，其語法如下，若參數 *filename* 指定的檔案或資料夾存在，就傳回 TRUE，否則傳回 FALSE：

```
file_exists(string filename)
```

6-3-2 判斷指定的路徑是否為檔案

is_file() 函式可以用來判斷指定的路徑是否為檔案，其語法如下，若參數 *filename* 指定的路徑存在且為檔案，就傳回 TRUE，否則傳回 FALSE。當參數 *filename* 沒有包含完整路徑時，會在目前工作資料夾內尋找是否有指定的檔案：

```
is_file(string filename)
```

6-3-3 複製檔案

copy() 函式可以用來複製檔案，其語法如下，它會將參數 *source* 指定的檔案複製到參數 *dest* 指定的位置及檔案名稱，當目的檔案已經存在時，舊檔案將會被覆蓋，若複製檔案成功，就傳回 TRUE，否則傳回 FALSE：

```
copy(string source, string dest)
```

例如下面的敘述會將檔案 C:\myPHP\license.txt 複製到目前工作資料夾且檔案名稱為 license(new).txt：

```
copy("C:\\myPHP\\license.txt", "license(new).txt");
```

6-3-4 刪除檔案

unlink() 函式可以用來刪除檔案，其語法如下，參數 *filename* 為欲刪除的檔案，若刪除檔案成功，就傳回 TRUE，否則傳回 FALSE：

```
unlink(string filename)
```

例如下面的敘述會刪除目前工作資料夾內的 myfile.txt 檔案，成功就顯示「刪除檔案成功！」，否則顯示「檔案不存在，刪除檔案失敗！」：

```
<?php
  $filename = "myfile.txt";
  // 先判斷檔案是否存在，存在的話就刪除檔案並顯示成功訊息
  if (file_exists($filename)) {
    unlink($filename);
    echo "刪除檔案成功！";
  }
  // 不存在的話就顯示失敗訊息
  else {
    echo "檔案不存在，刪除檔案失敗！";
  }
?>
```

6-3-5 變更檔案名稱

rename() 函式可以用來變更檔案名稱或資料夾名稱，其語法如下，參數 *oldname* 為舊的名稱，參數 *newname* 為新的名稱，若變更名稱成功，就傳回 TRUE，否則傳回 FALSE：

```
rename(string oldname, string newname)
```

例如下面的敘述會將檔案 temp.php 更名為 temp.bak：

```
rename("temp.php", "temp.bak");
```

6-3-6 取得檔案屬性

PHP 提供下列幾個函式可以用來取得檔案屬性。

函式	說明
fileatime(string *filename*)	取得檔案或資料夾的最後存取時間，傳回值為 UNIX 時間刻記 (timestamp)，您可以使用 gmdate() 函式將之轉換為較易懂的格式。
filectime(string *filename*)	取得檔案或資料夾的建立時間，傳回值為 UNIX 時間刻記，您可以使用 gmdate() 函式將之轉換為較易懂的格式。
filemtime(string *filename*)	取得檔案或資料夾的修改時間，傳回值為 UNIX 時間刻記，您可以使用 gmdate() 函式將之轉換為較易懂的格式。
filesize(string *filename*)	取得檔案的大小，單位為位元組 (bytes)。
is_readable(string *filename*)	若檔案存在且可以讀取，就傳回 TRUE，否則傳回 FALSE。
is_writable(string *filename*)	若檔案或資料夾存在且可以寫入，就傳回 TRUE，否則傳回 FALSE。

下面的例子會顯示目前網頁的檔案訊息。

\ch06\file1.php

```
<?php
  $filename = basename($_SERVER['PHP_SELF']);
  echo '目前網頁的建立時間：'.gmdate("Y-m-d H:i:s", filectime($filename)).'<br>';
  echo '目前網頁的最後存取時間：'.gmdate("Y-m-d H:i:s", fileatime($filename)).'<br>';
  echo '目前網頁的修改時間：'.gmdate("Y-m-d H:i:s", filemtime($filename)).'<br>';
  echo '目前網頁的檔案大小：'.filesize($filename).'位元組';
?>
```

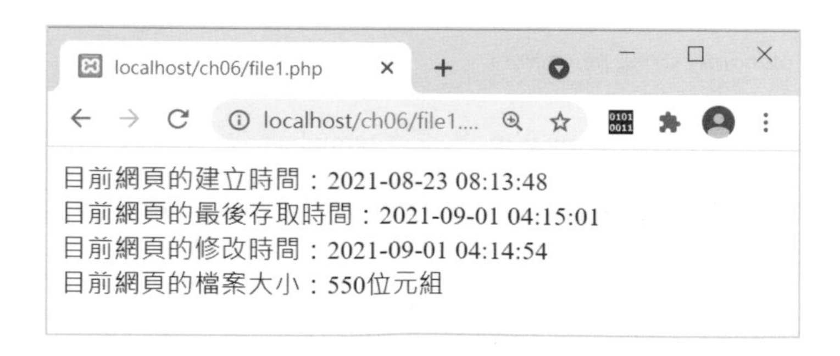

6-4 讀取伺服器端的文字檔

6-4-1 使用 fread() 函式讀取文字檔

使用 fread() 函式讀取文字檔的流程為「開啟檔案」→「讀取檔案」→「關閉檔案」，以下有進一步的說明。

一、開啟檔案

fopen() 函式可以用來開啟檔案，其語法如下，參數 *filename* 為欲開啟的檔案 (檔案路徑或 URL 網址)，參數 *mode* 用來指定要以什麼模式開啟檔案，若開啟檔案成功，就傳回資源變數，否則傳回 FALSE：

```
fopen(string filename, string mode)
```

參數 mode	說明
r	以唯讀的方式開啟檔案，並將檔案指標置於檔案的最前端，若指定的檔案不存在，就會開啟失敗。
r+	以可讀寫的方式開啟檔案，並將檔案指標置於檔案的最前端，若指定的檔案不存在，就會開啟失敗。
w	以唯寫的方式開啟檔案且清除檔案內容，並將檔案指標置於檔案的最前端，若檔案不存在，就會建立檔案。
w+	以可讀寫的方式開啟檔案且清除檔案內容，並將檔案指標置於檔案的最前端，若檔案不存在，就會建立檔案。
a	以唯寫的方式開啟檔案，並將檔案指標置於檔案的最尾端，若檔案不存在，就會建立檔案。
a+	以可讀寫的方式開啟檔案，並將檔案指標置於檔案的最尾端，若檔案不存在，就會建立檔案。
x	以唯寫的方式建立且開啟檔案，並將檔案指標置於檔案的最前端，若指定的檔案存在，就會開啟失敗，否則會建立且開啟檔案。
x+	以可讀寫的方式建立且開啟檔案，並將檔案指標置於檔案的最前端，若指定的檔案存在，就會開啟失敗，否則會建立且開啟檔案。

例如下面的敘述會以唯讀的方式開啟目前工作資料夾內的 poetry1.txt 檔案：

```
$handle = fopen("poetry1.txt", "r");
```

二、讀取檔案

開啟檔案後，我們可以使用 fread() 函式讀取檔案內容，其語法如下，它會從參數 *handle* 指定的資源變數中讀取檔案內容，而且是從檔案指標處開始讀取參數 *length* 指定的位元組數，若抵達檔案尾端（EOF，End Of File），就停止讀取：

```
fread(resource handle, int length)
```

例如下面的敘述會先開啟 poetry1.txt 檔案，然後讀取檔案全部內容：

```
$handle = fopen("poetry1.txt", "r");              // 以唯讀的方式開啟檔案
fread($handle, filesize("poetry1.txt"));          // 讀取檔案全部內容
```

三、關閉檔案

檔案內容讀取完畢後，我們必須使用 fclose() 函式關閉檔案，其語法如下，若關閉檔案成功，就傳回 TRUE，否則傳回 FALSE：

```
fclose(resource handle)
```

下面是一個例子，它會讀取 poetry1.txt 檔案全部內容，然後顯示出來。由於 fread() 函式讀取的檔案內容可能包括換行符號 \n、\r、\r\n，但瀏覽器並不認得它們，故呼叫 nl2br(string *str*) 函式將參數 *str* 包含的換行符號轉換成換行元素
。

\ch06\fread.php

```
<?php
  $filename = "poetry1.txt";
  $handle = fopen($filename, "r");
  // 若開啟檔案成功，就讀取全部內容，否則顯示失敗訊息
  if ($handle) {
    $contents = nl2br(fread($handle, filesize($filename)));
    fclose($handle);
    echo $contents;
  }
  else
    echo "開啟檔案失敗！";
?>
```

localhost/ch06/fread.php

鳳凰臺上鳳凰遊，鳳去臺空江自流。
吳宮花草埋幽徑，晉代衣冠成古邱。
三山半落青天外，二水中分白鷺洲。
總為浮雲能蔽日，長安不見使人愁。

\ch06\poetry1.txt

```
<i>鳳凰臺上鳳凰遊，鳳去臺空江自流。</i>
<i>吳宮花草埋幽徑，晉代衣冠成古邱。</i>
<i>三山半落青又外，二水中分白鷺洲。</i>
<i>總為浮雲能蔽日，長安不見使人愁。</i>
```

6-4-2 使用 fgets() 函式讀取文字檔

fgets() 函式可以從檔案指標處讀取一行資料，其語法如下：

```
fgets(resource handle)
```

由於 fgets() 函式一次讀取一行資料，因此，我們可以使用 while 迴圈讀取檔案全部內容，至於迴圈要執行幾次，可以使用 feof() 函式來判斷是否已經抵達檔案尾端，其語法如下，若已經抵達檔案尾端，就傳回 TRUE，否則傳回 FALSE：

```
feof(resource handle)
```

下面是一個例子，它會讀取 poetry1.txt 檔案全部內容，然後顯示出來。由於 poetry1.txt 檔案內有 HTML 元素 <i>，故網頁上所顯示的詩句會加上斜體。同樣的，由於 fgets() 函式讀取的檔案內容可能包含換行符號 \n、\r、\r\n，但瀏覽器並不認得它們，故呼叫 nl2br(string *str*) 函式將參數 *str* 包含的換行符號轉換成換行元素
。

\ch06\fgets.php

```
<?php
  // 開啟檔案
  $handle = fopen("poetry1.txt", "r");
  //使用 while 迴圈讀取檔案全部內容
  while (!feof($handle)) {
    $line = nl2br(fgets($handle));
    echo $line;
  }
  fclose($handle);
?>
```

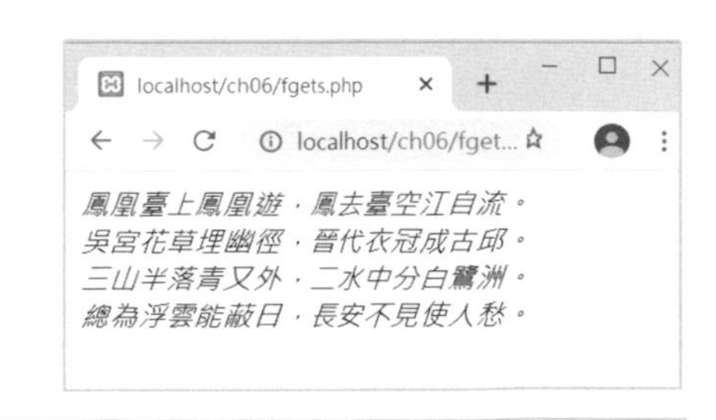

6-4-3 使用 file_get_contents() 函式讀取文字檔

file_get_contents() 函式無須經過開啟檔案及關閉檔案的動作即可讀取檔案全部內容，其語法如下，若讀取檔案全部內容成功，就傳回檔案全部內容，否則傳回 FALSE：

```
file_get_contents(string filename)
```

下面是一個例子，它會讀取 poetry1.txt 檔案全部內容，然後顯示出來，由於 poetry1.txt 檔案內有 HTML 元素 <i>，故網頁上所顯示的詩句會加上斜體。

\ch06\fgetc.php

```
<!DOCTYPE html>
<html>
  <head>
    <meta charset="utf-8">
  </head>
  <body>
    <?php
      echo nl2br(file_get_contents("poetry1.txt"));
    ?>
  </body>
</html>
```

PHP 還提供一個和 fgets() 函式類似的 fgetss(resource *handle*) 函式，兩者均是從檔案指標處讀取一行資料，差別在於 fgetss() 函式會刪除檔案內的 HTML 元素。

6-5 寫入伺服器端的文字檔

6-5-1 使用 fwrite()、fputs() 函式寫入文字檔

fputs() 函式是 fwrite() 函式的別名，兩者功能相同，您可以依自己喜好擇一使用，其語法如下，若寫入資料成功，就傳回寫入檔案的位元組數，否則傳回 FALSE：

```
fwrite(resource handle, string str [, int length])
fputs(resource handle, string str [, int length])
```

fwrite()、fputs() 函式會將參數 *str* 指定的內容寫入參數 *handle* 指定的資源變數，而且是從檔案指標處開始寫入參數 *length* 指定的位元組數，若參數 *str* 指定的內容比參數 *length* 指定的位元組數少，就會在寫入參數 *str* 指定的內容後停止，若省略參數 *length*，就寫入參數 *str* 的全部內容。

使用 fwrite()、fputs() 函式寫入文字檔的流程為「開啟檔案」→「寫入檔案」→「關閉檔案」。

請注意，寫入檔案是從檔案指標處開始寫入，所以開啟檔案時指定的檔案模式就很重要，若要從檔案的最前端寫入資料且覆蓋舊資料，必須使用 r+；若要從檔案的最前端寫入資料且先清除舊資料，必須使用 w、w+；若要從檔案的最尾端寫入資料，必須使用 a、a+。

下面是一個例子，假設 poetry2.txt 檔案的原始內容如下：

```
<i>鳳凰臺上鳳凰遊，鳳去臺空江自流。</i>
<i>吳宮花草埋幽徑，晉代衣冠成古邱。</i>
```

我們打算在檔案的尾端寫入如下資料，則檔案模式必須使用 a 或 a+：

```
<i>三山半落青又外，二水中分白鷺洲。</i>
<i>總為浮雲能蔽日，長安不見使人愁。</i>
```

\ch06\fwrite.php

```
<!DOCTYPE html>
<html>
  <head>
    <meta charset="utf-8">
  </head>
  <body>
    <?php
      $contents = "";                                  // 此變數用來存放欲寫入檔案的內容
      $handle = fopen("poetry2.txt", "a");             // 開啟檔案

      // 若開啟檔案成功，就寫入指定內容，否則顯示失敗訊息
      if ($handle) {
        $contents .= "\r\n";                           // 指定寫入檔案的內容，包括換行符號
        $contents .= "<i>三山半落青又外，二水中分白鷺洲。</i>\r\n";
        $contents .= "<i>總為浮雲能蔽日，長安不見使人愁。</i>";
        $num = fwrite($handle, $contents);            // 寫入檔案
        fclose($handle);                               // 關閉檔案
        echo "成功寫入".$num."個位元組";               // 寫入完畢後顯示成功訊息
      }
      else
        echo "開啟檔案失敗";
    ?>
  </body>
</html>
```

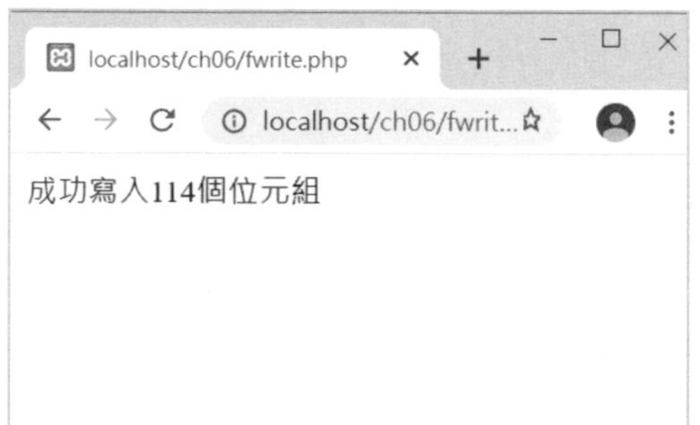

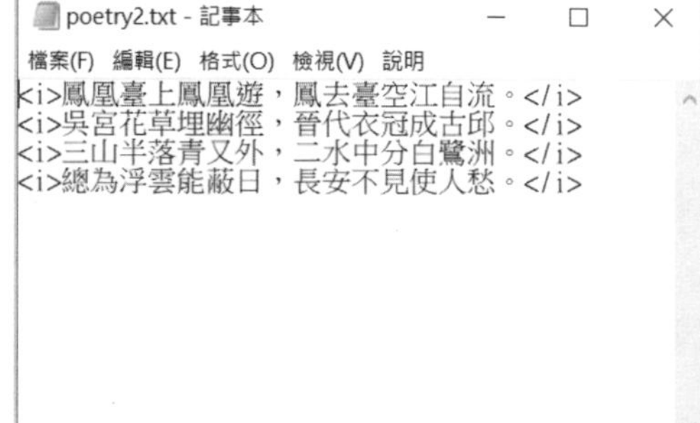

6-5-2 使用 file_put_contents() 函式寫入文字檔

file_put_contents() 函式無須經過開啟檔案及關閉檔案的動作即可將指定的內容寫入檔案，其語法如下，參數 *filename* 為檔案名稱，參數 *data* 為欲寫入檔案的資料，若寫入檔案成功，就傳回寫入檔案的位元組數，否則傳回 FALSE：

```
file_put_contents(string filename, string data)
```

請注意，若參數 *filename* 指定的檔案不存在，file_put_contents() 函式會自動建立檔案，否則會先清除檔案內容，再從檔案最前端寫入資料。從 file_put_contents() 函式的運作模式來看，它等於是依序執行了 fopen()、fwrite() 及 fclose() 函式，而且 fopen() 函式的檔案模式為 w。

下面是一個例子，它會將唐詩寫入檔案 poetry3.txt。

\ch06\fputc.php

```
<?php
  $contents = "故人具雞黍，邀我至田家，\r\n";          // 指定要寫入檔案的內容
  $contents .= "綠樹村邊合，青山郭外斜，\r\n";
  $contents .= "開軒面場圃，把酒話桑麻，\r\n";
  $contents .= "待到重陽日，還來就菊花。";
  $num = file_put_contents("poetry3.txt", $contents);     // 寫入檔案
  echo "成功寫入".$num."個位元組";
?>
```

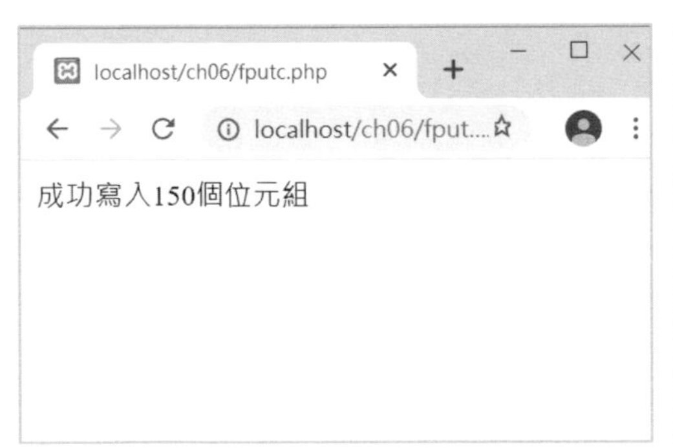

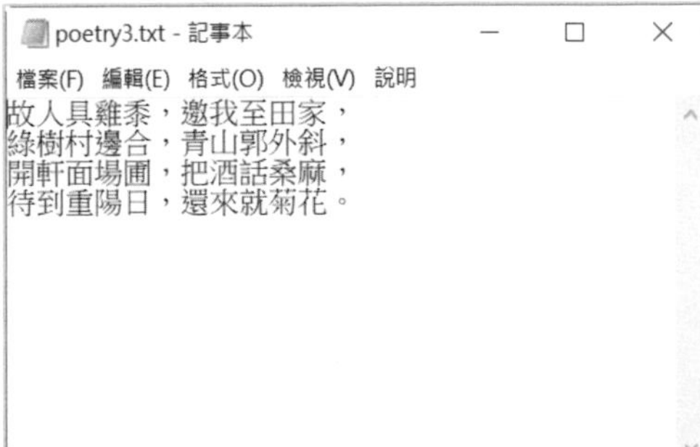

例外與錯誤處理

7-1 例外 (Exception)

結構化例外處理（structured exception handling）對 Java、C# 等程式語言來說，已經行之數年，其優點是可以讓程式的開發、偵錯與維護更有彈性和效率，但對 PHP 來說，則是到了 PHP 5 才開始支援結構化例外處理。

所謂**例外**（exception）指的是程式沒有處理到的情況或錯誤，為了讓您瞭解結構化例外處理的用途，我們來看個例子，其中第 08 行試圖開啟不存在的資料夾，執行結果會出現一長串的錯誤訊息。

\ch07\ex1.php

```
01:<!DOCTYPE html>
02:<html>
03:  <head>
04:    <meta charset="utf-8">
05:  </head>
06:  <body>
07:    <?php
08:      opendir("C:\\book");          // 試圖開啟不存在的資料夾
09:    ?>
10:  </body>
11:</html>
```

這樣的錯誤訊息實在不太友善，於是我們將程式碼改寫成 \ch07\ex2.php，也就是在開啟資料夾之前，先檢查資料夾是否存在 (第 11 行)，是就加以開啟 (第 12 行)，否則顯示「欲開啟的資料夾不存在」(第 14 行)。

\ch07\ex2.php

```
01:<!DOCTYPE html>
02:<html>
03:  <head>
04:    <meta charset="utf-8">
05:  </head>
06:  <body>
07:    <?php
08:      open_folder("C:\\book");                  // 試圖開啟不存在的資料夾
09:
10:      function open_folder($folder) {
11:        if (file_exists($folder))               // 檢查資料夾是否存在
12:          opendir($folder);                     // 是就加以開啟
13:        else
14:          echo '欲開啟的資料夾不存在';            // 否則顯示錯誤訊息
15:      }
16:    ?>
17:  </body>
18:</html>
```

上圖的錯誤訊息看起來清楚多了，但若我們希望除了錯誤訊息之外，還可以顯示檔案路徑、錯誤代碼、錯誤行數等資訊，那麼就要改用結構化例外處理。

PHP 的結構化例外處理主要包含下列兩個部分：

- **Exception 物件**：這是例外本身，包含錯誤訊息、錯誤代碼、檔案路徑、錯誤行數等資訊。
- **try...catch...finally 語法**：用來捕捉代表例外本身的 Exception 物件。

現在，我們就以結構化例外處理的方式將 \ch07\ex2.php 改寫成如下。

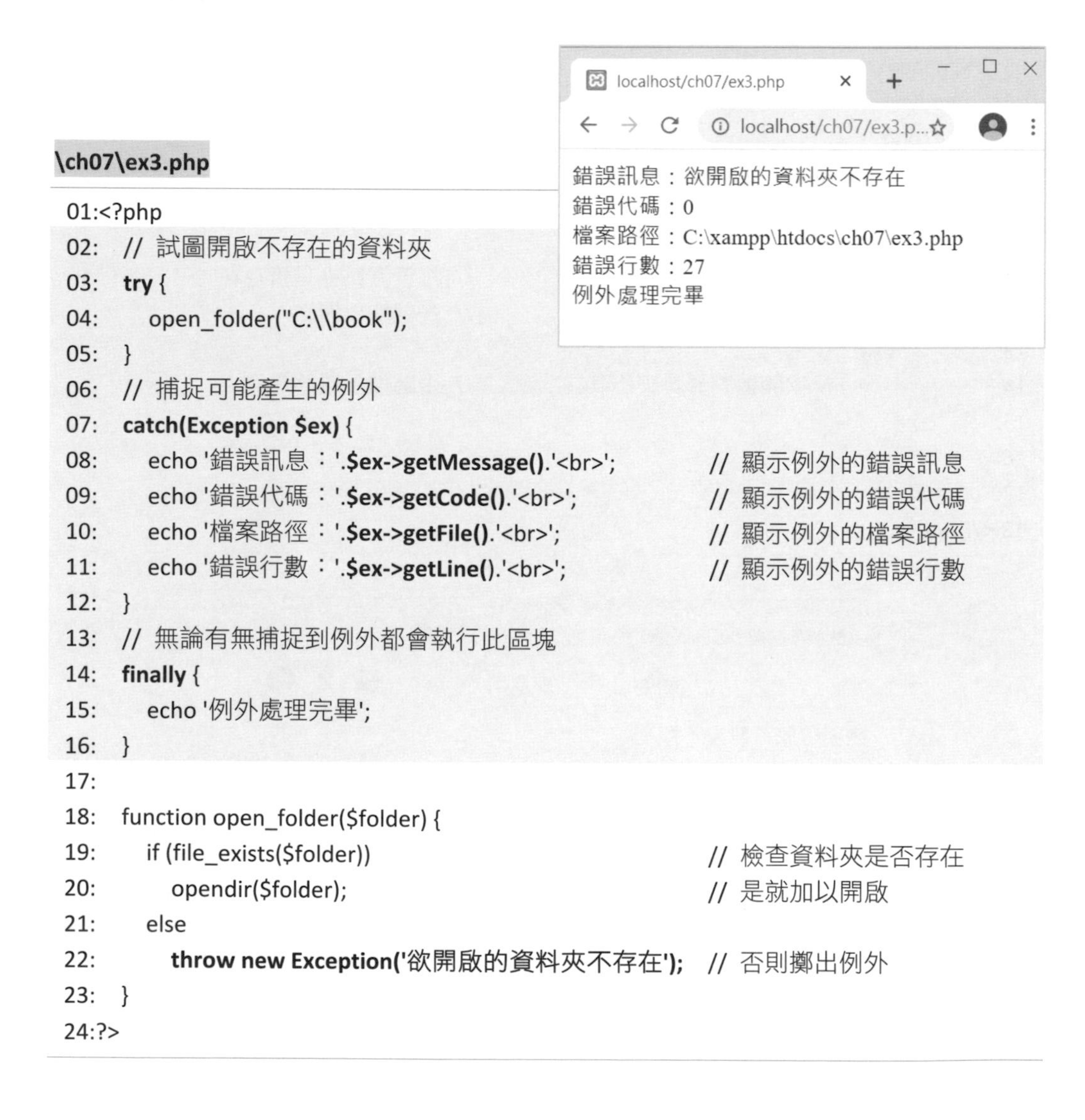

\ch07\ex3.php

```
01:<?php
02:  // 試圖開啟不存在的資料夾
03:  try {
04:     open_folder("C:\\book");
05:  }
06:  // 捕捉可能產生的例外
07:  catch(Exception $ex) {
08:     echo '錯誤訊息：'.$ex->getMessage().'<br>';          // 顯示例外的錯誤訊息
09:     echo '錯誤代碼：'.$ex->getCode().'<br>';             // 顯示例外的錯誤代碼
10:     echo '檔案路徑：'.$ex->getFile().'<br>';             // 顯示例外的檔案路徑
11:     echo '錯誤行數：'.$ex->getLine().'<br>';             // 顯示例外的錯誤行數
12:  }
13:  // 無論有無捕捉到例外都會執行此區塊
14:  finally {
15:     echo '例外處理完畢';
16:  }
17:
18:  function open_folder($folder) {
19:     if (file_exists($folder))                          // 檢查資料夾是否存在
20:        opendir($folder);                               // 是就加以開啟
21:     else
22:        throw new Exception('欲開啟的資料夾不存在');     // 否則擲出例外
23:  }
24:?>
```

- 03 ~ 16：第 03 ~ 05 行的 try 區塊必須放在可能產生例外的程式碼周圍，而第 04 行的 open_folder("C:\\book"); 就是可能產生例外的程式碼；第 07 ~ 12 行的 catch 區塊用來捕捉可能產生的例外，若沒有捕捉到例外，就跳到第 14 ~ 16 行的 finally 區塊。

  相反的，若有捕捉到例外，就將它存放在物件變數 ex 中，然後執行第 08 ~ 11 行，透過物件變數 ex 的 getMessage()、getCode()、getFile()、getLine() 等方法，取得例外的錯誤訊息、錯誤代碼、檔案路徑、錯誤行數等資訊並顯示出來，然後跳到 finally 區塊，裡面可能是一些用來清除錯誤或收尾的敘述，finally 區塊為選擇性敘述，若不需要的話可以省略。

- 19 ~ 22：第 19 行用來檢查資料夾是否存在，是就執行第 20 行加以開啟，否則執行第 22 行擲出一個例外 (隸屬於 Exception 類別)，並設定其錯誤訊息為「欲開啟的資料夾不存在」。現在，您應該明白第 07 行所捕捉到的例外其實就是第 22 行所擲出的。

NOTE

- 所有例外均隸屬於 Exception 類別，我們可以使用這個類別的 getMessage()、getCode()、getFile()、getLine() 等方法，取得例外的錯誤訊息、錯誤代碼、檔案路徑、錯誤行數。
- 我們可以使用下列語法擲出例外，其中參數 *error_message* 用來設定例外的錯誤訊息：

```
throw new Exception(error_message);
```

- PHP 8 將 throw 敘述變更為運算式，只要是能放置運算式的地方就能擲出例外，例如：

```
function test() {
   do_something_risky() or throw new Exception('It did not work');
}
```

- 若沒有要使用例外物件，那麼 PHP 8 允許我們將它省略不寫，例如：

```
catch (LogicException) {}
```

7-2 錯誤 (Error)

PHP 程式所產生的錯誤可以分成下列三種類型：

- Notice (注意)：這種錯誤不會影響程式的執行，所以會被忽略，不會顯示錯誤訊息，也不會終止程式。
- Warning (警告)：這種錯誤會顯示錯誤訊息，但不會終止程式。舉例來說，假設我們在 PHP 程式中撰寫 echo $X; 敘述，由於變數 X 尚未定義，所以網頁上會顯示類似 " Warning: Undefined variable $X in C:\xampp\htdocs\ch07\test.php on line 8" 的警告，若此敘述後面還有其它敘述，就會繼續執行。
- Error (錯誤)：這種錯誤不僅會顯示錯誤訊息，同時會終止程式。舉例來說，假設我們在 PHP 程式中撰寫 echo 1 / 0; 敘述，由於除數不得為 0，所以網頁上會顯示類似 " Fatal error: Uncaught DivisionByZeroError: Division by zero in C:\xampp\htdocs\ch07\test.php:8 Stack trace: #0 {main} thrown in C:\xampp\htdocs\ch07\test.php on line 8" 的錯誤，若此敘述後面還有其它敘述，就會終止執行。

PHP 8 將一些原本屬於 Warning 和 Notice 的錯誤重新歸類為 Error，例如除數為 0 在之前是屬於 Warning，而現在則歸類為 Error。下面是幾個相關函式：

- error_reporting([int *error_type*])：用來設定 PHP 會報告哪些類型的錯誤，例如：

```
// 關閉所有錯誤報告
error_reporting(0);
// 報告所有錯誤
error_reporting(E_ALL);
// 報告執行期間 (runtime) 的錯誤
error_reporting(E_ERROR | E_WARNING | E_PARSE);
// 報告除了 Notice 之外的錯誤
error_reporting(E_ALL ^ E_NOTICE);
```

參數 *error_type* 代表的是錯誤類型 (常數)，如下。

值	常數	說明
1	E_ERROR	執行期間嚴重錯誤 (fatal run-time error)，會顯示錯誤訊息並終止程式，例如記憶體配置問題。
2	E_WARNING	執行期間警告 (run-time warning)，會顯示錯誤訊息，但不會終止程式。
4	E_PARSE	編譯期間剖析錯誤 (compile-time parse error)，由剖析程式所產生。
8	E_NOTICE	執行期間注意 (run-time notice)，不會顯示錯誤訊息，也不會終止程式。
16	E_CORE_ERROR	PHP 初始啟動時所產生的嚴重錯誤，由 PHP 的核心所產生。
32	E_CORE_WARNING	PHP 初始啟動時所產生的警告，由 PHP 的核心所產生。
64	E_COMPILE_ERROR	編譯期間嚴重錯誤 (compile-time fatal error)，由 PHP 的 Zend Scripting Engine 所產生。
128	E_COMPILE_WARNING	編譯期間警告 (compile-time warning)，由 PHP 的 Zend Scripting Engine 所產生。
256	E_USER_ERROR	使用者所產生的嚴重錯誤 (fatal error)，由使用者呼叫 trigger_error() 函式所產生。
512	E_USER_WARNING	使用者所產生的警告 (warning)，由使用者呼叫 trigger_error() 函式所產生。
1024	E_USER_NOTICE	使用者所產生的注意 (notice)，有點像 E_NOTICE，但是由使用者呼叫 trigger_error() 函式所產生。
2048	E_STRICT	根據向下相容性針對程式碼提出建議。
4096	E_RECOVERABLE_ERROR	可捕捉的嚴重錯誤 (catchable fatal error)。
8192	E_DEPRECATED	程式碼在未來版本中無法運作，所產生的執行期間注意。
16384	E_USER_DEPRECATED	使用者呼叫 trigger_error() 函式所產生的警告。
32767	E_ALL	所有錯誤與警告。

- set_error_handler(callback *error_handler*)：將錯誤處理程式設定為參數 *error_handler* 所設定的函式。

- restore_error_handler()：將錯誤處理程式恢復為之前的設定。

- trigger_error(string *error_msg* [, int *error_type*])：觸發一個錯誤，進而呼叫預設的錯誤處理程式或使用者自訂的錯誤處理程式，參數 *error_msg* 用來設定錯誤訊息，參數 *error_type* 用來設定錯誤類型，意義和 error_reporting() 函式的參數一樣。

  請注意，PHP 還有一個函式叫做 user_error()，這個函式其實是 trigger_error() 函式的別名，使用方式均相同。

- error_log(string *message* [, int *message_type* [, string *destination* [, string *extra_headers*]]])：將參數 *message* 指定的錯誤訊息傳送至 Web 伺服器的錯誤記錄檔案、TCP 連接埠或指定的檔案，由參數 *message_type* 來決定，它的值如下。

值	說明
0	將參數 *message* 指定的錯誤訊息傳送至 Web 伺服器的錯誤記錄檔案，這是預設值。
1	將參數 *message* 指定的錯誤訊息傳送至參數 *destination* 指定的電子郵件地址，若要傳送額外的郵件標頭資訊，可以透過參數 *extra_headesr* 來指定，這個參數的意義和 mail() 函式的第三個參數相同，詳細的說明可以參考第 15-2 節。
2	將參數 *message* 指定的錯誤訊息傳送至參數 *destination* 指定的遠端主機 IP 位址 (或許還會包含連接埠)。
3	將參數 *message* 指定的錯誤訊息傳送至參數 *destination* 指定的檔案。

現在，我們就換以錯誤處理的方式來改寫前一節的 \ch07\ex3.php，其中第 08 行用來關閉所有錯誤報告，第 09 行用來設定錯誤處理程式是一個名稱為 error_handler 的函式，第 16 行用來觸發一個 E_USER_ERROR 錯誤，而第 20 ~ 25 行用來定義錯誤處理程式 error_handler()。

\ch07\ex4.php

```
01:<!DOCTYPE html>
02:<html>
03:  <head>
04:    <meta charset="utf-8">
05:  </head>
06:  <body>
07:    <?php
08:      error_reporting(0);                      // 關閉所有錯誤報告
09:      set_error_handler('error_handler');      // 設定錯誤處理程式
10:      open_folder("C:\\book");                 // 試圖開啟不存在的資料夾
11:
12:      function open_folder($folder) {
13:        if (file_exists($folder))
14:          opendir($folder);
15:        else
16:          trigger_error('欲開啟的資料夾不存在', E_USER_ERROR);  // 觸發一個錯誤
17:      }
18:
19:      // 定義錯誤處理程式
20:      function error_handler($errno, $errmsg, $filename, $linenum) {
21:        echo '錯誤代碼：'.$errno.'<br>';          // 參數 $errno 代表錯誤代碼
22:        echo '錯誤訊息：'.$errmsg.'<br>';         // 參數 $errmsg 代表錯誤訊息
23:        echo '檔案路徑：'.$filename.'<br>';       // 參數 $filename 代表檔案路徑
24:        echo '錯誤行數：'.$linenum.'<br>';        // 參數 $linenum 代表錯誤行數
25:      }
26:    ?>
27:  </body>
28:</html>
```

7-3 錯誤處理

PHP 7 針對錯誤處理做了一些變更，多數的錯誤可以藉由擲出 Error 例外的方式來處理，而不再透過 PHP 5 傳統的錯誤處理機制，換句話說，這些 Error 例外可以被 catch 區塊捕捉，只有少數無法捕捉的例外會轉換成嚴重錯誤 (fatal error) 並以傳統的錯誤處理機制來處理。

以下面的程式碼為例，第 05 行所傳遞的參數型別錯誤，但第 07 ~ 09 行的 catch 區塊卻無法捕捉到 Exception 物件，以致於產生嚴重錯誤，執行結果如下圖。

\ch07\error1.php

```
01:<?php
02:   function F1(array $a) {}
03:
04:   try {
05:      F1(1);
06:   }
07:   catch (Exception $e) {
08:      echo $e->getMessage();
09:   }
10:?>
```

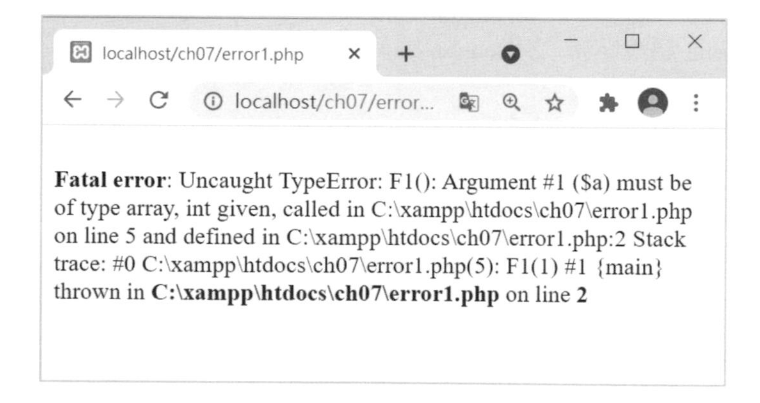

事實上，PHP 7 針對型別錯誤提供了 TypeError 例外物件，因此，我們只要將第 07 行的 Exception 物件改成 TypeError 例外物件，就可以捕捉到例外，並顯示例外的錯誤訊息。

\ch07\error2.php

```
01:<?php
02:   function F1(array $a) {}
03:
04:   try {
05:      F1(1);
06:   }
07:   catch (TypeError $e) {
08:      echo $e->getMessage();
09:   }
10:?>
```

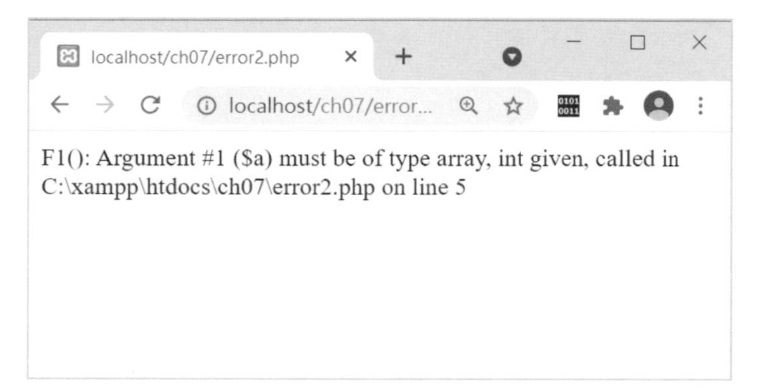
localhost/ch07/error2.php
localhost/ch07/error...
F1(): Argument #1 ($a) must be of type array, int given, called in C:\xampp\htdocs\ch07\error2.php on line 5

TIPS

PHP 提供的 Error 例外如下：

- ArithmeticError：當算術運算錯誤時，就會擲出此例外。
- AssertionError：當經由 assert() 所做的判斷式失敗時，就會擲出此例外。
- CompileError：當 PHP 程式編譯錯誤時，就會擲出此例外。
- TypeError：當型別錯誤時，就會擲出此例外，例如函式的參數型別錯誤、函式的傳回值型別錯誤、PHP 內建函式的參數個數錯誤。
- ValueError：當參數的型別正確但值錯誤時，就會擲出此例外。
- UnhandledMatchError：當 match 運算式無法處理時，就會擲出此例外。

物件導向

8-1 認識物件導向

8-2 類別與物件

8-3 繼承

8-4 命名空間

8-1 認識物件導向

物件導向（OO，Object Oriented）是軟體發展過程中極具影響性的突破，愈來愈多程式語言強調其物件導向的特性，PHP 也不例外。

物件導向的優點是物件可以在不同的應用程式中被重複使用，Windows 本身就是一個物件導向的例子，您在 Windows 作業系統中所看到的東西，包括視窗、按鈕、對話方塊、功能表、捲軸、表單、控制項、資料庫等均屬於物件，您可以將這些物件放進自己撰寫的程式，然後視實際情況變更物件的屬性 (例如標題列的文字、按鈕的大小、對話方塊的類型等)，而不必再為這些物件撰寫冗長的程式碼。

下面是幾個常見的名詞：

- **物件**（object）或**實體**（instance）就像在生活中所看到的各種物體，例如房子、電腦、手機、冰箱、汽車、電視等，而物件可能又是由許多子物件所組成，比方說，電腦是一種物件，而電腦又是由硬碟、CPU、主機板等子物件所組成；又比方說，Windows 作業系統中的視窗是一種物件，而視窗又是由標題列、功能表列、工具列等子物件所組成。

  在 PHP 中，物件是資料與程式碼的組合，它可以是整個應用程式或應用程式的一部分。

- **屬性**（property）、**欄位**（field）或**成員變數**（member variable）是用來描述物件的特質，比方說，電腦是一種物件，而電腦的 CPU 等級、製造廠商等用來描述電腦的特質就是這個物件的屬性；又比方說，Windows 作業系統中的視窗是一種物件，而它的大小、位置等用來描述視窗的特質就是這個物件的屬性。

- **方法**（method）或**成員函式**（member function）是用來定義物件的動作，比方說，電腦是一種物件，而開機、關機、執行應用程式等動作就是這個物件的方法。

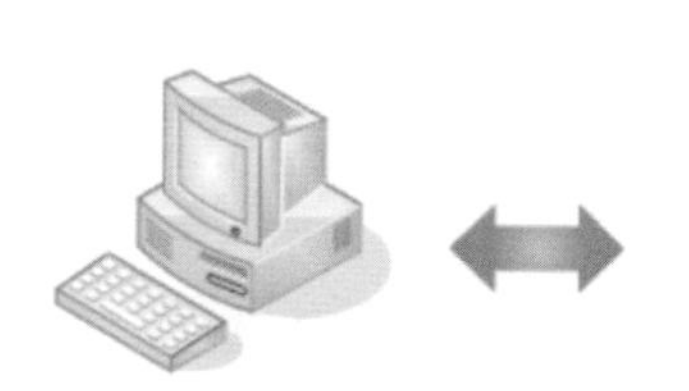

屬性
CPU：Intel Core i7
Manufacturer：ASUS
方法
Boot (開機)
Shutdown (關機)
Execute (執行)

- **事件** (event) 是在某些情況下發出特定訊號警告您，比方說，假設您有一部汽車，當您發動汽車卻沒有關好車門時，汽車會發出嗶嗶聲警告您，這就是一種事件；又比方說，當瀏覽者點取網頁上的按鈕時，就會產生一個 onclick 事件，然後我們可以針對這個事件撰寫處理程式，例如將瀏覽者輸入的資料進行運算、寫入資料庫或檔案、傳回 Web 伺服器等。

- **類別** (class) 是物件的分類，就像物件的藍圖，隸屬於相同類別的物件具有相同的屬性、方法及事件，但屬性的值則不一定相同。比方說，假設「汽車」是一個類別，它有「廠牌」、「顏色」、「型號」等屬性，以及「開門」、「關門」、「發動」等方法，那麼一部白色 BMW 520 汽車就是隸屬於「汽車」類別的一個物件，其「廠牌」屬性的值為 BMW，「顏色」屬性的值為白色，「型號」屬性的值為 520，而且除了這些屬性，它還有「開門」、「關門」、「發動」等方法，至於其它車種 (例如 BENZ、TOYOTA) 則為汽車類別的其它物件。

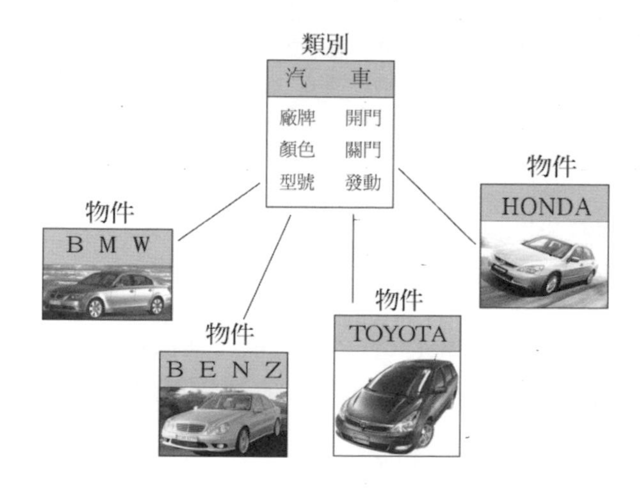

8-2 類別與物件

類別 (class) 就像物件 (object) 的藍圖，PHP 的類別可以包含下列成員：

- **屬性** (又稱為欄位或成員變數)：用來存放資料的變數。
- **方法** (又稱為成員函式)：將一段具有某種功能或重複使用的敘述寫成獨立的程式單元，然後給予名稱，其實就是類別內的函式。
- **常數**：用來存放資料的常數。
- **建構函式** (constructor)：用來將物件初始化的函式，在建立物件時會自動執行，無須在程式碼內加以呼叫 (有無參數皆可、沒有傳回值)。
- **解構函式** (destructor)：用來釋放物件所佔用之系統資源的函式，在釋放物件時會自動執行，無須在程式碼內加以呼叫 (沒有參數、沒有傳回值)。

8-2-1 定義類別

我們可以使用 class 關鍵字定義類別，其語法如下：

```
class class_name [extends parentclass_name]
{
   [public|private|protected|var $property_name [= value];]          // 定義屬性
   [[public|private|protected] function method_name(...){...}]       // 定義方法
   [...]                                                             // 定義其它成員
}
```

- class：這個關鍵字用來表示要定義類別。
- *class_name*：這是類別的名稱，命名規則與變數相同。
- [extends *parentclass_name*]：若類別繼承自其它類別，可以在 extends 關鍵字的後面加上其它類別的名稱，否則省略不寫。
- {、}：標示類別的開頭與結尾。

- public|private|protected|var $*property_name* [= *value*];：在類別內定義屬性其實和我們平常定義變數差不多，不同的是前面必須加上下列關鍵字，以設定屬性的**存取層級**（access level）：

  - public：以這個關鍵字定義的成員能夠被任何程式碼存取。
  - private：以這個關鍵字定義的成員只能被包含其定義的類別存取。
  - protected：以這個關鍵字定義的成員只能被包含其定義的類別或其子類別存取。
  - var：以這個關鍵字定義的成員能夠被任何程式碼存取（public 的別名）。

  至於是否要設定初始值則視實際情況而定，例如下面的敘述是在類別內定義一個名稱為 Name、初始值為 '小丸子' 的屬性：

```
public $Name = '小丸子';          // 定義名稱為 Name、初始值為 '小丸子' 的屬性
```

- [public|private|protected] function *method_name*(...){ ... }：在類別內定義方法就和我們平常定義函式一樣，若 public、private、protected 省略不寫，表示為 public，例如下面的敘述是在類別內定義一個名稱為 ShowName、沒有參數、沒有傳回值的方法：

```
class Employee                    // 定義名稱為 Employee 的類別
{
  public $Name = '小丸子';         // 定義名稱為 Name、初始值為 '小丸子' 的屬性
  public function ShowName()      // 定義名稱為 ShowName、沒有參數、沒有傳回值的方法
  {
    echo '這名員工的名字為'.$this->Name;
  }                  ↑
}               注意 Name 的前面沒有$符號
```

在上面的程式碼中，由於我們想在方法內存取相同類別所定義的屬性 Name，故使用了特殊的變數 $this 和 -> 運算子，變數 $this 指的是物件本身，而 **->** 運算子可以用來存取物件的成員。

8-2-2 建立物件

原則上，類別屬於參考型別（reference type），無法直接存取，必須先使用 new 關鍵字建立類別的物件，才能存取物件的成員，例如：

```
$Obj = new Employee();        // 建立名稱為 Obj、隸屬於 Employee 類別的物件
```

建立類別的物件後，就可以使用運算子 -> 存取物件的成員，例如：

```
$Obj->Name = '花輪';           // 將物件的 Name 屬性的值變更為 '花輪'
$Obj->ShowName();             // 呼叫物件的 ShowName() 方法
```

我們可以將這些敘述整合成下面的例子，其中變數 $this 指的是物件本身。

\ch08\oop1.php

```
<!DOCTYPE html>
<html>
  <head>
    <meta charset="utf-8">
  </head>
  <body>
    <?php
      class Employee
      {
        public $Name = '小丸子';
        public function ShowName()
        {
          echo '這名員工的名字為'.$this->Name;
        }
      }
      $Obj = new Employee();
      $Obj->Name = '花輪';
      $Obj->ShowName();
    ?>
  </body>
</html>
```

localhost/ch08/OOP1.php

localhost/ch08/OOP...

這名員工的名字為花輪

8-2-3 static 關鍵字

在前一節中，我們是先建立類別的物件，然後透過物件和 -> 運算子存取成員，但事實上，有些類別可能純粹是要提供一般用途的成員讓使用者存取。以下面的程式碼為例，MyMath 類別提供了 Cubic() 方法讓使用者計算三次方，為了方便使用，遂使用 static 關鍵字將該方法定義為靜態方法，如此一來，使用者就可以透過類別的名稱和 :: 運算子進行呼叫，而不必建立類別的物件。

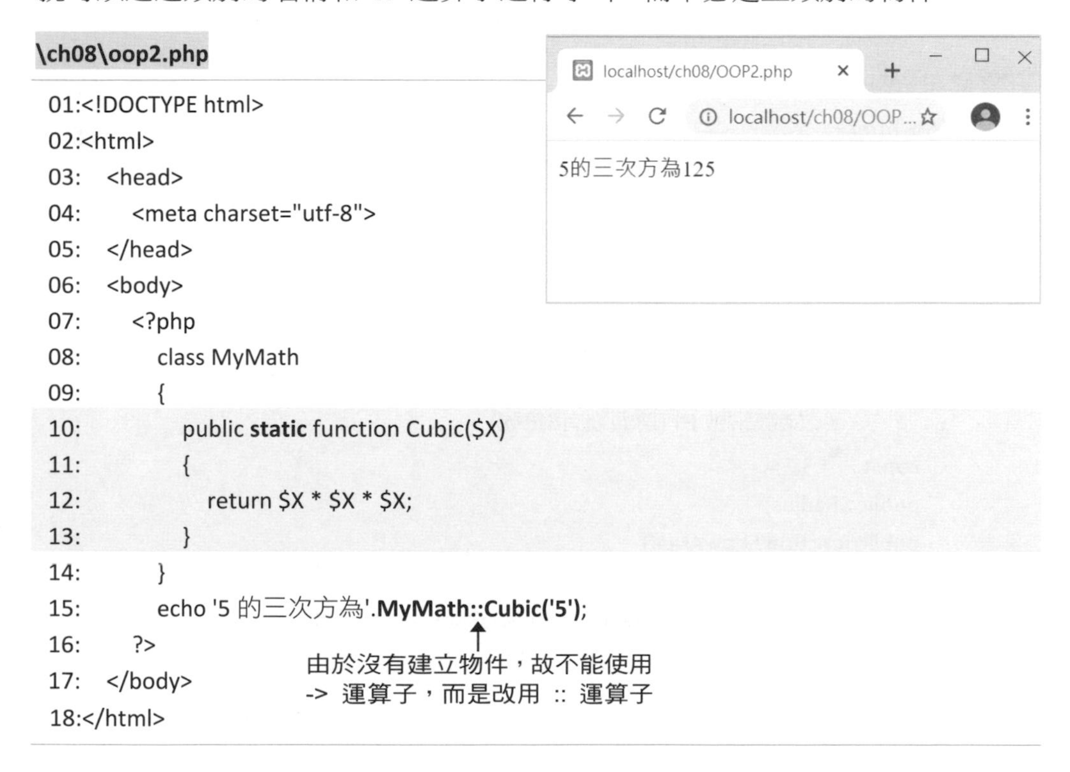

\ch08\oop2.php

```
01:<!DOCTYPE html>
02:<html>
03:   <head>
04:     <meta charset="utf-8">
05:   </head>
06:   <body>
07:     <?php
08:       class MyMath
09:       {
10:         public static function Cubic($X)
11:         {
12:           return $X * $X * $X;
13:         }
14:       }
15:       echo '5 的三次方為'.MyMath::Cubic('5');
16:     ?>
17:   </body>
18:</html>
```

- 10 ~ 13：在 MyMath 類別內使用 static 關鍵字定義一個名稱為 Cubic 的靜態方法，其傳回值為參數的三次方。

- 15：透過類別的名稱和 :: 運算子呼叫 MyMath 類別內的靜態方法 Cubic()，以計算 5 的三次方，然後將結果顯示在網頁上。請注意，:: 運算子（Scope Resolution Operator）不僅能用來存取類別內的靜態成員，還能用來存取類別內的常數或被覆蓋的成員（overridden member）。

8-2-4 類別常數

我們也可以在類別內定義**常數** (constant)，但和定義一般常數不同的是必須改用 const 關鍵字，而且當我們要存取類別內的常數時，只能透過類別的名稱和 :: 運算子，不能透過物件。

下面是一個例子，提醒您，**常數的名稱前面沒有 $ 符號**，而且常數的值必須是一個常數運算式，不能是變數、屬性、數學運算的結果或函式呼叫。

\ch08\oop3.php

```
<!DOCTYPE html>
<html>
  <head>
    <meta charset="utf-8">
  </head>
  <body>
    <?php
      class Circle
      {             定義常數 PI (前面沒有$符號)
        const PI = 3.14;
        public $Radius;
        public function ShowArea()
        {                                         self 關鍵字代表目前類別
          echo '圓面積為'.($this->Radius * $this->Radius * self::PI);
        }
      }
                 透過類別的名稱和::運算子存取常數
      echo '圓周率為'.Circle::PI.'<br>';
      $Obj = new Circle();
      $Obj->Radius = 10;
      $Obj->ShowArea();
    ?>
  </body>
</html>
```

localhost/ch08/OOP3.php

圓周率為3.14
圓面積為314

8-2-5 建構函式

建構函式 (constructor) 是用來將物件初始化的函式，在建立物件時會自動執行，常見的初始化動作有設定初始值、開啟檔案、建立資料庫連接、建立網路連線等。PHP 支援的建構函式名稱為 __construct (注意前面為兩個底線)，有無參數皆可，沒有傳回值，下面是一個例子。

\ch08\oop4.php

```
01:<!DOCTYPE html>
02:<html>
03:  <head>
04:    <meta charset="utf-8">
05:  </head>
06:  <body>
07:    <?php
08:      class Employee
09:      {
10:        public $Name;              // 定義名稱為 Name 的屬性以存放員工的名字
11:        function __construct($Name) // 透過建構函式設定員工的名字並顯示說明訊息
12:        {
13:          $this->Name = $Name;
14:          echo '已經建立名字為'.$this->Name.'的物件！';
15:        }
16:      }
17:
18:      $Obj = new Employee('小紅豆');
19:    ?>                    ↑
20:  </body>       此處須傳入參數給建構函式
21:</html>
```

- 11 ~ 15：定義一個建構函式，該函式有一個參數，沒有傳回值，它會在建立物件時自動執行，將參數的值指派給 Name 屬性 (即設定 Name 屬性的初始值)，然後顯示說明訊息。
- 18：建立一個隸屬於 Employee 類別的物件，此時會自動執行建構函式。

執行結果如下圖。

PHP 8 新增**建構子屬性提升** (constructor property promotion) 功能，允許我們使用更少的樣板程式碼來定義並初始化屬性 (property)，因此，\ch08\OOP4.php 的第 07 ~ 19 行也可以改寫成如下，只要在建構子函式的參數前面加上存取層級關鍵字，例如 public，就可以將該參數提升為類別的屬性：

```
<?php
  class Employee
  {
    function __construct(public $Name)
    {
      $this->Name = $Name;
      echo '已經建立名字為'.$this->Name.'的物件！';
    }
  }

  $Obj = new Employee('小紅豆');
?>
```

8-2-6 解構函式

解構函式（destructor）是用來釋放物件所佔用之系統資源的函式，在釋放物件時會自動執行，無須在程式碼內加以呼叫，常見的釋放動作有清除設定值、關閉檔案、結束資料庫連接、中斷網路連線等。PHP 支援的解構函式名稱為 __destruct (注意前面為兩個底線)，沒有參數，也沒有傳回值，下面是一個例子。

\ch08\oop5.php

```
01:<!DOCTYPE html>
02:<html>
03:  <head>
04:    <meta charset="utf-8">
05:  </head>
06:  <body>
07:    <?php
08:      class Employee
09:      {
10:        public $Name;                  // 定義名稱為 Name 的屬性以存放員工的名字
11:        function __construct($Str)     // 透過建構函式設定員工的名字並顯示說明訊息
12:        {
13:          $this->Name = $Str;
14:          echo '已經建立名字為'.$this->Name.'的物件！'.'<br>';
15:        }
16:
17:        function __destruct()          // 透過解構函式清除員工的名字並顯示說明訊息
18:        {
19:          $this->Name = NULL;
20:          echo '這個物件已經被釋放！';
21:        }
22      }
23:
24:      $Obj = new Employee('小紅豆'); // 建立物件 (會自動執行建構函式)
25:      $Obj = NULL;                   // 釋放物件 (會自動執行解構函式)
26:    ?>
27:  </body>
28:</html>
```

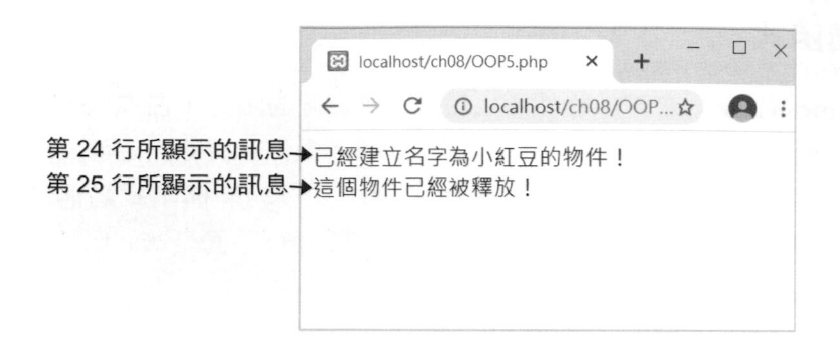

- 17 ~ 21：定義一個解構函式，該函式沒有參數，也沒有傳回值，它會在釋放物件時自動執行，將 Name 屬性的值設定為 NULL (即清除 Name 屬性的值)，然後顯示「這個物件已經被釋放！」。
- 24：建立一個名稱為 Obj、隸屬於 Employee 類別的物件，此時會自動執行建構函式，將 Name 屬性的值設定為參數 '小紅豆'，然後顯示「已經建立名字為小紅豆的物件！」。
- 25：將 Obj 物件設定為 NULL 的意義就是釋放物件，此時會自動執行解構函式，清除 Name 屬性的值，然後顯示「這個物件已經被釋放！」。

8-2-7 比較物件

我們可以使用下列兩個運算子比較物件：

- ==：當兩個物件隸屬於相同類別且有相同屬性與值時，會傳回 TRUE。
- ===：當兩個物件是相同類別的相同物件時，會傳回 TRUE。

下面是一個例子，其中 $Obj1 和 $Obj2 隸屬於相同類別且有相同屬性與值，故第 20 行使用 == 運算子比較的結果會傳回 TRUE，而顯示「$Obj2 的成員與值均和 $Obj1 相同」，不過，由於 $Obj1 和 $Obj2 指向不同的物件，故第 22 行使用 === 運算子比較的結果會傳回 FALSE，而顯示「$Obj2 和 $Obj1 指向不同的物件」；相反的，由於第 19 行令 $Obj3 指向 $Obj1 所指向的物件，故第 24 行使用 === 運算子比較的結果會傳回 TRUE，而顯示「$Obj3 和 $Obj1 指向相同的物件」。

\ch08\oop6.php

```
01:<!DOCTYPE html>
02:<html>
03:   <head>
04:     <meta charset="utf-8">
05:   </head>
06:   <body>
07:     <?php
08:       class Employee
09:       {
10:         public $Name;                    // 定義名稱為 Name 的屬性以存放員工的名字
11:         function __construct($Str)       // 透過建構函式設定員工的名字
12:         {
13:           $this->Name = $Str;
14:         }
15:       }
16:
17:       $Obj1 = new Employee('小紅豆');    // 令$Obj1 指向 Name 屬性為 '小紅豆' 的物件
18:       $Obj2 = new Employee('小紅豆');    // 令$Obj2 指向 Name 屬性為 '小紅豆' 的另一物件
19:       $Obj3 = $Obj1;                     // 令$Obj3 指向$Obj1 所指向的物件
20:       if ($Obj2 == $Obj1) echo '$Obj2 的成員與值均和$Obj1 相同'.'<br>';
21:       else echo '$Obj2 的成員或值和$Obj1 不同'.'<br>';
22:       if ($Obj2 === $Obj1) echo '$Obj2 和$Obj1 指向相同的物件'.'<br>';
23:       else echo '$Obj2 和$Obj1 指向不同的物件'.'<br>';
24:       if ($Obj3 === $Obj1) echo '$Obj3 和$Obj1 指向相同的物件'.'<br>';
25:       else echo '$Obj3 和$Obj1 指向不同的物件'.'<br>';
26:     ?>
27:   </body>
28:</html>
```

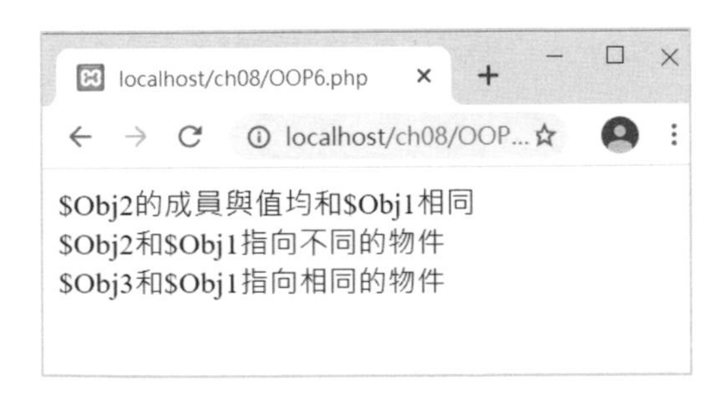

8-2-8 匿名類別

匿名類別 (anonymous class) 功能允許程式設計人員在沒有設定類別名稱的情況下建立物件，舉例來說，我們可以利用匿名類別功能將下面的 \ch08\anony1.php 改寫為 \ch08\anony2.php，兩者的執行結果相同，差別在於 \ch08\anony2.php 沒有設定類別名稱為 Employee。

請注意，若要傳遞參數給匿名類別，可以將參數寫在 class 關鍵字後面；相反的，若沒有要傳遞參數給匿名類別，直接寫出 class 關鍵字即可。

\ch08\anony1.php

```
<?php
  class Employee
  {
    public $Name;
    function __construct($Str)
    {
      $this->Name = $Str;
      echo '已經建立名字為'.$this->Name.'的物件！';
    }
  }
  $Obj = new Employee('小紅豆');
?>
```

\ch08\anony2.php

```
<?php
  $Obj = new class('小紅豆')
  {
    public $Name;
    function __construct($Str)
    {
      $this->Name = $Str;
      echo '已經建立名字為'.$this->Name.'的物件！';
    }
  };
?>
```

8-2-9 nullsafe 運算子

原則上，當我們要呼叫物件的方法時，應該要先確定物件存在，否則可能會發生類似 Fatal error: Uncaught Error: Call to a member function MyMethod() on null 的嚴重錯誤。

在過去，我們可以使用條件運算子 ?: 來檢查物件是否存在，是的話就呼叫物件的方法，否的話就傳回 null，例如：

```
$result = $Obj ? $Obj->MyMethod() : null;
```

到了 PHP 8，我們可以改用新增的 nullsafe (?->) 運算子達到相同的目的，例如上面的敘述可以改寫成如下，若 $Obj 物件存在，就呼叫 MyMethod() 方法，否則傳回 null：

```
$result = $Obj?->MyMethod();
```

請注意，除了呼叫物件的方法之外，nullsafe 運算子亦能運用在讀取物件的屬性，但不能運用在寫入物件的屬性。

8-3 繼承

繼承（inheritance）是物件導向程式設計中非常重要的一環，所謂繼承就是從既有的類別建立新的類別，這個既有的類別叫做**基底類別**（base class），由於是用來做為基礎的類別，故又稱為**父類別**（parent class、superclass），而這個新的類別則叫做**衍生類別**（derived class），由於是繼承自基底類別，故又稱為**子類別**（child class、subclass）或**擴充類別**（extended class）。

子類別不僅繼承了父類別的非私有成員，還可以加入新的成員或**覆蓋**（override）繼承自父類別的方法，也就是將繼承自父類別的方法重新定義，而且在這個過程中，父類別的方法並不會受到影響。繼承的優點是父類別的程式碼只要撰寫與偵錯一次，就可以在其子類別重複使用，如此一來，不僅節省時間與開發成本，也提高了程式的可靠性，有助於原始問題的概念化。

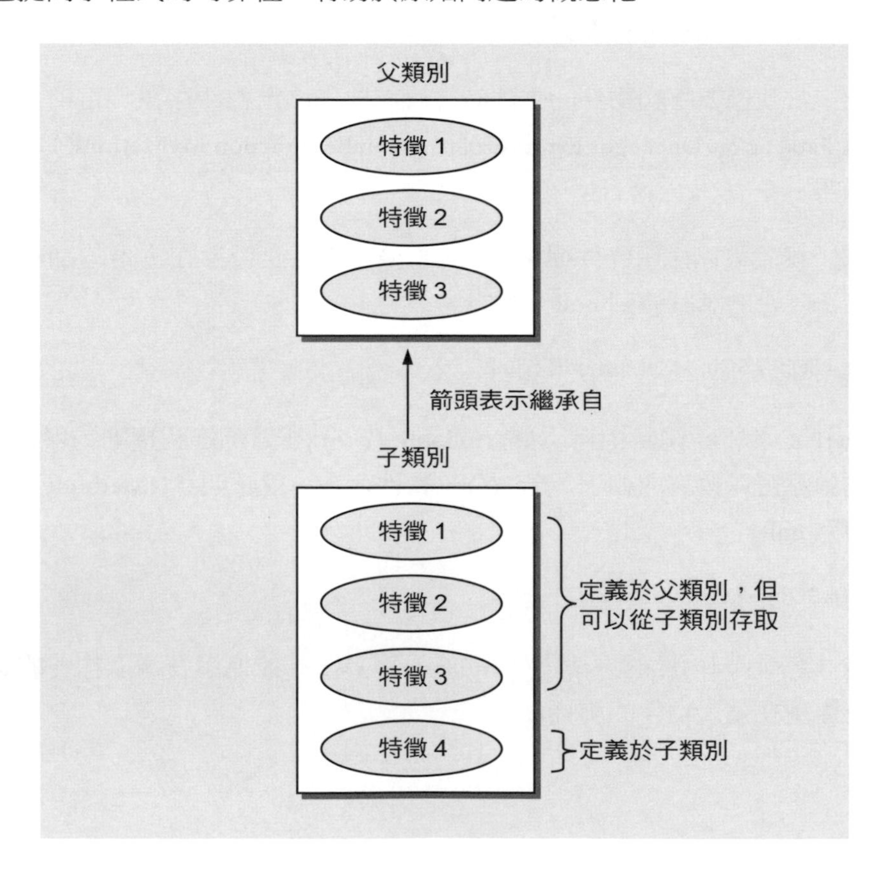

8-3-1 定義子類別

定義子類別其實和定義一般類別差不多，不同的是要在子類別的名稱後面加上 extends 關鍵字並指定父類別的名稱，其語法如下：

```
class childclass_name extends parentclass_name
{
  [...]
}
```

子類別的特色是繼承了父類別的非私有成員，同時還可以加入新的成員，或覆蓋（override）繼承自父類別的方法。下面是一個例子，它所呈現的是如下圖的繼承關係，也就是**鏈狀繼承**。

\ch08\oop7.php

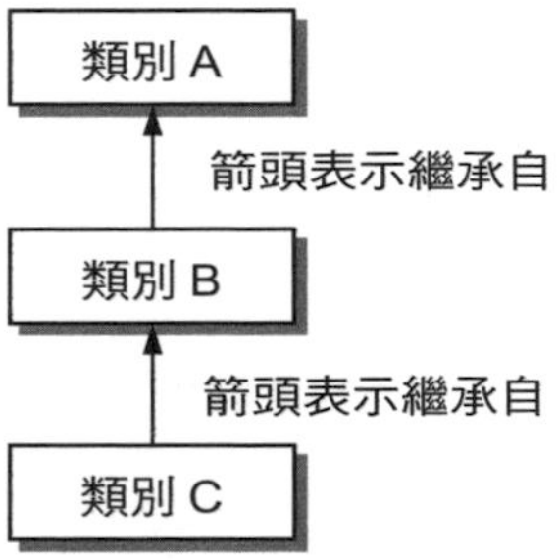

```
<!DOCTYPE html>
<html>
  <head>
    <meta charset="utf-8">
  </head>
  <body>
    <?php
      class A
      {
        //...
      }
      class B extends A
      {
        //...
      }
      class C extends B
      {
        //...
      }
    ?>
  </body>
</html>
```

類別 A
箭頭表示繼承自
類別 B
箭頭表示繼承自
類別 C

下面是另一個例子，它所呈現的是如下圖的繼承關係，也就是一個父類別可以有多個子類別。

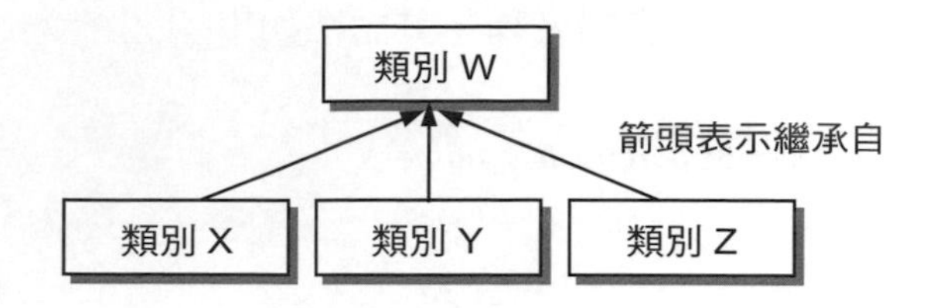

\ch08\oop8.php

```
<!DOCTYPE html>
<html>
  <head>
    <meta charset="utf-8">
  </head>
  <body>
    <?php
      class W
      {
        //...
      }
      class X extends W
      {
        //...
      }
      class Y extends W
      {
        //...
      }
      class Z extends W
      {
        //...
      }
    ?>
  </body>
</html>
```

8-3-2 設定成員的存取層級

我們可以使用下列存取修飾關鍵字設定成員的存取層級，以及能夠被繼承與否，若在定義成員時省略了存取修飾關鍵字或使用 var 關鍵字，表示為 public：

- public：以這個關鍵字定義的成員能夠被任何程式碼存取，包括被繼承。
- private：以這個關鍵字定義的成員只能被包含其定義的類別存取，不能被繼承。
- protected：以這個關鍵字定義的成員只能被包含其定義的類別或其子類別存取，包括被繼承。

現在，我們就使用 PHP 語法表示如下圖的繼承關係。

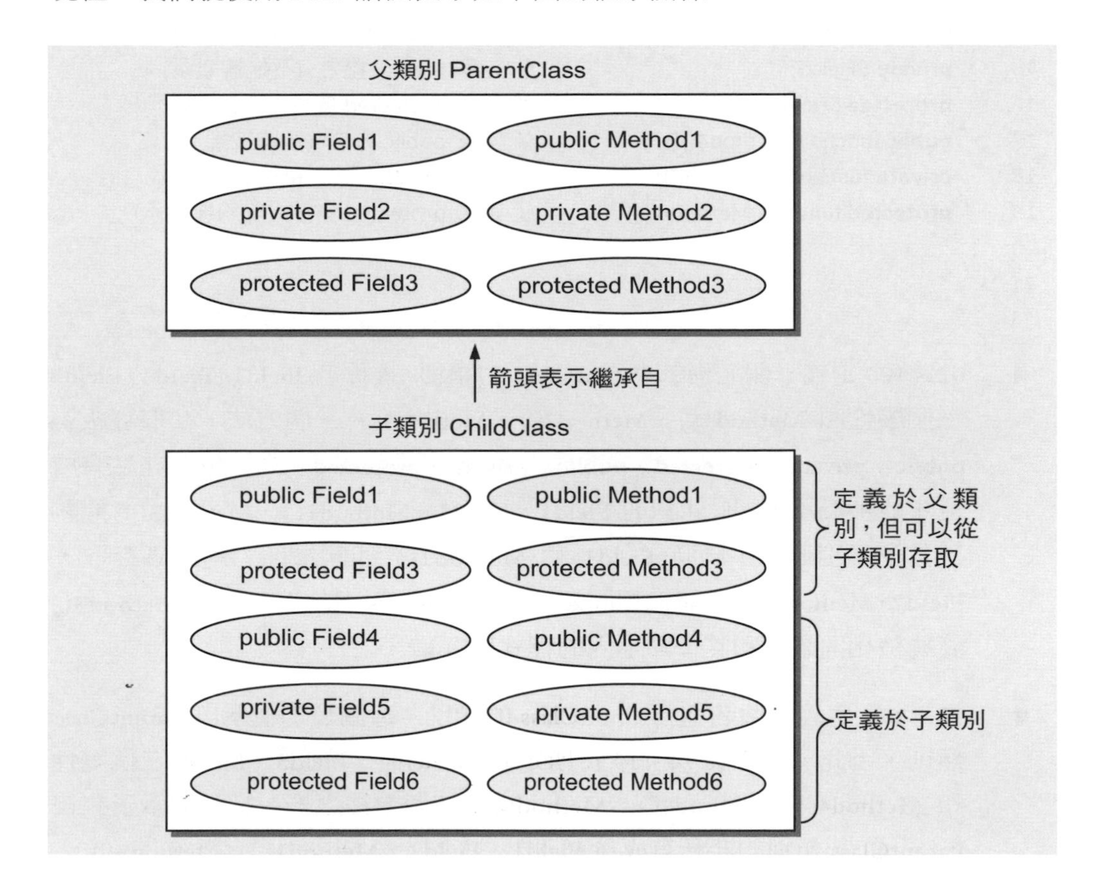

\ch08\oop9.php

```
01:<?php
02:   class ParentClass                          // 定義父類別
03:   {
04:      public $Field1;                         // 定義 public 屬性 (能夠被繼承)
05:      private $Field2;                        // 定義 private 屬性 (不能被繼承)
06:      protected $Field3;                      // 定義 protected 屬性 (能夠被繼承)
07:      public function Method1(){}             // 定義 public 方法 (能夠被繼承)
08:      private function Method2(){}            // 定義 private 方法 (不能被繼承)
09:      protected function Method3(){}          // 定義 protected 方法 (能夠被繼承)
10:   }
11:
12:   class ChildClass extends ParentClass       // 定義子類別
13:   {
14:      public $Field4;                         // 定義 public 屬性 (能夠被繼承)
15:      private $Field5;                        // 定義 private 屬性 (不能被繼承)
16:      protected $Field6;                      // 定義 protected 屬性 (能夠被繼承)
17:      public function Method4(){}             // 定義 public 方法 (能夠被繼承)
18:      private function Method5(){}            // 定義 private 方法 (不能被繼承)
19:      protected function Method6(){}          // 定義 protected 方法 (能夠被繼承)
20:   }
21:?>
```

- 02 ~ 10：定義一個名稱為 ParentClass 的類別，裡面有 Field1、Field2、Field3 三個屬性和 Method1()、Method2()、Method3() 三個方法，存取層級為 public、private、protected、public、private、protected，由於只有非私有成員才能被繼承，因此，只有 Field1、Field3、Method1()、Method3() 能夠被其子類別繼承，同時 Field1 和 Method1() 能夠被所有程式碼存取，Field2、Method2() 只能被相同類別內的程式碼存取，而 Field3、Method3() 能夠被相同類別和其子類別內的程式碼存取。

- 12 ~ 20：定義一個名稱為 ChildClass 的類別，這個類別繼承自 ParentClass 類別，因此，除了第 14 ~ 19 行所定義的 Field4、Field5、Field6 三個屬性和 Method4()、Method5()、Method6() 三個方法之外，它還繼承了來自 ParentClass 類別的非私有成員 Field1、Field3、Method1()、Method3()。

最後要說明的是 ParentClass 類別外的程式碼和 ChildClass 類別外的程式碼能夠存取哪些成員，基本上，它們只能存取 public 成員，也就是 Field1、Method1()、Field4 、 Method4() ， 若存取其它成員 ， 就會產生錯誤訊息 ， 例如 ChildClass::Method2(); 將會產生類似 "Fatal error: Call to private method ParentClass::method2() from context" 的錯誤訊息。

父類別內定義為 private 的成員只能被父類別內的程式碼存取，其它在父類別外的程式碼 (包括子類別) 均不得存取，對於安全性較高、不允許父類別外的程式碼存取的成員就必須定義為 private。

相反的，父類別內定義為 protected 的成員則能夠被父類別及其子類別內的程式碼存取，所以在使用繼承的同時，您必須考慮清楚是否允許使用者透過繼承的方式存取某些成員，是的話，才要將這些成員定義為 protected。

雖然 protected 賦予子類別存取某些成員的彈性，同時也適度保護這些成員，畢竟子類別外的程式碼無法加以存取，但這中間其實還是存在著潛伏的危險，因為有心人士可能會藉由繼承的方式隨意竄改父類別的 protected 成員，影響程式的運作，所以在定義父類別的成員存取層級時應該要仔細思考。

父類別與子類別構成了所謂「類別階層」(class hierarchy)，類別階層的實作相當簡單，重點在於如何設計類別階層，原則上，類別階層由上到下的定義應該是由廣義進入狹義，比方說，父類別 Employee 泛指公司員工，而其子類別 Managers、Asistants 則分別表示經理級的員工和助理性質的員工。

8-3-3 覆蓋繼承自父類別的方法

覆蓋 (override) 指的是子類別將繼承自父類別的方法重新定義，而且在這個過程中，父類別的方法並不會受到影響。我們通常透過覆蓋的技巧來實作物件導向程式設計的**多型** (polymorphism)，有關多型進一步的討論請參閱相關書籍。

以下面的程式碼為例，父類別 Payroll 的 Payment() 方法會根據時數及鐘點費算出薪資（第 05 ~ 08 行），而子類別 BonusPayroll 覆蓋繼承自父類別的 Payment() 方法，令它除了根據時數及鐘點費算出薪資，還會加上獎金 5000 (第 12 ~ 15 行)。

\ch08\oop10.php

```
01:<?php
02:  class Payroll                                        // 定義父類別
03:  {
04:    public $Name;                                      // 定義屬性 (能夠被繼承)
05:    public function Payment($Hours, $PayRate)          // 定義方法 (能夠被繼承)
06:    {
07:      return $Hours * $PayRate;
08:    }
09:  }
10:  class BonusPayroll extends Payroll                   // 定義子類別
11:  {
12:    public function Payment($Hours, $PayRate)          // 覆蓋父類別的方法
13:    {
14:      return $Hours * $PayRate + 5000;
15:    }
16:  }
17:  $Obj1 = new Payroll();
18:  $Obj2 = new BonusPayroll();
19:  echo '尚未加上獎金的薪資為'.$Obj1->Payment(100, 80).'<br>';
20:  echo '加上獎金之後的薪資為'.$Obj2->Payment(100, 80).'<br>';
21:?>
```

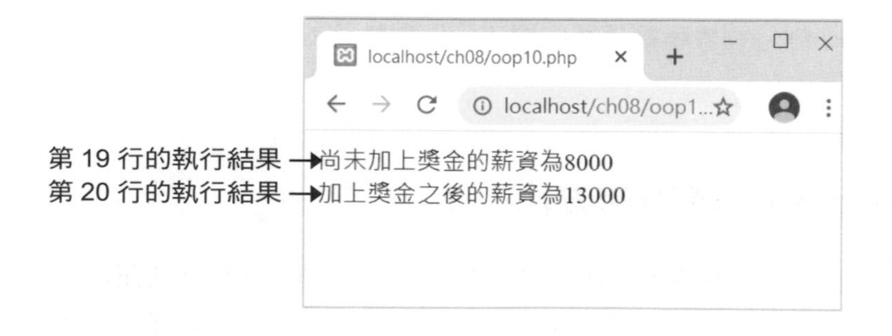
localhost/ch08/oop10.php
localhost/ch08/oop1...
第 19 行的執行結果
尚未加上獎金的薪資為8000
第 20 行的執行結果
加上獎金之後的薪資為13000

8-3-4 呼叫父類別內被覆蓋的方法

在本節中，我們將告訴您一個實用的小技巧，也就是子類別如何呼叫父類別內被覆蓋的方法，以前一節的 \ch08\oop10.php 為例，由於子類別在重新定義 Payment() 方法時其實有部分敘述和父類別的 Payment() 方法相同，因此，我們可以呼叫父類別的 Payment() 方法來取代，如下：

```
public function Payment($Hours, $PayRate)
{
    return $Hours * $PayRate + 5000;
}
```

這些敘述和父類別的 Payment() 方法相同

```
public function Payment($Hours, $PayRate)
{
    return parent::Payment($Hours, $PayRate) + 5000;
}
```

parent 關鍵字代表目前所在之子類別的父類別，透過這個關鍵字，就可以呼叫父類別內被覆蓋的方法，當然您也可以直接指定父類別的名稱，如下：

```
public function Payment($Hours, $PayRate)
{
    return Payroll::Payment($Hours, $PayRate) + 5000;
}
```

原則上，子類別可以覆蓋繼承自父類別的任何方法，但有時我們可能希望父類別的某個方法不要被子類別所覆蓋，此時可以在父類別定義該方法時加上 final 關鍵字，例如下面的敘述將禁止子類別覆蓋父類別的 Payment() 方法：

```
final public function Payment($Hours, $PayRate)
```

8-3-5 抽象方法

抽象方法 (abstract method) 是一種特殊的方法，它必須放在**抽象類別** (abstract class) 內，只有定義的部分，沒有實作的部分，而且實作的部分必須由子類別提供。至於抽象類別則是一種特殊的類別，只有類別的定義和部分實作，必須藉由子類別來實作或擴充其功能，同時程式設計人員不可以建立其物件，換句話說，抽象類別只能被繼承，不能被**實體化** (instantiation)。

以下面的程式碼為例，父類別 Payroll 是一個抽象類別，裡面有一個 Name 屬性和一個 Payment() 抽象方法，它的實作部分是由子類別 BonusPayroll 提供。

\ch08\oop11.php

```
<?php
  abstract class Payroll  ← 此敘述的開頭要有 abstract，因為
                            抽象方法必須放在抽象類別內
  {
    public $Name;
    abstract public function Payment($Hours, $PayRate);  ←定義抽象方法
  }
  class BonusPayroll extends Payroll
  {
    public function Payment($Hours, $PayRate)  ┐
    {                                          │ 覆蓋抽象方法
      return $Hours * $PayRate + 5000;         │ (參數個數必須相同)
    }                                          ┘
  }
  $Obj = new BonusPayroll();
  echo '加上獎金之後的薪資為'.$Obj->Payment(100, 80).'<br>';
?>
```

8-3-6 子類別的建構函式與解構函式

原則上，子類別會繼承父類別的建構函式與解構函式，若子類別沒有定義自己的建構函式與解構函式，一旦建立隸屬於子類別的物件或釋放隸屬於子類別的物件，就會分別自動執行父類別的建構函式與解構函式，否則會分別自動執行子類別的建構函式與解構函式。

下面是一個例子，父類別 ParentClass 定義了一個 Field1 屬性 (第 10 行)、建構函式 (第 12 ~ 16 行) 與解構函式 (第 18 ~ 22 行)，而子類別 ChildClass 只定義了一個 Field2 屬性 (第 27 行)。

由於子類別沒有定義自己的建構函式與解構函式，因此，在第 30 行建立隸屬於子類別的物件時，會自動執行父類別的建構函式，也就是將 Field1 屬性的值設定為傳入的參數，然後顯示「建立物件時成功將 Field1 的值設定為 100」，而在第 31 行釋放隸屬於子類別的物件時，會自動執行父類別的解構函式，也就是將 Field1 屬性的值設定為 0，然後顯示「釋放物件時成功將 Field1 的值設定為 0」。

\ch08\oop12.php (下頁續 1/2)

```
01:<!DOCTYPE html>
02:<html>
03:  <head>
04:    <meta charset="utf-8">
05:  </head>
06:  <body>
07:    <?php
08:      class ParentClass                    // 定義父類別
09:      {
10:        protected $Field1;                 // 定義父類別的屬性
11:
12:        function __construct($Value)       // 定義父類別的建構函式
13:        {
14:          $this->Field1 = $Value;
15:          echo '建立物件時成功將 Field1 的值設定為'.$this->Field1.'<br>';
16:        }
```

\ch08\oop12.php (接上頁 2/2)

```
17:
18:         function __destruct()                     // 定義父類別的解構函式
19:         {
20:             $this->Field1 = 0;
21:             echo '釋放物件時成功將 Field1 的值設定為'.$this->Field1.'<br>';
22:         }
23:     }
24:
25:     class ChildClass extends ParentClass          // 定義子類別
26:     {
27:         protected $Field2;                        // 定義子類別的屬性
28:     }
29:
30:      $MyObject = new ChildClass(100);             // 會自動執行父類別的建構函式
31:      $MyObject = NULL;                            // 會自動執行父類別的解構函式
32:   ?>
33: </body>
34:</html>
```

localhost/ch08/oop12.php
localhost/ch08/oop1...
第 30 行的執行結果
建立物件時成功將Field1的值設定為100
第 31 行的執行結果
釋放物件時成功將Field1的值設定為0

下面是另一個例子，同樣的，父類別 ParentClass 定義了一個 Field1 屬性（第 10 行）、建構函式（第 12 ~ 16 行）與解構函式（第 18 ~ 22 行），而這次子類別 ChildClass 不僅定義了一個 Field2 屬性（第 26 行），還定義了自己的建構函式（第 27 ~ 31 行）與解構函式（第 32~ 36 行）。

由於子類別已經定義自己的建構函式與解構函式，因此，在第 39 行建立隸屬於子類別的物件時，會自動執行子類別的建構函式，也就是將 Field2 屬性的值設定為傳入的參數，然後顯示「建立物件時成功將 Field2 的值設定為 100」，注意是 Field2，不是 Field1 喔。

而在第 40 行釋放隸屬於子類別的物件時，會自動執行子類別的解構函式，也就是將 Field2 屬性的值設定為 0，然後顯示「釋放物件時成功將 Field2 的值設定為 0」，注意是 Field2，不是 Field1 喔。

\ch08\oop13.php (下頁續 1/2)

```
01:<!DOCTYPE html>
02:<html>
03:   <head>
04:      <meta charset="utf-8">
05:   </head>
06:   <body>
07:      <?php
08:         class ParentClass                      // 定義父類別
09:         {
10:            protected $Field1;                  // 定義父類別的屬性
11:
12:            function __construct($Value)        // 定義父類別的建構函式
13:            {
14:               $this->Field1 = $Value;
15:               echo '建立物件時成功將 Field1 的值設定為'.$this->Field1.'<br>';
16:            }
17:
18:            function __destruct()               // 定義父類別的解構函式
19:            {
20:               $this->Field1 = 0;
21:               echo '釋放物件時成功將 Field1 的值設定為'.$this->Field1.'<br>';
22:            }
23:         }
```

\ch08\oop13.php (接上頁 2/2)

```
24:        class ChildClass extends ParentClass           // 定義子類別
25:        {
26:            protected $Field2;                         // 定義子類別的屬性
27:            function __construct($Value)               // 定義子類別的建構函式
28:            {
29:                $this->Field2 = $Value;
30:                echo '建立物件時成功將 Field2 的值設定為'.$this->Field2.'<br>';
31:            }
32:            function __destruct()                      // 定義子類別的解構函式
33:            {
34:                $this->Field2 = 0;
35:                echo '釋放物件時成功將 Field2 的值設定為'.$this->Field2.'<br>';
36:            }
37:        }
38:
39:        $MyObject = new ChildClass(100);               // 會自動執行子類別的建構函式
40:        $MyObject = NULL;                              // 會自動執行子類別的建構函式
41:    ?>
42:  </body>
43:</html>
```

localhost/ch08/oop13.php
localhost/ch08/oop1...
第 39 行的執行結果
建立物件時成功將Field2的值設定為100
第 40 行的執行結果
釋放物件時成功將Field2的值設定為0

最後要介紹一個技巧，若要在子類別呼叫父類別的建構函式或解構函式，可以使用如下敘述，其中建構函式的參數取決於實際情況，而解構函式則沒有參數：

```
parent::__construct(參數);
parent::__destruct();
```

8-4 命名空間

命名空間（namespace）是一種命名方式，用來組織各個類別、函式、常數等，它和這些元素的關係就像檔案系統中目錄與檔案的關係一樣。舉例來說，假設 MyClass 隸屬於 \A\B\C 命名空間，那麼若要建立一個名稱為 Obj、隸屬於 MyClass 的物件，可以寫成如下：

```
$Obj = new \A\B\C\MyClass;
```

其中第一個反斜線 \ 表示**全域空間**（global space），就像檔案系統中的根目錄一樣，在 PHP 開始支援命名空間之前，或當 PHP 程式沒有定義任何命名空間時，所有類別、函式、常數等都是放在全域空間，至於其它反斜線 \ 則是用來連接命名空間內所包含的子命名空間、類別、函式、常數等，例如此處的 A、B、C 均為子命名空間。

PHP 之所以支援命名空間，目的如下：

- **解決名稱衝突的問題**：當您自己撰寫的 PHP 程式和 PHP 內建或其它人撰寫的類別、函式、常數發生名稱衝突時，可以利用命名空間來解決。
- **提供設定別名的功能**：當 PHP 程式裡面的類別、函式或常數的名稱太長或不易理解時，可以利用命名空間來設定簡短易讀的別名（alias）。

事實上，若您的程式並沒有遇到上述的問題，那麼您可以不用理會命名空間的概念，因為程式依然能夠正常執行，以下面兩段程式碼為例，其功能是相同的，只是第二段程式碼有加入命名空間的概念。

```
<?php
  $Obj = new Class1;
?>
```

```
<?php
  $Obj = new \Class1;
?>
```

原則上，命名空間的命名方式及分類是依照類別、函式、常數的性質而定，同時 PHP 程式均放在全域空間 \ 內。若要在 PHP 程式中自訂命名空間，可以使用 namespace 關鍵字。下面是一個例子，它會顯示變數 Y 的值 (1)，要注意的是 namespace 敘述必須放在檔案的最前端，而且檔案必須儲存為 UTF-8 編碼 (檔首無 BOM)。

\ch08\namespace.php

```
01:<?php
02:   namespace my\name;            // 在全域空間內定義 my\name 命名空間
03:   class MyClass {}              // 在\my\name 命名空間內定義 MyClass 類別
04:   function Myfunction() {}      // 在\my\name 命名空間內定義 Myfunction 函式
05:   const MYCONST = 1;            // 在\my\name 命名空間內定義 MYCONST 常數
06:   $X = new \my\name\MyClass;// 建立 MyClass 類別的物件，寫成$X = new MyClass;亦可
07:   $Y = \my\name\MYCONST;       // 定義 Y 為常數 MYCONST，寫成$Y = MYCONST;亦可
08:   echo $Y;                      // 顯示 Y 的值
09:?>
```

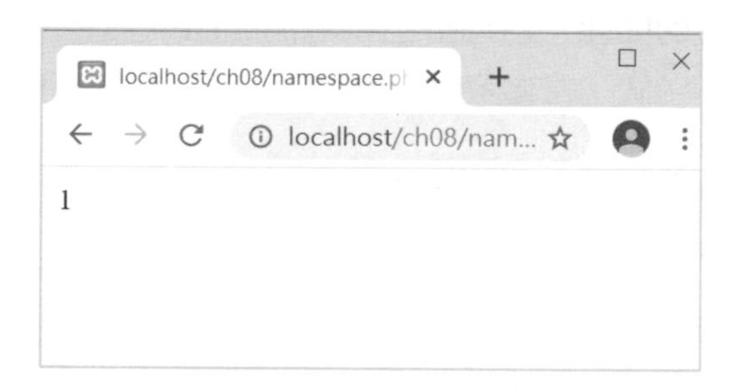

最後我們來說明如何利用命名空間設定別名，以 \ch08\namespace.php 為例，假設我們在第 02 行的下一行插入如下敘述，表示使用 use 關鍵字將 my\name 命名空間的別名設定為 A：

```
use my\name as A;
```

這麼一來，第 06、07 行可以改寫成如下，使用別名 A 取代 my\name 命名空間：

```
$X = new A\MyClass;
$Y = A\MYCONST;
```

在過去，若要從相同的命名空間匯入類別、函式或常數，必須使用個別的 use 敘述進行匯入，如下：

```
<?php
  use my\name\ClassA;
  use my\name\ClassB;
  use my\name\ClassC as C;

  use function my\name\FuncA;
  use function my\name\FuncB;
  use function my\name\FuncC;

  use const my\name\ConstA;
  use const my\name\ConstB;
  use const my\name\ConstC;
?>
```

但是到了 PHP 7 就不用這麼麻煩，只要使用一個 use 敘述，就可以從相同的命名空間匯入類別、函式或常數。舉例來說，上面的程式碼可以改寫成如下，PHP 7 將此功能稱為「Group use declarations」：

```
<?php
  use my\name\{ClassA, ClassB, ClassC as C};
  use function my\name\{FuncA, FuncB, FuncC};
  use const my\name\{ConstA, ConstB, ConstC};
?>
```

在網頁之間傳遞資訊

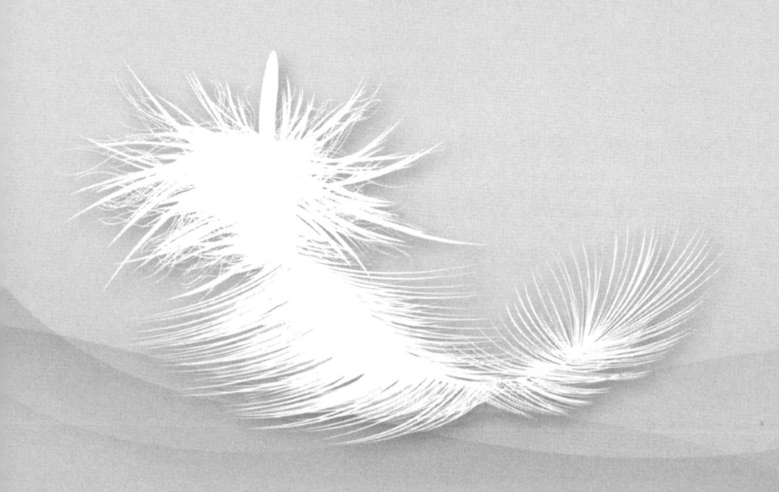

9-1 蒐集網頁上的資料

說起如何蒐集網頁上的資料，您可能會馬上聯想到「表單」，沒錯，我們的確可以透過表單要求瀏覽者輸入資料，但只有表單是不夠的，若沒有搭配其它技術，當使用者從表單所在的網頁切換到另一個網頁時，他在表單中輸入的資料霎時會煙消雲散，而諸如 PHP、ASP/ASP.NET、JSP、CGI 等動態網頁技術正是蒐集資料最重要的關鍵，它們能夠從網頁上抓取資料以備之後使用。

9-1-1 建立表單

表單 (form) 可以提供輸入介面讓使用者輸入資料，然後將資料傳回 Web 伺服器做處理，例如高鐵網站就是透過表單提供訂票服務，其它常見的應用還有 Web 搜尋、線上投票、會員登錄、網路購物等。

表單的建立包含下列兩個部分：

1. 使用 <form>、<input>、<textarea>、<select>、<option> 等元素設計表單的介面。

2. 撰寫表單的處理程式，也就是表單的後端處理，例如將表單資料傳送到 E-mail、寫入檔案、寫入資料庫或進行查詢等。

此處會列出幾個與表單有關的 HTML 元素供您參考，若您已經相當熟悉，可以跳過這些 HTML 元素的介紹，直接翻到第 9-9 頁的範例。

<form> 元素

<form> 元素用來在 HTML 文件中標示表單，常見的屬性如下：

- accept="..."：設定 MIME 類型 (超過一個的話，中間以逗號隔開)，做為 Web 伺服器處理表單資料的依據，例如 accept="image/gif, image/jpeg"。

- accept-charset="..."：設定表單資料的字元編碼方式，Web 伺服器必須根據指定的字元編碼方式處理表單資料。字元編碼方式定義於 RFC2045 (超過一個的話，中間以逗號隔開)，例如 accept-charset="ISO-8859-1"。

- action="*url*"：設定表單處理程式的相對或絕對位址，若要將表單資料傳送到電子郵件地址，可以設定電子郵件地址的 *url*；若沒有設定 action 屬性的值，表示使用預設的表單處理程式，例如：

```
<form method="post" action="handler.php">
<form method="post" action="mailto:jean@hotmail.com">
```

- autocomplete="{on,off}"：設定是否啟用自動完成功能，on 表示啟用，off 表示關閉。

- enctype="..."：設定將表單資料傳回 Web 伺服器所採取的編碼方式，預設值為 "application/x-www-form-urlencoded"，若允許上傳檔案給 Web 伺服器，則 enctype 屬性的值要設定為 "multipart/form-data"；若要將表單資料傳送到電子郵件地址，則 enctype 屬性的值要設定為 "text/plain"。

- method="{get,post}"：設定表單資料傳送給表單處理程式的方式，當 method="get" 時，表單資料會被存放在 HTTP GET 變數 ($_GET)，表單處理程式可以透過這個變數取得表單資料；當 method="post" 時，表單資料會被存放在 HTTP POST 變數 ($_POST)，表單處理程式可以透過這個變數取得表單資料；若沒有設定 method 屬性的值，表示為預設值 get。

  當 method="get" 時，表單資料會附加在網址後面進行傳送，適合用來傳送少量、不要求安全的資料，例如搜尋關鍵字；相反的，當 method="post" 時，表單資料會透過 HTTP 標頭進行傳送，適合用來傳送大量或要求安全的資料，例如上傳檔案、密碼等。

- name="..."：設定表單的名稱 (限英文且唯一)，此名稱不會顯示出來，但可以做為後端處理之用，供 Script 或表單處理程式使用。

- novalidate：設定在提交表單時不要進行驗證。

- HTML 元素的全域屬性和事件屬性，其中比較重要的有 onsubmit="..." 用來設定當使用者傳送表單時所要執行的 Script，以及 onreset="..." 用來設定當使用者清除表單時所要執行的 Script。

<input> 元素

<input> 元素用來在表單中標示輸入欄位或按鈕，它沒有結束標籤，常見的屬性如下：

- accept="..."：設定提交檔案時的 MIME 類型 (以逗號隔開)，例如 <input type="file" accept="image/gif,image/jpeg">。
- checked：將選擇鈕或核取方塊預設為已選取的狀態。
- disabled：取消表單欄位，使之無法存取。
- maxlength="*n*"：設定單行文字方塊、密碼欄位、搜尋欄位等表單欄位的最多字元數。
- minlength="*n*"：設定單行文字方塊、密碼欄位、搜尋欄位等表單欄位的最少字元數。
- name="..."：設定表單欄位的名稱 (限英文且唯一)，此名稱不會顯示出來，但可以做為後端處理之用。
- notab：不允許使用者以按 [Tab] 鍵的方式移至表單欄位。
- readonly：不允許使用者變更表單欄位的資料。
- size="*n*"：設定單行文字方塊、密碼欄位、搜尋欄位等表單欄位的寬度 (*n* 為字元數)，size 屬性和 maxlength 屬性的差別在於它並不是設定使用者可以輸入的字元數，而是設定使用者在畫面上可以看到的字元數。
- src="*url*"：設定圖片提交按鈕的位址 (當 type="image" 時)。
- type="*state*"：設定表單欄位的輸入類型，稍後有進一步的說明。
- usemap：設定瀏覽器端影像地圖所在的檔案位址及名稱。
- value="..."：設定表單欄位的初始值。

- form="*formid*"：設定表單欄位隸屬於 id 屬性為 *formid* 的表單。
- min="*n*"、max="*n*"、step="*n*"：設定數字輸入類型或日期輸入類型的最小值、最大值和間隔值。
- required：設定使用者必須在表單欄位中輸入資料，例如 <input type="search" required> 是設定使用者必須在搜尋欄位中輸入資料，否則瀏覽器會出現提示文字要求輸入。
- multiple：允許使用者提交多個檔案，例如 <input type="file" multiple>，或允許使用者輸入以逗號分隔的多個電子郵件地址，例如 <input type="email" multiple>。
- pattern="..."：針對表單欄位設定進一步的輸入格式，例如 <input type="tel" pattern="[0-9]{4}(\-[0-9]{6})"> 是設定輸入值須符合 xxxx-xxxxxx 的格式，而 x 為 0 到 9 的數字。
- autocomplete="{on,off}")：設定是否啟用自動完成功能，on 表示啟用，off 表示關閉。
- autofocus：設定在載入網頁的當下，令焦點自動移至表單欄位。
- placeholder="..."：設定在表單欄位中顯示提示文字，待使用者將焦點移至表單欄位，該提示文字會自動消失。
- list：list 屬性可以和 <datalist> 元素搭配，讓使用者從預先輸入的清單中選擇資料或自行輸入其它資料。
- HTML 元素的全域屬性和事件屬性，其中比較重要的有 onfocus="..." 用來設定當使用者將焦點移至表單欄位時所要執行的 Script，onblur="..." 用來設定當使用者將焦點從表單欄位移開時所要執行的 Script，onchange="..." 用來設定當使用者修改表單欄位時所要執行的 Script，onselect="..." 用來設定當使用者在表單欄位選取文字時所要執行的 Script。

要特別說明的是 type="*state*" 屬性，HTML4.01 提供如下的輸入類型。

HTML4.01 提供的 type 屬性值	輸入類型	HTML4.01 提供的 type 屬性值	輸入類型
type="text"	單行文字方塊	type="image"	圖片提交按鈕
type="password"	密碼欄位	type="radio"	選擇鈕
type="submit"	提交按鈕	type="checkbox"	核取方塊
type="reset"	重設按鈕	type="hidden"	隱藏欄位
type="button"	一般按鈕	type="file"	上傳檔案

HTM5 則針對 type="*state*" 屬性新增如下的輸入類型。

HTML5 新增的 type 屬性值	輸入類型	HTML5 新增的 type 屬性值	輸入類型
type="email"	電子郵件地址	type="color"	色彩
type="url"	網址	type="date"	日期
type="search"	搜尋欄位	type="time"	時間
type="tel"	電話號碼	type="datetime-local"	本地日期時間
type="number"	數值	type="month"	月份
type="range"	指定範圍數值	type="week"	一年的第幾週
註：為了維持和舊版瀏覽器的向下相容性，type 屬性的預設值為 "text"，當瀏覽器不支援 HTML5 新增的 type 屬性值時，就會顯示預設的單行文字方塊。			

事實上，HTML5 除了提供更多的輸入類型，更重要的是它會進行資料驗證，舉例來說，假設我們將 type 屬性設定為 "email"，那麼瀏覽器會自動驗證使用者輸入的資料是否符合正確的電子郵件地址格式，若不符合，就提示使用者重新輸入。

在瀏覽器內建資料驗證的功能後，我們就不必再處處撰寫 JavaScript 程式碼驗證使用者輸入的資料，不僅省時省力，網頁的操作也會更順暢。

<textarea> 元素

<textarea> 元素用來在表單中標示多行文字方塊，常見的屬性如下：

- cols="*n*"：設定多行文字方塊的寬度 (*n* 為字元數)。
- rows="*n*"：設定多行文字方塊的高度 (*n* 為列數)。
- disabled：取消多行文字方塊，使之無法存取。
- maxlength="*n*"：設定資料的最大長度 (*n* 為字元數)。
- minlength="*n*"：設定資料的最小長度 (*n* 為字元數)。
- name="..."：設定多行文字方塊的名稱。
- readonly：不允許使用者變更多行文字方塊的資料。
- form="*formid*"：設定多行文字方塊隸屬於 id 屬性為 *formid* 的表單。
- required：設定使用者必須在多行文字方塊中輸入資料。
- autofocus：設定在載入網頁的當下，令焦點自動移至多行文字方塊。
- placeholder="..."：設定在多行文字方塊中顯示提示文字，待使用者將焦點移至多行文字方塊，該提示文字會自動消失。
- HTML 元素的全域屬性和事件屬性，其中比較重要的有 onfocus="..." 用來設定當使用者將焦點移至表單欄位時所要執行的 Script，onblur="..." 用來設定當使用者將焦點從表單欄位移開時所要執行的 Script，onchange="..." 用來設定當使用者修改表單欄位時所要執行的 Script，onselect="..." 用來設定當使用者在表單欄位選取文字時所要執行的 Script。

在預設的情況下，多行文字方塊是呈現空白不顯示任何資料，若要在多行文字方塊顯示預設的資料，可以將資料放在 <textarea> 元素裡面。

<select> 元素

<select> 元素用來在表單中標示下拉式清單，常見的屬性如下：

- autofocus：設定在載入網頁的當下，令焦點自動移至下拉式清單。
- disabled：取消下拉式清單，使之無法存取。
- multiple：允許使用者在下拉式清單中選擇多個選項。
- name="..."：設定下拉式清單的名稱。
- required：設定使用者必須在下拉式清單中選擇選項。
- readonly：不允許使用者變更下拉式清單中的選項。
- size="*n*"：設定下拉式清單的高度。
- HTML 元素的全域屬性和事件屬性，其中比較重要的有 onfocus="..."、onblur="..."、onchange="..."、onselect="..."。

<option> 元素

<option> 元素是放在 <select> 元素裡面，用來設定下拉式清單中的選項，它沒有結束標籤，常見的屬性如下：

- disabled：取消選項，使之無法存取。
- label="..."：設定選項的標籤文字。
- selected：設定預先選取的選項。
- value="..."：設定選項的值，在使用者點取 [提交] 按鈕後，被選取之選項的值會傳回 Web 伺服器，若沒有設定 value 屬性，那麼選項的資料會傳回 Web 伺服器。
- HTML 元素的全域屬性和事件屬性。

下面是一個例子，它會透過表單詢問消費者對於手機使用的意見。

\ch09\phone.html

```
<!DOCTYPE html>
<html>
  <head>
    <meta charset="utf-8">
  </head>
  <body>
    <form>
      姓   名：<input type="text" name="UserName" size="40"><br>
      E-Mail：<input type="email" name="UserMail" size="40" value="username@mailserver"><br>
      年   齡：
      <input type="radio" name="UserAge" value="Age1">未滿 20 歲
      <input type="radio" name="UserAge" value="Age2" checked>20~29
      <input type="radio" name="UserAge" value="Age3">30~39
      <input type="radio" name="UserAge" value="Age4">40~49
      <input type="radio" name="UserAge" value="Age5">50 歲以上<br>
      您使用過哪些廠牌的手機？
      <input type="checkbox" name="UserPhone[]" value="hTC" checked>hTC
      <input type="checkbox" name="UserPhone[]" value="Apple">Apple
      <input type="checkbox" name="UserPhone[]" value="ASUS">ASUS
      <input type="checkbox" name="UserPhone[]" value="SONY">SONY<br>
      您使用手機時最常碰到什麼問題？<br>
      <textarea name="UserTrouble" cols="45" rows="4">上網品質不夠穩定</textarea><br>
      您使用過哪些電信業者的門號？(可複選)
      <select name="UserNumber[]" size="4" multiple>
        <option value="中華電信">中華電信
        <option value="台灣大哥大" selected>台灣大哥大
        <option value="遠傳">遠傳
        <option value="亞太電信">亞太電信
      </select><br>
      <input type="submit" value="提交">
      <input type="reset" value="重新輸入">
    </form>
  </body>
</html>
```

截至目前，這個程式只是一個單純的 HTML 文件 (副檔名為 .html)，由於我們尚未自訂表單處理程式，因此，若在瀏覽器的網址列輸入 http://localhost/ch09/phone.html，並按 [Enter] 鍵，然後填妥表單，再按 [提交]，表單資料會被傳回 Web 伺服器。

至於表單資料是以何種形式傳回 Web 伺服器呢？在按 [提交] 後，網址列會出現如下訊息，從 http://localhost/ch09/phone.html 後面的問號 (?) 開始就是表單資料，第一個欄位的名稱為 UserName，雖然我們輸入「小丸子」，但由於將表單資料傳回 Web 伺服器所採取的編碼方式預設為 "application/x-www-form-urlencoded"，故「小丸子」會變成 %E5%B0%8F%E4%B8%B8%E5%AD%90；接下來是 & 符號，這表示下一個表單欄位的開始；同理，下一個 & 符號的後面又是另一個表單欄位的開始。

http://localhost/ch09/phone.html?**UserName**=%E5%B0%8F%E4%B8%B8%E5%AD%90&**UserMail**=jean%40hotmail.com&**UserAge**=Age2&**UserPhone**%5B%5D=hTC&**UserPhone**%5B%5D=Apple&**UserTrouble**=%E6%89%8B%E6%A9%9F%E9%9B%BB%E6%B1%A0%E7%BA%8C%E8%88%AA%E5%8A%9B%E4%B8%8D%E5%A4%A0&**UserNumber**%5B%5D=%E5%8F%B0%E7%81%A3%E5%A4%A7%E5%93%A5%E5%A4%A7&**UserNumber**%5B%5D=%E9%81%A0%E5%82%B3

9-1-2 表單的後端處理

在瀏覽者輸入表單資料並按 [提交] 後，表單資料會被傳回 Web 伺服器，至於表單資料的傳回方式則取決於 <form> 元素的 method 屬性，當 method="get" 時，表單資料會被存放在 HTTP GET 變數 ($_GET)，表單處理程式可以透過這個變數取得表單資料；當 method="post" 時，表單資料會被存放在 HTTP POST 變數 ($_POST)，表單處理程式可以透過這個變數取得表單資料；若沒有設定 method 屬性的值，表示為預設值 get。

get 和 post 最大的差別在於 get 所能傳送的字元長度不得超過 255，而且在傳送密碼欄位時，post 會將瀏覽者輸入的密碼加以編碼，而 get 不會將瀏覽者輸入的密碼加以編碼，從這種角度來看，post 的安全性顯然比 get 高。

此外，若我們有使用 <form> 元素的 action 屬性設定表單處理程式，那麼表單資料不僅會被傳回 Web 伺服器，也會被傳送給表單處理程式，以做進一步的處理，例如將表單資料以 E-mail 傳送給指定的收件人、將表單資料寫入或查詢資料庫、將表單資料張貼在留言板或聊天室等。

事實上，建立表單的介面並不難，難的在於撰寫表單處理程式，目前表單處理程式可以使用 PHP、ASP/ASP.NET、JSP、CGI 等伺服器端 Scripts 來撰寫。

在本節中，我們會先示範如何將表單資料以 E-mail 傳送給指定的收件人，之後再示範如何透過簡單的 PHP 程式讀取表單資料並製作確認網頁。

將表單資料以 E-mail 傳送給指定的收件人

若要將表單資料以 E-mail 傳送給指定的收件人，可以使用 <form> 元素的 action 屬性設定收件人的電子郵件地址，舉例來說，我們可以將 \ch09\phone.html 第 7 行的 <form> 元素改寫成如下，那麼在瀏覽者填妥表單並按 [提交] 後，就會將表單資料傳送到 jean@hotmail.com，之後只要啟動電子郵件程式接收新郵件，便能取得表單資料：

```
<form method="post" action="mailto:jean@hotmail.com">
```

讀取表單資料並製作確認網頁

為了讓瀏覽者知道其所輸入的表單資料已經成功傳回 Web 伺服器，我們通常會在瀏覽者按 [提交] 後顯示確認網頁，舉例來說，我們可以將 \ch09\phone.html 第 7 行的 <form> 元素改寫成如下，將確認網頁設定為 \ch09\confirm.php，然後另存新檔為 \ch09\phone2.html，就會得到如下的執行結果：

```
<form method="post" action="confirm.php">
```

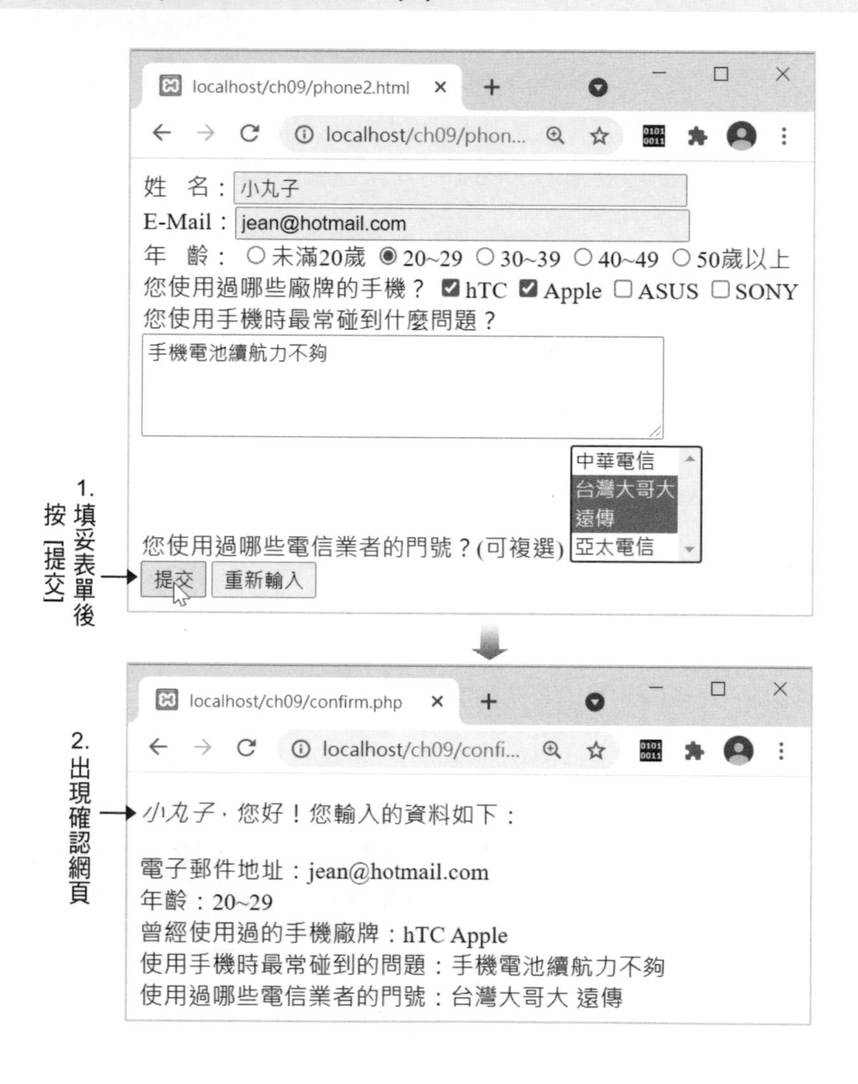

我們先列出確認網頁 \ch09\confirm.php 的程式碼，再解釋其中的意義，請您融會貫通這個程式，因為裡面有使用 PHP 讀取表單欄位的技巧。

\ch09\confirm.php (下頁續 1/2)

```
01:<!DOCTYPE html>
02:<html>
03:  <head>
04:    <meta charset="utf-8">
05:  </head>
06:  <body>
07:    <?php
08:      $Name = $_POST["UserName"];             // 讀取第一個單行文字方塊的資料
09:      $Mail = $_POST["UserMail"];             // 讀取第二個單行文字方塊的資料
10:      switch($_POST["UserAge"])               // 讀取在選擇鈕中選取的選項
11:      {
12:        case "Age1":
13:          $Age = "未滿 20 歲";
14:          break;
15:        case "Age2":
16:          $Age = "20~29";
17:          break;
18:        case "Age3":
19:          $Age = "30~39";
20:          break;
21:        case "Age4":
22:          $Age = "40~49";
23:          break;
24:        case "Age5":
25:          $Age = "50 歲以上";
26:      }
27:      $Phone = $_POST["UserPhone"];           // 讀取在核取方塊中核取的選項
28:      $Trouble = $_POST["UserTrouble"];       // 讀取多行文字方塊的資料
29:      $Number = $_POST["UserNumber"];         // 讀取在下拉式清單中選取的選項
30:    ?>
31:    <p><i><?php echo $Name; ?></i>，您好！您輸入的資料如下：</p>
32:     電子郵件地址：<?php echo $Mail; ?><br>
```

\ch09\confirm.php (接上頁 2/2)

```
33:     年齡：<?php echo $Age; ?><br>
34:     曾經使用過的手機廠牌：<?php foreach($Phone as $Value) echo $Value.' '; ?><br>
35:     使用手機時最常碰到的問題：<?php echo $Trouble; ?><br>
36:     使用過哪些電信業者的門號：<?php foreach($Number as $Value) echo $Value.' '; ?>
37:   </body>
38:</html>
```

- 08：透過 HTTP POST 變數 ($_POST)，取得瀏覽者在名稱為 "UserName" 的單行文字方塊所輸入的資料，然後指派給變數 Name。

- 09：透過 HTTP POST 變數 ($_POST)，取得瀏覽者在名稱為 "UserMail" 的單行文字方塊所輸入的資料，然後指派給變數 Mail。

- 10 ~ 26：透過 HTTP POST 變數 ($_POST) 和 switch 選擇結構，取得瀏覽者在名稱為 "UserAge" 的選擇鈕所選取的選項 (單選)，然後指派給變數 Age。

- 27：透過 HTTP POST 變數 ($_POST)，取得瀏覽者在名稱為 "UserPhone" 的核取方塊所核取的選項 (可複選)，然後指派給變數 Phone。請注意，由於 UserPhone 是一個陣列，所以變數 Phone 的值也會是一個陣列。

- 28：透過 HTTP POST 變數 ($_POST)，取得瀏覽者在名稱為 "UserTrouble" 的多行文字方塊所輸入的資料，然後指派給變數 Trouble。

- 29：透過 HTTP POST 變數 ($_POST)，取得瀏覽者在名稱為 "UserNumber" 的下拉式清單所選取的選項 (可複選)，然後指派給變數 Number。請注意，由於 UserNumber 是一個陣列，所以變數 Number 的值也會是一個陣列。

- 31：這行敘述裡面穿插了 PHP 程式碼 <?php echo $Name; ?>，目的是顯示變數 Name 的值，也就是瀏覽者在名稱為 "UserName" 的單行文字方塊所輸入的資料 (例如 "小丸子")。

- 32：這行敘述裡面穿插了 PHP 程式碼 <?php echo $Mail; ?>，目的是顯示變數 Mail 的值，也就是瀏覽者在名稱為 "UserMail" 的單行文字方塊所輸入的資料（例如 "jean@hotmail.com"）。

- 33：這行敘述裡面穿插了 PHP 程式碼 <?php echo $Age; ?>，目的是顯示變數 Age 的值，也就是瀏覽者在名稱為 "UserAge" 的選擇鈕所選取的選項（單選)(例如 "20~29"）。

- 34：這行敘述裡面穿插了 PHP 程式碼 <?php foreach($Phone as $Value) echo $Value.' '; ?>，目的是顯示變數 Phone 的值，也就是瀏覽者在名稱為 "UserPhone" 的核取方塊所核取的選項（可複選)。請注意，由於變數 Phone 的值是一個陣列，所以我們使用 foreach 迴圈來顯示陣列的每個元素（例如 "hTC"、"Apple"）。

- 35：這行敘述裡面穿插了 PHP 程式碼 <?php echo $Trouble; ?>，目的是顯示變數 Trouble 的值，也就是瀏覽者在名稱為 "UserTrouble" 的多行文字方塊所輸入的資料（例如 "手機電池續航力不夠"）。

- 36：這行敘述裡面穿插了 PHP 程式碼 <?php foreach($Number as $Value) echo $Value.' '; ?>，目的是顯示變數 Number 的值，也就是瀏覽者在名稱為 "UserNumber" 的下拉式清單所選取的選項（可複選)。請注意，由於變數 Number 的值是一個陣列，所以我們使用 foreach 迴圈來顯示陣列的每個元素（例如 "台灣大哥大"、"遠傳"）。

NOTE

- HTTP GET 變數（$_GET)、HTTP POST 變數（$_POST）和第 6 章所使用的伺服器變數（$_SERVER）一樣，都是 PHP 內建的超全域陣列（superglobal array)。
- 除了確認網頁，表單資料其實有更廣泛的用途，例如寫入檔案、寫入資料庫或進行查詢，我們會在「MySQL 資料庫」篇與「應用實例」篇做示範。

隨堂練習

撰寫如下表單網頁 bank.html 與確認網頁 calculate.php，其中本利和 = 本金 + 本金 *(年利率 * 月數 / 12)。

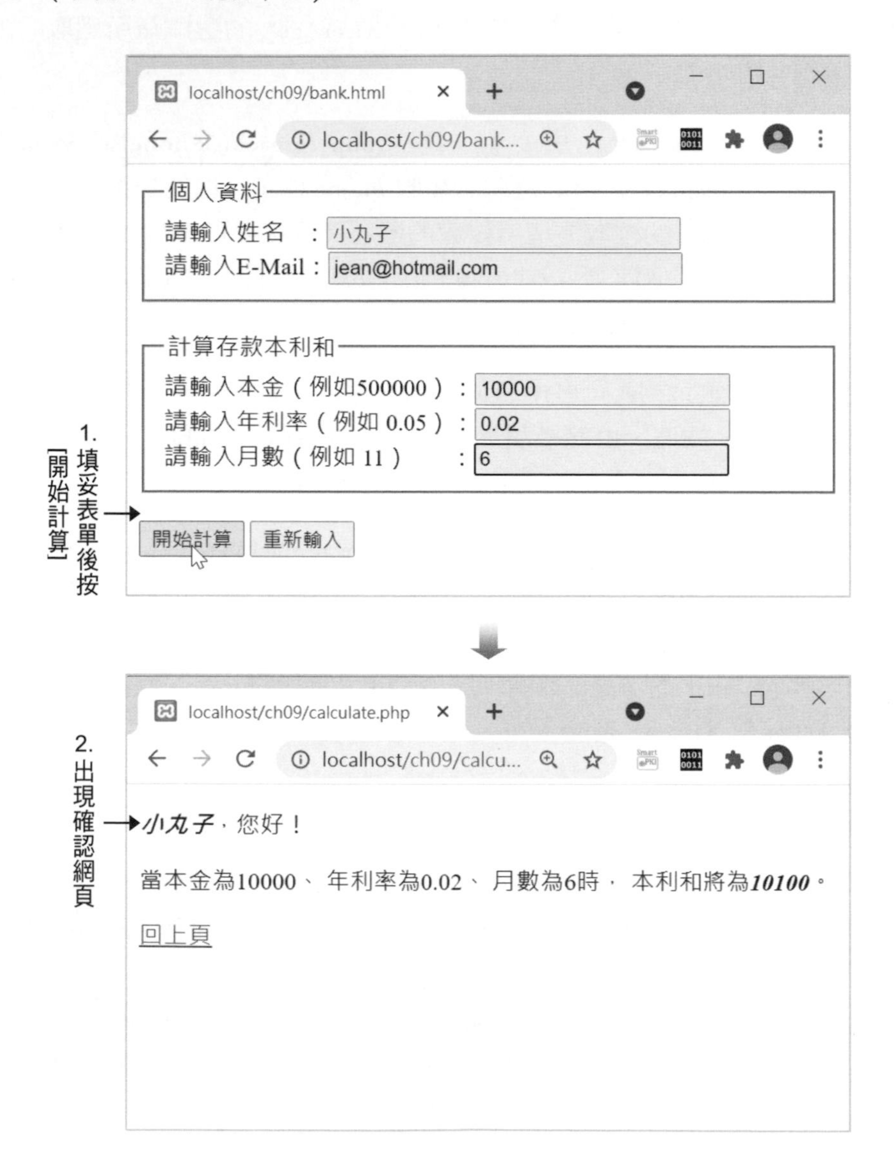

【提示】

取自 \ch09\bank.html

```
<form method="post" action="calculate.php">
  <fieldset>
    <legend>個人資料</legend>
    請輸入姓名  ：<input type="text" name="UserName" size="30"><br>
    請輸入 E-Mail：<input type="email" name="UserMail" size="30"><br>
  </fieldset><br>
  <fieldset>
    <legend>計算存款本利和</legend>
    請輸入本金（例如 500000）：<input type="text" name="UserCache" size="20"><br>
    請輸入年利率（例如 0.05）：<input type="text" name="UserRate" size="20"><br>
    請輸入月數（例如 11）       ：
      <input type="text" name="UserMonth" size="20"><br>
  </fieldset><br>
  <input type="submit" value="開始計算">
  <input type="reset" value="重新輸入">
</form>
```

取自 \ch09\calculate.php

```
<?php
  $Name = $_POST["UserName"];
  $Rate = $_POST["UserRate"];
  $Cache = $_POST["UserCache"];
  $Month = $_POST["UserMonth"];
  $Total = $Cache + $Cache * $Rate * $Month / 12;
?>
  …
  <body>
    <p><i><b><?php echo $Name; ?></b></i>，您好！</p>
    當本金為<?php echo $Cache; ?>、年利率為<?php echo $Rate; ?>、
    月數為<?php echo $Month; ?>時，本利和將為<i><b><?php echo $Total; ?></b></i>。
    <p><a href="bank.html">回上頁</a></p>
  </body>
</html>
```

隨堂練習

將前一個隨堂練習的表單網頁 bank.html 與確認網頁 calculate.php 合併成同一個網頁 calculate2.php，執行結果如下圖，這兩個畫面的網址列都會顯示 http://localhost/ch09/calculate2.php。

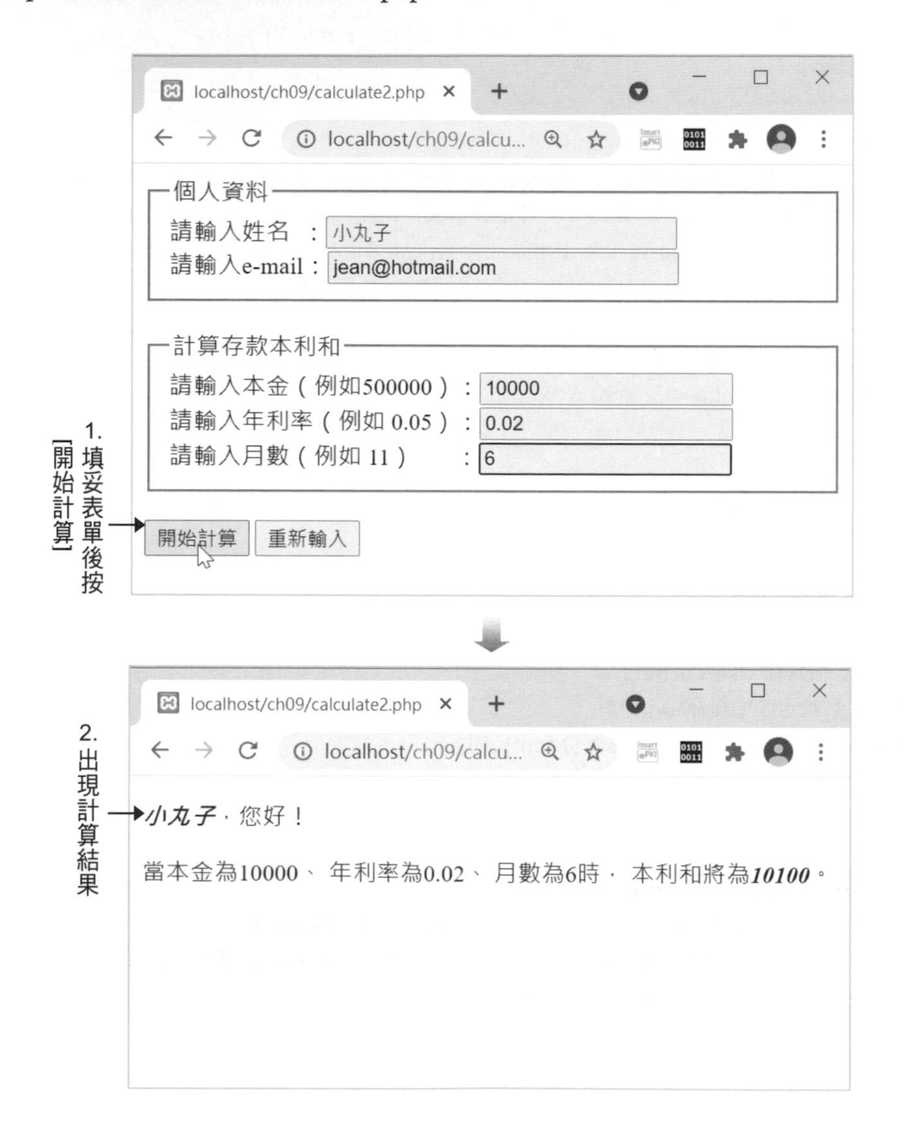

【提示】

首先，將表單的 action 屬性設定為網頁本身，即 "calculate2.php" (第 03 行)；接著，在表單中插入一個名稱為 "Send" 的隱藏欄位 (第 04 行)，用來判斷瀏覽者有沒有按 [開始計算]，有的話，"Send" 欄位的值會被設定為 TRUE，而 "Send" 欄位的值一旦為 TRUE，在網頁執行到第 02 行的 if 時，將因條件式不成立，而跳到第 09 行的 else，換句話說，在瀏覽者按 [開始計算] 後，"Send" 欄位的值就會被設定為 TRUE，然後呼叫表單處理程式 "calculate2.php"，而表單處理程式在執行到第 02 行的 if 時，會因為 "Send" 欄位的值為 TRUE，而跳到第 09 行的 else，進行本利和的計算並將結果顯示在網頁上。

取自 \ch09\calculate2.php

```
01:<body>
02:   <?php if (!isset($_POST["Send"])) { ?>
03:   <form method="post" action="calculate2.php">
04:      <input type="hidden" name="Send" value="TRUE">
05:      …
06:   </form>
07:   <?php
08:      }
09:      else
10:      {
11:         $Name = $_POST["UserName"];
12:         $Rate = $_POST["UserRate"];
13:         $Cache = $_POST["UserCache"];
14:         $Month = $_POST["UserMonth"];
15:         $Total = $Cache + $Cache * $Rate * $Month / 12;
16:   ?>
17:   <p><i><b><?php echo $Name; ?></b></i>，您好！</p>
18:   當本金為<?php echo $Cache; ?>、
19:   年利率為<?php echo $Rate; ?>、
20:   月數為<?php echo $Month; ?>時，
21:   本利和將為<i><b><?php echo $Total; ?></b></i>。
22:   <?php } ?>
23:</body>
```

此屬性亦可寫成 action="<?php echo $_SERVER['PHP_SELF']; ?>"，超全域陣列變數 $_SERVER['PHP_SELF'] 代表目前網頁

9-2 HTTP Header

我們在第 1 章介紹過，Web 採取的是**主從式架構** (client-server model)，其中**用戶端** (client) 可以透過網路連線存取另一部電腦的資源或服務，而提供資源或服務的電腦就叫做**伺服器** (server)。

當瀏覽器向 Web 伺服器送出要求時，它並不只是將欲開啟之網頁的網址傳送給 Web 伺服器，還會連同自己的瀏覽器類型、版本等資訊一併傳送過去，這些資訊稱為 Request Header (要求標頭)。

相反的，當 Web 伺服器回應瀏覽器的要求時，它並不只是將欲開啟的網頁傳送給瀏覽器，還會連同該網頁的檔案大小、日期等資訊一併傳送過去，這些資訊稱為 Response Header (回應標頭)，而 Request Header 和 Response Header 則統稱為 HTTP Header (HTTP 標頭)。

我們可以使用 PHP 內建的 header() 函式傳送自訂的 HTTP Header，常見的應用有網頁重新導向、使用者與密碼認證等，其語法如下：

```
header(string str [, bool replace [, int http_response_code]])
```

- *str*：設定所要傳送的 HTTP Header。
- *replace*：設定當有相同類型的 HTTP Header 存在時，是否加以取代，預設值為 TRUE，表示會加以取代。
- *http_response_code*：設定 HTTP Response Code。

下面是一個例子，它會傳送兩個相同類型的 HTTP Header，因為第二個敘述有設定第二個參數為 FALSE，表示不會加以取代：

```
<?php
  header('WWW-Authenticate: Negotiate');
  header('WWW-Authenticate: NTLM', FALSE);
?>
```

9-2-1 網頁重新導向

我們直接以下面的例子來示範網頁重新導向，當瀏覽者在 \ch09\choose.html 的下拉式清單中選擇所要連線的網站並按 [GO!] 時，表單處理程式 \ch09\redirect.php 就會呼叫 header() 函式，將網頁重新導向到所選擇的網站。

\ch09\choose.html

```
01:<!DOCTYPE html>
02:<html>
03:   <head>
04:      <meta charset="utf-8">
05:   </head>
06:   <body>
07:      <form method="post" action="redirect.php">
08:         <select name="mySelect" size="1">
09:            <option value="https://tw.yahoo.com/">Yahoo!奇摩
10:            <option value="https://www.msn.com/zh-tw">MSN 台灣
11:            <option value="https://www.google.com.tw/">Google 台灣
12:         </select>
13:          <input type="submit" value="GO!">
14:      </form>
15:   </body>
16:</html>
```

\ch09\redirect.php

```
01:<?php
02:   $URL = $_POST["mySelect"];       // 透過 $_POST["mySelect"] 變數讀取所選擇的網站 URL
03:   header("Location: $URL");        // 呼叫 header() 函式將網頁重新導向到所選擇的網站
04:   exit();                          // 呼叫 exit() 函式確保不再執行後面的程式碼
05:?>
```

這個例子的重點在於 \ch09\choose.html 的第 07 行使用 action 屬性設定表單處理程式為相同路徑的 redirect.php，以及 \ch09\redirect.php 的第 02 行透過 $_POST["mySelect"] 變數讀取所選擇的網站 URL，然後在第 03 行呼叫 header() 函式，將網頁重新導向到所選擇的網站。

請注意，使用 header() 函式傳送自訂的 HTTP Header 必須放在任何輸出的前面，否則會導致 header() 函式執行失敗。以下面的程式碼為例，它會得到類似 Warning: Cannot modify header information - headers already sent by ... 的警告，原因是在執行到 header("Location: $URL"); 敘述之前，<html>、<body> 等元素已經被輸出到用戶端。

```
<html>
  <body>
    <?php
      $URL = $_POST["mySelect"];
      header("Location: $URL");
      exit();
    ?>
  </body>
</html>
```

提醒您，請記得以 UTF-8 無 BOM 的編碼方式存檔，也就是要確認 NotePad++ 的 [編碼] 子功能表是核取 [UTF-8 碼]，而不是 [UTF-8 碼 (BOM 檔首)]，才不會因為在自訂的 HTTP Header 前面先輸出 BOM，導致 header() 函式執行失敗。

9-2-2 使用者與密碼認證

在下面的例子 \ch09\authen.php 中，我們是使用 header() 函式進行使用者與密碼認證，也就是在瀏覽者每次進入網站前，先顯示如圖(一) 的對話方塊要求輸入使用者名稱與密碼，若有輸入使用者名稱與密碼，然後按 [確定]，就會顯示如圖(二) 的執行畫面；相反的，若沒有輸入使用者名稱與密碼，而是直接按 [取消]，那麼會顯示如圖(三) 的執行畫面。

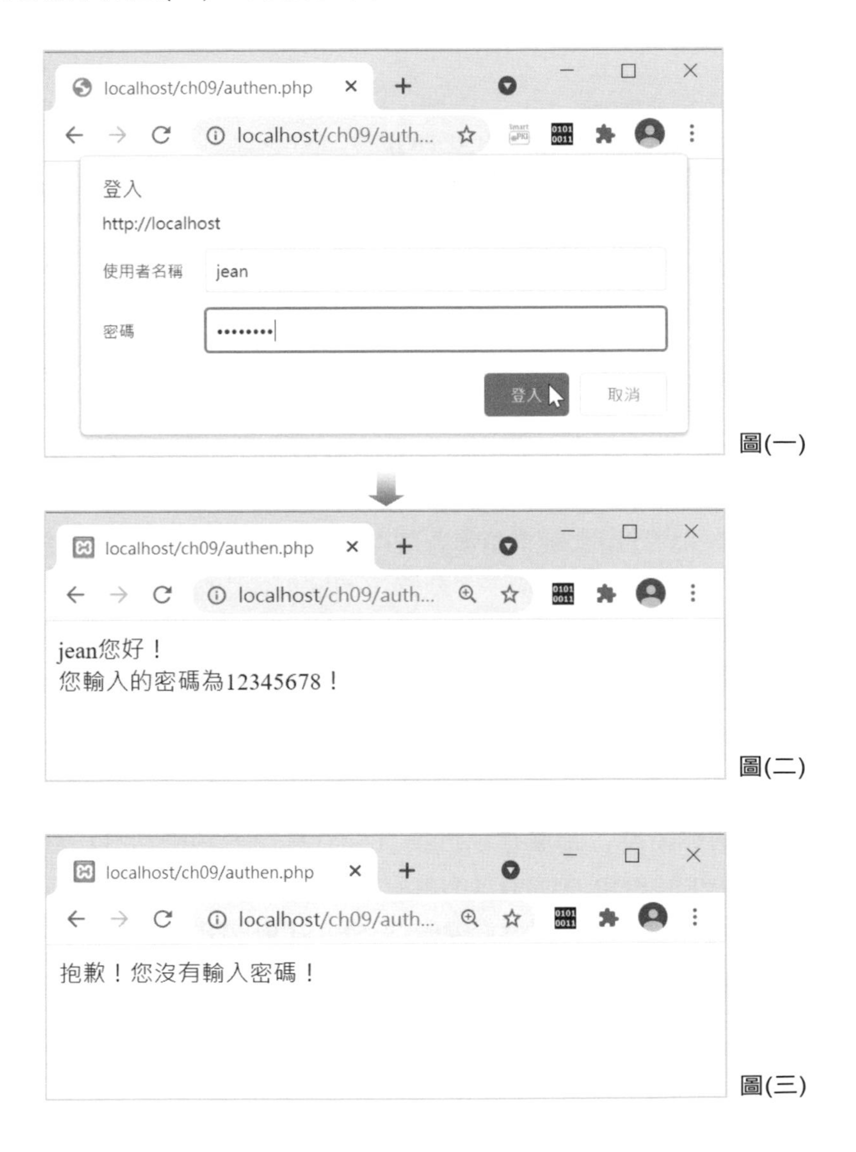

圖(一)
圖(二)
圖(三)

\ch09\authen.php

```
01:<?php
02:   header("Content-type: text/html; charset=utf-8");
03:   if (!isset($_SERVER['PHP_AUTH_USER']))
04:   {
05:      header('WWW-Authenticate: Basic realm="myrealm"');
06:      echo "抱歉！您沒有輸入密碼！";
07:      exit();
08:   }
09:   else
10:   {
11:      echo "{$_SERVER['PHP_AUTH_USER']}您好！<br>";
12:      echo "您輸入的密碼為{$_SERVER['PHP_AUTH_PW']}！";
13:   }
14:?>
```

- 02：呼叫 header() 函式傳送自訂的 HTTP Header，將網頁的編碼方式設定為 UTF-8。

- 03 ~ 08：由於瀏覽者所輸入的使用者名稱與密碼會分別存放在變數 $_SERVER['PHP_AUTH_USER'] 和 $_SERVER['PHP_AUTH_PW']，因此，第 03 行用來檢查瀏覽者是否已經在如圖(一) 的對話方塊輸入使用者名稱與密碼，若是第一次執行這個網頁或之前直接按 [取消]，沒有輸入使用者名稱與密碼，就會執行第 05 ~ 07 行，其中第 05 行是顯示如圖(一) 的對話方塊，第 06 行是顯示「抱歉！您沒有輸入密碼！」，第 07 行是呼叫 PHP 提供的 exit() 函式終止程式，不再執行後面的程式碼。

- 09 ~ 13：若第 03 行檢查到瀏覽者已經在如圖(一) 的對話方塊輸入使用者名稱與密碼，那麼會執行第 11、12 行，其中第 11 行是透過變數 $_SERVER['PHP_AUTH_USER'] 讀取瀏覽者所輸入的使用者名稱，然後顯示出來，第 12 行是透過變數 $_SERVER['PHP_AUTH_PW'] 讀取瀏覽者所輸入的密碼，然後顯示出來。

9-2-3 自動導向到 PC 版或行動版網頁

目前諸如智慧型手機、平板電腦等行動裝置非常普遍，由於這些裝置的特性和 PC 不同，我們可能需要針對不同裝置設計不同版本的網頁，以下就為您示範如何將使用者導向到 PC 版或行動版網頁。

\ch09\detect.php

```
01:<?php
02:   if (detect_mobile())          // 若 detect_mobile() 傳回 TRUE，表示為行動裝置
03:      $url = "mobile.php";       // 就將變數 url 設定為行動版網頁
04:   else
05:      $url = "PC.php";           // 否則將變數 url 設定為 PC 版網頁
06:   header("Location: $url");     // 重新導向到變數 url 設定的網頁
07:   exit();
08:   function detect_mobile()      // 這個函式用來偵測用戶端是否為行動裝置
09:   {
10:      $mobile_list="/(alcatel|amoi|android|avantgo|blackberry|benq|blazer|cell|docomo|
            dopod|ericsson|foma|htc|helio|hosin|huawei|iemobile|iphone|ipad|ipod|j2me|
            java|midp|mini|mmp|mobi|motorola|nokia|padfone|palm|panasonic|philips|
            phone|sagem|samsung|sharp|smartphone|sony|softbank|symbian|t-mobile|
            telus|vodafone|wap|webos|windows ce|wireless|xda|xoom|zte|
            opera\s*mobi|opera\*mini|320x320|240x320|176x220)/i";
11:      return preg_match($mobile_list, strtolower($_SERVER['HTTP_USER_AGENT']));
12:   }
13:?>
```

- 02 ~ 05：呼叫 detect_mobile() 函式偵測用戶端是否為行動裝置，是就將變數 url 設定為行動版網頁，否則將變數 url 設定為 PC 版網頁。

- 08 ~ 12：定義 detect_mobile() 函式偵測用戶端是否為行動裝置，是就傳回 TRUE，否則傳回 FALSE，其中第 10 行是以正規表示式定義哪些 User Agent String 屬於行動裝置，而第 11 行是呼叫 PHP 內建的 preg_match() 函式進行正規表示式的字串比對，而全域變數 $_SERVER['HTTP_USER_AGENT'] 用來取得作業系統及瀏覽器的類型。

當使用者透過 PC 版瀏覽器執行 **detect.php** 網頁時，會被自動導向到 **PC.php** 網頁，如下圖。

相反的，當使用者透過行動版瀏覽器執行 **detect.php** 網頁時，會被自動導向到 **mobile.php** 網頁，如下圖。

9-3 Cookie

Cookie 是瀏覽者造訪某些網站時，Web 伺服器在用戶端寫入的一些小檔案，換句話說，Cookie 是儲存在用戶端的記憶體或磁碟，可以記錄瀏覽者的個別資訊，例如何時造訪該網站、從事過哪些活動、購物車內有哪些商品等，這麼一來，待瀏覽者下次再度造訪該網站，瀏覽器會根據瀏覽者所輸入的 URL 檢查有無相關聯的 Cookie，有的話，就將 Cookie 伴隨著網頁要求傳送給伺服器，然後該網站就可以透過 Cookie 的記錄辨認瀏覽者。

一般來說，Cookie 有下列幾項優點：

- Cookie 預設的生命週期起始於瀏覽器開始執行時，結束於瀏覽器終止執行時，此時的 Cookie 是儲存在用戶端的記憶體，但我們可以自行設定 Cookie 的生命週期 (通常是以秒數為單位)，將它寫入用戶端的磁碟，這樣就不必擔心 Cookie 自動消失而遺漏某些資訊。
- Cookie 儲存在用戶端的記憶體或磁碟，不會佔用伺服器的資源。
- Cookie 可以記錄瀏覽者的個人資訊，於是網站的製作者便能據此設計出客製化的網頁或訊息。

相對的，Cookie 有下列幾項缺點：

- 若遇到不支援 Cookie 的瀏覽器，Cookie 就派不上用場。
- Cookie 儲存在用戶端，可能會被瀏覽者刪除或拒絕寫入。
- Cookie 可能會造成安全上的威脅，導致個人資料被竊取，諸如身分證字號、信用卡卡號、銀行帳號與密碼等敏感資料就不能儲存在 Cookie。

9-3-1 寫入 Cookie

我們可以使用 PHP 內建的 setcookie() 函式寫入 Cookie，其語法如下：

```
setcookie(string name[, string value[, int expire[, string path[, string domain[, bool secure]]]]])
```

- *name*：設定 Cookie 的名稱，只有這個參數不能省略，其它參數均能省略。
- *value*：設定 Cookie 的值，若這個參數的值為 ""，表示刪除 Cookie。
- *expire*：設定 Cookie 的生命週期，例如 time() + 60 * 60 * 24 * 30 表示 Cookie 的生命週期為從現在起 60 * 60 * 24 * 30 秒（30 天）內，若沒有設定這個參數，那麼 Cookie 是存放在用戶端的記憶體，當瀏覽器終止執行時，Cookie 也會隨著消失，不會寫入用戶端的磁碟。
- *path*：設定 Cookie 在用戶端的存放路徑，例如 "/" 表示根目錄。
- *domain*：設定能夠存取 Cookie 的網域，舉例來說，假設 Web 伺服器同時有 www.lucky.com.tw 和 forum.lucky.com.tw 兩個網域，為了不讓其中一個網域存取另一個網域的 Cookie，就必須將這個參數設定為 "www.lucky.com.tw" 或 "forum.lucky.com.tw"。
- *secure*：用來設定是否經由安全連線（SSL、HTTPS）傳送 Cookie，預設值為 FALSE，表示不經由安全連線傳送 Cookie。

若 setcookie() 函式執行成功，就傳回 TRUE，否則傳回 FALSE，要注意的是無論傳回值為何，都不意味著瀏覽者是否接受 Cookie。

下面是一個例子 \ch09\cookie1.php，它會在用戶端寫入名稱為 "UserName"、值為 "小丸子"、生命週期為從現在起 60 * 60 * 24 秒（1 天）內的 Cookie：

```
<?php
  header("Content-type: text/html; charset=utf-8");
  setcookie("UserName", "小丸子", time() + 60 * 60 * 24);
?>
```

我們可以開啟瀏覽器執行這個程式，然後在用戶端的磁碟上找到 Cookie。以 Chrome 瀏覽器為例，請按一下網址左邊的圖示，然後選取 [(目前使用 1 個 Cookie) 個 Cookie]，就可以找到這個程式寫入的 Cookie。

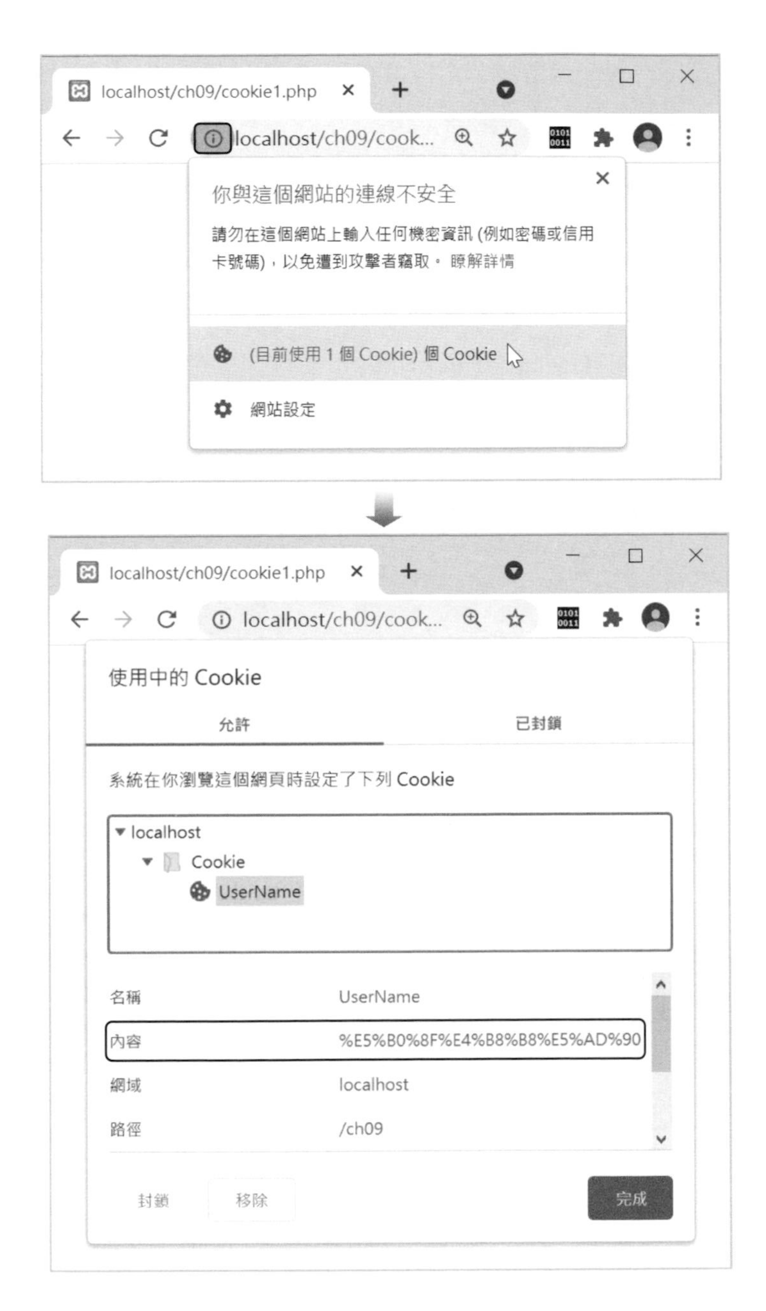

從上圖可以看到，setcookie() 函式會將 Cookie 的值加以編碼，例如 "小丸子" 被編碼為 %E5%B0%8F%E4%B8%B8%E5%AD%90。

若不要將 Cookie 的值加以編碼，可以改用 **setrawcookie()** 函式，其語法如下，參數的意義和 setcookie() 函式相同：

```
setrawcookie(string name [, string value[, int expire[, string path[, string domain[,bool secure]]]]])
```

我們可以使用 setrawcookie() 函式將程式改寫成如下 \ch09\cookie2.php：

```
<?php
  header("Content-type: text/html; charset=utf-8");
  setrawcookie("UserName", "小丸子", time() + 60 * 60 * 24);
?>
```

開啟瀏覽器執行這個程式，然後找到 Cookie，裡面的值果然沒有被編碼了。

請注意，當我們寫入多個相同名稱的 Cookie 時，寫入的動作會依序執行，例如下面的程式碼會寫入一個名稱為 "UserName"、值為 "Mary" 的 Cookie，因為第二個敘述寫入的值會覆蓋第一個敘述寫入的值：

```
setcookie("UserName", "George");
setcookie("UserName", "Mary");
```

此外，寫入 Cookie 的動作必須放在任何輸出的前面，否則會導致 setcookie() 函式執行失敗。為了避免這個問題，我們可以在輸出的前面呼叫 ob_start() 函式，將輸出放進緩衝區，待寫入 Cookie 的動作完成後，再呼叫 ob_end_flush() 函式，取出緩衝區的輸出。下面是一個例子，由於寫入 Cookie 的動作前面有輸出 (第 04 行)，故須呼叫 ob_start() 和 ob_end_flush() 函式 (第 03、06 行)，以免出現警告。

\ch09\cookie3.php

```
01:<?php
02:    header("Content-type: text/html; charset=utf-8");
03:    ob_start();                    // 將輸出放進緩衝區
04:    echo "Hello World!";           // 字串會暫時被放進緩衝區
05:    setcookie("UserName", "小丸子", time() + 60 * 60 * 24);
06:    ob_end_flush();                // 取出緩衝區的輸出，於是顯示 "Hello World!"
07:?>
```

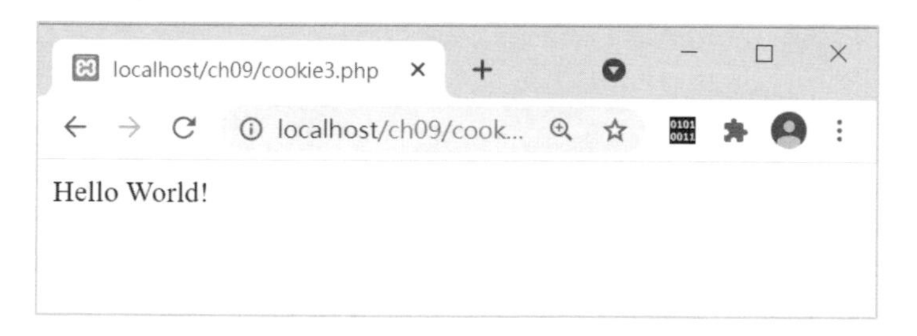

最後要告訴您，setcookie() 函式也可以用來刪除 Cookie，只是第二個參數必須設定為 ""，例如下面的敘述會刪除名稱為 "UserName" 的 Cookie：

```
setcookie("UserName", "");
```

9-3-2 讀取 Cookie

我們可以透過變數 $_COOKIE 讀取 Cookie，這是 PHP 內建的超全域陣列，例如下面的第一個敘述是建立一個名稱為 "UserName"、值為 "Mary" 的 Cookie，而第二個敘述則是讀取名稱為 "UserName" 之 Cookie 的值並顯示出來：

```
setcookie("UserName", "Mary");
echo $_COOKIE["UserName"];
```

在此要傳授您一個小技巧，就是 Cookie 也可以用來存放陣列，以下面的程式碼為例，第 03 ~ 05 行是在 Cookie 存放一個名稱為 "Words" 的陣列，裡面有 "墾丁"、"衝浪"、"真好玩" 等三個元素，然後第 06 行使用 if 檢查 $_COOKIE["Words"] 是否有設定，有就執行第 07 ~ 08 行，使用 foreach 迴圈顯示各個元素。

\ch09\cookie4.php

```
01:<?php
02:    header("Content-type: text/html; charset=utf-8");
03:    setcookie("Words[0]", "墾丁");
04:    setcookie("Words[1]", "衝浪");
05:    setcookie("Words[2]", "真好玩");
06:    if (isset($_COOKIE["Words"]))
07:        foreach ($_COOKIE["Words"] as $key => $value)
08:            echo "$key : $value <br>";
09:?>
```

9-4 Session

在說明何謂 Session 之前，我們先來複習 Web 伺服器是如何處理用戶端的要求。基本上，當 Web 伺服器收到用戶端的要求時，它會找出相關的檔案或程式，然後加以執行，將結果轉換成 HTML 檔案，再傳送給用戶端並中斷連線。由於 Web 伺服器在處理完用戶端的要求後便會中斷連線，所以 Web 伺服器並沒有記錄用戶端的資訊，若要記錄用戶端的資訊，必須使用一些特殊的技巧，常見的有檔案存取、表單處理程式、Cookie 及本節所要介紹的 Session。

誠如前面所言，Session 的用途是記錄用戶端的資訊，而且每個用戶端擁有各自的 Session，舉例來說，假設目前有五位瀏覽者連線到網站，那麼這五位瀏覽者均擁有各自的 Session，我們可以透過 Session 記錄每位瀏覽者的個別資訊，例如姓名、造訪次數、訂購的商品、送貨地址、持卡資訊、累計的遊戲點數、持有的寶物等。

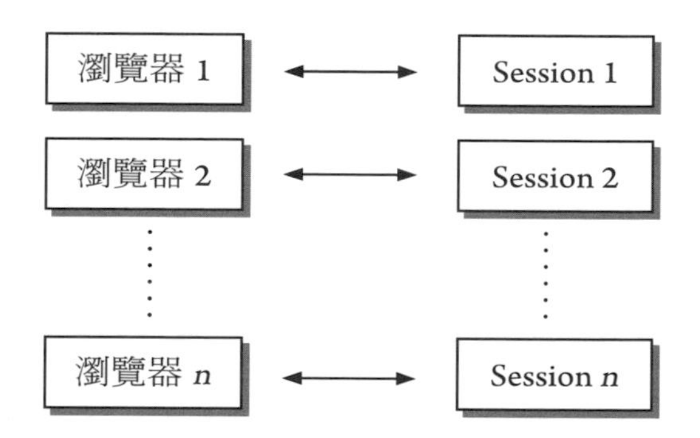

Session 預設的生命週期起始於瀏覽器開始執行時，結束於瀏覽器終止執行時，此時的 Session 是存放在伺服器端的記憶體，但您可以自行設定 Session 的生命週期 (通常是以秒數為單位)，將它寫入伺服器端的磁碟，這樣就不必擔心 Session 自動消失而遺漏了某些資訊。

這樣的描述聽起來很熟悉，似乎跟 Cookie 很雷同，沒錯，事實上，Session 就相當於是伺服器端的 Cookie，之所以有 Session，主要是考慮到不支援 Cookie 的瀏覽器及瀏覽者禁止 Web 伺服器在用戶端寫入 Cookie 等情況。不過，為了減輕伺服器端的負擔，一般還是建議以 Cookie 取代 Session 記錄用戶端的資訊。

9-4-1 存取 Session

PHP 支援的 Session 包含下列兩個部分：

- Session ID (SID)：這是瀏覽器存取網頁時被指派的一個唯一的識別字，以和其它瀏覽器做區分，而且是存放在用戶端的 Cookie 或嵌入 URL 一起傳送。
- Session 變數：這是 Session 所記錄的變數，存放在伺服器端的特殊檔案，而且是一個 Session ID 有一個檔案。

我們可以透過變數 $_SESSION 存取 Session 所記錄的變數，這是 PHP 內建的超全域陣列 (superglobal array)，下面是一個例子。

\ch09\session1.php

```
01:<?php
02:   header("Content-type: text/html; charset=utf-8");  // 將網頁編碼方式設定為 UTF-8
03:   session_start();                                    // 啟用 Session 功能
04:   echo "Session ID 為" . session_id() . "<br>";       // 顯示 Session ID
05:   if (!isset($_SESSION['Count']))                     // 檢查 Session 是否尚未記錄變數 Count
06:      $_SESSION['Count'] = 1;                          // 是就將變數 Count 設定為 1
07:   else
08:      $_SESSION['Count']++;                            // 否則將變數 Count 的值遞增 1
09:   echo "這是您在本瀏覽器第{$_SESSION['Count']}次載入本網頁！";
10:?>
```

網頁上顯示的次數取決於您在本瀏覽器載入此網頁的次數，比方說，您只要重複點取［重新整理］按鈕，次數就會逐一遞增

- 03：呼叫 session_start() 函式，通知 PHP 要啟用 Session 功能，任何要存取 Session 的網頁前面都要呼叫這個函式。
- 04：呼叫 session_id() 函式取得目前瀏覽器的 Session ID，然後顯示出來。
- 05 ~ 08：使用 if 檢查目前的 Session 是否尚未記錄一個名稱為 Count 的 Session 變數（$_SESSION['Count']），是就執行第 06 行，設定一個名稱為 Count、值為 1 的 Session 變數，否則執行第 08 行，將名稱為 Count 的 Session 變數的值遞增 1。

由於 Session 預設的生命週期起始於瀏覽器開始執行時，結束於瀏覽器終止執行時，因此，只要瀏覽器沒有關閉，Session 記錄的變數 Count 的值就會被保留下來，即使瀏覽器之後有連線到其它網頁，然後又回到這個網頁，變數 Count 的值仍不會消失。

9-4-2 Session 相關函式

PHP 內建數個 Session 相關函式，比較重要的如下：

- session_start()：通知 PHP 要啟用 Session 功能，傳回值恆為 TRUE。由於存取網頁的瀏覽器都會被指派一個唯一的 Session ID (SID)，以和其它瀏覽器做區分，而且 Session ID 是存放在用戶端的 Cookie 或嵌入 URL 一起傳送，因此，session_start() 函式會在用戶端的 Cookie 或 HTTP 參數裡面檢查是否有 Session ID，沒有的話，就建立一個新的 Session ID，否則根據找到的 Session ID 回復所有 Session 變數的值。
- session_unset()：釋放所有 Session 變數。
- session_destroy()：清除所有 Session 變數的值。
- session_id([string *id*])：若有設定參數 *id*，表示以參數 *id* 取代目前的 Session ID，否則傳回目前的 Session ID。
- session_name([string *name*])：若有設定參數 *name*，表示以參數 *name* 取代目前的 Session 名稱，否則傳回目前的 Session 名稱。

- session_regenerate_id()：替目前的 Session 重新產生一個 Session ID，成功的話，就傳回 TRUE，否則傳回 FALSE。

- session_encode()：將目前的 Session 內容加以編碼，然後傳回編碼後的字串。

- session_decode(string *data*)：將參數 *data* 加以解碼，還原成目前的 Session 內容，成功的話，就傳回 TRUE，否則傳回 FALSE。

- session_write_close()：儲存 Session 資料並終止目前的 Session，通常在 Script 結束時，Session 資料都會被儲存，無須另外呼叫這個函式，除非是您做了一些 PHP 並不知道 Script 已經結束的動作，例如網頁重新導向。這個函式有一個別名，叫做 session_commit()。

- session_save_path([string *path*])：將目前的 Session 存放路徑設定為參數 *path* 所指定的路徑。

- session_set_cookie_params(int *lifetime* [, string *path* [, string *domain* [, bool *secure*]]])：這個函式必須放在 session_start() 函式的前面，用來設定 php.ini 組態設定檔內 session.cookie_lifetime、session.cookie_path、session.cookie_ domain、session.cookie_secure 等四個參數的值。

參數	說明
session.cookie_lifetime	設定 Session Cookie 的生命週期，預設值為 0，表示持續到瀏覽器關閉時，若變更為其它數字，則表示秒數。
session.cookie_path	設定 Session Cookie 的有效路徑，預設值為 /。
session.cookie_domain	設定 Session Cookie 的有效網域，預設值為沒有設定。
session.cookie_secure	設定 Session Cookie 是否經由安全連線 (SSL、HTTPS) 傳送，預設值為 Off，表示否。

- session_get_cookie_params()：傳回 php.ini 組態設定檔內 session.cookie_lifetime、session.cookie_path、session.cookie_domain、session.cookie_secure 等四個參數的值，傳回值為陣列，有 "lifetime"、"path"、"domain"、"secure" 等四個鍵，分別表示 Session Cookie 的生命週期、有效路徑、有效網域、是否經由安全連線 (SSL、HTTPS) 傳送。

Ajax

10-1 認識 Ajax

Ajax 是 Asynchronous JavaScript And XML 的縮寫，代表 Ajax 具有非同步、使用 JavaScript 與 XML 等技術的特性。雖然 Ajax 的概念早在 Microsoft 公司於 1999 年推出 IE5 時就已經存在，但並不是很受重視，直到近年來被大量應用於 Google Maps、Gmail 等 Google 網頁才迅速竄紅，例如在操作 Google Maps 時，瀏覽器會使用 JavaScript 在背景向伺服器提出要求，取得更新的地圖，而不會重新載入整個網頁，使操作更平順；又例如線上遊戲與社群網站使用 Ajax 技術在背景取得更新的資料，以減少操作延遲及重新載入整個網頁的情況。

為了讓您瞭解使用 Ajax 技術的動態網頁和傳統的動態網頁有何不同，我們先來說明傳統的動態網頁如何運作，其運作方式如下圖，當使用者變更表單中選取的項目、點取按鈕或做出任何與 Web 伺服器互動的動作時，就會產生 Http Request，將整個網頁內容傳回 Web 伺服器，即使這次的動作只需要一個欄位的資料，瀏覽器仍會將所有欄位的資料都傳回 Web 伺服器，Web 伺服器在收到資料後，就會執行指定的動作，然後以 Http Response 的方式，將執行結果全部傳回瀏覽器 (包括完全沒有變動過的資料、圖片、JavaScript 等)。

傳統的動態網頁

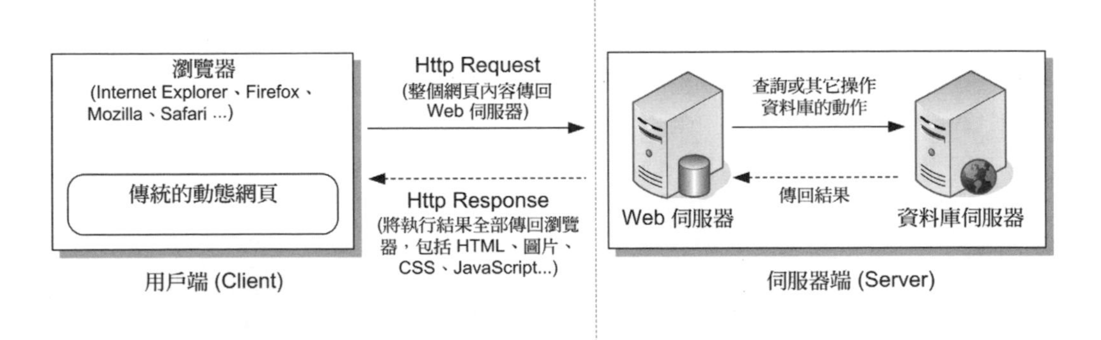

瀏覽器在收到資料時，就會將整個網頁內容重新顯示，所以使用者通常會看到網頁閃一下，當網路太慢或網頁內容太大時，使用者看到的可能不是閃一下，而是畫面停格，無法與網頁互動，相當浪費時間。

相反的，使用 Ajax 技術的動態網頁運作方式則如下圖，當使用者變更表單中選取的項目、點取按鈕或做出任何與 Web 伺服器互動的動作時，瀏覽器端會使用 JavaScript 透過 XMLHttpRequest 物件傳送非同步的 Http Request，此時只會將需要的欄位資料傳回 Web 伺服器 (不是全部資料)，然後執行指定的動作，並以 Http Response 的方式，將執行結果傳回瀏覽器 (不包括完全沒有變動過的資料、圖片、JavaScript 等)，瀏覽器在收到資料後，可以使用 JavaScript 透過 DHTML 或 DOM (Document Object Model) 模式來更新特定欄位。

由於整個過程均使用非同步技術，無論是將資料傳回伺服器或接收伺服器傳回的執行結果並更新特定欄位等動作都是在背景運作，因此，使用者不會看到網頁閃一下，畫面也不會停格，使用者在這個過程中仍能進行其它操作。

由前面的討論可知，Ajax 是用戶端的技術，它讓瀏覽器能夠與 Web 伺服器進行非同步溝通，伺服器端的程式寫法不會因為使用 Ajax 技術而有太大差異。事實上，Ajax 功能已經被實作為 JavaScript 直譯器 (interpreter) 原生的部分，使用 Ajax 技術的動態網頁將享有下列效益：

- 非同步溝通無須將整個網頁內容傳回 Web 伺服器，能夠節省網路頻寬。
- 由於只傳回部分資料，所以能夠減輕 Web 伺服器的負荷。
- 不會像傳統的動態網頁產生短暫空白或閃動的情況。

10-2 撰寫使用 Ajax 技術的動態網頁

為了讓您對網頁如何使用 Ajax 技術有初步的認識，我們將其運作過程描繪如下，首先，使用 JavaScript 建立 XMLHttpRequest 物件；接著，透過 XMLHttpRequest 物件傳送非同步 Http Request，Web 伺服器一收到 Http Request，就會執行預先寫好的程式碼 (後端程式可以是 PHP、ASP/ASP.NET、JSP、CGI 等)，再將結果以純文字、HTML、XML 或 JSON 格式傳回瀏覽器；最後，仍是使用 JavaScript 根據傳回的結果更新網頁內容，整個過程都是非同步並在背景運作，而且瀏覽器的所有動作均是使用 JavsScript 來完成。

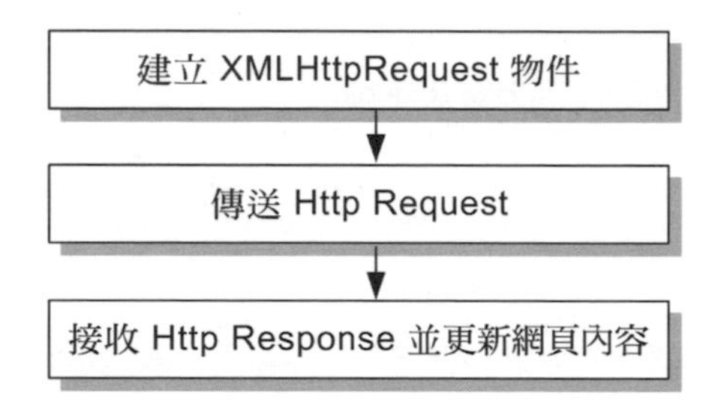

一、建立 XMLHttpRequest 物件

在不同瀏覽器建立 XMLHttpRequest 物件的 JavaScript 語法不盡相同，主要分為下列三種：

- Internet Explorer 5 瀏覽器

```
var XHR = new ActiveXObject("Microsoft.XMLHTTP");
```

- Internet Explorer 6+瀏覽器

```
var XHR = new ActiveXObject("Msxml2.XMLHTTP");
```

- 其它非 Internet Explorer 瀏覽器

```
var XHR = new XMLHttpRequest();
```

由於我們無法事先得知瀏覽器的種類，於是針對前述的 JavaScript 語法撰寫如下的跨瀏覽器 Ajax 函式，它可以在目前主流的瀏覽器建立 XMLHttpRequest 物件。

\ch10\utility.js

```
function createXMLHttpRequest()
{
  try                   // 其它非 IE 瀏覽器
  {
    var XHR = new XMLHttpRequest();
  }
  catch(e1)             // 若捕捉到錯誤，表示用戶端不是非 IE 瀏覽器
  {
    try                 // IE6+瀏覽器
    {
      var XHR = new ActiveXObject("Msxml2.XMLHTTP");
    }
    catch(e2)           // 若捕捉到錯誤，表示用戶端不是 IE6+瀏覽器
    {
      try               // IE5 瀏覽器
      {
        var XHR = new ActiveXObject("Microsoft.XMLHTTP");
      }
      catch(e3)         // 若捕捉到錯誤，表示用戶端不支援 Ajax
      {
        XHR = false;
      }
    }
  }
  return XHR;
}
```

日後若網頁需要建立 XMLHttpRequest 物件，就將 utility.js 檔案 include 進來，然後呼叫 createXMLHttpRequest() 函式即可，如下：

```
var XHR = createXMLHttpRequest();
```

二、傳送 Http Request

成功建立 XMLHttpRequest 物件後，我們必須做下列設定才能傳送非同步 Http Request：

1. 首先，呼叫 XMLHttpRequest 物件的 open() 方法來設定要向 Web 伺服器要求什麼資源 (文字檔、網頁等)，其語法如下，參數 *method* 用來設定建立 Http 連線的方式，例如 GET、POST、HEAD，參數 *URL* 為欲要求的檔案位址，參數 *async* 用來設定是否使用非同步呼叫，預設值為 true：

```
open(string method, string URL, bool async)
```

例如下面的敘述會向 Web 伺服器以 GET 方式非同步要求 poetry.txt 檔案：

```
var XHR = createXMLHttpRequest();
XHR.open("GET", "poetry.txt", true);
```

2. 接著，在 Web 伺服器收到資料，進行處理並傳回結果後，XMLHttpRequest 物件的 readyState 屬性會變更，進而觸發 onreadystatechange 事件，因此，我們可以藉由 onreadystatechange 事件處理程序接收 Http Response。

例如下面的敘述表示當發生 onreadystatechange 事件時，就執行 handleStateChange() 函式來取得 Web 伺服器傳回的結果：

```
XHR.onreadystatechange = handleStateChange;
```

3. 最後，呼叫 XMLHttpRequest 物件的 send() 方法來送出 Http Request，其語法如下，參數 *content* 是欲傳送給 Web 伺服器的參數，例如 "UserName=Jerry &PageNo=1"，當您以 GET 方式傳送 Request 時，由於不需要傳送參數，故參數 *content* 為 null，而當您以 POST 方式傳送 Request 時，則可以設定要傳送的參數：

```
send(string content)
```

綜合前面的討論，可以整理成如下：

```
var XHR = createXMLHttpRequest();
XHR.open("GET", "poetry.txt", true);
XHR.onreadystatechange = handleStateChange;
XHR.send(null);
function handleStateChange()
{
  // 撰寫程式碼來取得 Web 伺服器傳回的結果
}
```

三、接收 Http Response 並更新網頁內容

由於我們只能透過 XMLHttpRequest 物件的 onreadystatechange 事件瞭解 Http Request 的執行狀態，因此，接收 Http Response 的程式碼是寫在 onreadystatechange 事件處理程式，也就是前面例子所設定的 handleStateChange() 函式。

XMLHttpRequest 物件的 readyState 屬性會記錄目前是處於哪個階段，傳回值為 0 ~ 4 的數字，其中 4 代表 Http Request 執行完畢，不過，Http Request 執行完畢並不等於執行成功，因為有可能發生指定的資源不存在或執行錯誤，所以我們還得判斷 XMLHttpRequest 物件的 status 屬性，只有當 status 屬性傳回 200 時，才代表執行成功，此時 statusText 屬性會傳回 "OK"，若指定的資源不存在，則 status 屬性會傳回 404，而 statusText 屬性會傳回 "Object Not Found"。

當 Web 伺服器傳回的資料為文字時，我們可以透過 XMLHttpRequest 物件的 responseText 屬性取得執行結果；當 Web 伺服器傳回的資料為 XML 文件時，我們可以透過 XMLHttpRequest 物件的 responseXML 屬性取得執行結果。

此外，XMLHttpRequest 物件還提供了下列方法：

- abort()：停止 HTTP Reqeust。
- getAllResponseHeaders()：取得所有回應標頭資訊。
- getResponseHeader(string *Name*)：取得參數 *Name* 所指定的回應標頭資訊。

現在，我們來看個實際的例子，執行結果如下圖，當使用者按一下 [顯示詩句] 時，就會讀取伺服器端的 **poetry.txt** 文字檔，然後將檔案內容顯示在按鈕下面。

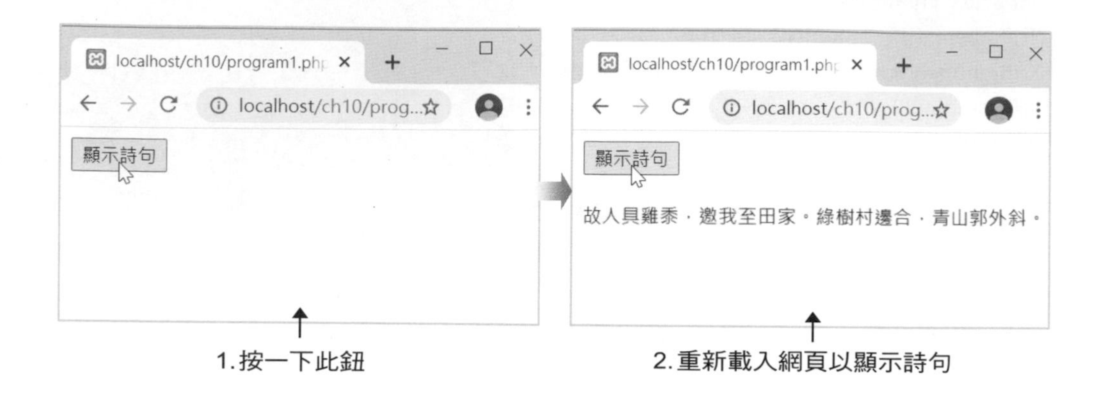

為了讓您做比較，我們先使用傳統的 PHP 寫法，如下，由於這個網頁尚未使用 Ajax 技術，所以在按一下 [顯示詩句] 時，整個網頁會重新載入而快速閃一下，然後在按鈕下面顯示詩句。

\ch10\program1.php

```
<!DOCTYPE html>
<html>
  <head>
    <meta charset="utf-8">
  </head>
  <body>
    <form method="post" action="<?php echo $_SERVER['PHP_SELF']; ?>">
      <input type="submit" value="顯示詩句"><br><br>
      <?php if (!isset($_POST["Send"])) { ?>
      <input type="hidden" name="Send" value="TRUE">
      <?php }
        else echo file_get_contents("poetry.txt");
      ?>
    </form>
  </body>
</html>
```

至於下面的程式則是改用 Ajax 技術，注意網頁的副檔名為 .html。

\ch10\program2.html

```
01:<!DOCTYPE html>
02:<html>
03:   <head>
04:     <meta charset="utf-8">
05:     <script src="utility.js" type="text/javascript"></script>
06:     <script type="text/javascript">
07:       var XHR = null;
08:
09:       function startRequest()
10:       {
11:         XHR = createXMLHttpRequest();
12:         XHR.open("GET", "poetry.txt", true);
13:         XHR.onreadystatechange = handleStateChange;
14:         XHR.send(null);
15:       }
16:
17:       function handleStateChange()
18:       {
19:         if (XHR.readyState == 4)
20:         {
21:           if (XHR.status == 200)
22:             document.getElementById("span1").innerHTML = XHR.responseText;
23:           else
24:             window.alert("檔案開啟錯誤!");
25:         }
26:       }
27:     </script>
28:   </head>
29:   <body>
30:     <form id="form1">
31:       <input id="button1" type="button" value="顯示詩句" onclick="startRequest()">
32:       <br><br> <span id="span1"></span>
33:     </form>
34:   </body>
35:</html>
```

執行結果如下圖，和前面的 \Ch10\program1.php 相同，但不會重新載入網頁，且副檔名為 .html，表示它純粹是一個在用戶端執行的網頁。

- 05：將 utility.js 檔案 include 進來，方便建立 XMLHttpRequest 物件。
- 06 ~ 27：這是用戶端的 JavaScript 程式碼，用來進行非同步傳輸。
- 07：定義一個名稱為 XHR 的全域變數，用來代表即將建立的 XMLHttpRequest 物件。
- 09 ~ 15：定義 startRequest() 函式，這個函式會在瀏覽者按一下 [顯示詩句] 時執行，第 11 行是建立 XMLHttpRequest 物件，第 12 行是設定以 GET 方式向伺服器要求 poetry.txt 文字檔，第 13 行是設定在 XMLHttpRequest 物件的 readyState 屬性變更時執行 handleStateChange() 函式，第 14 行是送出非同步要求。
- 17 ~ 26：定義 handleStateChange() 函式，它會在 XMLHttpRequest 物件的 readyState 屬性變更時執行，故會重複觸發多次，第 19 行的 if 條件式用來判斷 XMLHttpRequest 物件的 readyState 屬性是否傳回 4，是的話，表示非同步傳輸完成，就執行第 20 ~ 25 行，而第 21 行的 if 條件式用來判斷 XMLHttpRequest 物件的 status 屬性是否傳回 200，是的話，就執行第 22 行，將傳回值顯示在 <span> 元素的內容，否的話，就執行第 24 行，顯示錯誤訊息。

事實上，JavaScript 也可以在用戶端直接呼叫伺服器端的 PHP 程式。下面是一個例子，它會呼叫伺服器端的 PHP 程式 GetServerTime.php 顯示格林威治標準時間（GMT）。

\ch10\program3.html (下頁續 1/2)

```
01:<!DOCTYPE html>
02:<html>
03:   <head>
04:      <meta charset="utf-8">
05:      <script type="text/javascript" src="utility.js"></script>
06:      <script type="text/javascript">
07:         var XHR = null;
08:         function startRequest()
09:         {
10:            XHR = createXMLHttpRequest();      呼叫伺服器端的 PHP 程式
11:            XHR.open("GET", "GetServerTime.php", true);
12:            XHR.onreadystatechange = handleStateChange;
13:            XHR.send(null);
14:         }
15:
16:         function handleStateChange()
17:         {
18:            if (XHR.readyState == 4)
19:            {
20:               if (XHR.status == 200)
```

\ch10\program3.html (接上頁 2/2)

```
21:                 document.getElementById("span1").innerHTML = XHR.responseText;
22:               else
23:                 window.alert("無法顯示時間!");
24:             }
25:           }
26:       </script>
27:   </head>
28:   <body>
29:       <form id="form1">
30:           <input id="button1" type="button" value="顯示時間" onclick="startRequest()">
31:           <br><br><span id="span1"></span>
32:       </form>
33:   </body>
34:</html>
```

這個網頁的副檔名為 .html，表示它純粹是一個在用戶端執行的網頁，而且它和前面的 \ch10\program2.html 幾乎相同，主要差別在於第 11 行改以 GET 方式向伺服器要求 PHP 程式 GetServerTime.php：

```
11:         XHR.open("GET", "GetServerTime.php", true);
```

至於 PHP 程式 GetServerTime.php 的內容則相當簡單，就是呼叫 gmdate() 函式顯示格林威治標準時間（GMT）。

\ch10\GetServerTime.php

```
<?php
  echo gmdate("Y-m-d H:i:s");
?>
```

想要在網頁上使用 Ajax 技術，除了自行撰寫前述的 JavaScript，還有一些現成的套件，例如 xajax、SAJAX、JPSPAN (ScriptServer)、AJASON、flxAJAX、AjaxAC 等，您可以到 Sourceforge (https://sourceforge.net/) 查看與下載。

資料庫與 SQL 查詢

11-1 認識資料庫

資料庫 (database) 是一組相關資料的集合，這些資料之間可能具有某些關聯，允許使用者從不同的觀點來加以存取，例如學校的選課系統、公司的進銷存系統、圖書館的圖書目錄、醫療院所的病歷系統等。

我們將用來操作與管理資料庫的軟體稱為**資料庫管理系統** (DBMS，DataBase Management System)，例如 MariaDB、MySQL、Microsoft Access、SQL Server、Oracle、Sybase、Informix 等。透過 DBMS，使用者可以對資料進行定義、建立、處理與共享，其中**定義** (defining) 是指明資料類型、結構及相關限制，**建立** (constructing) 是輸入並儲存資料，**處理** (manipulating) 是包括查詢、新增、更新、刪除等動作，而**共享** (sharing) 是讓多個使用者同時存取資料庫。

我們在前幾章介紹過伺服器端檔案存取、Cookie、Session 等儲存資料的方式，這些方式與資料庫的比較如下：

- **資料庫**：適合記錄大量資料，可以查詢、新增、更新與刪除資料，雖然查詢速度較快，但開啟資料庫連接需花費較多時間。
- **Cookie**：適合記錄瀏覽者的個別資訊，存放在用戶端的記憶體或磁碟，預設的生命週期起始於瀏覽器開始執行，結束於瀏覽器終止執行，但也可以自行設定 Cookie 的生命週期，缺點是 Cookie 可能會被瀏覽者刪除或拒絕寫入，而且容易造成安全上的威脅。
- **Session**：適合記錄瀏覽者的個別資訊，存放在伺服器端的記憶體，預設的生命週期起始於瀏覽器開始執行，結束於瀏覽器終止執行，但也可以自行設定 Session 的生命週期，缺點是佔用伺服器端的記憶體，為了減輕伺服器端的負擔，一般建議是以 Cookie 取代 Session 記錄用戶端的資訊。
- **伺服器端檔案存取**：適合記錄少量資料，可以寫入或讀取資料，而且沒有生命週期的問題，但是當資料量較大時，檔案存取將變得沒有效率。

目前常見的資料庫模式為**關聯式資料庫** (relational database)，也就是資料庫裡面包含數個資料表，而且資料表之間會有共通的欄位，使這些資料表產生關聯。

舉例來說，假設關聯式資料庫裡面有下列四個資料表，名稱為「學生資料」、「國文成績」、「數學成績」、「英文成績」，其中「座號」欄位為共通的欄位。

座號	姓名	生日	通訊地址
1	小丸子	1999/01/01	台北市羅斯福路一段 9 號 9 樓
2	花輪	2000/05/06	台北市師大路 20 號 3 樓
3	藤木	1999/12/20	台北市溫州街 42 巷 7 號之 1
4	小玉	2000/03/17	台北市龍泉街 3 巷 12 弄 28 號
5	丸尾	1999/08/11	台北市金門街 100 號 5 樓
6	永澤	1999/10/22	台北市和平東路二段 85 巷 109 號 15 樓之 3

座號	國文
1	80
2	95
3	88
4	98
5	93
6	81

座號	數學
1	75
2	100
3	90
4	92
5	97
6	92

座號	英文
1	82
2	97
3	85
4	88
5	100
6	94

有了這些資料表，我們就可以使用資料庫管理系統進行查詢，例如座號為 5 的學生叫做什麼、國文考幾分、英文分數高於 90 的有哪幾位學生、將數學分數由高到低排列等。此外，透過共通欄位可以產生如下資料，即結合「學生資料」、「國文成績」、「數學成績」、「英文成績」四個資料表產生「總分」資料。

座號	姓名	總分	通訊地址
1	小丸子	237	台北市羅斯福路一段 9 號 9 樓
2	花輪	292	台北市師大路 20 號 3 樓
3	藤木	263	台北市溫州街 42 巷 7 號之 1
4	小玉	278	台北市龍泉街 3 巷 12 弄 28 號
5	丸尾	290	台北市金門街 100 號 5 樓
6	永澤	267	台北市和平東路二段 85 巷 109 號 15 樓之 3

PHP 支援許多資料庫管理系統，例如 MariaDB、MySQL、Microsoft Access、Microsoft SQL Server、Oracle、Adabas D、DBA/DBM、dBase、Empress、filepro、IBM DB2、Informix、Interbase、mSQL、PostgreSQL、Solid、SQLite 等，其中 MariaDB、MySQL、DBA/DBM、PostgreSQL、SQLite 為開放原始碼。

本書選擇使用 **MariaDB/MySQL** 的原因是個人用途無須申請即可免費使用，同時具有快速、簡單、可靠、功能齊全、跨平台等優點，廣泛應用於許多網站。我們可以說，PHP、Apache 與 MariaDB/MySQL 是開發動態網頁最佳的組合。

最後，我們來介紹幾個與資料庫相關的術語，以下圖為例，這是 MariaDB 資料庫伺服器的管理介面，裡面總共有 10 筆資料，每筆資料都稱為**記錄**（record），而在同一筆記錄（同一列）中，又包含 no (座號)、name (姓名)、chinese (國文)、math (數學)、english（英文）等五個**欄位**（field），這些記錄的組合稱為**資料表**（table），而數個性質雷同的資料表集合起來則稱為**資料庫**（database）。

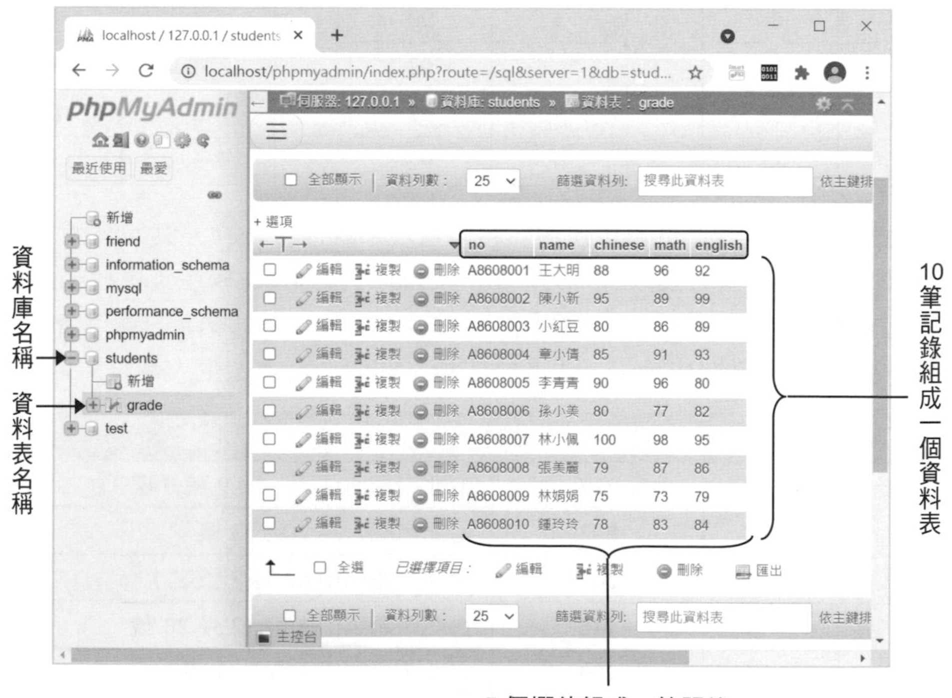

11-2 使用 phpMyAdmin 管理資料庫

phpMyAdmin 是一個免費的 MariaDB/MySQL 資料庫管理工具，由於它是以 PHP 撰寫而成，因此，只要 Web 伺服器能夠執行 PHP，就可以使用 phpMyAdmin。

11-2-1 建立資料庫

1. 開啟瀏覽器執行 http://localhost/phpmyadmin/，輸入登入 MariaDB/MySQL 的帳號與密碼（第 1-3-1 節設定為 root 與 dbpwd1022），然後按 **[執行]**。

2. 點取畫面上方的 **[資料庫]**。

3. 在 **[建立新資料庫]** 欄位輸入資料庫名稱，此例為 friend，接著將資料庫的編碼與排序方式設定為 [utf8_general_ci]，然後按 [建立]。請注意，雖然 MariaDB/MySQL 資料庫伺服器支援中文資料庫名稱，但資料庫名稱請盡量使用英文字母和阿拉伯數字來命名，避免產生無法預期的錯誤。

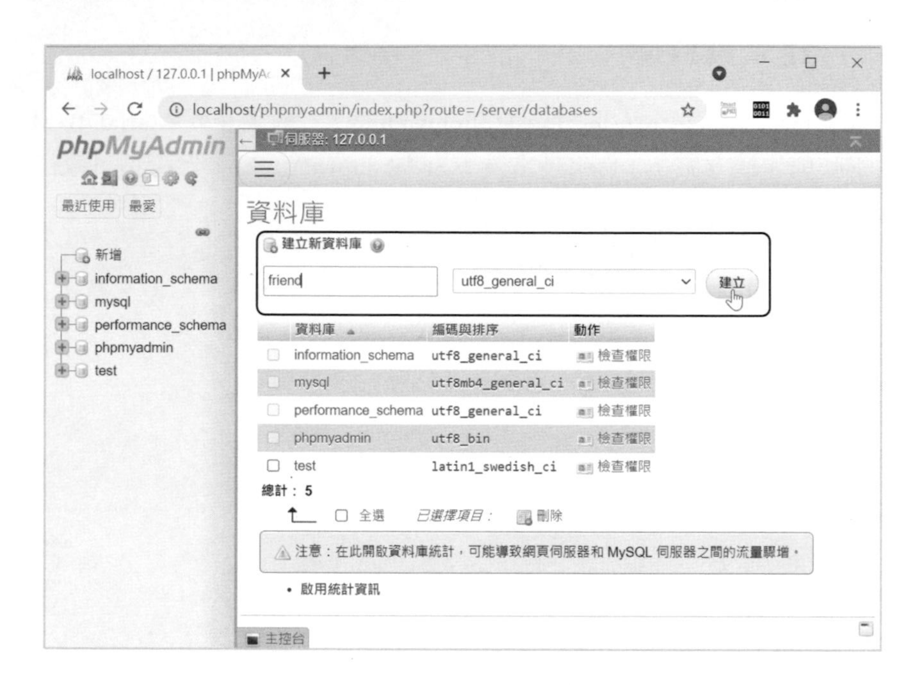

4. 建立資料庫成功，會出現如下畫面。

11-2-2 建立資料表

在建立資料表之前，我們來介紹 MariaDB/MySQL 資料庫伺服器提供了哪些資料型態。

數值型態 (numeric type)

資料型態	空間	範圍
TINYINT[(M)]	1byte	有號：-128 ～ 127 (-2^7 ～ 2^7 - 1) 無號：0 ～ 255 (0 ～ 2^8 - 1) MySQL 沒有 BOOLEAN 型態，若要存放布林值，可以使用 TINYINT(1)，值為 0，表示 FALSE，值不為 0，表示 TRUE (M 表示「最大顯示寬度」)。
SMALLINT[(M)]	2bytes	有號：-32768 ～ 32767 (-2^{15} ～ 2^{15} - 1) 無號：0 ～ 65535 (0 ～ 2^{16}- 1)
MEDIUNINT[(M)]	3bytes	有號：-8388608 ～ 8388607 (-2^{23} ～ 2^{23} - 1) 無號：0 ～ 16777215 (0 ～ 2^{24} - 1)
INT[(M)] INTEGER[(M)]	4bytes	有號：-2147483648 ～ 2147483647 (-2^{31} ～ 2^{31} - 1) 無號：0 ～ 4294967295 (0 ～ 2^{32} - 1)
BIGINT[(M)]	8bytes	有號：-9223372036854775808 ～ 9223372036854775807 (-2^{63} ～ 2^{63} - 1) 無號：0 ～ 18446744073709551615 (0 ～ 2^{64} - 1)
FLOAT(p)	4bytes 8bytes	若 p ≦ 24，則視為 FLOAT。 若 25 ≦ p ≦ 53，則視為 DOUBLE。
FLOAT[(M,D)] (單倍精確浮點數)	4bytes	-3.402823466E+38 ～ -1.175494351E-38 、 0 、 1.175494351E-38 ～ 3.402823466E+38
DOUBLE[(M,D)] REAL[(M,D)] (雙倍精確浮點數)	8bytes	-1.7976931348623157E+308～-2.2250738585072014E-308、0、2.2250738585072014E-308～1.7976931348623157E+308 (M 表示「精確度」，D 表示「小數位數」)
DECIMAL[(M[,D])] NUMERIC[(M[,D])] DEC[(M[,D])]	?	實際儲存範圍視 M、D 的值而定，若省略 M，則預設值為 10，若省略 D，則預設值為 0，佔用的記憶體空間必須根據 M、D 的設定。

對整數來說，M 表示「最大顯示寬度」，不可大於 255，不會影響儲存範圍，M 的大小只會影響顯示出來的結果。

對浮點數來說，M 是「精確度」(即總位數)，不可大於 65，D 是「小數位數」，不可大於 30，也不能大於 M - 2，即小數位數最多不可超過 30。

舉例來說，假設將兩個欄位均設定為 INT(4)，然後分別在兩個欄位存入數字 12 和 123456，那麼顯示出來的結果是什呢？答案是 12 和 123456，原因是雖然將兩個欄位均設定為 INT(4)，表示只顯示 4 個位數，但事實上，若實際儲存的資料位數比 M 大，仍會顯示實際位數。

我們再來看個例子，假設將兩個欄位分別設定為 INT(4) 和 INT(4) ZEROFILL (ZEROFILL 會在前面的空位補 0)，然後兩個欄位均存入數字 12，那麼顯示結果會分別是 12 和 0012。

日期與時間型態 (date and time type)

資料型態	空間	範圍
DATE	3bytes	日期型態，儲存範圍為 '1000-01-01' ~ '9999-12-31'，格式為 'YYYY-MM-DD'。
DATETIME	8bytes	日期時間型態，儲存範圍為 '1000-01-01 00:00:00' ~ '9999-12-31 23:59:59'，格式為 'YYYY-MM-DD HH:MM:SS'。
TIMESTAMP	4bytes	時間戳記，儲存範圍為 '1970-01-01 00:00:00' ~ '2038-01-09 03:14:07'。
TIME	3bytes	時間型態，儲存範圍為 '-838:59:59' ~ '838:59:59'，格式為 'HH:MM:SS'。
YEAR[(2|4)]	1byte	以 2 或 4 位數字格式來儲存年份，預設值為 4。 4 位數：1901 ~ 2155 及 0000。 2 位數：70 ~ 69，表示 1970 ~ 2069。

字串型態 (string type)

資料型態	空間	範圍
CHAR(M)	M * v bytes	固定長度字串，M 表示字元長度，必須介於 0 ～ 255，若省略 M，則預設值為 1。至於 v 為欄位內容中，佔用最多位元數字元的位元數，例如 CHAR(9) 儲存字串 "金牛座 Taurus"，英文字母各佔 1 個 byte，中文字各佔 2 個 bytes，故 v 為 2，而此字串共佔用 9 * 2 ＝ 18bytes。
VARCHAR(M)	L＋1byte 或 L＋2bytes	可變長度字串，M 表示允許儲存的最大字元數，必須介於 0 ～ 65535。L 表示欄位內容實際佔用的位元數，若 L ≦ 255bytes，則需要的儲存空間為 L＋1bytes，若 L＞255bytes，則為 L＋2bytes。
TINYTEXT	L＋1byte	可變長度字串，最多可以儲存 255 (2^8 - 1) 字元，若包含多位元文字，則可儲存的字元數會減少。
TEXT	L＋2bytes	可變長度字串，最多可以儲存 65535 (2^{16} - 1) 字元，若包含多位元文字，則可儲存的字元數會減少。
MEDIUMTEXT	L＋3bytes	可變長度字串，最多可以儲存 16777215 (2^{24} - 1) 字元，若包含多位元文字，則可儲存的字元數會減少。
LONGTEXT	L＋4bytes	可變長度字串，最多可以儲存 4294967295 (2^{32} - 1) 字元，若包含多位元文字，則可儲存的字元數會減少。
TINYBLOB	L＋1byte	可變長度字串，最多可以儲存 255 bytes (2^8 -1)。
BLOB	L＋2bytes	可變長度字串，最多可以儲存 65535 (2^{16} - 1) bytes，即 65KB。
MEDIUMBLOB	L＋3bytes	可變長度字串，最多可以儲存 16777215 (2^{24} - 1) bytes，即 16MB。
LONGBLOB	L＋4bytes	可變長度字串，最多可以儲存 4294967295 (2^{32} - 1) bytes，即 4GB。

BLOB 為「Binary Large OBject」的縮寫，它與 TEXT 主要的差別在於 BLOB 有大小寫之分，而 TEXT 沒有大小寫之分。

當您使用 CHAR 型態儲存資料時，若將欄位設定為 CHAR(10)，表示字串長度固定為 10 個字元，若資料的長度不足 10 個字元，就會在資料的後面補上空白字元。

在瞭解資料型態後，請您依照如下步驟建立 friend_club 資料表，這個資料表包含下列 8 個欄位，同樣的，資料表名稱和欄位名稱請盡量使用英文字母和阿拉伯數字來命名，避免產生無法預期的錯誤。

欄位名稱	資料型態	長度	主索引鍵	備註
no	SMALLINT	-	☑	編號欄位
name	VARCHAR	5	☐	姓名欄位
sex	CHAR	1	☐	性別欄位
age	VARCHAR	10	☐	年齡欄位
star_signs	VARCHAR	3	☐	星座欄位
height	VARCHAR	10	☐	身高欄位
weight	VARCHAR	10	☐	體重欄位
career	VARCHAR	10	☐	職業欄位

1. 開啟瀏覽器執行 http://localhost/phpmyadmin/ 並登入 MariaDB/MySQL。

2. 點取畫面上方的 **[資料庫]**。

3. 點取要建立資料表的資料庫，此例為 **[friend]**。

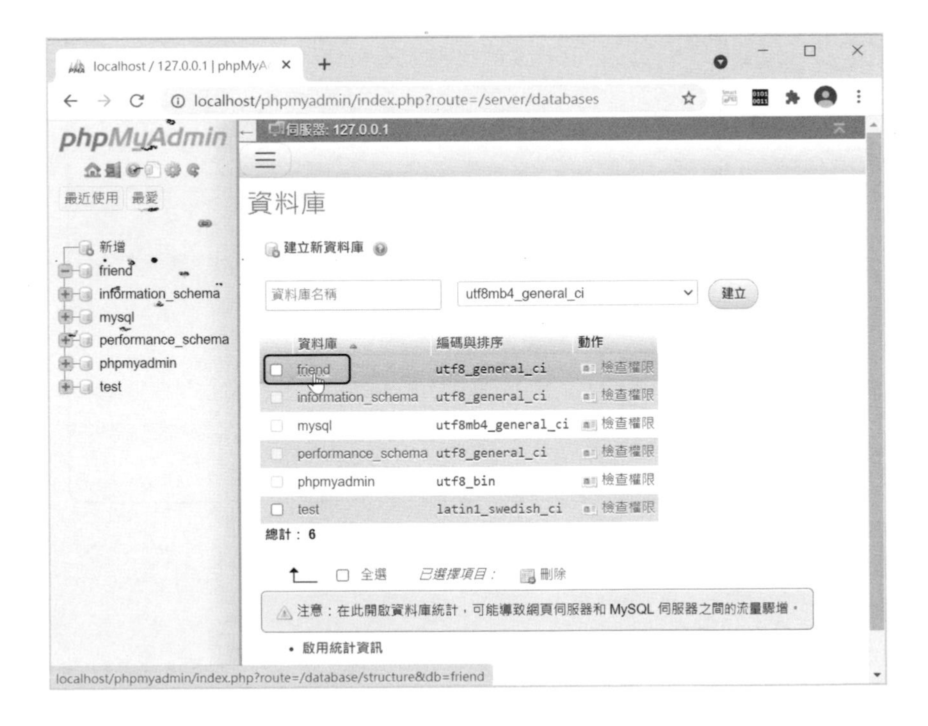

4. 在 **[名稱]** 欄位輸入資料表名稱，此例為 friend_club，在 **[欄位數]** 欄位輸入欲建立的欄位數目，此例為 8，然後按 **[執行]**。

5. 輸入欄位名稱、資料型態、資料長度和資料表備註，然後按 **[儲存]**。

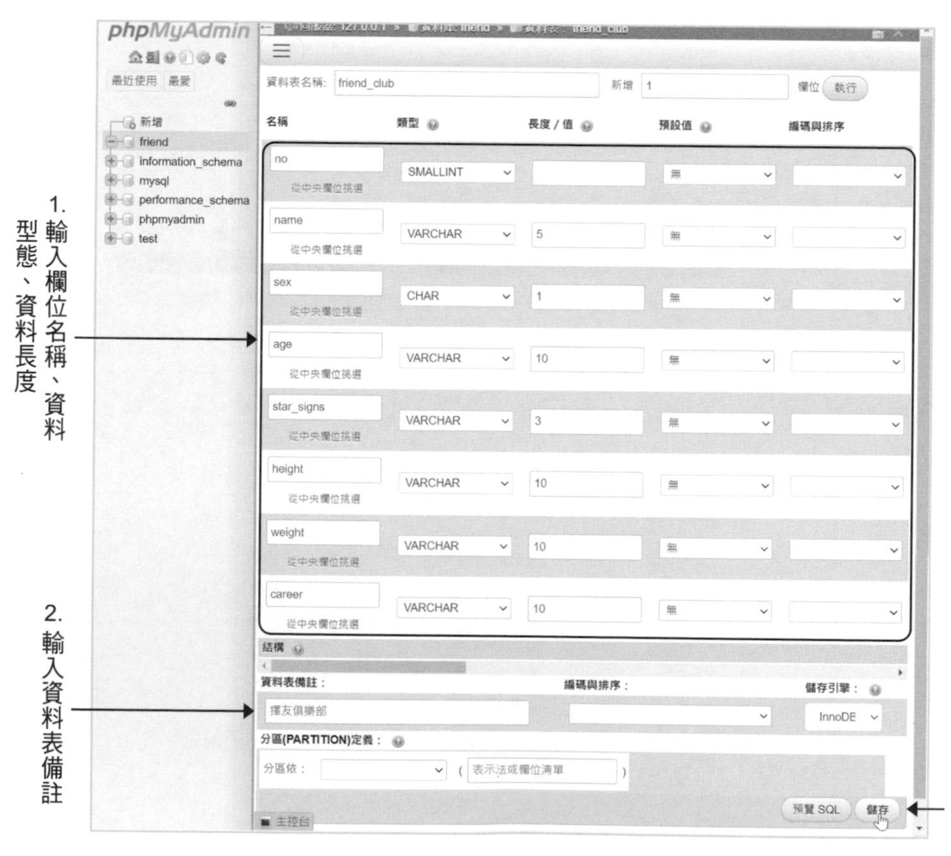

6. 資料表建立完畢會看到如下畫面，請點取畫面上方的 **[結構]**，隨即會列出資料表的各個欄位，我們可以找出一個最具代表性，而且資料不會重複的欄位做為主索引鍵，例如學號、帳號、身分證字號、員工編號等。在設計關聯式資料庫時，每個資料表都應該設定主索引鍵，以做為不同資料表之間的關聯欄位。現在，請點取 no 欄位的 **[更多] \ [主鍵]**，將 no 欄位設定為主索引鍵。

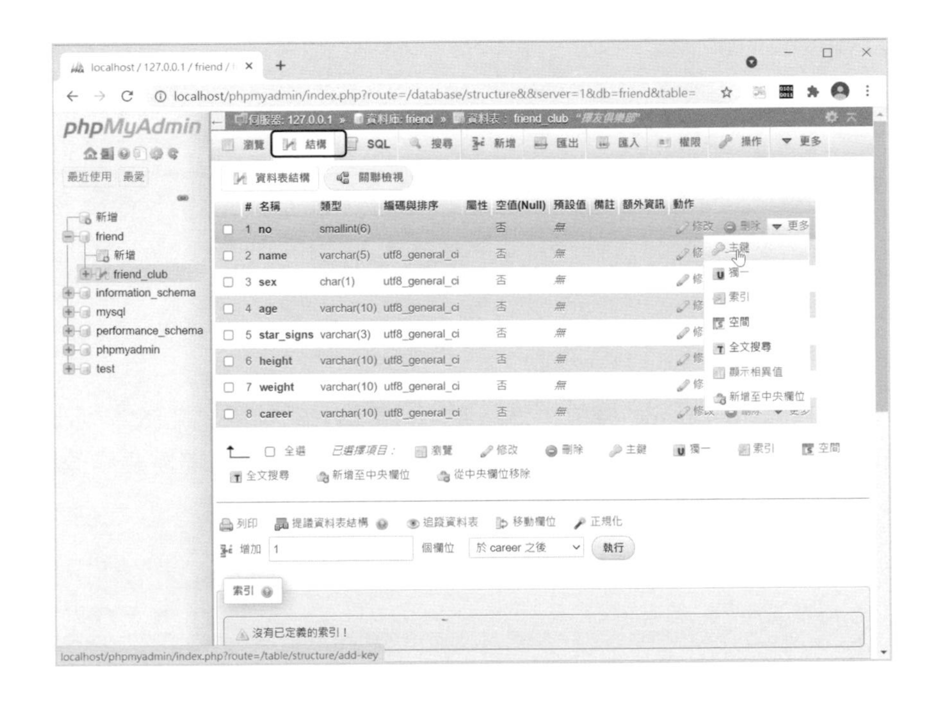

7. 出現對話方塊詢問是否要將 no 欄位設定為主索引鍵，請按 **[確定]**，不要的話，可以按 **[取消]**。

8. 若要修改或刪除欄位，可以核取欄位，然後點取 **[修改]** 或 **[刪除]**。

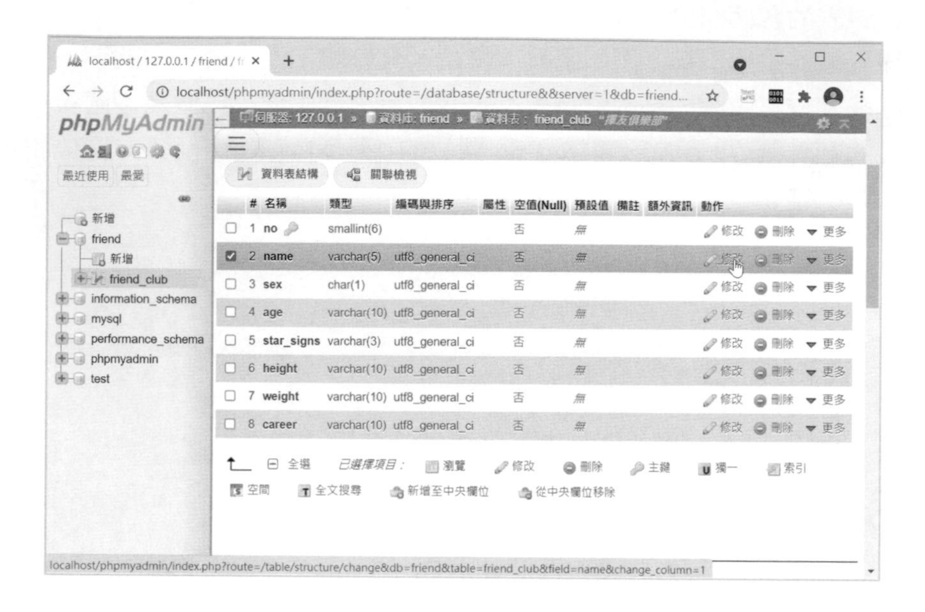

9. 下圖是我們核取 name 欄位，然後點取 **[修改]** 的結果，此處會列出 name 欄位的欄位名稱、資料型態、資料長度等，您可以視實際需要修改欄位定義，然後按 **[儲存]** 完成變更。

11-2-3 新增記錄

1. 開啟瀏覽器執行 http://localhost/phpmyadmin/ 並登入 MariaDB/MySQL。

2. 在左窗格中點取資料庫，此例為 friend，然後在右窗格中點取 friend_club 資料表右邊的 **[新增]**，表示要在此資料表新增記錄。

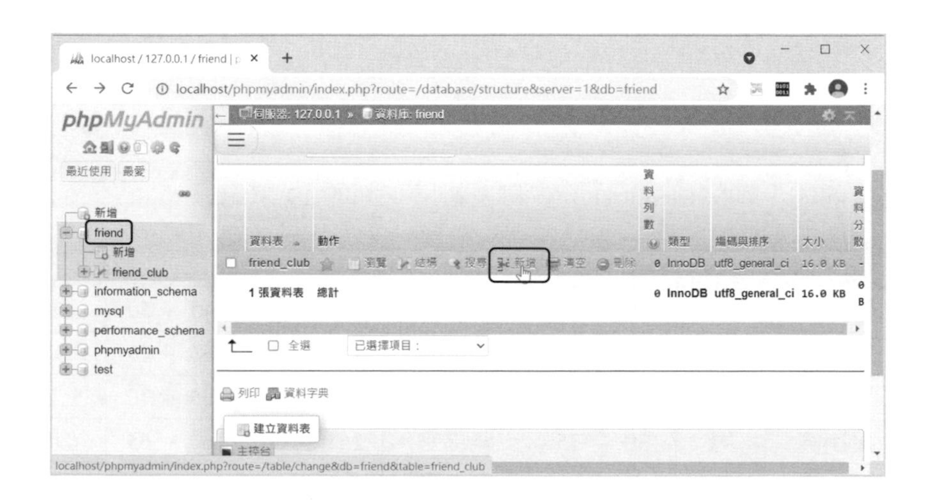

3. 輸入第一筆記錄的各個欄位內容，然後按 **[執行]**。

4. 新增記錄成功。

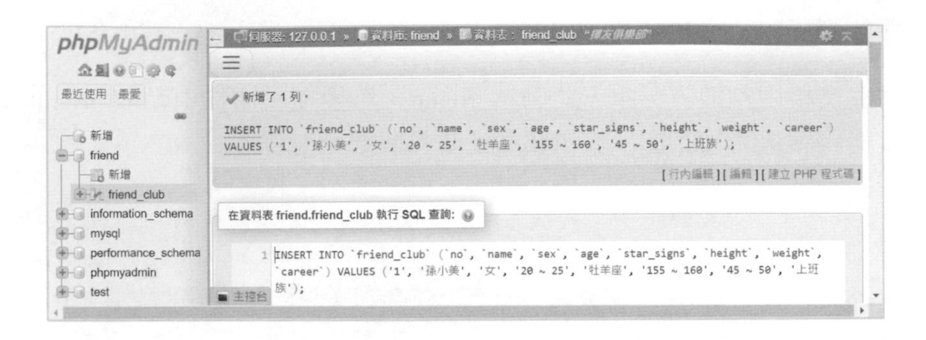

5. 重複前述步驟在 friend_club 資料表新增下面的 19 筆記錄。

no	name	sex	age	star_signs	height	weight	career
2	小燕子	女	20 ~ 25	牡羊座	155 ~ 160	45 ~ 50	上班族
3	雲翔	男	20 ~ 25	天蠍座	175 ~ 180	65 ~ 70	SOHO 族
4	莫召奴	男	25 ~ 30	天秤座	175 ~ 180	65 ~ 70	上班族
5	葉小釵	男	30 ~ 35	魔羯座	165 ~ 170	60 ~ 65	老師
6	流川楓	男	15 ~ 20	射手座	180 ~ 185	65 ~ 70	上班族
7	林阿土	男	25 ~ 30	牡羊座	170 ~ 175	65 ~ 70	老師
8	趙冰冰	女	20 ~ 25	處女座	155 ~ 160	45 ~ 50	學生
9	嘟嘟	男	15 ~ 20	獅子座	165 ~ 170	55 ~ 60	學生
10	晴子	女	15 ~ 20	雙子座	160 ~ 165	45 ~ 50	學生
11	小蘭	女	25 ~ 30	巨蟹座	165 ~ 170	50 ~ 55	上班族
12	凱蒂	女	20 ~ 25	雙魚座	160 ~ 165	45 ~ 50	公務員
13	櫻桃子	女	25 ~ 30	天秤座	155 ~ 160	55 ~ 60	SOHO 族
14	亮亮	女	25 ~ 30	射手座	165 ~ 170	50 ~ 55	公務員
15	小齊	男	25 ~ 30	水瓶座	170 ~ 175	55 ~ 60	上班族
16	安琪	女	15 ~ 20	獅子座	165 ~ 170	50 ~ 55	學生
17	林達	女	20 ~ 25	雙魚座	165 ~ 170	50 ~ 55	公務員
18	陳小東	男	25 ~ 30	魔羯座	175 ~ 180	65 ~ 70	上班族
19	CoCo	女	20 ~ 25	獅子座	170 ~ 175	55 ~ 60	上班族
20	安室	女	30 ~ 35	處女座	155 ~ 160	45 ~ 50	老師

6. 您可以點取 **[瀏覽]** 來查看 friend_club 資料表的所有記錄。

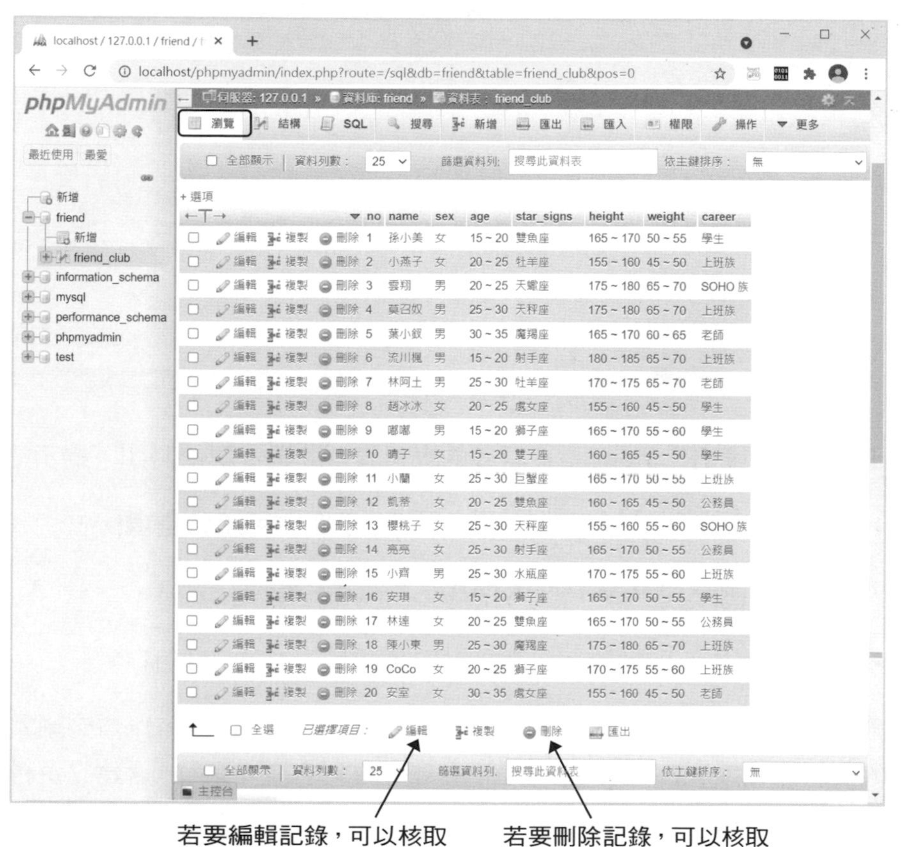

若要編輯記錄，可以核取
記錄，然後按 [編輯]
若要刪除記錄，可以核取
記錄，然後按 [刪除]

11-2-4 匯出資料庫

當您要備份資料庫或將資料庫移到別部電腦，可以先匯出資料庫，然後到別部電腦做匯入，匯出資料庫的步驟如下：

1. 開啟瀏覽器執行 http://localhost/phpmyadmin/ 並登入 MariaDB/MySQL。

2. 在左窗格中點取要匯出的資料庫，此例為 friend，然後在右窗格中點取 **[匯出]**。

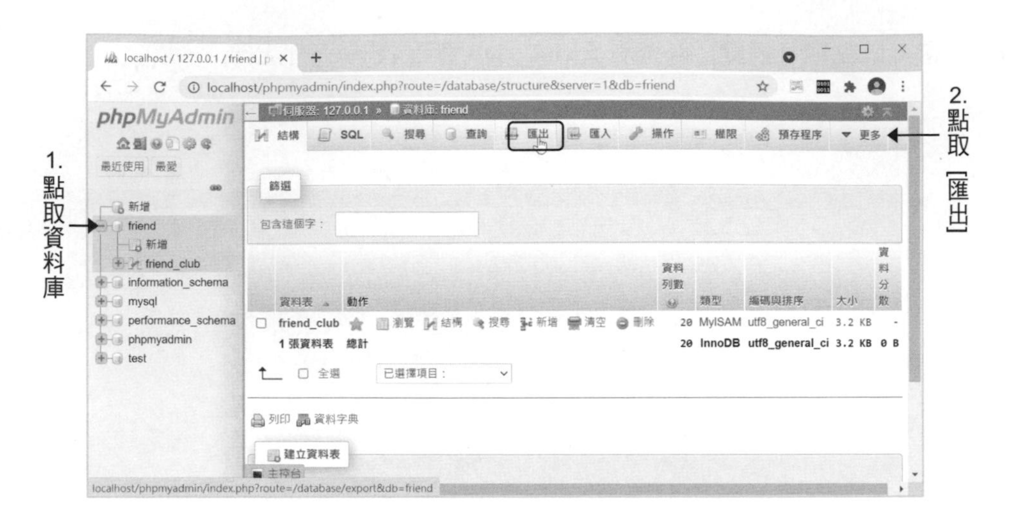

3. 出現 **[正在匯出「friend」資料庫的資料表]** 畫面，請依照如下提示操作：

   - 在 **[匯出方式]** 欄位選取 **[自訂 - 顯示所有可用的選項]**。
   - 核取 **[加入 CREATE DATABASE / USE 指令]** 選項。
   - 其它欄位保留預設值，然後點取畫面最下方的 **[執行]**。

4. 匯出資料庫完畢，請開啟瀏覽器預設的下載資料夾，就可以看到剛才匯出的資料庫檔案 **friend.sql**。事實上，這是一個文字檔，裡面包含建立資料庫、資料表及新增記錄的 SQL 語法。

11-2-5 刪除資料庫或資料表

對於錯誤或不再使用的資料庫或資料表，您可以依照如下步驟將之刪除：

1. 開啟瀏覽器執行 http://localhost/phpmyadmin/ 並登入 MariaDB/MySQL。

2. 在左窗格中點取資料庫，此例為 friend，若要刪除 friend_club 資料表，可以在右窗格中點取 friend_club 資料表右邊的 **[刪除]**。

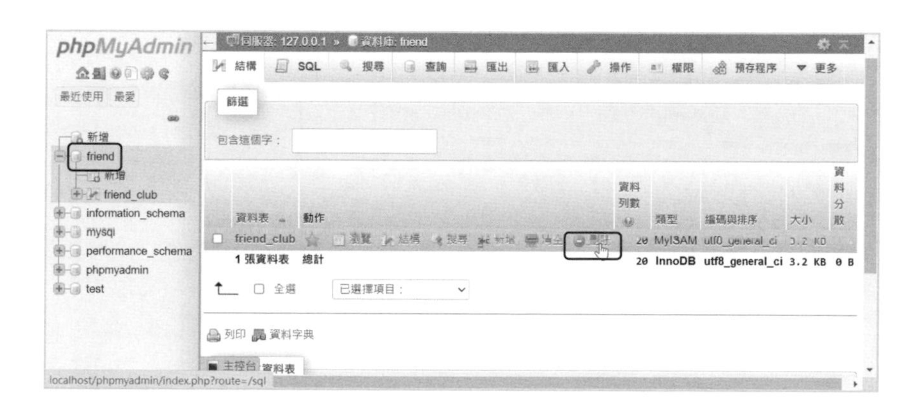

3. 若要刪除資料庫，可以在左窗格中點取資料庫，此例為 friend，接著在右窗格中點取 **[操作]**，然後點取 **[刪除資料庫 (DROP)]**。

4. 出現對話方塊詢問是否要刪除資料庫，是就按 **[確定]**，否則按 **[取消]**。

11-2-6 匯入資料庫

匯入資料庫是重建資料庫最佳的方式，它可以節省許多時間，當然這有個前提，就是您之前必須備份過該資料庫。本書所使用的資料庫均已匯出存放在 \database 資料夾，您可以依照如下步驟匯入資料庫：

1. 開啟瀏覽器執行 http://localhost/phpmyadmin/ 並登入 MariaDB/MySQL。

2. 在右窗格中點取 **[匯入]**。

3. 點取 **[選擇檔案]** 來選擇資料庫備份檔（此例為 \database\friend.sql）。

4. 選擇本書範例程式的 \database\friend.sql，然後按 **[開啟]**。

5. **[由電腦上傳]** 欄位出現選擇的資料庫備份檔，請按 **[執行]**。

6. 匯入資料庫成功，您可以在左窗格中看到 friend 資料庫。

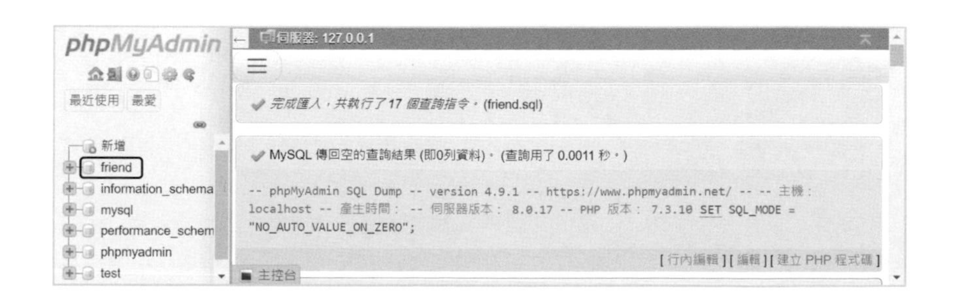

11-3 SQL查詢

SQL (Structured Query Language，結構化查詢語言) 是一個完整的資料庫語言，可以用來在資料庫中選取、新增、更新與刪除記錄，諸如 SQL Server、Oracle、Access、MariaDB、MySQL 等關聯式資料庫均支援 SQL，並相容於美國國家標準局所發行的 ANSI SQL-92 標準。

在接下來的小節中，我們會介紹 Select、Insert、Update、Delete 等指令，當然這些指令都是很基礎的 SQL 語法，純粹是要讓您對 SQL 語法有初步的認識。若您想學習更多 SQL 語法，可以參考資料庫專書。

在介紹這些指令之前，請您先依照第 11-2-6 節的步驟匯入本書範例程式的 \database\students.sql，這個資料庫的名稱為 students，包含一個名稱為 grade 的資料表，裡面總共有 10 筆記錄，之後就可以依照如下步驟使用 phpMyAdmin 執行 SQL 查詢：

1. 開啟瀏覽器執行 http://localhost/phpmyadmin/ 並登入 MariaDB/MySQL。
2. 在左窗格中點取要進行查詢的資料庫，此例為 students，接著在右窗格中點取 [SQL]，然後在 [在資料庫 students 執行 SQL 查詢:] 欄位輸入「SELECT name, english, math, chinese FROM grade」，再按 [執行]。

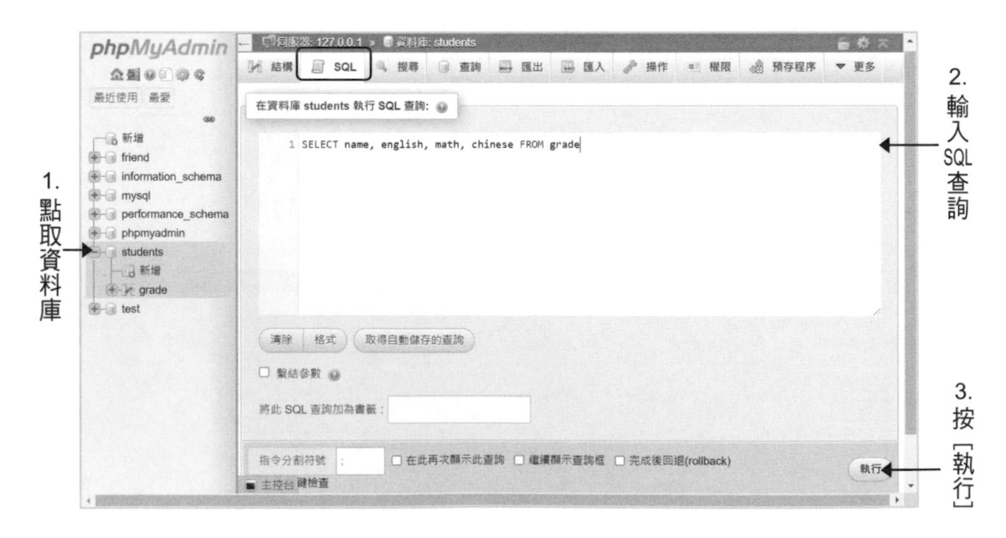

3. 執行結果如下，這個 SQL 查詢可以從 grade 資料表選取 name、english、math 和 chinese 四個欄位，雖然 grade 資料表的 chinese 欄位放在 english 欄位前面，但在使用 SQL 查詢時不必依照欄位順序，唯一要注意的是選取出來的欄位順序會依照 SQL 查詢所指定的順序，而不是資料來源的順序。

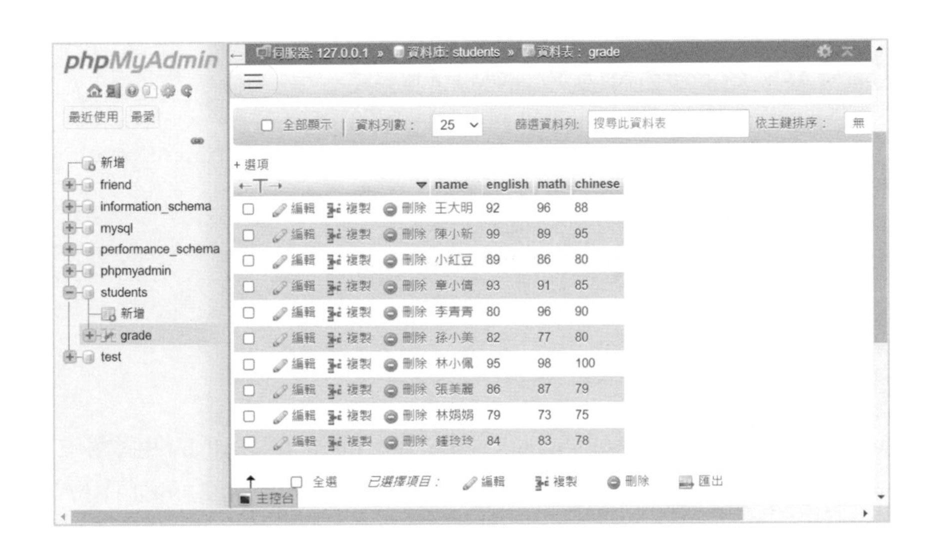

11-3-1 Select 指令 (選取資料)

Select 指令可以用來從資料表選取資料，其語法如下 (SQL 關鍵字沒有英文字母大小寫之分，而且可以寫成多行或一行)：

```
SELECT 欄位名稱
FROM 資料表名稱
[WHERE 搜尋子句]
[ORDER BY 排序子句 {ASC|DESC}]
```

以前面的 grade 資料表為例，我們可以舉出一些 SQL 查詢：

- 從 grade 資料表選取所有記錄的 name、english 和 chinese 三個欄位：

```
SELECT name, english, chinese FROM grade
```

- 從 grade 資料表選取所有記錄的所有欄位：

```
SELECT * FROM grade
```

- 從 grade 資料表選取所有記錄的 name 和 english 兩個欄位，然後將這兩個欄位更名為「姓名」與「英文」：

```
SELECT name AS 姓名, english AS 英文 FROM grade
```

- 從 grade 資料表選取所有記錄的 name 欄位，然後將 chinese、math、english 三個欄位相加後的分數產生為新的 total 欄位：

```
SELECT name, chinese+math+english AS total FROM grade
```

隨堂練習

從 grade 資料表選取所有記錄的 name、chinese、math 和 english 四個欄位，然後將 chinese、math 和 english 三個欄位相加後的分數產生為新的 total 欄位。

【解答】

這個 SQL 查詢如下：

```
SELECT name, chinese, math, english, chinese+math+english AS total FROM grade
```

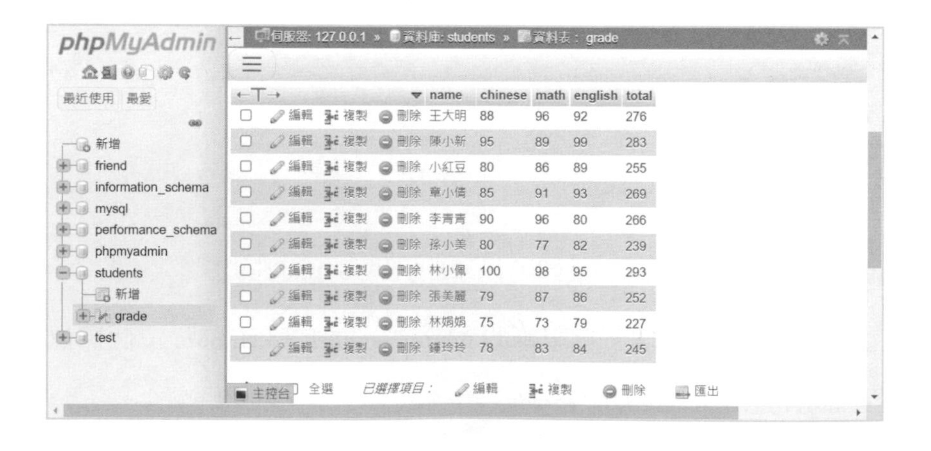

SELECT … FROM … WHERE … (篩選)

SELECT … FROM … 的篩選範圍涵蓋整個資料表的資料，但有時我們可能需要將篩選範圍限制在符合某些條件的資料，例如所有 chinese 分數大於 90 之資料的 name 和 math 兩個欄位，此時，我們可以加上 WHERE 子句設定篩選範圍，例如：

```
SELECT name, math FROM grade WHERE chinese > 90
```

WHERE 子句可以包含任何邏輯運算，只要傳回值為 TRUE 或 FALSE 即可，SQL 支援以下的比較運算子和邏輯運算子。

<table>
<tr><th>比較運算子</th><th>說明</th><th>邏輯運算子</th><th>說明</th></tr>
<tr><td>＝</td><td>等於</td><td rowspan="2">AND</td><td rowspan="2">若運算元均為 TRUE，就傳回 TRUE，否則傳回 FALSE。</td></tr>
<tr><td><</td><td>小於</td></tr>
<tr><td>></td><td>大於</td><td rowspan="2">OR</td><td rowspan="2">若任一運算元為 TRUE，就傳回 TRUE，否則傳回 FALSE。</td></tr>
<tr><td><＝</td><td>小於等於</td></tr>
<tr><td>>＝</td><td>大於等於</td><td rowspan="3">NOT</td><td rowspan="3">若運算元為 TRUE，就傳回 FALSE，否則傳回 TRUE。</td></tr>
<tr><td>!＝</td><td rowspan="2">不等於</td></tr>
<tr><td>< ></td></tr>
</table>

- 從 grade 資料表篩選 chinese 分數大於 90 或 math 分數大於 90 之記錄的 name、chinese 和 math 三個欄位：

```
SELECT name, chinese, math FROM grade WHERE chinese > 90 OR math > 90
```

- 從 grade 資料表篩選 chinese 分數小於 90 且 math 分數大於 90，或 chinese 分數小於 90 且 english 分數大於 90 之記錄的所有欄位：

```
SELECT * FROM grade WHERE chinese < 90 AND (math > 90 OR english > 90)
```

除了前述的比較運算子和邏輯運算子，SQL 亦支援 LIKE 運算子，這個運算子接受以下的萬用字元。

萬用字元	說明
%	任何長度的字串（包括 0）。
_ (底線)	任何一個字元。
[ ] (中括號)	某個範圍內的一個字元。

- 從 grade 資料表篩選 name 是以「陳」開頭之記錄的所有欄位，請注意，字串的前後要加上單引號（'）：

```
SELECT * FROM grade WHERE name LIKE '陳%'
```

- 從 grade 資料表篩選所有 name 是「X 小美」之記錄的 english 和 math 兩個欄位，X 代表任一字元：

```
SELECT english, math FROM grade WHERE name LIKE '_小美'
```

- 從 grade 資料表篩選所有 name 以 a、b、c、d、e、f 等字母為首，後面為 ean 之記錄的所有欄位：

```
SELECT * FROM grade WHERE name Like '[a - f]ean'
```

WHERE 條件子句亦接受如下句型：

- 我們可以在 WHERE 條件子句加入 IN 判斷欄位資料的範圍，以下面的 SQL 查詢為例，它會篩選 chinese 欄位為 80、85 或 88 之記錄的所有欄位：

```
SELECT * FROM grade WHERE chinese IN (80, 85, 88)
```

- 若資料的範圍為文字字串，那麼字串的前後要加上單引號（'），例如：

```
SELECT * FROM grade WHERE name IN ('陳小新', '林小佩', '孫小美')
```

- 我們可以在 WHERE 條件子句加入 BETWEEN 限制篩選範圍，以下面的 SQL 查詢為例，它會篩選 math 欄位在 80 ~ 90（包含 80 和 90）之記錄的所有欄位：

```
SELECT * FROM grade WHERE math BETWEEN 80 AND 90
```

SELECT ... FROM ... ORDER BY ... (排序)

有時我們需要將篩選出來的記錄依照遞增或遞減順序進行排序，舉例來說，假設要依照國文分數由低到高遞增排序，可以加上 ORDER BY 排序子句：

```
SELECT * FROM grade ORDER BY chinese ASC
```

由於 ORDER BY 排序子句預設為遞增排序，因此，ASC 可以省略不寫，若要改為由高到低遞減排序，可以改成 DESC：

```
SELECT * FROM grade ORDER BY chinese DESC
```

我們也可以根據不只一個欄位進行排序，舉例來說，假設要先依照國文分數遞減排序，再依照數學分數遞減排序，可以寫成如下：

```
SELECT * FROM grade ORDER BY chinese DESC, math DESC
```

隨堂練習

從 grade 資料表篩選所有欄位，然後將 chinese、math 和 english 三個欄位相加後的分數產生為新的 total 欄位，再依照 total 欄位由高到低遞減排序。

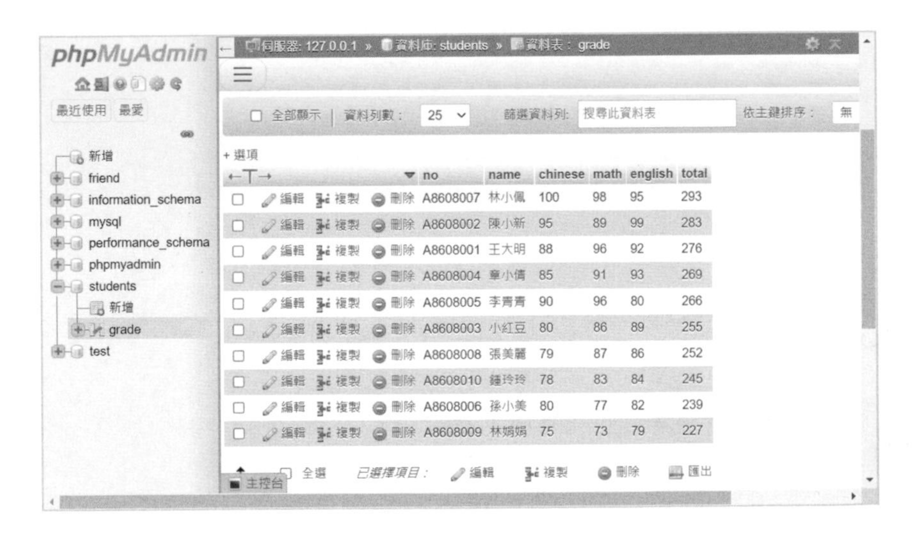

no	name	chinese	math	english	total
A8608007	林小佩	100	98	95	293
A8608002	陳小新	95	89	99	283
A8608001	王大明	88	96	92	276
A8608004	章小倩	85	91	93	269
A8608005	李青青	90	96	80	266
A8608003	小紅豆	80	86	89	255
A8608008	張美麗	79	87	86	252
A8608010	鍾玲玲	78	83	84	245
A8608006	孫小美	80	77	82	239
A8608009	林娟娟	75	73	79	227

【提示】

這個 SQL 查詢有下列兩種，ORDER BY 子句可以使用欄位別名：

```
SELECT no, name, chinese, math, english, chinese+math+english AS total
  FROM grade ORDER BY chinese+math+english DESC
```

```
SELECT no, name, chinese, math, english, chinese+math+english AS total
  FROM grade ORDER BY total DESC
```

從 grade 資料表篩選 name 和 math 兩個欄位，然後將 chinese 和 english 兩個欄位相加後的分數產生為新的 language 欄位，再將 language 欄位在 165 分以上者依照 math 分數由高到低遞減排序。

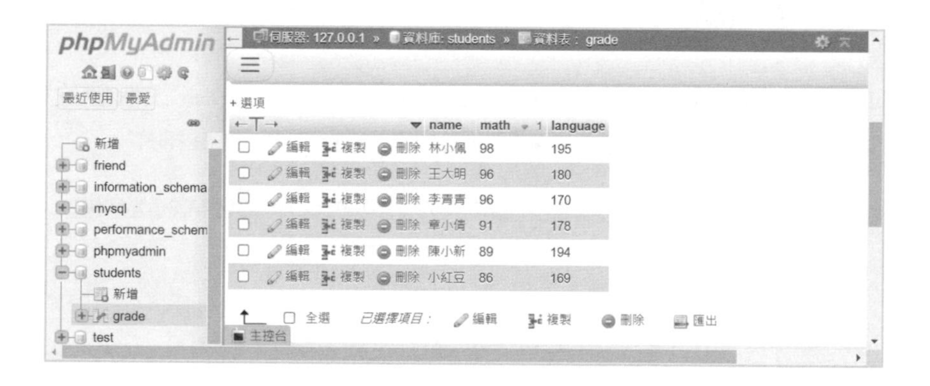

【提示】

這個 SQL 查詢如下：

```
SELECT name, math, chinese+english AS language
  FROM grade WHERE chinese+english > 165 ORDER BY math DESC
```

SELECT ... LIMIT (設定最多傳回筆數)

有時符合篩選條件的記錄可能有很多筆，但我們並不需要看到所有記錄，只是想看看前幾筆。舉例來說，假設我們希望 grade 資料表的記錄依照國文分數由高到低遞減排序，但只要看看前 5 筆記錄，可以加上 LIMIT 來限制最多傳回筆數：

```
SELECT * FROM grade ORDER BY chinese DESC LIMIT 5
```

LIMIT 還支援另一種寫法，例如：

```
SELECT * FROM grade ORDER BY chinese DESC LIMIT 3, 5
```

這表示依照國文分數由高到低遞減排序，傳回的記錄從第 4 筆開始，共傳回 5 筆，所以是得到第 4 ~ 8 筆記錄。

隨堂練習

從 grade 資料表篩選所有欄位，然後將 chinese、math 和 english 三個欄位相加後的分數產生為新的 total 欄位，再依照 total 欄位由高到低顯示前 3 名。

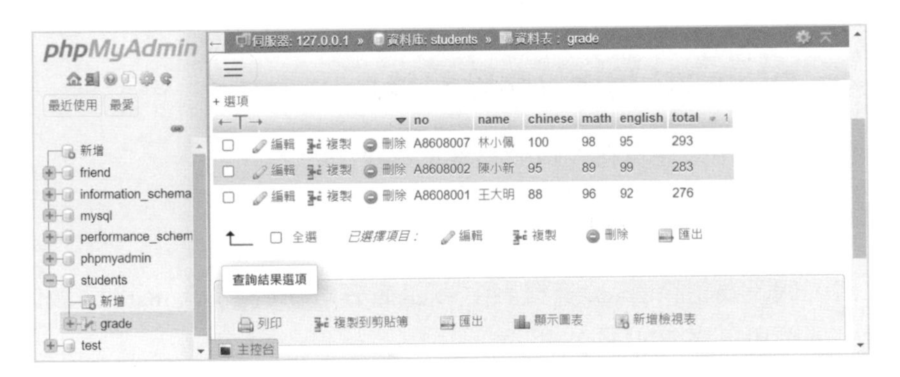

【提示】這個 SQL 查詢如下：

```
SELECT no, name, chinese, math, english, chinese+math+english AS total
  FROM grade ORDER BY total DESC LIMIT 3
```

11-3-2 INSERT 指令 (新增記錄)

INSERT 指令可以用來在資料表新增記錄，其語法如下：

```
INSERT INTO 資料表名稱 (欄位1, 欄位2, 欄位3...) VALUES (資料1, 資料2, 資料3...)
```

舉例來說，假設要在 grade 資料表加入一筆新記錄，欄位內容為 'A8608011'、'小丸子'、88、95、92，可以寫成如下：

```
INSERT INTO grade (no, name, chinese, math, english) VALUES ('A8608011', '小丸子', 88, 95, 92)
```

11-3-3 UPDATE 指令 (更新記錄)

UPDATE 指令可以用來在資料表更新記錄，其語法如下：

```
UPDATE 資料表名稱 SET 欄位1=資料1, 欄位2=資料2... WHERE 條件
```

舉例來說，假設要將 grade 資料表中學號為 'A8608011' 之記錄的 name 欄位更新為 '張小毛'、english 欄位更新為 100，可以寫成如下：

```
UPDATE grade SET name = '張小毛', english = 100 WHERE no = 'A8608011'
```

11-3-4 DELETE 指令 (刪除記錄)

Delete 指令可以用來在資料表刪除記錄，其語法如下：

```
DELETE FROM 資料表名稱 WHERE 條件
```

舉例來說，假設要刪除 grade 資料表中 english 分數低於 85 且 math 分數低於 85 的記錄，那麼可以寫成如下：

```
DELETE FROM grade WHERE english < 85 AND math < 85
```

存取資料庫

12-1 PHP 與資料庫

從 PHP 5.5 開始，過去用來存取 MariaDB/MySQL 資料庫的 mysql_connect()、mysql_close() 等數十個函式都被標示為過時（deprecated），而在 PHP 7 推出時，這些函式則被直接移除，建議勿再使用，避免程式出錯。

資料庫存取有物件導向和函式兩種語法，前者可以充分展示 PHP 的物件導向功能，而後者則是容易學習，因此，本書範例程式將使用函式語法。不過，在說明函式語法之前，我們先簡單介紹物件導向語法，好讓您有個基本概念，有興趣要進一步學習的讀者可以參考 PHP 文件（https://www.php.net/manual/en/book.mysqli.php）。

下面是一個例子，它會開啟 product 資料庫，從 price 資料表讀取 category 為「主機板」的資料並顯示在網頁上。

\ch12\mysqli_oo.php (下頁續 1/2)

```
<!DOCTYPE html>
<html>
  <head>
    <meta charset="utf-8">
  </head>
  <body>
    <?php
      $mysqli = new mysqli("localhost", "root", "dbpwd1022", "product");
      if ($mysqli->connect_errno)
        die("無法建立資料連接: " . $mysqli->connect_error);

      $mysqli->query("SET NAMES utf8");
      $result = $mysqli->query("SELECT * FROM price WHERE category = '主機板'");

      echo "<table border='1' align='center'><tr align='center'>";
      // 顯示欄位名稱
      while ($field = $result->fetch_field())
        echo "<td>" . $field->name . "</td>";
      echo "</tr>";
```

\ch12\mysqli_oo.php (接上頁 2/2)

```
        while ($row = $result->fetch_row())
        {
          echo "<tr>";
          for ($i = 0; $i < $result->field_count; $i++)
            echo "<td>" . $row[$i] . "</td>";
          echo "</tr>";
        }
        echo "</table>";

        $result->free();
        $mysqli->close();
      ?>
    </body>
  </html>
```

提醒您，在執行這個程式之前，請記得匯入 product 資料庫 (\database\product.sql)，執行結果如下。

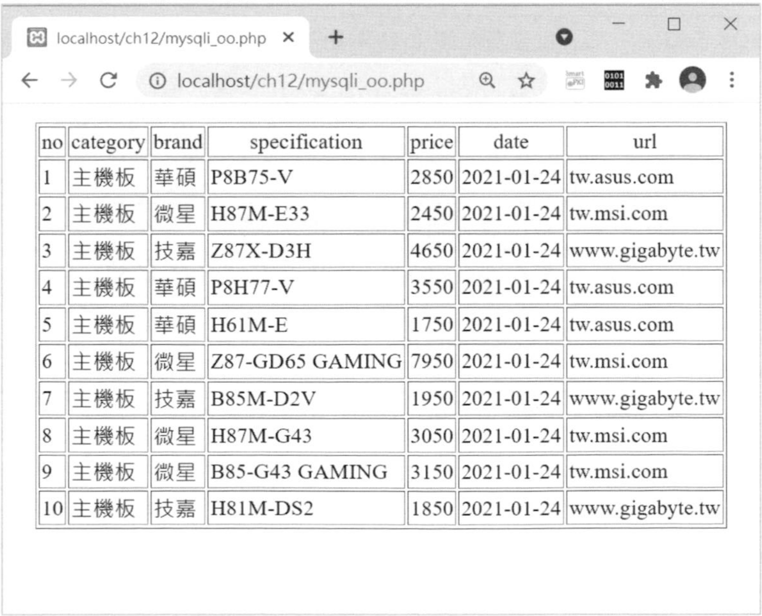

localhost/ch12/mysqli_oo.php
localhost/ch12/mysqli_oo.php

no	category	brand	specification	price	date	url
1	主機板	華碩	P8B75-V	2850	2021-01-24	tw.asus.com
2	主機板	微星	H87M-E33	2450	2021-01-24	tw.msi.com
3	主機板	技嘉	Z87X-D3H	4650	2021-01-24	www.gigabyte.tw
4	主機板	華碩	P8H77-V	3550	2021-01-24	tw.asus.com
5	主機板	華碩	H61M-E	1750	2021-01-24	tw.asus.com
6	主機板	微星	Z87-GD65 GAMING	7950	2021-01-24	tw.msi.com
7	主機板	技嘉	B85M-D2V	1950	2021-01-24	www.gigabyte.tw
8	主機板	微星	H87M-G43	3050	2021-01-24	tw.msi.com
9	主機板	微星	B85-G43 GAMING	3150	2021-01-24	tw.msi.com
10	主機板	技嘉	H81M-DS2	1850	2021-01-24	www.gigabyte.tw

PHP 提供數十個函式讓使用者存取 MariaDB/MySQL 資料庫，我們會在相關章節中介紹下列函式。

函式	說明	頁數
mysqli_affected_rows()	取得最近一次執行 INSERT、UPDATE 或 DELETE 指令時，被影響的記錄筆數。	12-18
mysqli_close()	關閉資料連接。	12-7
mysqli_connect()	建立資料連接。	12-5
mysqli_data_seek()	移動記錄指標。	12-31
mysqli_connect_errno()	傳回最近一次呼叫 mysqli_connect() 函式所產生的錯誤代碼。	12-12
mysqli_connect_error()	傳回最近一次呼叫 mysqli_connect() 函式所產生的錯誤訊息。	12-12
mysqli_errno()	傳回最近一次存取資料庫所產生的錯誤代碼。	12-12
mysqli_error()	傳回最近一次存取資料庫所產生的錯誤訊息。	12-12
mysqli_fetch_array()	將查詢結果存入結合陣列或數值陣列。	12-27
mysqli_fetch_assoc()	將查詢結果存入結合陣列 (associative array)。	12-30
mysqli_fetch_field()	從查詢結果中取得欄位資訊，傳回值為 object 型別。	12-24
mysqli_fetch_object()	從查詢結果中取得記錄資訊，傳回值為 object 型別。	12-30
mysqli_fetch_row()	從查詢結果中取得記錄資訊，傳回值為陣列型別。	12-25
mysqli_field_seek()	移動欄位指標。	12-24
mysqli_free_result()	釋放查詢結果所佔用的記憶體。	12-26
mysqli_get_client_info()	取得 MariaDB/MySQL 用戶端函式庫的版本資訊。	12-8
mysqli_get_host_info()	取得 MariaDB/MySQL 主機的相關資訊。	12-9
mysqli_get_proto_info()	取得 MariaDB/MySQL 資料庫協定的版本資訊。	12-10
mysqli_get_server_info()	取得 MariaDB/MySQL 資料庫的版本資訊。	12-11
mysqli_num_fields()	取得執行 SELECT 指令時，結果所包含的欄位數目。	12-18
mysqli_num_rows()	取得執行 SELECT 指令時，結果所包含的記錄筆數。	12-18
mysqli_query()	執行 SQL 查詢。	12-15
mysqli_select_db()	開啟資料庫。	12-13

12-2 建立與關閉資料連接

12-2-1 建立資料連接

在使用 PHP 存取 MariaDB/MySQL 資料庫之前，必須先建立「資料連接」，也就是使用指定的帳號與密碼登入 MariaDB/MySQL 資料庫伺服器。

我們可以使用 mysqli_connect() 函式建立資料連接，其語法如下，若建立資料連接成功，就會傳回連接識別字 (link identifier)，否則傳回 FALSE：

```
mysqli_connect([string host [, string username [, string password [,string dbname]]]])
```

- *host*：MariaDB/MySQL 資料庫伺服器的電腦名稱、DNS 名稱或 IP 位址，例如 localhost，參數可以包含 port 資訊，例如 localhost:1000，若省略此參數，則預設值為 localhost:3306。
- *username*：登入 MariaDB/MySQL 資料庫伺服器的帳號。
- *password*：登入 MariaDB/MySQL 資料庫伺服器的密碼。
- *dbname*：預設的資料庫名稱。

下面是一個例子，它會試著建立資料連接，其中第 09 行是呼叫 mysqli_connect() 函式建立資料連接，此處的主機名稱、登入帳號與密碼請根據您的實際情況做設定，若建立資料連接失敗，就會執行 or 後面的 die("無法建立資料連接")，終止程式並顯示「無法建立資料連接」，否則會執行第 10 行，顯示「成功建立資料連接」。

\ch12\mysqli_connect.php (下頁續 1/2)

```
01:<!DOCTYPE html>
02:<html>
03:  <head>
04:    <meta charset="utf-8">
05:    <title>建立資料連接</title>
06:  </head>
```

\ch12\mysqli_connect.php (接上頁 2/2)

```
07: <body>
08:    <?php
09:       $link = mysqli_connect("localhost", "root", "dbpwd1022") or die("無法建立資料連接");
10:       echo "成功建立資料連接";
11:    ?>
12: </body>
13:</html>
```

為了方便起見，本書的 PHP 程式在建立資料連接時，均是以 root 帳號登入資料庫伺服器，不過，從安全性角度來看，這樣的做法並不妥當，因為 root 帳號的權限太大，通常只有在管理資料庫伺服器時，才會使用 root 帳號登入，避免密碼外洩。若要新增帳號，可以登入 phpMyAdmin，然後在右窗格中點取 [使用者帳號]、[新增使用者帳號]，再依照畫面的提示操作即可。

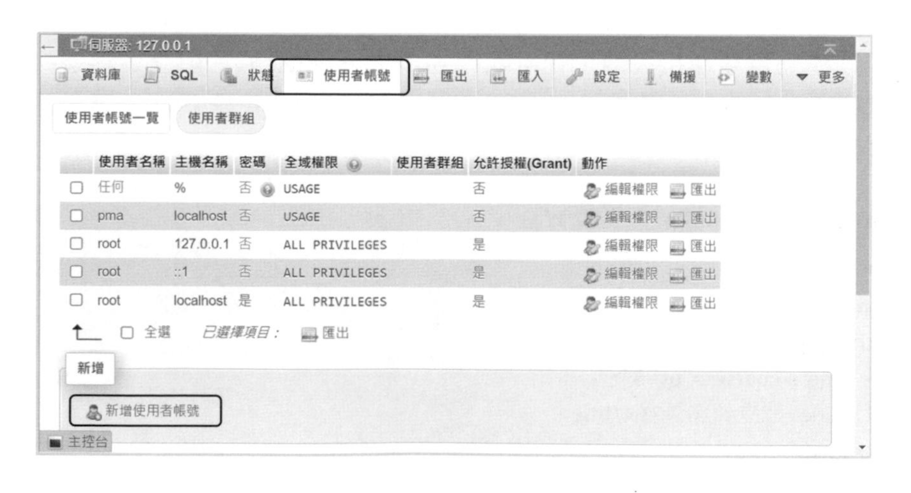

12-2-2 關閉資料連接

雖然使用 mysqli_connect() 函式所建立的資料連接在所有程式碼執行完畢後會自動關閉，但我們建議您在不需要存取資料庫時，就使用 mysqli_close() 函式關閉資料連接，無須等到所有程式碼執行完畢，其語法如下：

```
mysqli_close(resource link_identifier)
```

下面是一個例子，它和 \ch12\mysqli_connect.php 的差別在於第 11 行是以手動的方式關閉資料連接。

\ch12\mysqli_close.php

```
01:<!DOCTYPE html>
02:<html>
03:   <head>
04:      <meta charset="utf-8">
05:      <title>關閉資料連接</title>
06:   </head>
07:   <body>
08:      <?php
09:         $link = mysqli_connect("localhost", "root", "dbpwd1022") or die("無法建立資料連接");
10:         echo "成功建立資料連接";
11:         mysqli_close($link);
12:      ?>
13:   </body>
14:</html>
```

12-3 存取資料庫伺服器

12-3-1 取得用戶端函式庫的版本資訊

我們可以使用 mysqli_get_client_info() 函式取得用戶端函式庫的版本資訊，其語法如下，它沒有參數，直接使用即可，傳回值為 string 型別：

```
mysqli_get_client_info()
```

下面是一個例子，它會顯示用戶端函式庫的版本資訊。

\ch12\mysqli_get_client_info.php

```
<!DOCTYPE html>
<html>
  <head>
    <meta charset="utf-8">
    <title>取得用戶端函式庫的版本資訊</title>
  </head>
  <body>
    <?php
      echo "用戶端函式庫的版本： " . mysqli_get_client_info();
    ?>
  </body>
</html>
```

12-3-2　取得主機的相關資訊

我們可以使用 mysqli_get_host_info() 函式取得 MariaDB/MySQL 主機的相關資訊，其語法如下，*link_identifier* 為連接識別字：

```
mysqli_get_host_info(resource link_identifier)
```

下面是一個例子，它會顯示 MariaDB/MySQL 主機的相關資訊，其中連接識別字 $link 是經由 TCP/IP 通訊協定連接至 localhost 這部資料庫伺服器。

\ch12\mysqli_get_host_info.php

```
<!DOCTYPE html>
<html>
  <head>
    <meta charset="utf-8">
    <title>取得主機的資訊</title>
  </head>
  <body>
    <?php
      $link = mysqli_connect("localhost", "root", "dbpwd1022");
      echo '$link 連線主機為：' . mysqli_get_host_info($link);
      mysqli_close($link);
    ?>
  </body>
</html>
```

12-3-3 取得資料庫協定的版本資訊

我們可以使用 mysqli_get_proto_info() 函式取得 MariaDB/MySQL 資料庫協定的版本資訊，其語法如下，*link_identifier* 為連接識別字：

```
mysqli_get_proto_info(resource link_identifier)
```

下面是一個例子，它會顯示 MariaDB/MySQL 資料庫協定的版本資訊。

\ch12\mysqli_get_proto_info.php

```
<!DOCTYPE html>
<html>
  <head>
    <meta charset="utf-8">
    <title>取得資料庫協定的版本資訊</title>
  </head>
  <body>
    <?php
      $link = mysqli_connect("localhost", "root", "dbpwd1022");
      echo '$link 資源變數的協定版本為： ' . mysqli_get_proto_info($link);
      mysqli_close($link);
    ?>
  </body>
</html>
```

12-3-4 取得資料庫伺服器的版本資訊

我們可以使用 mysqli_get_server_info() 函式取得 MariaDb/MySQL 資料庫伺服器的版本資訊，其語法如下，*link_identifier* 為連接識別字：

```
mysqli_get_server_info(resource link_identifier)
```

下面是一個例子，它會顯示 MariaDB/MySQL 資料庫伺服器的版本資訊。

\ch12\mysqli_get_server_info.php

```
<!DOCTYPE html>
<html>
  <head>
    <meta charset="utf-8">
    <title>取得資料庫的版本資訊</title>
  </head>
  <body>
    <?php
      $link = mysqli_connect("localhost", "root", "dbpwd1022");
      echo '$link 連線主機的資料庫版本為： ' . mysqli_get_server_info($link);
      mysqli_close($link);
    ?>
  </body>
</html>
```

12-3-5 取得存取資料庫伺服器的錯誤訊息

我們可以透過下列函式取得在存取資料庫時所產生的錯誤代碼與錯誤訊息：

- mysqli_connect_errno()：傳回最近一次呼叫 mysqli_connect() 函式所產生的錯誤代碼。
- mysqli_connect_error()：傳回最近一次呼叫 mysqli_connect() 函式所產生的錯誤訊息。
- mysqli_errno(resource *link_identifier*)：傳回最近一次存取 MySQL 資料庫所產生的錯誤代碼。
- mysqli_error(resource *link_identifier*)：傳回最近一次存取 MySQL 資料庫所產生的錯誤訊息。

下面是一個例子，它改寫自 \ch12\mysqli_connect.php。

\ch12\mysqli_error.php

```
<!DOCTYPE html>
<html>
  <head>
    <meta charset="utf-8">
    <title>顯示錯誤代碼及訊息</title>
  </head>
  <body>
    <?php
      $link = @mysqli_connect("localhost", "root", "mypassword1")
        or die("無法建立資料連接: " . mysqli_connect_errno() . " " . mysqli_connect_error());
      echo "成功建立資料連接";
      mysqli_close($link);
    ?>
  </body>
</html>
```

12-4 執行 SQL 查詢

在執行 SQL 查詢之前，除了要與 MariaDB/MySQL 資料庫伺服器建立資料連接，還要開啟指定的資料庫，才能對該資料庫執行 SQL 查詢。

12-4-1 使用 mysqli_select_db() 函式開啟資料庫

我們可以使用 mysqli_select_db() 函式開啟資料庫，其語法如下，若開啟資料庫成功，就傳回 TRUE，否則傳回 FALSE：

```
mysqli_select_db(resource link_identifier, string database_name)
```

- *link_identifier*：連接識別字。
- *database_name*：欲開啟的資料庫名稱。

下面是一個例子，它會呼叫 mysqli_select_db() 函式開啟 students 資料庫。

\ch12\mysqli_select_db.php

```
<!DOCTYPE html>
<html>
  <head>
    <meta charset="utf-8">
    <title>開啟資料庫</title>
  </head>
  <body>
    <?php
      $link = mysqli_connect("localhost", "root", "dbpwd1022")
        or die("無法建立資料連接: " . mysqli_connect_error());
      mysqli_select_db($link, "students")
        or die ("無法開啟 students 資料庫: " . mysqli_error($link));
      mysqli_close($link);
    ?>
  </body>
</html>
```

還記得 **mysqli_connect()** 函式的語法嗎？其語法如下，其中 ***dbname*** 參數可以用來指定預設的資料庫名稱：

```
mysqli_connect([string host [, string username [, string password [,string dbname]]]])
```

因此，**\ch12\mysqli_select_db.php** 也可以寫成如下，在使用 **mysqli_connect()** 函式建立資料連接時，直接使用第 **4** 個參數來指定要使用哪個資料庫。

```
<!DOCTYPE html>
<html>
  <head>
    <meta charset="utf-8">
    <title>開啟資料庫</title>
  </head>
  <body>
    <?php
      $link = mysqli_connect("localhost", "root", "dbpwd1022", "students")
        or die("無法建立資料連接: " . mysqli_connect_error());
      mysqli_close($link);
    ?>
  </body>
</html>
```

12-4-2 使用 mysqli_query() 函式執行 SQL 查詢

開啟資料庫後，我們可以使用 mysqli_query() 函式執行 SQL 查詢，其語法如下：

```
mysqli_query(resource link_identifier, string query)
```

- *link_identifier*：連接識別字。
- *query*：欲執行的 SQL 查詢。

mysqli_query() 函式的執行結果有下列兩種：

- 失敗：一律傳回 FALSE。
- 成功：傳回 TRUE，當 mysqli_query() 函式執行 SELECT、SHOW、EXPLAIN 或 DESCRIBE 指令時，會傳回資源識別字（mysqli_result 物件），指向查詢結果，您可以將它想像成位於記憶體內的資料庫。

下面是一個例子，它會使用 mysqli_query() 函式執行 SELECT 指令。

\ch12\mysqli_query.php (下頁續 1/2)

```
01:<!DOCTYPE html>
02:<html>
03:  <head>
04:    <meta charset="utf-8">
05:    <title>執行 SELECT 指令</title>
06:  </head>
07:  <body>
08:    <?php
09:      $link = mysqli_connect("localhost", "root", "dbpwd1022")
          or die("無法建立資料連接: " . mysqli_connect_error());
10:
11:      mysqli_select_db($link, "product")
          or die ("無法開啟 prodcut 資料庫: " . mysqli_error($link));
12:
```

\ch12\mysqli_query.php (接上頁 2/2)

```
13:         $sql = "SELECT * FROM price WHERE category = '主機板'";
14:         $result = mysqli_query($link, $sql);
15:
16:         mysqli_close($link);
17:     ?>
18:   </body>
19:</html>
```

- 09：呼叫 mysqli_connect() 函式建立資料連接，此處的主機名稱、登入帳號與密碼請根據您的實際情況做設定，當建立資料連接失敗時，會顯示「無法建立資料連接」，並呼叫 mysqli_connect_error() 函式顯示錯誤訊息，然後終止程式。

- 11：開啟 product 資料庫，當開啟 product 資料庫失敗時，會執行顯示「無法開啟 product 資料庫」，並呼叫 mysqli_error() 函式顯示錯誤訊息，然後終止程式。

- 13：設定欲執行的 SQL 查詢。

- 14：呼叫 mysqli_query() 函式執行 SQL 查詢，傳回值為資源識別字，指向查詢結果。

請注意，建議您在第 11 行的前面呼叫 mysqli_query() 函式執行「SET NAMES utf8」指令，設定查詢所要使用的字元集名稱，因為我們通常會將資料庫的編碼方式設定為 UTF-8，才能支援多國字元，故須將查詢所要使用的字元集名稱設定為 utf8，否則一旦查詢結果包含非 ASCII 字元，將會出現亂碼。

```
mysqli_query($link, "SET NAMES utf8");
```

由於每次存取資料庫都必須建立資料連接及開啟資料庫，因此，我們撰寫下列函式，在需要建立資料連接或執行 SQL 查詢時，就可以直接呼叫使用，減少重複撰寫程式碼。

\ch12\dbtools.inc.php

```
01:<?php
02:   function create_connection()
03:   {
04:      $link = mysqli_connect("localhost", "root", "dbpwd1022")
           or die("無法建立資料連接: " . mysqli_connect_error());
05:      mysqli_query($link, "SET NAMES utf8");
06:      return $link;
07:   }
08:
09:   function execute_sql($link, $database, $sql)
10:   {
11:      mysqli_select_db($link, $database)
           or die("開啟資料庫失敗: " . mysqli_error($link));
12:      $result = mysqli_query($link, $sql);
13:      return $result;
14:   }
15:?>
```

- 02 ~ 07：定義 create_connection() 函式，用來建立資料連接，第 05 行可以解決資料庫中文亂碼問題。

- 09 ~ 14：定義 execute_sql() 函式，用來執行指定的 SQL 查詢，此函式包含 3 個參數，*link* 用來指定欲使用的資料連接，*database* 用來指定資料庫名稱，*sql* 用來指定欲執行的 SQL 查詢。舉例來說，假設您要對 prodcut 資料庫的 price 資料表執行「SELECT * FROM price WHERE category = '主機板'」查詢，可以寫成如下：

```
execute_sql($link, "prodcut", " SELECT * FROM price WHERE category = '主機板'");
```

12-4-3 取得執行 SQL 查詢被影響的記錄筆數或欄位數目

PHP 提供下列三個函式，讓我們能夠得知在執行 SQL 查詢後，有多少筆記錄或多少個欄位受到影響：

- mysqli_num_rows()：適用於執行 SELECT 指令，可以傳回選取的記錄筆數，其語法如下，參數 *result* 為資源識別字（resource identifier）：

```
mysqli_num_rows(resource result)
```

- mysqli_num_fields()：適用於執行 SELECT 指令，可以傳回選取的欄位數目，其語法如下，參數 *result* 為資源識別字：

```
mysqli_num_fields(resource result)
```

- mysqli_affected_rows()：適用於執行 INSERT、UPDATE、REPLACE、DELETE 等指令，可以傳回有多少筆記錄受到該指令的影響，其語法如下，參數 *link_identifier* 為連接識別字（link identifier）：

```
mysqli_affected_rows(resource link_identifier)
```

若在執行 DELETE 指令時沒有指定 WHERE 子句，將導致資料表的所有記錄被刪除，此時，mysqli_affected_rows() 函式會傳回 0，而不是實際刪除的記錄筆數。

若最近一次執行 SQL 查詢的結果為失敗，那麼 mysqli_affected_rows() 函式會傳回 -1。

此外，在執行 UPDATE 指令時，mysqli_affected_rows() 函式傳回的是實際更新的記錄筆數，而不是符合 WHERE 子句的記錄筆數，因為當指定的新值與舊值相同時，並不會有更新的動作，傳回值將為 0。

下面是一個例子，它會執行 SELECT 指令，然後在網頁上顯示選取的記錄筆數及欄位數目。

\ch12\mysqli_num_rows.php

```
01:<!DOCTYPE html>
02:<html>
03:   <head>
04:     <meta charset="utf-8">
05:   </head>
06:   <body>
07:     <?php
08:       require_once("dbtools.inc.php");
09:       $link = create_connection();
10:       $sql = "SELECT * FROM price WHERE category = '主機板'";
11:       $result = execute_sql($link, "product", $sql);
12:       echo "category = 「主機板」的記錄有" . mysqli_num_rows($result) . "筆";
13:       echo "，包含 " . mysqli_num_fields($result) . "個欄位。";
14:       mysqli_close($link);
15:     ?>
16:   </body>
17:</html>
```

- 08：呼叫 require_once() 函式將 dbtools.inc.php 引用進來，這樣就能呼叫自行定義的 create_connection() 與 execute_sql() 兩個函式。

- 09：呼叫自行定義的 create_connection() 函式建立資料連接。

- 10 ~ 11：呼叫自行定義的 execute_sql() 函式對 prodcut 資料庫執行「SELECT * FROM price WHERE category = '主機板'」查詢。

12-5 取得欄位資訊

12-5-1 使用 mysqli_fetch_field_direct() 函式取得欄位資訊

在使用 mysqli_query() 函式執行 SELECT 指令後，該函式會傳回資源識別字，此時可以使用 mysqli_fetch_field_direct() 函式取得欄位資訊，其語法如下：

```
mysqli_fetch_field_direct(resource result, int field_offset)
```

- *result*：資源識別字。
- *field_offset*：欄位的序號，0 表示第一個欄位，1 表示第二個欄位，2 表示第三個欄位，依此類推。

mysqli_fetch_field_direct() 函式的傳回值為 object 型別，常用的屬性如下。

屬性	說明
name	欄位名稱。
orgname	欄位的原始名稱。
table	欄位所屬的資料表名稱。
orgtable	欄位所屬的原始資料表名稱。
db	欄位所屬的資料庫名稱。
max_length	欄位內容實際存放的最大長度，不是資料庫內設定的資料長度。
length	欄位在資料庫內設定的資料長度。
type	欄位型態，3 代表 Integer、10 代表 DATE、253 代表 VARCHAR。

舉例來說，假設要取得第 2 個欄位資訊，可以寫成如下：

```
$meta = mysqli_fetch_field_direct($result, 1);
```

假設要取得第 2 個欄位資訊並顯示其欄位名稱及資料型態，可以寫成如下：

```
$meta = mysqli_fetch_field_direct($result, 1);
echo "欄位名稱：$meta->name";
echo "資料型態：$meta->type";
```

下面是一個例子，它會顯示資料表內所有欄位的欄位名稱、資料型態及最大長度。

\ch12\mysqli_fetch_field_direct.php

```
01:<!DOCTYPE html>
02:<html>
03:  <head>
04:    <meta charset="utf-8">
05:    <title>顯示欄位資訊</title>
06:  </head>
07:  <body>
08:    <?php
09:      require_once("dbtools.inc.php");
10:
11:      $link = create_connection();
12:      $sql = "SELECT * FROM price WHERE category = '主機板'";
13:      $result = execute_sql($link, "product", $sql);
14:
15:      echo "<table width='400' border='1'><tr align='center'>";
16:      echo "<td>欄位名稱</td><td>資料型態</td><td>最大長度</td></tr>";
17:      $i = 0;
18:      while ($i < mysqli_num_fields($result))
19:      {
20:        $meta = mysqli_fetch_field_direct($result, $i);
21:        echo "<tr>";
22:        echo "<td>$meta->name</td>";
23:        echo "<td>$meta->type</td>";
24:        echo "<td>$meta->max_length</td>";
25:        echo "</tr>";
26:        $i++;
27:      }
28:      echo "</table>";
29:
30:      mysqli_close($link);
31:    ?>
32:  </body>
33:</html>
```

顯示欄位資訊

localhost/ch12/mys...

欄位名稱	資料型態	最大長度
no	3	2
category	253	9
brand	253	6
specification	253	15
price	3	4
date	10	10
url	253	15

- 09：呼叫 require_once() 函式將 dbtools.inc.php 引用進來，這樣就能呼叫自行定義的 create_connection() 與 execute_sql() 兩個函式。
- 11：呼叫自行定義的 create_connection() 函式建立資料連接。
- 12 ~ 13：叫定自行定義的 execute_sql() 函式對 prodcut 資料庫執行「SELECT * FROM price WHERE category = '主機板'」查詢。
- 17 ~ 27：顯示資料表內所有欄位的欄位名稱、資料型態及最大長度，其中資料型態的傳回值為數值，不同數字代表不同資料型態，例如 3 代表 Integer、10 代表 DATE、253 代表 VARCHAR，詳細資訊可以參考 PHP 文件（https://www.php.net/manual/en/mysqli-result.fetch-field-direct.php）。
- 30：關閉資料連接。

12-5-2 使用 mysqli_fetch_field() 函式取得欄位資訊

我們也可以使用 mysqli_fetch_field() 函式取得欄位資訊，其語法如下，此函式會傳回與 mysqli_fetch_field_direct() 函式相同的物件：

```
mysqli_fetch_field(resource result)
```

下面是一個例子，它會顯示資料表內所有欄位的欄位名稱、資料型態及最大長度，執行結果與第 12-5-1 節的例子一樣。

\ch12\mysqli_fetch_field.php

```
<!DOCTYPE html>
<html>
  <head>
    <meta charset="utf-8">
    <title>顯示欄位資訊</title>
  </head>
  <body>
    <?php
      require_once("dbtools.inc.php");

      $link = create_connection();
      $sql = "SELECT * FROM price WHERE category = '主機板'";
      $result = execute_sql($link, "product", $sql);

      echo "<table width='400' border='1'><tr align='center'>";
      echo "<td>欄位名稱</td><td>資料型態</td><td>最大長度</td></tr>";
      while ($meta = mysqli_fetch_field($result))
      {
        echo "<tr>";
        echo "<td>$meta->name</td>";
        echo "<td>$meta->type</td>";
        echo "<td>$meta->max_length</td>";
        echo "</tr>";
      }
      echo "</table>" ;

      mysqli_close($link);
    ?>
  </body>
</html>
```

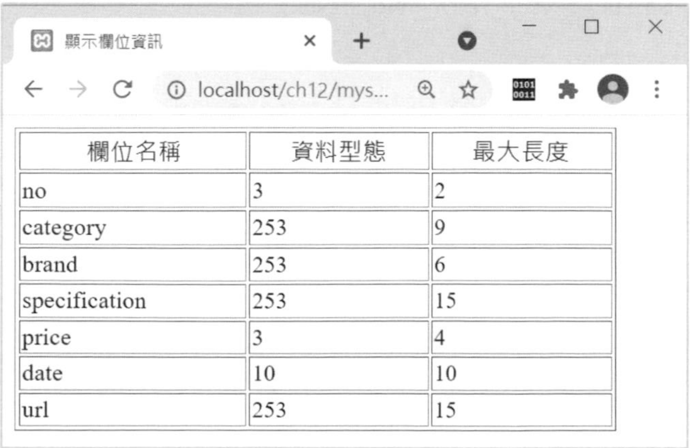

顯示欄位資訊

localhost/ch12/mys...

欄位名稱	資料型態	最大長度
no	3	2
category	253	9
brand	253	6
specification	253	15
price	3	4
date	10	10
url	253	15

12-5-3 使用 mysqli_field_seek() 函式移動欄位指標

請您回想一下 mysqli_fetch_field() 函式的語法：

```
mysqli_fetch_field(resource result)
```

此函式可以用來取得目前欄位的資訊，那麼 mysqli_fetch_field() 函式如何知道目前位於哪個欄位？！喔，是這樣的，事實上是有一個欄位指標記錄著目前位於哪個欄位。

mysqli_field_seek() 函式可以讓我們移動欄位指標，其語法如下，若移動欄位指標成功，就傳回 TRUE，否則傳回 FALSE：

```
mysqli_field_seek(resource result, int field_offset)
```

- *result*：資源識別字。
- *field_offset*：欄位的序號，0 表示第一個欄位，1 表示第二個欄位，2 表示第三個欄位，依此類推。

舉例來說，在下面的程式碼執行完畢後，變數 $meta 是存放了第幾個欄位的資訊呢？答案是第 5 個欄位，因為第一個敘述已經先將欄位指標移到第 5 個欄位了：

```
$seek_result = mysqli_field_seek($result, 4);
$meta = mysqli_fetch_field($result);
```

12-6 取得記錄內容

在取得欄位資訊後，接下來要設法取得記錄內容，請您仔細研讀本節。

12-6-1 使用 mysqli_fetch_row() 函式取得記錄內容

SELECT 指令執行完畢後所傳回來的資源識別字其實就是選取的結果，裡面可能包含多筆記錄，其中有一個記錄指標，用來標示目前的記錄是在第幾筆，記錄指標的預設值為 0，表示在第一筆記錄。

mysqli_fetch_row() 函式可以用來讀取一筆記錄，然後將記錄指標移到下一筆，若讀不到記錄，就傳回 FALSE，其語法如下：

```
mysqli_fetch_row(resource result)
```

舉例來說，下面的程式碼表示要讀取五筆記錄，然後將讀取的記錄分別存放在陣列 row1、row2、row3、row4、row5，由於記錄指標的預設值為 0，因此，陣列 row1 存放的是第 1 筆記錄，陣列 row2 存放的是第 2 筆記錄，陣列 row3 存放的是第 3 筆記錄，陣列 row4 存放的是第 4 筆記錄，陣列 row5 存放的是第 5 筆記錄：

```
$row1 = mysqli_fetch_row($result);
$row2 = mysqli_fetch_row($result);
$row3 = mysqli_fetch_row($result);
$row4 = mysqli_fetch_row($result);
$row5 = mysqli_fetch_row($result);
```

在存放記錄的陣列中（例如 row1、rows2、row3、rows4、row5），鍵代表的是欄位序號，換句話說，若要顯示第 2 筆記錄的第 3 個欄位，可以寫成如下：

```
echo $row2[2];
```

同理，若要顯示第 3 筆記錄的第 1 個欄位，可以寫成如下：

```
echo $row3[0];
```

查詢結果所包含的記錄會佔用伺服器的記憶體，直到所有程式碼執行完畢才會被釋放，建議您在適當的時候呼叫 mysqli_free_result() 函式釋放記憶體，不要等到所有程式碼執行完畢，此函式的語法如下，參數 *result* 為資源識別字：

```
mysqli_free_result(resource result)
```

下面是一個例子，它會使用巢狀迴圈顯示選取的記錄內容。

\ch12\mysqli_fetch_row.php

```
<!DOCTYPE html>
<html>
  <head>
    <meta charset="utf-8">
  </head>
  <body>
    <?php
      require_once("dbtools.inc.php");
      $link = create_connection();
      $sql = "SELECT * FROM price WHERE category = '主機板'";
      $result = execute_sql($link, "product", $sql);
      echo "<table border='1' align='center'><tr align='center'>";
      for ($i = 0; $i < mysqli_num_fields($result); $i++)        // 顯示欄位名稱
        echo "<td>" . mysqli_fetch_field_direct($result, $i)->name. "</td>";
      echo "</tr>";
      while ($row = mysqli_fetch_row($result))
      {
        echo "<tr>";
        for($i = 0; $i < mysqli_num_fields($result); $i++)
          echo "<td>$row[$i]</td>";
        echo "</tr>";
      }
      echo "</table>" ;
      mysqli_free_result($result);
      mysqli_close($link);
    ?>
  </body>
</html>
```

no	category	brand	specification	price	date	url
1	主機板	華碩	P8B75-V	2850	2021-01-24	tw.asus.com
2	主機板	微星	H87M-E33	2450	2021-01-24	tw.msi.com
3	主機板	技嘉	Z87X-D3H	4650	2021-01-24	www.gigabyte.tw
4	主機板	華碩	P8H77-V	3550	2021-01-24	tw.asus.com
5	主機板	華碩	H61M-E	1750	2021-01-24	tw.asus.com
6	主機板	微星	Z87-GD65 GAMING	7950	2021-01-24	tw.msi.com
7	主機板	技嘉	B85M-D2V	1950	2021-01-24	www.gigabyte.tw
8	主機板	微星	H87M-G43	3050	2021-01-24	tw.msi.com
9	主機板	微星	B85-G43 GAMING	3150	2021-01-24	tw.msi.com
10	主機板	技嘉	H81M-DS2	1850	2021-01-24	www.gigabyte.tw

12-6-2 使用 mysqli_fetch_array() 函式取得記錄內容

mysqli_fetch_array() 函式可以用來讀取記錄並存放在陣列，然後將記錄指標移到下一筆，若讀不到記錄，就傳回 FALSE，不同之處在於取得欄位內容時，mysqli_fetch_row() 函式是以欄位序號取得欄位內容，而 mysqli_fetch_array() 函式則可以使用欄位序號或欄位名稱取得欄位內容。

mysqli_fetch_array() 函式的語法如下：

```
mysqli_fetch_array(resource result [, int result_type])
```

- *result*：資源識別字。
- *result_type*：指定取得欄位內容的方式，參數值有 MYSQLI_NUM、MYSQLI_ASSOC、MYSQLI_BOTH。mysqli_fetch_array() 和 mysqli_fetch_row() 兩個函式的差別就在於這個參數，若將參數設定為 MYSQLI_NUM，表示只能使用欄位序號取得欄位內容，和 mysqli_fetch_row() 函式一樣；若將參數設定為 MYSQLI_ASSOC，表示只能使用欄位名稱取得欄位內容；若將參數設定為 MYSQLI_BOTH，表示可以使用欄位序號或欄位名稱取得欄位內容。

下面的程式碼改寫自前一節的 \ch12\mysqli_fetch_row.php，但這次換用 mysqli_fetch_array() 函式，而且第二個參數設定為 MYSQLI_NUM，表示只能使用欄位序號取得欄位內容，您會發現寫法和使用 mysqli_fetch_row() 函式一樣。

\ch12\mysqli_fetch_array_01.php

```
<!DOCTYPE html>
<html>
  <head>
    <meta charset="utf-8">
  </head>
  <body>
    <?php
      require_once("dbtools.inc.php");
      $link = create_connection();
      $sql = "SELECT * FROM price WHERE category = '主機板'";
      $result = execute_sql($link, "product", $sql);

      echo "<table border='1' align='center'><tr align='center'>";
      for ($i = 0; $i < mysqli_num_fields($result); $i++)          // 顯示欄位名稱
        echo "<td>" . mysqli_fetch_field_direct($result, $i)->name. "</td>";
      echo "</tr>";
      while ($row = mysqli_fetch_array($result, MYSQLI_NUM))
      {
        echo "<tr>";
        for($i = 0; $i < mysqli_num_fields($result); $i++)
          echo "<td>$row[$i]</td>";
        echo "</tr>";
      }
      echo "</table>" ;

      mysqli_free_result($result);
      mysqli_close($link);
    ?>
  </body>
</html>
```

下面的程式碼也是改寫自前一節的 \ch12\mysqli_fetch_row.php，但這次換用 mysqli_fetch_array() 函式，而且第二個參數設定為 MYSQLI_ASSOC，表示只能使用欄位名稱取得欄位內容，我們將不同的地方加網底讓您做比較。

\ch12\mysqli_fetch_array_02.php

```
<!DOCTYPE html>
<html>
  <head>
    <meta charset="utf-8">
  </head>
  <body>
    <?php
      require_once("dbtools.inc.php");
      $link = create_connection();
      $sql = "SELECT * FROM price WHERE category = '主機板'";
      $result = execute_sql($link, "product", $sql);
      echo "<table border='1' align='center'><tr align='center'>";
      for ($i = 0; $i < mysqli_num_fields($result); $i++)          // 顯示欄位名稱
        echo "<td>" . mysqli_fetch_field_direct($result, $i)->name. "</td>";
      echo "</tr>";
      while ($row = mysqli_fetch_array($result, MYSQLI_ASSOC))
      {
        echo "<tr>";
        echo "<td>" . $row["no"] . "</td>";
        echo "<td>" . $row["category"] . "</td>";
        echo "<td>" . $row["brand"] . "</td>";
        echo "<td>" . $row["specification"] . "</td>";
        echo "<td>" . $row["price"] . "</td>";
        echo "<td>" . $row["date"] . "</td>";
        echo "<td>" . $row["url"] . "</td>";
        echo "</tr>";
      }
      echo "</table>" ;
      mysqli_free_result($result);
      mysqli_close($link);
    ?>
  </body>
</html>
```

12-6-3 使用 mysqli_fetch_assoc() 函式取得記錄內容

mysqli_fetch_assoc() 函式可以用來讀取記錄內容並存放在陣列，然後將記錄指標移到下一筆，其語法如下，參數 *result* 為資源識別字：

```
mysqli_fetch_assoc(resource result)
```

mysqli_fetch_assoc() 函式的功能就相當於 mysqli_fetch_array() 函式搭配 MYSQLI_ASSOC 參數值，所以在讀取欄位內容時，只能使用欄位名稱。

12-6-4 使用 mysqli_fetch_object() 函式取得記錄內容

mysqli_fetch_object() 函式可以用來讀取記錄內容，然後將記錄指標移到下一筆，若讀不到記錄，就傳回 FALSE，其語法如下，參數 *result* 為資源識別字：

```
mysqli_fetch_object(resource result)
```

由於 mysqli_fetch_object() 函式的傳回值為 object 型別，記錄的每個欄位都會變成該物件的屬性，所以在讀取欄位內容時，只能使用欄位名稱。

若要改寫前一節的 \ch12\mysqli_fetch_array_02.php，只要改寫 while 迴圈即可，如下：

```
while ($row = mysqli_fetch_object($result))
{
   echo "<tr>";
   echo "<td>$row->no</td>";
   echo "<td>$row->category</td>";
   echo "<td>$row->brand</td>";
   echo "<td>$row->specification</td>";
   echo "<td>$row->price</td>";
   echo "<td>$row->date</td>";
   echo "<td>$row->url</td>";
   echo "</tr>";
}
```

12-6-5 使用 mysqli_data_seek() 函式移動記錄指標

還記得我們說過，資源識別字裡面有一個記錄指標，用來標示目前的記錄在第幾筆，而 mysqli_fetch_row()、mysqli_fetch_array()、mysqli_fetch_assoc()、mysqli_fetch_object() 等函式均是用來讀取目前的記錄，然後將記錄指標移至下一筆，可是問題來了，若只要讀取第 10 筆記錄，難不成要執行 10 次這些函式嗎？

當然不是！PHP 提供 mysqli_data_seek() 函式可以讓我們移動記錄指標，其語法如下，若移動記錄指標成功，就傳回 TRUE，否則傳回 FALSE：

```
mysqli_data_seek(resource result, int row_number)
```

- *result*：資源識別字。
- *row_number*：這是記錄的序號，0 表示第一筆記錄，1 表示第二筆記錄，依此類推。

舉例來說，在下面的程式碼執行完畢後，變數 $row 是存放了第幾筆記錄的內容呢？答案是第 10 筆記錄，因為第一個敘述已經先將記錄指標移到第 10 筆記錄了：

```
$seek_result = mysqli_data_seek($result, 9);
$row = mysqli_fetch_row($result);
```

12-7 分頁瀏覽

「分頁瀏覽」是網頁資料庫經常使用的功能，當選取的記錄太多時，我們通常不會一次全部顯示，而是以分頁的方式來顯示，才不會造成瀏覽單一網頁的速度過慢。

下圖是我們在本節中所要製作的分頁網頁，每頁顯示 5 筆記錄，網頁最下方有一個導覽列，可以讓您快速瀏覽其它頁次的記錄，預設會顯示第一頁。

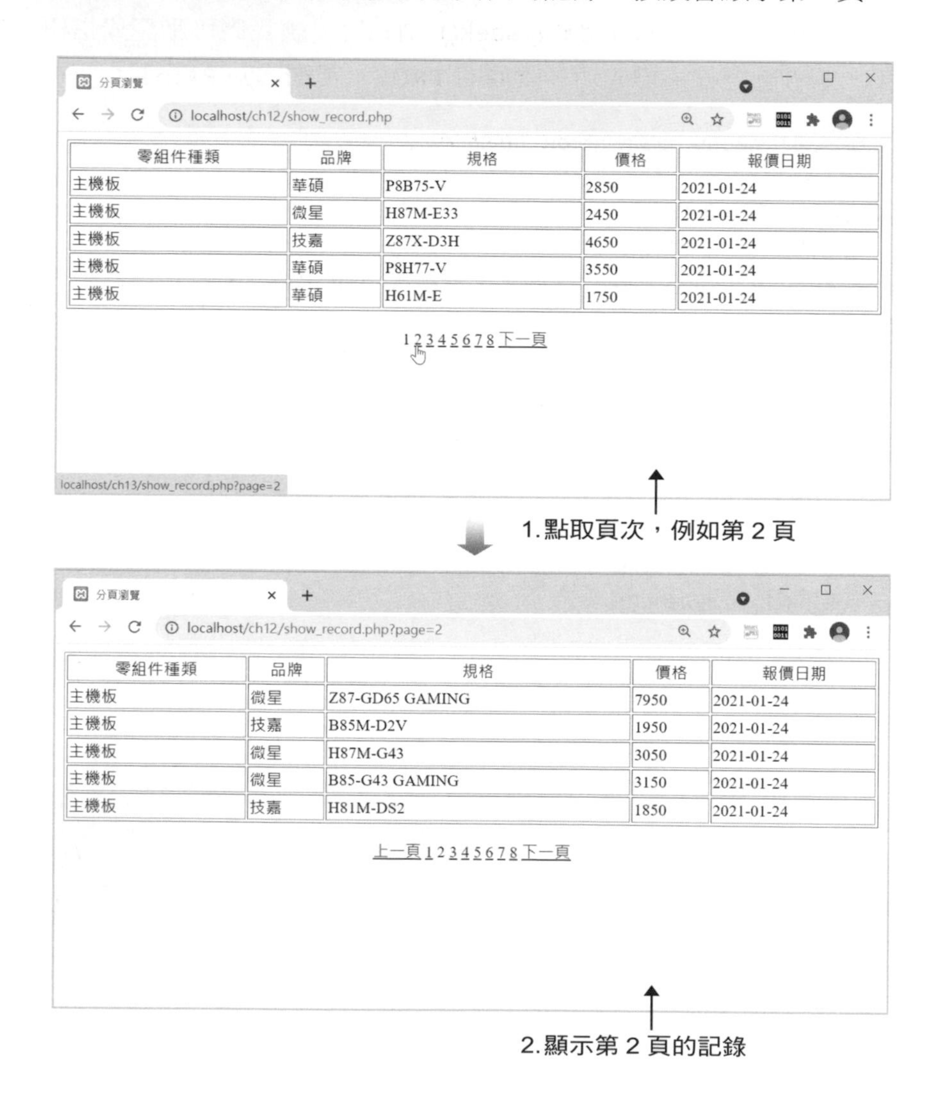

零組件種類	品牌	規格	價格	報價日期
主機板	華碩	P8B75-V	2850	2021-01-24
主機板	微星	H87M-E33	2450	2021-01-24
主機板	技嘉	Z87X-D3H	4650	2021-01-24
主機板	華碩	P8H77-V	3550	2021-01-24
主機板	華碩	H61M-E	1750	2021-01-24

零組件種類	品牌	規格	價格	報價日期
主機板	微星	Z87-GD65 GAMING	7950	2021-01-24
主機板	技嘉	B85M-D2V	1950	2021-01-24
主機板	微星	H87M-G43	3050	2021-01-24
主機板	微星	B85-G43 GAMING	3150	2021-01-24
主機板	技嘉	H81M-DS2	1850	2021-01-24

\ch12\show_record.php (下頁續 1/3)

```
01:<!DOCTYPE html>
02:<html>
03:  <head>
04:    <meta charset="utf-8">
05:    <title>分頁瀏覽</title>
06:  </head>
07:  <body>
08:    <?php
09:      require_once("dbtools.inc.php");
10:
11:      // 設定每頁顯示幾筆記錄
12:      $records_per_page = 5;
13:
14:      // 取得要顯示第幾頁的記錄
15:      if (isset($_GET["page"]))
16:        $page = $_GET["page"];
17:      else
18:        $page = 1;
19:
20:      // 建立資料連接
21:      $link = create_connection();
22:
23:      // 執行 SQL 查詢
24:      $sql = "SELECT category AS '零組件種類', brand AS '品牌', specification AS
           '規格', price AS '價格', date AS '報價日期' FROM Price";
25:      $result = execute_sql($link, "product", $sql);
26:
27:      // 取得欄位數目
28:      $total_fields = mysqli_num_fields($result);
29:
30:      // 取得記錄筆數
31:      $total_records = mysqli_num_rows($result);
32:
33:      // 計算總頁數
34:      $total_pages = ceil($total_records / $records_per_page);
35:
```

\ch12\show_record.php (下頁續 2/3)

```
36:     // 計算本頁第一筆記錄的序號
37:     $started_record = $records_per_page * ($page - 1);
38:
39:     // 將記錄指標移至本頁第一筆記錄的序號
40:     mysqli_data_seek($result, $started_record);
41:
42:     // 顯示欄位名稱
43:     echo "<table border='1' align='center' width='800'>";
44:     echo "<tr align='center'>";
45:     for ($i = 0; $i < $total_fields; $i++)
46:       echo "<td>" . mysqli_fetch_field_direct($result, $i)->name . "</td>";
47:     echo "</tr>";
48:
49:     // 顯示記錄
50:     $j = 1;
51:     while ($row = mysqli_fetch_row($result) and $j <= $records_per_page)
52:     {
53:       echo "<tr>";
54:       for($i = 0; $i < $total_fields; $i++)
55:         echo "<td>$row[$i]</td>";
56:       $j++;
57:       echo "</tr>";
58:     }
59:     echo "</table>" ;
60:
61:     // 產生導覽列
62:     echo "<p align='center'>";
63:     if ($page > 1)
64:       echo "<a href='show_record.php?page=". ($page - 1) . "'>上一頁</a> ";
65:     for ($i = 1; $i <= $total_pages; $i++)
66:     {
67:       if ($i == $page)
68:         echo "$i ";
69:       else
70:         echo "<a href='show_record.php?page=$i'>$i</a> ";
71:     }
```

\ch12\show_record.php (接上頁 3/3)

```
72:         if ($page < $total_pages)
73:           echo "<a href='show_record.php?page=". ($page + 1) . "'>下一頁</a> ";
74:         echo "</p>";
75:         // 釋放記憶體
76:         mysqli_free_result($result);
77:         // 關閉資料連接
78:         mysqli_close($link);
79:       ?>
80:   </body>
81:</html>
```

- 12：設定每頁顯示幾筆記錄，此處是 5，您可以視實際情況做設定。

- 15 ~ 18：設定要顯示第幾頁的記錄，一開始會先取得網址參數 page，我們使用 isset() 函式判斷變數 $_GET["page"] 是否有取得數值，若有取得數值，表示瀏覽者有指定要觀看第 page 頁的記錄，就將變數 page 設定為取得的數值，否則將變數 page 設定為 1，讓網頁顯示第一頁的記錄。

- 24：設定 SQL 查詢，用來取得 category、brand、specification、price、date 五個欄位的所有記錄並指定其中文別名。

- 34：計算總頁數，此處使用 ceil() 函式，一旦總頁數出現小數點，就無條件進位。

- 37：計算在目前要顯示的頁次中，第一筆記錄是位於查詢結果的第幾筆。

- 50 ~ 58：顯示某一區間範圍內的記錄，第 51 行是當有讀取到記錄且 $j <= $records_per_page 時，才會執行 while 區塊內的程式碼來顯示記錄，其中 $j <= $records_per_page 用來控制每頁顯示的記錄筆數，此處是 5。

- 63 ~ 73：產生導覽列，讓瀏覽者快速換頁。第 63 ~ 64 行是當目前頁次大於第一頁時，就插入「上一頁」超連結；第 72 ~ 73 行是當目前頁次小於最後一頁時，就插入「下一頁」超連結；第 65 ~ 71 行是產生所有頁碼，目前頁次的頁碼為純文字，而非目前頁次的頁碼則為超連結。

留言板與討論群組

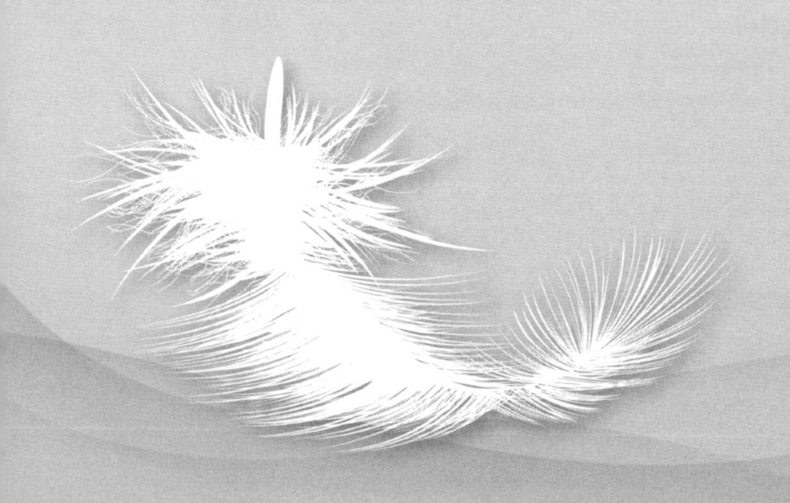

13-1 留言板

留言板是網頁上常見的功能，瀏覽者可以藉此張貼留言給站主或其它瀏覽者。下圖是我們即將要製作的留言板，採取分頁顯示，每頁顯示 5 筆記錄，您也可以視實際情況做調整。網頁中間會顯示頁次超連結，只要點取頁次超連結，就會顯示該頁次的記錄內容，而且愈晚輸入的留言顯示在愈前面。

若要輸入新留言，可以在網頁下方的表單中輸入新留言的作者、主題及內容，然後按 [張貼留言]，新留言會顯示在第一頁的第一筆記錄，若要再輸入其它新留言，只要將捲軸往下移動，在表單中做輸入即可。

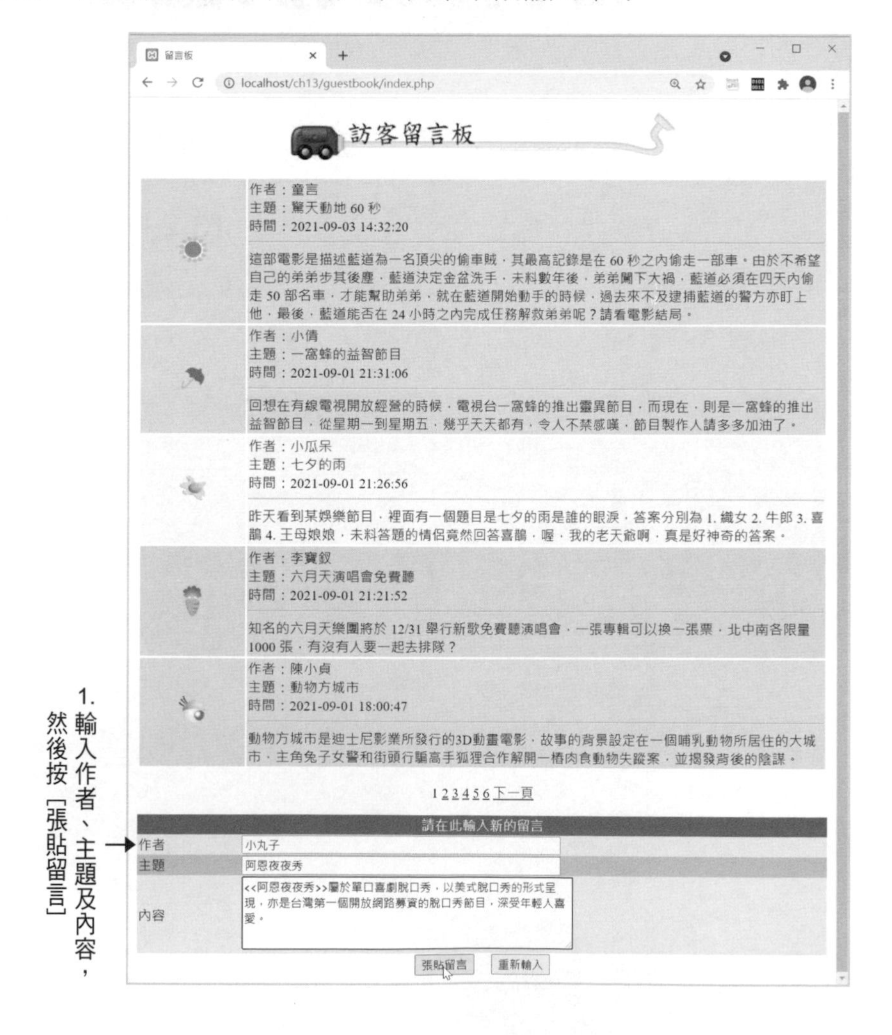

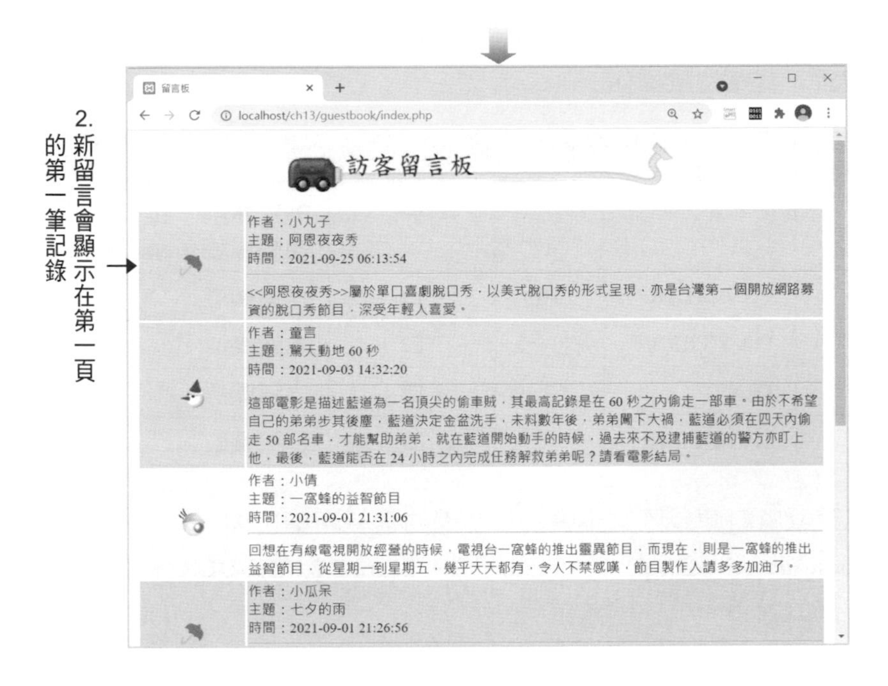

請注意，在點取頁次超連結後，網頁上方所顯示的該頁次將不設定為超連結，表示此為目前正在顯示的頁次，以和其它頁次超連結做區分。

13-1-1 組成網頁的檔案清單

這個留言板存放在本書範例程式的 \samples\ch13\guestbook\ 資料夾，總共用到下列檔案。

檔案名稱	說明
0.gif ~ 9.gif	這 10 個 GIF 圖檔用來做為留言板的插圖。
fig.jpg	這個 JPEG 圖檔是網頁的標題圖片。
index.php	這是留言板的首頁，除了負責從資料庫讀取留言、以分頁方式顯示留言，還提供表單讓瀏覽者輸入新留言。
post.php	這個程式負責讀取瀏覽者在 index.php 的表單中所輸入的作者、主題及內容，然後寫入資料庫，再重新導向到 index.php。
guestbook 資料庫	這個留言板使用了名稱為 guestbook 的資料庫，裡面包含一個 message 資料表，用來儲存留言。

這個留言板使用了名稱為 guestbook 的資料庫，裡面包含一個 message 資料表，用來儲存留言，其欄位結構如下。

欄位名稱	資料型態	長度	主索引鍵	說明
id	INT	-	☑	編號欄位 自動編號 (auto_increment)
author	VARCHAR	10	☐	作者欄位
subject	TINYTEXT	-	☐	主題欄位
content	TEXT	-	☐	內容欄位
date	DATETIME	-	☐	日期欄位

您可以自己建立資料庫或匯入本書為您準備的資料庫備份檔（位於本書範例程式的 \database\guestbook.sql），有關如何匯入 MariaDB/MySQL 資料庫，可以參考第 11-2-6 節的說明。

13-1-2 網頁的執行流程

留言板的首頁 index.php 負責從 guestbook 資料庫的 message 資料表讀取所有記錄，然後以分頁的方式顯示每筆記錄的作者（author）、主題（subject）、內容（content）及時間（date），預設的分頁大小為 5 筆記錄，您可以自行改變每頁顯示的記錄筆數，而且記錄的排列方式是由晚到早，也就是愈晚輸入的留言顯示在愈前面。

此外，瀏覽者可以在網頁下方的表單中輸入新留言的作者、主題及內容，至於時間則為當時的時間，由 date() 函式自動取得系統目前時間，無須手動輸入。待瀏覽者按 [張貼留言]，就執行 post.php 讀取表單資料並寫入 guestbook 資料庫的 message 資料表，然後將網頁重新導向到 index.php，此時，新留言會顯示在第一頁的第一筆記錄。

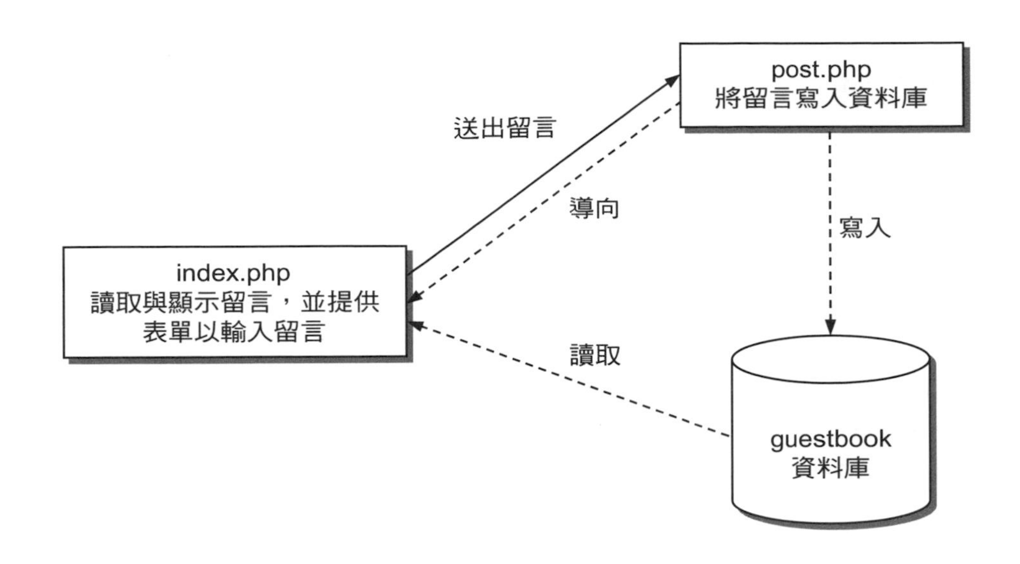

13-1-3 您必須具備的背景知識

- 首先，您必須熟悉 HTML 語法或其它網頁編輯軟體，因為我們將用到許多表格。
- 其次，您必須瞭解表單的製作方式及如何讀取表單資料，我們在第 9 章介紹過。
- 其三，您必須懂得分頁瀏覽資料庫的技巧，我們在第 12-7 節介紹過。
- 其四，基本的 JavaScript 語法，我們將使用它來驗證資料。
- 最後，您當然得熟悉 SQL 語法及如何存取 MariaDB/MySQL 資料庫，我們在第 11、12 章有介紹過。

13-1-4 完整程式碼列表

index.php

這是留言板的首頁，除了負責從資料庫讀取留言、以分頁方式顯示留言，還提供表單讓瀏覽者輸入新留言，完畢後按 [張貼留言]，就執行表單處理程式 post.php。

\ch13\guestbook\index.php (下頁續 1/4)

```
001:<!DOCTYPE html>
002:<html>
003:  <head>
004:    <meta charset="utf-8">
005:    <title>留言板</title>
006:    <script type="text/javascript">
007:      function check_data()
008:      {
009:        if (document.myForm.author.value.length == 0)
010:          alert("作者欄位不可以空白哦！");
011:        else if (document.myForm.subject.value.length == 0)
012:          alert("主題欄位不可以空白哦！");
013:        else if (document.myForm.content.value.length == 0)
014:          alert("內容欄位不可以空白哦！");
015:        else
016:          myForm.submit();
017:      }
018:    </script>
019:  </head>
020:  <body>
021:    <p align="center"><img src="fig.jpg"></p>
022:    <?php
023:      require_once("dbtools.inc.php");
024:
025:      // 設定每頁顯示幾筆記錄
026:      $records_per_page = 5;
027:
```

\ch13\guestbook\index.php (下頁續 2/4)

```
028:     // 取得要顯示第幾頁的記錄，若沒有指定，就設定為第 1 頁
029:     if (isset($_GET["page"]))
030:       $page = $_GET["page"];
031:     else
032:       $page = 1;
033:
034:     // 建立資料連接
035:     $link = create_connection();
036:
037:     // 執行 SQL 查詢
038:     $sql = "SELECT * FROM message ORDER BY date DESC";
039:     $result = execute_sql($link, "guestbook", $sql);
040:
041:     // 取得記錄筆數
042:     $total_records = mysqli_num_rows($result);
043:
044:     // 計算總頁數
045:     $total_pages = ceil($total_records / $records_per_page);
046:
047:     // 計算本頁第一筆記錄的序號
048:     $started_record = $records_per_page * ($page - 1);
049:
050:     // 將記錄指標移至本頁第一筆記錄的序號
051:     mysqli_data_seek($result, $started_record);
052:
053:     // 使用 $bg 陣列儲存表格背景色彩
054:     $bg[0] = "#D9D9FF";
055:     $bg[1] = "#FFCAEE";
056:     $bg[2] = "#FFFFCC";
057:     $bg[3] = "#B9EEB9";
058:     $bg[4] = "#B9E9FF";
059:
060:     echo "<table width='800' align='center' cellspacing='3'>";
061:
```

\ch13\guestbook\index.php (下頁續 3/4)

```
062:        // 顯示記錄
063:        $j = 1;
064:        while ($row = mysqli_fetch_assoc($result) and $j <= $records_per_page)
065:        {
066:          echo "<tr bgcolor='" . $bg[$j - 1] . "'>";
067:          echo "<td width='120' align='center'>
068:                <img src='" . mt_rand(0, 9) . ".gif'></td>";
069:          echo "<td>作者：" . $row["author"] . "<br>";
070:          echo "主題：" . $row["subject"] . "<br>";
071:          echo "時間：" . $row["date"] . "<hr>";
072:          echo $row["content"] . "</td></tr>";
073:          $j++;
074:        }
075:        echo "</table>" ;
076:
077:        // 產生導覽列
078:        echo "<p align='center'>";
079:        if ($page > 1)
080:          echo "<a href='index.php?page=". ($page - 1) . "'>上一頁</a> ";
081:
082:        for ($i = 1; $i <= $total_pages; $i++)
083:        {
084:          if ($i == $page)
085:            echo "$i ";
086:          else
087:            echo "<a href='index.php?page=$i'>$i</a> ";
088:        }
089:
090:        if ($page < $total_pages)
091:          echo "<a href='index.php?page=". ($page + 1) . "'>下一頁</a> ";
092:        echo "</p>";
093:
094:        // 釋放記憶體空間
095:        mysqli_free_result($result);
```

\ch13\guestbook\index.php (接上頁 4/4)

```
096:
097:        // 關閉資料連接
098:        mysqli_close($link);
099:      ?>
100:      <form name="myForm" method="post" action="post.php">
101:        <table border="0" width="800" align="center" cellspacing="0">
102:          <tr bgcolor="#0084CA" align="center">
103:            <td colspan="2">
104:              <font color="#FFFFFF">請在此輸入新的留言</font></td>
105:          </tr>
106:          <tr bgcolor="#D9F2FF">
107:            <td width="15%">作者</td>
108:            <td width="85%"><input name="author" type="text" size="50"></td>
109:          </tr>
110:          <tr bgcolor="#84D7FF">
111:            <td width="15%">主題</td>
112:            <td width="85%"><input name="subject" type="text" size="50"></td>
113:          </tr>
114:          <tr bgcolor="#D9F2FF">
115:            <td width="15%">內容</td>
116:            <td width="85%"><textarea name="content" cols="50" rows="5"></textarea></td>
117:          </tr>
118:          <tr>
119:            <td colspan="2" align="center">
120:              <input type="button" value="張貼留言" onClick="check_data()">
121:              <input type="reset" value="重新輸入">
122:            </td>
123:          </tr>
124:        </table>
125:      </form>
126:    </body>
127:</html>
```

這個網頁的原始碼長達四頁，看似複雜，其實很單純，所有概念在前面的章節中都已經講解過，不同之處在於第 007 ~ 017 行的 check_data() 函式，相關的講解如下：

- 007 ~ 017：用戶端 JavaScript，用來判斷瀏覽者是否有輸入留言。
- 009 ~ 010：判斷作者（author）欄位是否有輸入資料。
- 011 ~ 012：判斷主題（subject）欄位是否有輸入資料。
- 013 ~ 014：判斷內容（content）欄位是否有輸入資料。
- 016：當瀏覽者有輸入各個欄位資料時，就會執行此敘述，將資料傳送回伺服器。
- 026：設定每頁顯示幾筆記錄，此處是 5，您可以根據實際情況設定變數 $records_per_page 的值。
- 029 ~ 032：設定要顯示第幾頁的資料，首先會取得網址參數 page，我們使用 isset() 函式判斷變數 $_GET["page"] 是否有取得數值，若有的話，表示瀏覽者有指定要觀看第 page 頁的資料，就將變數 page 設定為取得的值；相反的，若沒有的話，表示瀏覽者沒有指定要顯示第幾頁資料，就將變數 page 設定為 1，讓網頁顯示第一頁的資料。
- 035：建立資料連接。
- 038 ~ 039：對 guestbook 資料庫執行 " SELECT * FROM message ORDER BY date DESC" 指令。
- 042：取得查詢結果所包含的記錄筆數。
- 045：計算總頁數，此處使用了 ceil() 函式，若總頁數出現小數點，就無條件進位。

- 048：計算目前要顯示的本頁第一筆記錄是位於查詢結果的第幾筆記錄。
- 051：使用 mysqli_data_seek() 函式將記錄指標移至本頁第一筆記錄。
- 054 ~ 058：使用陣列 $bg 儲存表格每一列的背景色彩，好讓每筆記錄的背景色彩均不相同，這純粹是為了美觀所設計，您也可以自行變換其它背景色彩。由於一頁只顯示 5 筆記錄，所以只需要 $bg[0]、$bg[1]、...、$bg[4]，分別代表第 1 ~ 5 列的背景色彩，若每頁顯示 10 筆記錄，則需要 $bg[0]、$bg[1]、...、$bg[9]，依此類推。
- 063 ~ 074：這個部分用來顯示記錄的內容，我們在之前的例子有使用過，相信您已經相當熟悉，要注意一點不同，我們並不是要顯示所有記錄，而是要顯示某一區間範圍的記錄，請看第 064 行，此行的意義是當有讀取到記錄且 $j <= $records_per_page 時，才會執行 while 迴圈內的程式碼來顯示記錄，其中 $j <= $records_per_page 用來控制每頁顯示的記錄筆數，此處的變數 $records_per_page 為 5。
- 079 ~ 091：這個部分用來產生導覽列，讓瀏覽者快速換頁。第 079、080 行是當目前頁次大於第一頁時，就插入「上一頁」超連結，讓瀏覽者瀏覽上一頁；第 090、091 行是當目前頁次小於最後一頁時，就插入「下一頁」超連結，讓瀏覽者瀏覽下一頁；第 082 ~ 088 行用來產生所有頁碼，目前頁次的頁碼為純文字，不需要有超連結的功能，而非目前頁次的頁碼則具有超連結的功能，讓瀏覽者跳至對應的頁次。
- 095：釋放查詢結果所佔用的記憶體。
- 098：關閉資料連接。
- 120：當瀏覽者按 [張貼留言] 時，並不會馬上送出資料，而是先執行 check_data() 函式檢查瀏覽者是否有輸入留言。

post.php

這個程式負責讀取瀏覽者在 index.php 的表單中所輸入的作者、主題及內容，然後寫入資料庫，再重新導向到 index.php。

\ch13\guestbook\post.php

```
<?php
  require_once("dbtools.inc.php");

  $author = $_POST["author"];
  $subject = $_POST["subject"];
  $content = $_POST["content"];
  $current_time = date("Y-m-d H:i:s");

  // 建立資料連接
  $link = create_connection();
  // 執行 SQL 查詢
  $sql = "INSERT INTO message(author, subject, content, date)
          VALUES('$author', '$subject', '$content', '$current_time')";
  $result = execute_sql($link, "guestbook", $sql);
  // 關閉資料連接
  mysqli_close($link);

  // 重新導向到 index.php
  header("location:index.php");
  exit();
?>
```

NOTE

- 新留言表單中用來輸入作者、主題及內容的欄位名稱分別為 author、subject 和 content，至於時間則取決於 date() 函式。
- 在 post.php 的最後，我們將網頁重新導向到 index.php，重新載入留言板，此時，新留言會顯示在第一頁的第一筆記錄。

13-2 討論群組

討論群組和留言板類似，不同的是討論群組允許瀏覽者針對特定主題另闢版面做討論。下圖是我們即將要製作的討論群組，這個程式改寫自前一節的留言板，所以介面類似，一樣是採取分頁顯示，每頁顯示 5 筆記錄，您也可以視實際情況做調整。網頁中間會顯示頁次超連結，只要點取頁次超連結，就會顯示該頁次的記錄內容，而且愈晚輸入的討論顯示在愈前面。

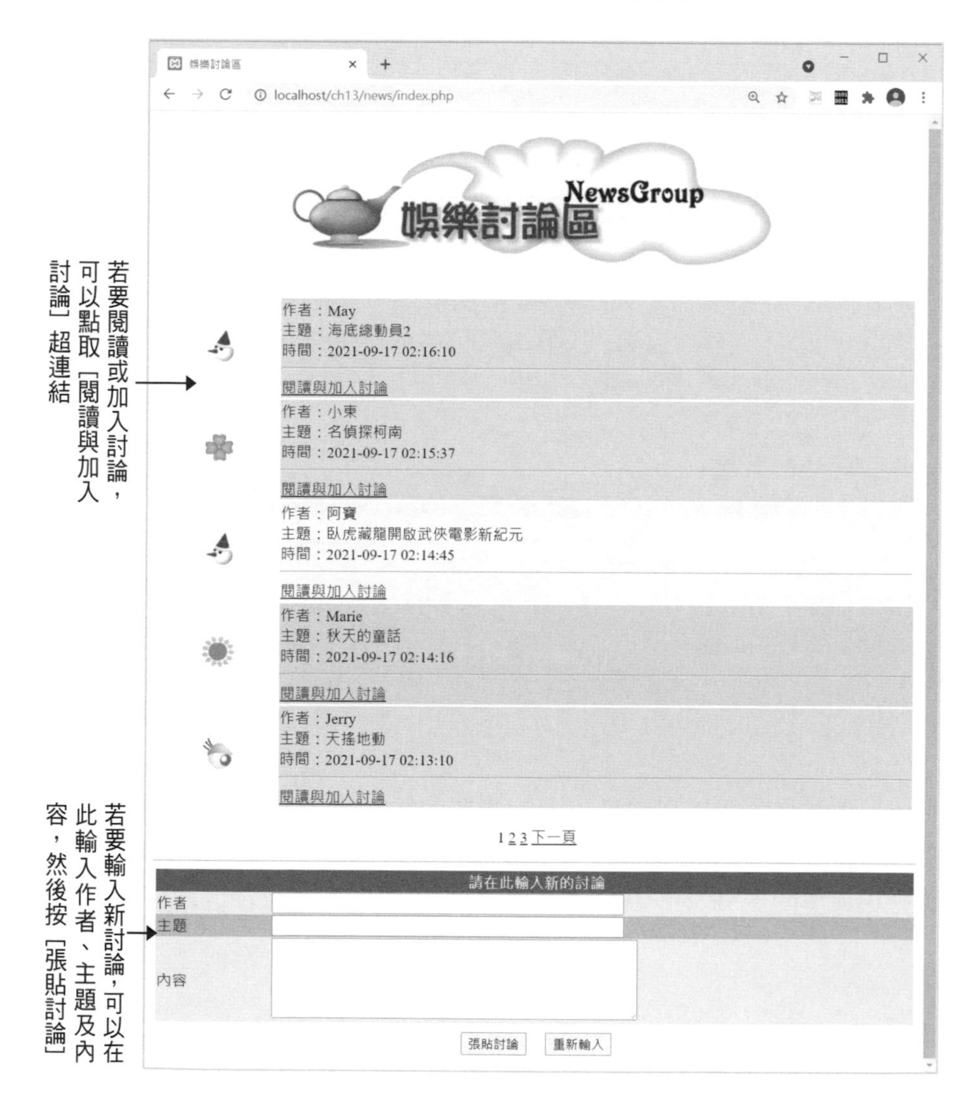

請注意，在點取頁次超連結後，網頁上方所顯示的該頁次將不設定為超連結，表示此為目前正在顯示的頁次，以和其它頁次超連結做區分。

若要輸入新討論，可以在網頁下方的表單中輸入新討論的作者、主題及內容，然後按 [張貼討論]，新討論會顯示在第一頁的第一筆記錄；若要閱讀留言或加入討論，可以點取 [閱讀與加入討論] 超連結，螢幕上會出現如下畫面，上面列出了原來的討論和之後回覆的討論。

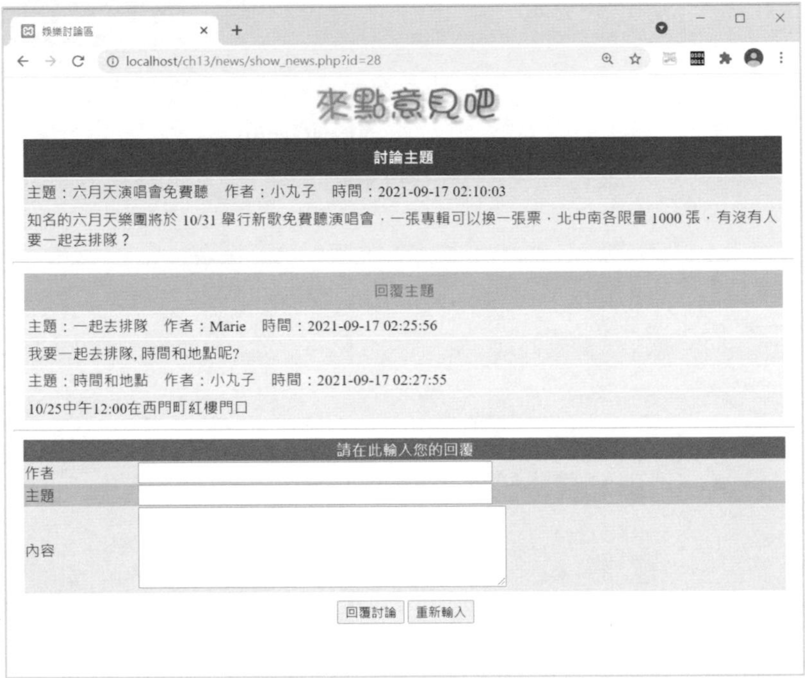

若要反映自己的意見，可以在網頁下方的表單中輸入作者、主題及內容，然後按 [回覆討論]，回覆的討論會被寫入 news 資料庫的 reply_message 資料表，此時，網頁會再度導向至 show_news.php，您就可以看到剛才回覆的討論。

13-2-1 組成網頁的檔案清單

這個討論群組存放在本書範例程式的 \samples\ch13\news\ 資料夾，總共用到下列檔案。

檔案名稱	說明
0.gif ~ 9.gif	這 10 個 GIF 圖檔用來做為討論區群組的插圖。
fig.jpg	這個 JPEG 圖檔是 index.php 網頁的標題圖片。
fig1.jpg	這個 JPEG 圖檔是 show_news.php 網頁的標題圖片。
index.php	這是討論群組的首頁，除了負責從資料庫讀取討論、以分頁方式顯示討論，還提供表單讓瀏覽者輸入新討論，完畢後按 [張貼討論]，就執行表單處理程式 post.php。
post.php	這個程式負責讀取瀏覽者在 index.php 的表單中所輸入的作者、主題及內容，然後寫入 news 資料庫的 message 資料表，再重新導向到 index.php。
show_news.php	在瀏覽者點取 [閱讀與加入討論] 超連結後，就執行這個程式從 message 資料表讀取原來討論的作者 (author)、主題 (subject)、內容 (content) 及時間 (date)，然後顯示出來；接著根據原來討論的編號 (id) 從 news 資料庫的 reply_message 資料表讀取看看有沒有之後回覆的討論，若有的話，就讀取其作者 (author)、主題 (subject)、內容 (content) 及時間 (date)，然後顯示出來；若要回覆討論，可以在網頁下方的表單中做輸入，完畢後按 [回覆討論]，就執行表單處理程式 post_reply.php。
post_reply.php	這個程式負責讀取瀏覽者在 show_news.php 的表單中所輸入的作者、主題及內容，然後寫入 reply_message 資料表，再重新導向到 show_news.php。
news 資料庫	這個討論區使用了名稱為 news 的資料庫，裡面包含 message 和 reply_message 兩個資料表，分別用來儲存原來的討論和之後回覆的討論。

註：在 show_news.php 中，我們並沒有以分頁的方式來顯示所有回覆的討論，而是一次顯示所有回覆的討論，若您擔心回覆的討論太多，影響網頁傳輸速度，可以使用 SQL 語法的 LIMIT 來限制最多傳回筆數，或另外撰寫 SQL 查詢定期清除討論，例如只保留一週內的討論，超過一週的討論便予以清除。

這個討論區使用了名稱為 news 的資料庫，裡面包含 message 和 reply_message 兩個資料表，message 資料表用來儲存原來的討論，其欄位結構如下。

欄位名稱	資料型態	長度	主索引鍵	說明
id	INT	-	☑	編號欄位 自動編號 (auto_increment)
author	VARCHAR	10	☐	作者欄位
subject	TINYTEXT	-	☐	主題欄位
content	MEDIUMTEXT	-	☐	內容欄位
date	DATETIME	-	☐	日期欄位

reply_message 資料表用來儲存之後回覆的討論，其欄位結構如下。

欄位名稱	資料型態	長度	主索引鍵	說明
id	INT	-	☑	編號欄位 自動編號 (auto_increment)
author	VARCHAR	10	☐	作者欄位
subject	TINYTEXT	-	☐	主題欄位
content	MEDIUMTEXT	-	☐	內容欄位
date	DATETIME	-	☐	日期欄位
reply_id	INT	-	☐	回覆編號欄位，用來儲存原討論主題的編號，以區分回覆內容屬於哪個討論。

您可以自己建立資料庫或匯入本書為您準備的資料庫備份檔（位於本書範例程式的 \database\news.sql），有關如何匯入 MariaDB/MySQL 資料庫，可以參考第 11-2-6 節的說明。

13-2-2 網頁的執行流程

討論群組的首頁 index.php 負責從 news 資料庫的 message 資料表讀取所有記錄，然後以分頁的方式顯示每筆記錄的作者 (author)、主題 (subject) 及時間 (date)，但不包含內容 (content)，預設的分頁大小為 5 筆記錄，而且記錄的排列方式是由晚到早，也就是愈晚的討論顯示在愈前面。

若要輸入新討論，可以在網頁下方的表單中輸入，待按 [張貼討論] 後，就執行表單處理程式 post.php，讀取表單資料並寫入 message 資料表，然後重新導向到 index.php，此時，新討論會顯示在第一頁的第一筆記錄。

若要閱讀或加入討論，可以點取 [閱讀與加入討論] 超連結，此時會執行 show_news.php，這個程式除了顯示原來討論的內容，也會根據原來討論的編號 (id) 從 reply_message 資料表搜尋是否有相關的討論，有的話就顯示在網頁上；若要加入討論，可以在網頁下方的表單中輸入，待按 [回覆討論] 後，就執行表單處理程式 post_reply.php，讀取表單資料並寫入 reply_message 資料表，然後重新導向到 show_news.php，您會立刻看到剛才回覆的討論內容。

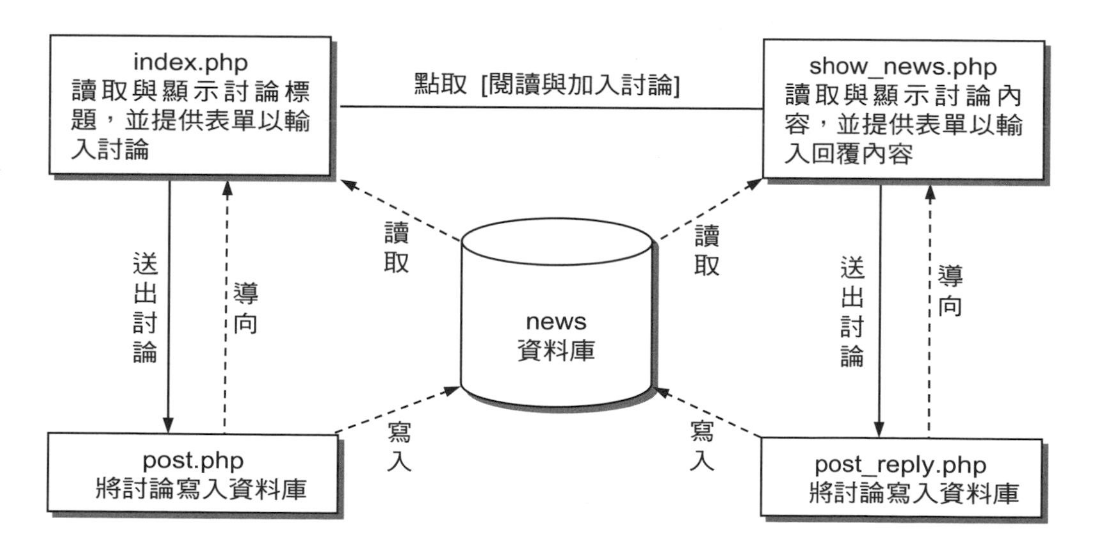

13-2-3 您必須具備的背景知識

- 首先，您必須熟悉 HTML 語法或其它網頁編輯軟體。
- 其次，您必須瞭解表單的製作方式及如何讀取表單資料，包括隱藏欄位。
- 其三，您必須懂得分頁瀏覽資料庫的技巧。
- 其四，基本的 JavaScript 語法，我們將使用它來驗證資料。
- 最後，您當然得熟悉 SQL 語法及如何存取 MariaDB/MySQL 資料庫。

13-2-4 完整程式碼列表

index.php

這個程式大致上和留言板的 **index.php** 差不多，主要差別在於用來顯示討論的作者、主題及時間的地方，即程式碼加網底的部分，只要將超連結設定得當，並正確地將討論的編號 (id) 當作參數一起傳送給 **show_news.php** 即可。**show_news.php** 會根據討論的編號 (id) 從 **message** 資料表讀取討論的內容，然後從 **reply_message** 資料表讀取該主題的回覆討論並顯示出來 (若有的話)。

\ch13\news\index.php (下頁續 1/4)

```
<!DOCTYPE html>
<html>
  <head>
    <meta charset="utf-8">
    <title>娛樂討論區</title>
    <script type="text/javascript">
      function check_data()
      {
        if (document.myForm.author.value.length == 0)
          alert("作者欄位不可以空白哦！");
        else if (document.myForm.subject.value.length == 0)
          alert("主題欄位不可以空白哦！");
```

\ch13\news\index.php (下頁續 2/4)

```
        else if (document.myForm.content.value.length == 0)
          alert("內容欄位不可以空白哦！");
        else
          myForm.submit();
      }
    </script>
  </head>
  <body>
    <p align="center"><img src="fig.jpg"></p>
    <?php
      require_once("dbtools.inc.php");

      // 設定每頁顯示幾筆記錄
      $records_per_page = 5;
      // 取得要顯示第幾頁的記錄，若沒有指定，就設定為第 1 頁
      if (isset($_GET["page"]))
        $page = $_GET["page"];
      else
        $page = 1;

      // 建立資料連接
      $link = create_connection();
      // 執行 SQL 查詢
      $sql = "SELECT id, author, subject, date FROM message ORDER BY date DESC";
      $result = execute_sql($link, "news", $sql);
      // 取得記錄筆數
      $total_records = mysqli_num_rows($result);
      // 計算總頁數
      $total_pages = ceil($total_records / $records_per_page);
      // 計算本頁第一筆記錄的序號
      $started_record = $records_per_page * ($page - 1);
      // 將記錄指標移至本頁第一筆記錄的序號
      mysqli_data_seek($result, $started_record);

      echo "<table width='800' align='center' cellspacing='3'>";
```

\ch13\news\index.php (下頁續 3/4)

```
// 使用 $bg 陣列儲存表格背景色彩
$bg[0] = "#D9D9FF";
$bg[1] = "#FFCAEE";
$bg[2] = "#FFFFCC";
$bg[3] = "#B9EEB9";
$bg[4] = "#B9E9FF";

// 顯示記錄
$j = 1;
while ($row = mysqli_fetch_assoc($result) and $j <= $records_per_page)
{
  echo "<tr>";
  echo "<td width='120' align='center'><img src='" . mt_rand(0, 9) . ".gif'></td>";
  echo "<td bgcolor='" . $bg[$j - 1] . "'>作者：" . $row["author"] . "<br>";
  echo "主題：" . $row["subject"] . "<br>";
  echo "時間：" . $row["date"] . "<hr>";
  echo "<a href='show_news.php?id=";
  echo $row["id"] . "'>閱讀與加入討論</a></td></tr>";
  $j++;
}
echo "</table>" ;

// 產生導覽列
echo "<p align='center'>";

if ($page > 1)
  echo "<a href='index.php?page=". ($page - 1) . "'>上一頁</a> ";

for ($i = 1; $i <= $total_pages; $i++)
{
  if ($i == $page)
    echo "$i ";
  else
    echo "<a href='index.php?page=$i'>$i</a> ";
}

if ($page < $total_pages)
  echo "<a href='index.php?page=". ($page + 1) . "'>下一頁</a> ";
```

\ch13\news\index.php (接上頁 4/4)

```
      echo "</p>";
      // 釋放記憶體空間
      mysqli_free_result($result);
      // 關閉資料連接
      mysqli_close($link);
    ?>

    <hr>
    <!- 顯示輸入新留言表單 -->
    <form name="myForm" method="post" action="post.php">
      <table border="0" width="800" align="center" cellspacing="0">
        <tr bgcolor="#0084CA" align="center">
          <td colspan="2"><font color="white">請在此輸入新的討論</font></td>
        </tr>
        <tr bgcolor="#D9F2FF">
          <td width="15%">作者</td>
          <td width="85%"><input name="author" type="text" size="50"></td>
        </tr>
        <tr bgcolor="#84D7FF">
          <td width="15%">主題</td>
          <td width="85%"><input name="subject" type="text" size="50"></td>
        </tr>
        <tr bgcolor="#D9F2FF">
          <td width="15%">內容</td>
          <td width="85%"><textarea name="content" cols="50" rows="5"></textarea></td>
        </tr>
        <tr>
          <td colspan="2" height="40" align="center">
            <input type="button" value="張貼討論" onClick="check_data()">
            <input type="reset" value="重新輸入">
          </td>
        </tr>
      </table>
    </form>
  </body>
</html>
```

post.php

這個程式負責讀取瀏覽者在 index.php 的表單中所輸入的新討論，然後寫入 news 資料庫的 message 資料表，再重新導向到 index.php，此時，新討論會顯示在第一頁的第一筆記錄。

\ch13\news\post.php

```
<?php
  require_once("dbtools.inc.php");

  $author = $_POST["author"];
  $subject = $_POST["subject"];
  $content = $_POST["content"];
  $current_time = date("Y-m-d H:i:s");

  // 建立資料連接
  $link = create_connection();

  // 執行 SQL 查詢
  $sql = "INSERT INTO message(author, subject, content, date)
          VALUES ('$author', '$subject', '$content', '$current_time')";
  $result = execute_sql($link, "news", $sql);

  // 關閉資料連接
  mysqli_close($link);

  // 重新導向到 index.php
  header("location:index.php");
  exit();
?>
```

show_news.php

這個程式是在瀏覽者點取 [閱讀與加入討論] 超連結後所執行，它會從 message 資料表讀取原來討論的作者 (author)、主題 (subject)、內容 (content) 及時間 (date)，然後顯示出來；接著根據原來討論的編號 (id) 從 reply_message 資料表搜尋看看有沒有之後回覆的討論，若有的話，就讀取其作者 (author)、主題 (subject)、內容 (content) 及時間 (date)，然後顯示出來；若要回覆討論，可以在網頁下方的表單中輸入，完畢後按 [回覆討論]，就執行表單處理程式 post_reply.php。

\ch13\news\show_news.php (下頁續 1/4)

```
<!DOCTYPE html>
<html>
  <head>
    <meta charset="utf-8">
    <title>娛樂討論區</title>
    <script type="text/javascript">
      function check_data()
      {
        if (document.myForm.author.value.length == 0)
          alert("作者欄位不可以空白哦！");
        else if (document.myForm.subject.value.length == 0)
          alert("主題欄位不可以空白哦！");
        else if (document.myForm.content.value.length == 0)
          alert("內容欄位不可以空白哦！");
        else
          myForm.submit();
      }
    </script>
  </head>
  <body>
    <center><img src="fig1.jpg"></center>
    <?php
      require_once("dbtools.inc.php");
```

\ch13\news\show_news.php (下頁續 2/4)

```
// 取得要顯示的記錄
$id = $_GET["id"];

// 建立資料連接
$link = create_connection();

// 執行 SQL 查詢
$sql = "SELECT * FROM message WHERE id = $id";
$result = execute_sql($link, "news", $sql);

echo "<table width='800' align='center' cellpadding='3'>";
echo "<tr height='40'><td colspan='2' align='center'
        bgcolor='#663333'><font color='white'>
        <b>討論主題</b></font></td></tr>";

// 顯示原討論主題的內容
while ($row = mysqli_fetch_assoc($result))
{
  echo "<tr>";
  echo "<td bgcolor='#CCFFCC'>主題：" . $row["subject"] . "    ";
  echo "作者：" . $row["author"] . "    ";
  echo "時間：" . $row["date"] . "</td></tr>";
  echo "<tr height='40'><td bgcolor='CCFFFF'>";
  echo $row["content"] . "</td></tr>";
}

echo "</table>";

// 釋放記憶體空間
mysqli_free_result($result);

// 執行 SQL 查詢
$sql = "SELECT * FROM reply_message WHERE reply_id = $id";
$result = execute_sql($link, "news", $sql);
```

\ch13\news\show_news.php (下頁續 3/4)

```
    if (mysqli_num_rows($result) <> 0)
    {
      echo "<hr>";
      echo "<table width='800' align='center' cellpadding='3'>";
      echo "<tr height='40'><td colspan='2' align='center'
            bgcolor='#99CCFF'><font color='#FF3366'>
            <b>回覆主題</b></font></td></tr>";

      // 顯示回覆主題的內容
      while ($row = mysqli_fetch_assoc($result))
      {
        echo "<tr>";
        echo "<td bgcolor='#FFFF99'>主題：" . $row["subject"] . "    ";
        echo "作者：" . $row["author"] . "    ";
        echo "時間：" . $row["date"] . "</td></tr>";
        echo "<tr><td bgcolor='CCFFFF'>";
        echo $row["content"] . "</td></tr>";
      }

      echo "</table>";
    }

    // 釋放記憶體空間
    mysqli_free_result($result);
    // 關閉資料連接
    mysqli_close($link);
  ?>
  <hr>
  <form name="myForm" method="post" action="post_reply.php">
    <input type="hidden" name="reply_id" value="<?php echo $id ?>">
    <table border="0" width="800" align="center" cellspacing="0">
      <tr bgcolor="#0084CA" align="center">
        <td colspan="2"><font color="white">請在此輸入您的回覆</font></td>
      </tr>
```

\ch13\news\show_news.php (接上頁 4/4)

```
        <tr bgcolor="#D9F2FF">
          <td width="15%">作者</td>
          <td width="85%"><input name="author" type="text" size="50"></td>
        </tr>
        <tr bgcolor="#84D7FF">
          <td width="15%">主題</td>
          <td width="85%"><input name="subject" type="text" size="50"></td>
        </tr>
        <tr bgcolor="#D9F2FF">
          <td width="15%">內容</td>
          <td width="85%"><textarea name="content" cols="50" rows="5"></textarea></td>
        </tr>
        <tr>
          <td colspan="2" height="40" align="center">
            <input type="button" value="回覆討論" onClick="check_data()">
            <input type="reset" value="重新輸入">
          </td>
        </tr>
      </table>
    </form>
  </body>
</html>
```

show_news.php 的回覆討論表單比 index.php 的新討論表單多了一個名稱為 reply_id 的隱藏欄位，用來記錄原來討論的編號 (id)。

post_reply.php

這個程式是回覆討論表單的處理程式，負責讀取瀏覽者回覆討論時所輸入的作者、主題及內容，然後寫入 news 資料庫的 reply_message 資料表，再重新導向到 show_news.php。

\ch13\news\post_reply.php

```
<?php
  require_once("dbtools.inc.php");

  $author = $_POST["author"];
  $subject = $_POST["subject"];
  $content = $_POST["content"];
  $current_time = date("Y-m-d H:i:s");
  $reply_id = $_POST["reply_id"];

  // 建立資料連接
  $link = create_connection();

  // 執行 SQL 查詢
  $sql = "INSERT INTO reply_message(author, subject, content, date, reply_id)
          VALUES ('$author', '$subject', '$content', '$current_time', '$reply_id')";
  $result = execute_sql($link, "news", $sql);

  // 關閉資料連接
  mysqli_close($link);

  // 重新導向到 show_news.php
  header("location:show_news.php?id=" . $reply_id);
  exit();
?>
```

檔案上傳

14-1 認識檔案上傳

檔案上傳是一個實用的功能，它允許瀏覽者將檔案上傳至 Web 伺服器。透過 PHP 內建的函式，我們無須依賴任何軟體，便能輕鬆製作出具有檔案上傳功能的網頁。檔案上傳介面通常類似如下畫面，由一個或多個檔案欄位所組成，瀏覽者只要按 **[選擇檔案]**，就可以在 **[開啟]** 對話方塊中選擇要上傳的檔案。

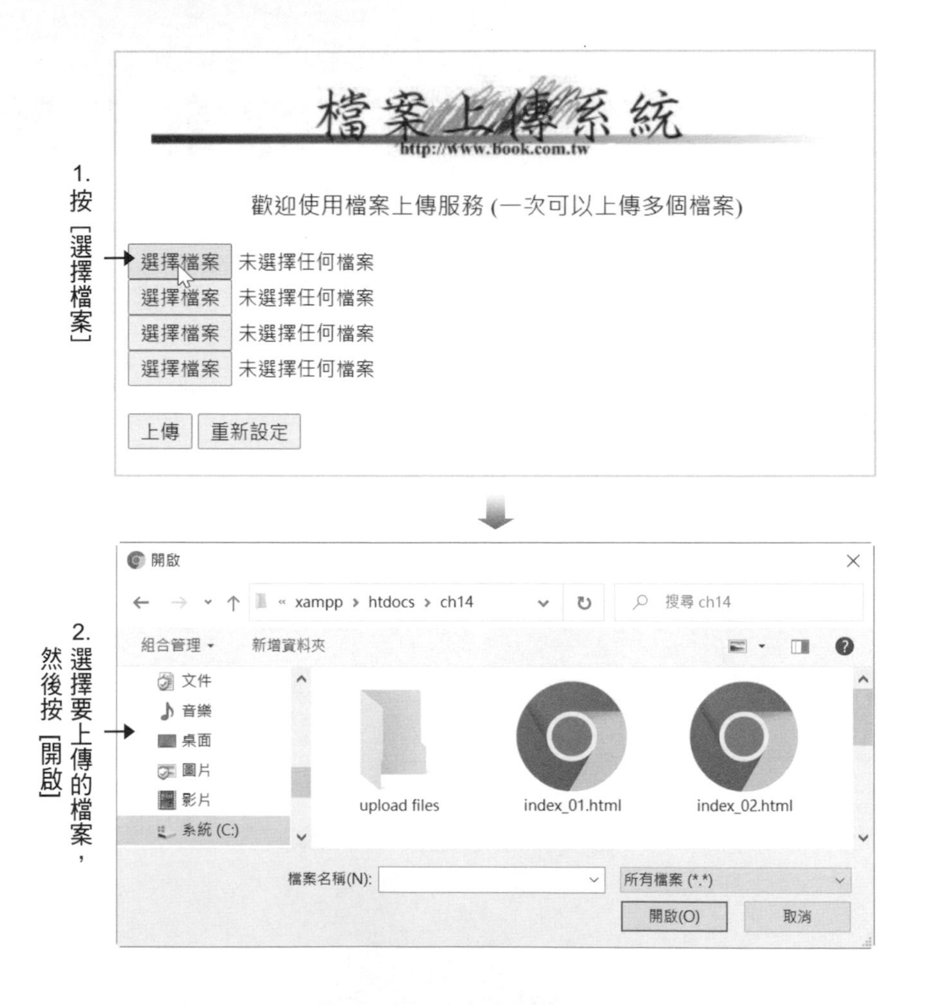

當瀏覽者選擇好要上傳的檔案並按 **[上傳]** 時，檔案會被上傳至 Web 伺服器的暫存資料夾，我們必須自行撰寫後端的處理程式，將檔案移至指定的資料夾；相反的，當瀏覽者按 **[重新設定]** 時，檔案欄位的內容會被清除。

14-1-1 前置作業

PHP 支援檔案上傳功能，而且它的原始設定就已經開啟這個功能，不過，在我們撰寫檔案上傳程式之前，還是應該先確認 PHP 有開啟這個功能，請以記事本開啟 C:\xampp\php\php.ini 組態設定檔，然後設定下列參數。

參數	說明
file_uploads	設定是否允許經由 HTTP 通訊協定進行檔案上傳，預設值為 On，表示允許。
upload_tmp_dir	設定檔案上傳時所要使用的暫存資料夾，若省略不寫，表示使用系統預設的暫存資料夾，Windows 預設的暫存資料夾為 C:\Windows\Temp，您可以視實際情況做設定，例如 C:\xampp\tmp。
upload_max_filesize	設定允許上傳的檔案大小，預設值為 40MB，表示上傳的檔案大小不能超過 40MB，如欲加大或減小，可以變更這個參數的值。
post_max_size	設定當網頁使用 POST 方式傳送資料回 Web 伺服器時，所允許傳送的最大容量，預設值為 40MB，表示每次傳回 Web 伺服器的資料最大不可超過 40MB。這個參數不能設得太小，切記不得小於 upload_max_filesize 參數的值，否則會使上傳的檔案大小比 POST 方式允許傳送的最大容量還大，導致上傳失敗。
max_input_time	設定當網頁使用 POST 方式傳送資料回 Web 伺服器時，所允許傳送的最長時間，預設值為 60，表示每次傳回 Web 伺服器的時間不得大於 60 秒。這個參數不能設得太小，一旦上傳檔案所花費的時間超過設定的時間，將會上傳失敗。

請注意，php.ini 組態設定檔裡的參數名稱前面若是以分號 (;) 開頭，表示此參數被註解起來，若要啟用它，將分號 (;) 刪除即可，設定完畢後，記得要重新啟動 Apache Web Server，以使設定生效。

14-1-2 撰寫前端的檔案上傳介面

檔案上傳介面主要是包含一個或多個檔案欄位，檔案欄位和其它表單欄位一樣要放在表單裡面，而且表單的編碼方式必須設定為 "multipart/form-data"，如下：

```
<form method="post" action="..." enctype="multipart/form-data">
  檔案欄位放在此處
</form>
```

撰寫檔案上傳介面的重點在於如何插入檔案欄位，也就是使用如下的 HTML 元素：

```
<input type="file" name="...">
```

例如下面的敘述是插入一個名稱為 myfile 的檔案欄位：

```
<input type="file" name="myfile">
```

若要插入多個檔案欄位，可以寫成如下，其中 myfile[] 是檔案欄位的名稱：

```
< input type="file" name="myfile[]" size="50"><br>
< input type="file" name="myfile[]" size="50"><br>
< input type="file" name="myfile[]" size="50"><br>
< input type="file" name="myfile[]" size="50"><br>
```

您會發現，無論要插入幾個檔案欄位，其實就是撰寫幾個 <input type="file" name="..."> 敘述而已，唯一不同的是 name 屬性的設定，當我們插入多個檔案欄位時，每個欄位的 name 屬性都要相同，而且值必須為陣列，例如 myfile[]。

此外，PHP 有一個特殊功能，它可以在表單裡面插入一個名稱為 MAX_FILE_SIZE 的隱藏欄位，用來設定允許上傳的檔案大小，單位為位元組，其語法如下：

```
<input type="hidden" name="MAX_FILE_SIZE" value="1048576">
```

前述語法表示設定上傳的檔案大小不可以超過 1MB（1024 * 1024 = 1048576），MAX_FILE_SIZE 隱藏欄位的優點是允許您在不同的網頁設定不同的檔案大小限制。

MAX_FILE_SIZE 隱藏欄位設定的檔案大小限制只對包含此行設定的網頁有效，並不會變更 php.ini 組態設定檔內 upload_max_filesize 參數的值，換句話說，若網頁有設定 MAX_FILE_SIZE 隱藏欄位，那麼無論上傳的檔案大於 MAX_FILE_SIZE 隱藏欄位所設定的大小，或大於 php.ini 組態設定檔內 upload_max_filesize 參數所設定的大小，均會上傳失敗；若網頁沒有設定 MAX_FILE_SIZE 隱藏欄位，那麼只有在上傳的檔案大於 php.ini 組態設定檔內 upload_max_filesize 參數所設定的大小，才會上傳失敗。

請注意，MAX_FILE_SIZE 隱藏欄位必須放在檔案欄位的前面，否則會設定失敗，如下：

```
<form method="post" action="upload_01.php" enctype="multipart/form-data">
  <input type="hidden" name="MAX_FILE_SIZE" value="1048576">
  < input type="file" name="myfile" size="50"><br><br>
  < input type="submit" value="上傳">
  < input type="reset" value="重新設定">
</form>
```

14-1-3 撰寫後端的處理程式

當瀏覽者選擇好要上傳的檔案並按 **[上傳]** 時，檔案會被上傳至 Web 伺服器的暫存資料夾，暫存檔的名稱為 php*xxx*.tmp，*xxx* 為流水號。

一、取得檔案資訊

後端的處理程式可以透過下列變數取得上傳檔案的資訊。

變數	說明
$_FILES["*欄位名稱*"]["name"]	取得上傳檔案的名稱，若瀏覽者沒有指定上傳檔案，傳回值為空白 (empty)。
$_FILES["*欄位名稱*"]["type"]	取得上傳檔案的 MIME 類型，我們可以根據傳回值決定是否讓瀏覽者上傳該類型的檔案。
$_FILES["*欄位名稱*"]["size"]	取得上傳檔案的大小，單位為位元組，若瀏覽者沒有指定上傳檔案，傳回值為 0。
$_FILES["*欄位名稱*"]["tmp_name'"]	取得上傳檔案的暫存路徑及檔案名稱。
$_FILES["*欄位名稱*"]["error"]	取得上傳檔案時所發生的錯誤代碼。

當使用 $_FILES["*欄位名稱*"]["error"] 取得錯誤代碼時，傳回值有下列五種。

錯誤代碼	說明
0	檔案上傳成功。
1	檔案大小超過 php.ini 組態設定檔內 upload_max_filesize 參數所設定的大小。
2	檔案大小超過網頁 MAX_FILE_SIZE 隱藏欄位所設定的大小。
3	檔案上傳不完整。
4	找不到欲上傳的檔案。

若網頁允許瀏覽者一次上傳多個檔案，那麼取得檔案資訊的技巧略有不同，舉例來說，假設要取得上傳的第 1 個檔案名稱，則要寫成 $_FILES["*欄位名稱*"]["name"][0]，後面多一個 [0]，表示第 1 個檔案；同理，假設要取得上傳的第 3 個檔案大小，則要寫成 $_FILES["*欄位名稱*"]["size"][2]，依此類推。

二、移動檔案

接下來，我們可以使用 move_uploaded_file() 函式將暫存檔案移至指定的資料夾，其語法如下：

```
move_uploaded_file(string filename, string destination)
```

- *filename*：暫存檔案的路徑及檔案名稱，這個參數可以透過 $_FILES["*欄位名稱*"]["tmp_name"] 來取得。
- *destination*：目地檔案的路徑及檔案名稱。

move_uploaded_file() 函式會先檢查參數 *filename* 指定的暫存檔案是否為 HTTP 通訊協定上傳的檔案，若不是的話，就直接傳回 FALSE，表示檔案移動失敗，否則將檔案移至參數 *destination* 指定的資料夾，並根據參數 *destination* 的設定來變更檔案名稱。

不過，若因為其它因素造成 move_uploaded_file() 函式無法順利移動暫存檔案，例如檔案不存在或權限問題，也會直接傳回 FALSE，表示檔案移動失敗。

此外，當參數 *destination* 指定的目的檔案已經存在時，會覆蓋原來的檔案，而且當程式執行完畢時，無論有沒有搬移暫存檔，暫存檔案都會被自動刪除。

由於 move_uploaded_file() 在繁體中文 (big5) 編碼的作業系統裡會無法正確處理中文檔名，例如 Windows 作業系統，所以在上傳檔案時，檔名請勿出現非 ASCII 的字元，例如中文字，一旦檔名包含中文字，上傳就會失敗。若您上傳的檔案可能包含中文檔名，請使用 iconv() 函式將檔名由 UTF-8 編碼轉換為 Big5 編碼，如此即可避免大部分的問題。

14-2 上傳單一檔案

我們直接來示範如何上傳單一檔案，這個網頁的執行流程如下，首先是按 **[選擇檔案]**，然後在 **[開啟]** 對話方塊中選擇要上傳的檔案，例如 **poetry.txt**，再按 **[上傳]**，檔案會被上傳至網頁所在路徑的 **upload files** 資料夾，並在網頁上顯示上傳結果和檔案資訊。

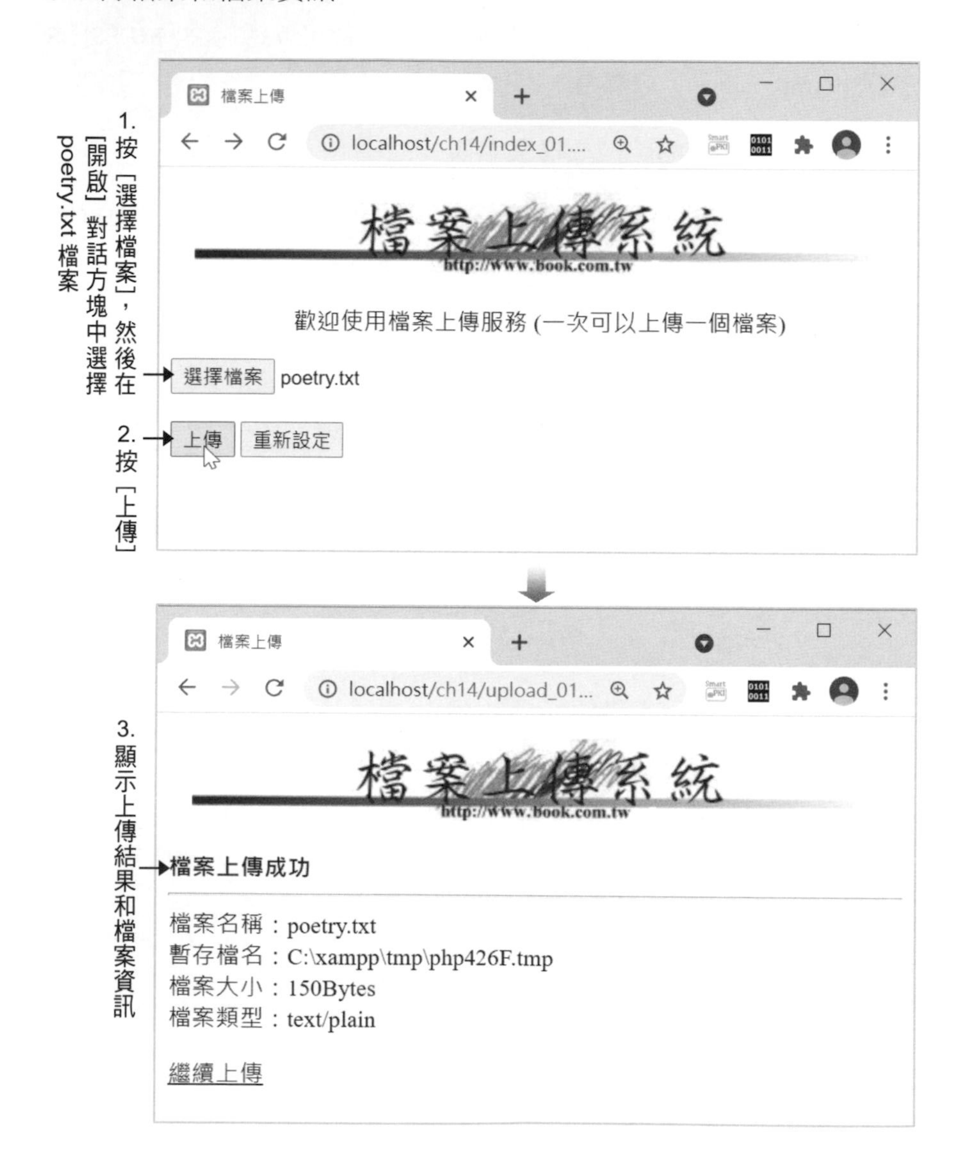

若檔案大小超過 MAX_FILE_SIZE 隱藏欄位所設定的大小，會出現錯誤代碼 2。

若沒有指定或找不到欲上傳的檔案，會出現錯誤代碼 4。

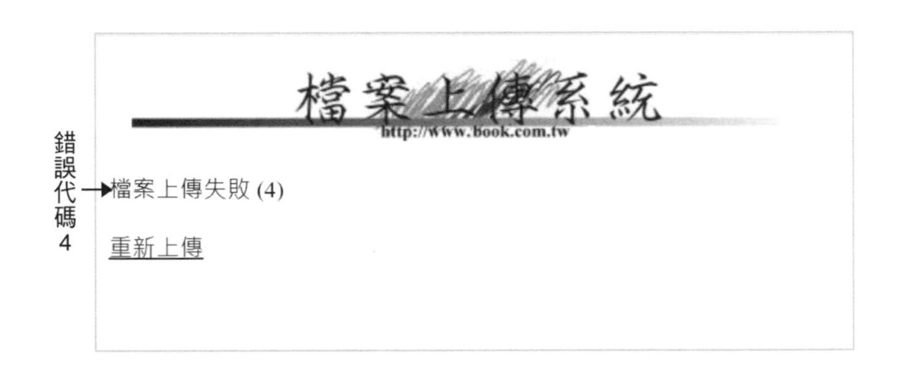

index_01.html

這個網頁用來製作前端的檔案上傳介面。

\ch14\index_01.html (下頁續 1/2)

```
01:<!DOCTYPE html>
02:<html>
03:   <head>
04:      <title>檔案上傳</title>
05:      <meta charset="utf-8">
06:   </head>
```

\ch14\index_01.html (接上頁 2/2)

```
07:   <body>
08:      <p align="center"><img src="title.jpg"></p>
09:      <p align="center">
10:         歡迎使用檔案上傳服務 (一次可以上傳一個檔案)
11:      </p>
12:      <p align="center">
13:         <form method="post" action="upload_01.php" enctype="multipart/form-data">
14:            <input type="hidden" name="MAX_FILE_SIZE" value="1048576">
15:            <input type="file" name="myfile" size="50"><br><br>
16:            <input type="submit" value="上傳">
17:            <input type="reset" value="重新設定">
18:         </form>
19:      </p>
20:   </body>
21:</html>
```

- 13：設定表單處理程式為 upload_01.php。
- 14：插入名稱為 MAX_FILE_SIZE 的隱藏欄位，設定檔案大小限制為 1MB (1024 * 1024 = 1048576)，而且是放在檔案欄位的前面。
- 15：插入名稱為 myfile 的檔案欄位，而且是放在隱藏欄位的後面。

upload_01.php

這個程式用來製作後端的處理程式。

\ch14\upload_01.php (下頁續 1/2)

```
01:<!DOCTYPE html>
02:<html>
03:   <head>
04:      <title>檔案上傳</title>
05:      <meta charset="utf-8">
06:   </head>
07:   <body>
```

\ch14\upload_01.php (接上頁 2/2)

```
08:     <p align="center"><img src="title.jpg"></p>
09:     <?php
10:       // 設定用來存放檔案的資料夾名稱及檔名
11:       $upload_dir =   "./upload files/";
12:       $upload_file = $upload_dir . iconv("UTF-8", "Big5", $_FILES["myfile"]["name"]);
13:
14:       // 將上傳的檔案由暫存資料夾移至指定的資料夾
15:       if (move_uploaded_file($_FILES["myfile"]["tmp_name"], $upload_file))
16:       {
17:         echo "<strong>檔案上傳成功</strong><hr>";
18:
19:         // 顯示檔案資訊
20:         echo "檔案名稱：" . $_FILES["myfile"]["name"] . "<br>";
21:         echo "暫存檔名：" . $_FILES["myfile"]["tmp_name"] . "<br>";
22:         echo "檔案大小：" . $_FILES["myfile"]["size"] . "Bytes<br>";
23:         echo "檔案類型：" . $_FILES["myfile"]["type"] . "<br>";
24:         echo "<p><a href='javascript:history.back()'>繼續上傳</a></p>";
25:       }
26:       else
27:       {
28:         echo "檔案上傳失敗 (" . $_FILES["myfile"]["error"] . ")<br><br>";
29:         echo "<a href='javascript:history.back()'>重新上傳</a>";
30:       }
31:     ?>
32:   </body>
33:</html>
```

- 11 ~ 12：設定用來存放檔案的資料夾名稱及檔名，為了避免上傳中文檔名發生錯誤，我們使用 iconv() 函式將檔名轉換為 Big5 編碼。

- 15 ~ 30：使用 move_uploaded_file() 函式將暫存檔案移至指定的資料夾並變更檔名，此處為網頁所在路徑的 upload files 資料夾，檔名為 poetry.txt；若移動成功，就執行第 17 ~ 24 行，顯示檔案資訊，否則執行第 28 ~ 29 行，顯示「檔案上傳失敗」，並透過 $_FILES["myfile"]["error"] 取得錯誤代碼，其中第 29 行的 javascript:history.back() 用來返回上一頁。

14-3 上傳多個檔案

無論要上傳單一檔案或多個檔案，介面的撰寫方式類似，只是多插入幾個檔案欄位而已，主要的差別在於處理上傳檔案的程式碼。以下面的網頁為例，我們在檔案欄位選擇 poetry.txt 和 poetry2.txt 兩個檔案，然後按 **[上傳]**，檔案會被上傳至網頁所在路徑的 upload files 資料夾，並在網頁上顯示檔案資訊。

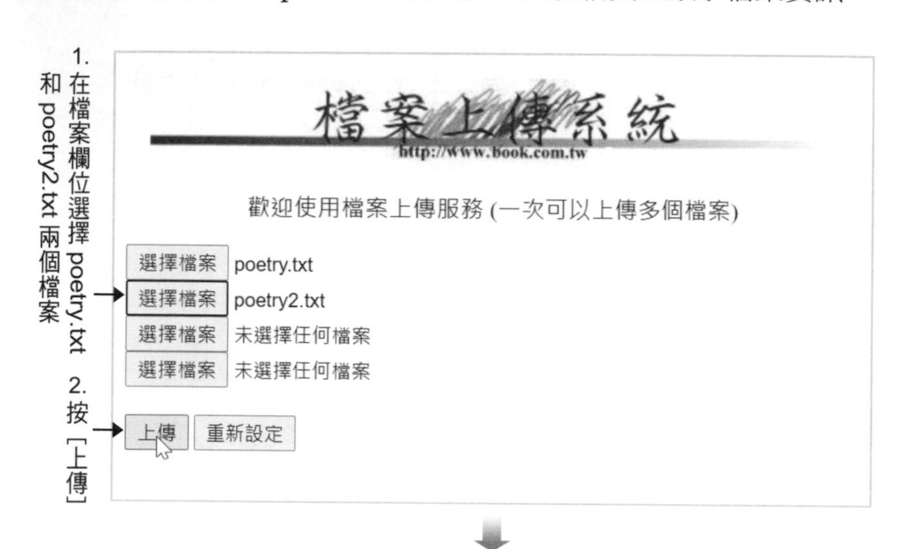

index_02.html

這個網頁用來製作前端的檔案上傳介面，它和上傳單一檔案的 \ch14\index_01.html 類似，只是多插入幾個檔案欄位而已，要注意的是所有檔案欄位的名稱（即 name 屬性）都必須相同，而且是陣列，此處是設定為 myfile[]。

\ch14\index_02.html

```
<!DOCTYPE html>
<html>
  <head>
    <title>檔案上傳</title>
    <meta charset="utf-8">
  </head>
  <body>
    <p align="center">
      <img src="title.jpg">
    </p>
    <p align="center">
      歡迎使用檔案上傳服務 (一次可以上傳多個檔案)
    </p>
    <p align="center">
      <form method="post" action="upload_02.php" enctype="multipart/form-data">
        <input type="file" name="myfile[]" size="50"><br>
        <input type="file" name="myfile[]" size="50"><br>
        <input type="file" name="myfile[]" size="50"><br>
        <input type="file" name="myfile[]" size="50"><br><br>
        <input type="submit" value="上傳">
        <input type="reset" value="重新設定">
      </form>
    </p>
  </body>
</html>
```

upload_02.php

這個程式用來製作後端的處理程式。

\ch14\upload_02.php

```
<!DOCTYPE html>
<html>
  <head>
    <title>檔案上傳</title>
    <meta charset="utf-8">
  </head>
  <body>
    <p align="center"><img src="title.jpg"></p>
    <?php
      // 設定用來存放檔案的資料夾名稱
      $upload_dir = "./upload files/";

      for ($i = 0; $i <= 3; $i++)
      {
        // 若檔案名稱不是空字串，表示上傳成功，將暫存檔案移至指定的資料夾
        if ($_FILES["myfile"]["name"][$i] != "")
        {
          // 搬移檔案
          $upload_file = $upload_dir . iconv("UTF-8", "Big5", $_FILES["myfile"]["name"][$i]);
          move_uploaded_file($_FILES["myfile"]["tmp_name"][$i], $upload_file);
          // 顯示檔案資訊
          echo "檔案名稱：" . $_FILES["myfile"]["name"][$i] . "<br>";
          echo "暫存檔名：" . $_FILES["myfile"]["tmp_name"][$i] . "<br>";
          echo "檔案大小：" . $_FILES["myfile"]["size"][$i] . "Bytes<br>";
          echo "檔案類型：" . $_FILES["myfile"]["type"][$i] . "<br>";
          echo "<hr>";
        }
      }
    ?>
  </body>
</html>
```

線上寄信服務

15-1 認識線上寄信服務

線上寄信服務也是網頁常見的功能之一，例如圖(一)的網頁提供了一個介面，讓瀏覽者填寫 [寄件者] 及 [電子郵件地址]、[收件者] 及 [電子郵件地址]，選擇 [郵件格式]，輸入 [郵件主旨] 及 [郵件內容]，選擇附加檔案，然後按 [傳送郵件]，就可以將郵件傳送出去，這封郵件將如圖(二)。

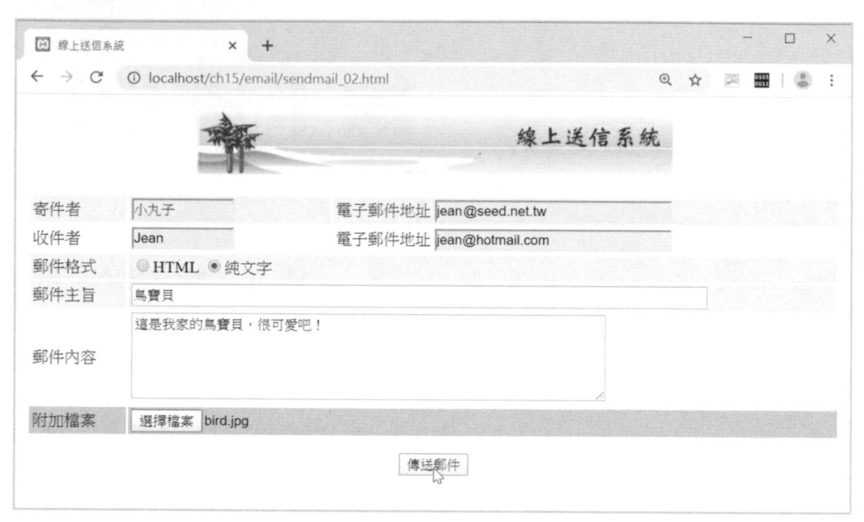

圖(一)

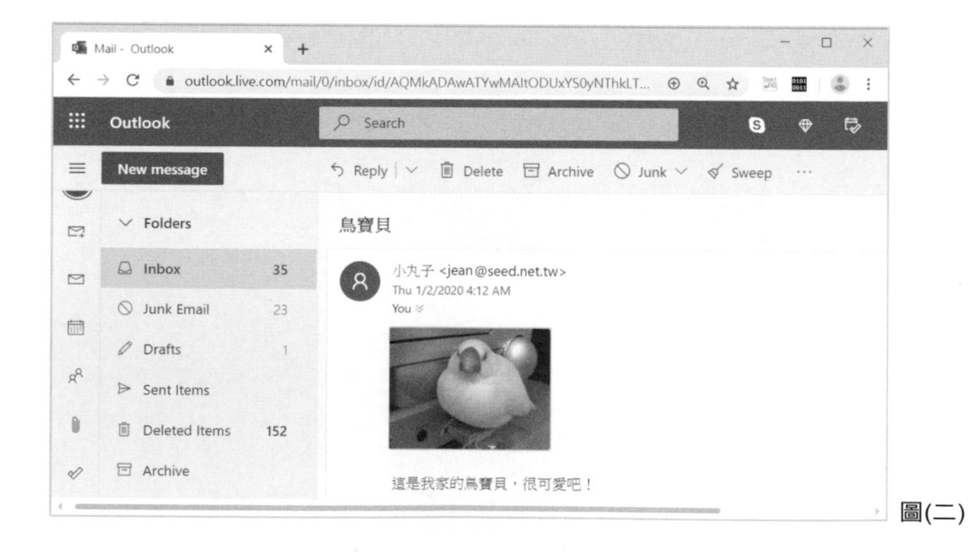

圖(二)

PHP 內建的 mail() 函式可以用來透過 SMTP (Simple Mail Transfer Protocol) 伺服器傳送郵件，不過，在此之前，我們必須先在 php.ini 組態設定檔裡設定 SMTP 伺服器的相關參數，請以記事本開啟 C:\xampp\php\php.ini 組態設定檔，然後設定下列參數。

參數	說明
SMTP	設定欲使用之 SMTP 伺服器的主機名稱或 IP 位址，預設值為 localhost，表示本機電腦。若您是自行架設 SMTP 伺服器，保留預設值即可；相反的，若您是使用 ISP 提供的 SMTP 伺服器，請依照實際情況進行設定，例如 HiNet 的用戶可以將此參數設定為 msa.hinet.net，SeedNet 的用戶可以將此參數設定為 seed.net.tw。
smtp_port	設定 SMTP 伺服器使用的連接埠編號，預設值為 25，無論您使用哪個 ISP 提供的 SMTP 伺服器，預設的連接埠編號都是 25，除非 ISP 有特別指定，才需要變更此參數的設定。
sendmail_from	設定預設的寄件者 e-mail，此為非必要參數，您可以自行決定設定與否，若要設定，請記得刪除前面的分號 (;)，然後依照實際情況進行設定。在本章的例子中，我們是將此參數設定為 jean@seed.net.tw。
sendmail_path	此參數為 unix-like (例如 Linux、FreeBSD、Solaris、OpenBSD) 的 SMTP 伺服器專用，Windows 的 SMTP 伺服器無須設定此參數，若要設定，請記得刪除前面的分號 (;)。

請注意，php.ini 組態設定檔裡的參數名稱前面若是以分號 (;) 開頭，表示此參數被註解起來，若要啟用它，將分號 (;) 刪除即可，設定完畢後，記得要重新啟動 Apache Web Server，以使設定生效。

15-2 使用 mail() 函式傳送郵件

15-2-1 傳送純文字郵件

PHP 內建的 mail() 函式可以用來傳送郵件，其語法如下，若傳送成功，就傳回 TRUE，否則傳回 FALSE：

```
mail(string to, string subject, string message [, string headers [, string parameters]])
```

- *to*：設定收件人的電子郵件地址，若有多個收件人，中間以逗號 (,) 隔開即可，例如 "jerry.php@m2k.com.tw, jean@hotmail.com"。請注意，參數 *to* 並不支援類似 "Jerry<jerry.php@m2k.com.tw>" 的格式，若您希望郵件顯示收件者的名稱，而不是電子郵件地址，必須透過參數 *headers* 來設定郵件標頭資訊，第 15-2-3 節有進一步的說明。

- *subject*：設定郵件主旨。

- *message*：設定郵件內容，在預設的情況下，若您在郵件內容中加入 HTML 元素，收件者看到的郵件內容將是包含 HTML 元素的原始碼，而不是格式化的結果。如欲傳送 HTML 格式的郵件，亦必須透過參數 *headers* 來設定郵件標頭資訊，第 15-2-2 節有進一步的說明。

- *headers*：設定額外的郵件標頭資訊，若有多個郵件標頭資訊，必須以 \r\n 字元隔開。郵件標頭資訊的用途很廣，舉例來說，mail() 函式只能傳送給收件者，若要傳送給副本及密件副本收件者，就必須透過郵件標頭資訊，第 15-2-3 節有進一步的說明，其它像傳送附加檔案或設定郵件編碼方式等，也是透過郵件標頭資訊。

- *parameters*：傳遞額外的參數給 sendmail 服務。

下面是一個例子，它會傳送郵件給 jean@hotmail.com，寄件者則是第 15-1 節所設定的 sendmail_from 參數 (jean@seed.net.tw)。請您將第 03 行的收件者換成自己的電子郵件地址，然後執行程式，待收到類似如下電子郵件，表示傳送成功。

\ch15\mail_01.php

```
01:<?php
02:   // 設定收件者
03:   $to = "jean@hotmail.com";
04:
05:   // 設定郵件主旨
06:   $subject = "測試信";
07:   $subject = "=?utf-8?B?" . base64_encode($subject) . "?=";
08:
09:   // 設定郵件內容
10:   $message = "這是一封測試信\n\n 若您收到此封信，表示測試成功。";
11:
12:   // 傳送郵件
13:   mail($to, $subject, $message);
14:?>
```

- 03：設定收件人的電子郵件地址。
- 06 ~ 07：設定郵件主旨，第 07 行將郵件標題的編碼方式設定為 UTF-8，並進行 base64 編碼，避免郵件標題及內容出現亂碼。
- 10：設定郵件內容。
- 13：呼叫 mail() 函式傳送郵件。

15-2-2 傳送 HTML 格式的郵件

若要傳送 HTML 格式的郵件，可以透過 Content-type 郵件標頭資訊，下面是一個例子。

\ch15\mail_02.php

```
01:<?php
02:  // 設定收件者
03:  $to = "jean@hotmail.com";
04:
05:  // 設定郵件主旨
06:  $subject = "=?utf-8?B?" . base64_encode("HTML 格式測試信") . "?=";
07:
08:  // 設定郵件內容
09:  $message = "
10:    <!DOCTYPE html>
11:    <html>
12:      <head>
13:        <title></title>
14:      </head>
15:      <body bgcolor='#FFFFCC'>
16:        <p><h1>這是一封 HTML 格式的郵件</h1></p>
17:        <p><i>您可以使用任何 HTML 元素</i></p>
18:      </body>
19:    </html>
20:  ";
21:
22:  // 設定 Content-type 郵件標頭資訊
23:  $headers  = "MIME-Version: 1.0\r\n";
24:  $headers .= "Content-type: text/html; charset=utf-8\r\n";
25:
26:  // 傳送郵件
27:  mail($to, $subject, $message, $headers);
28:?>
```

- 03：設定收件人的電子郵件地址，若有多個收件者，中間以逗號（,）隔開即可。
- 06：設定郵件主旨。
- 09 ~ 20：設定郵件內容，您可以使用 HTML 元素將郵件內容予以格式化。
- 23：設定郵件標頭資訊，"MIME-Version: 1.0\r\n" 為 MIME 版本。
- 24：設定郵件標頭資訊，Content-type:text/html 表示郵件內容支援 HTML 元素，charset=utf-8 表示郵件編碼方式為 UTF-8，若沒有設定這些郵件標頭資訊，收件者看到的郵件內容將是包含 HTML 元素的原始碼，而不是格式化的結果。
- 27：呼叫 mail() 函式傳送郵件。

這個例子會傳送郵件給 jean@hotmail.com，寄件者則是第 15-1 節所設定的 sendmail_from 參數（jean@seed.net.tw）。請您將第 03 行的收件者換成自己的電子郵件地址，然後執行程式，待收到類似如下電子郵件，表示傳送成功。

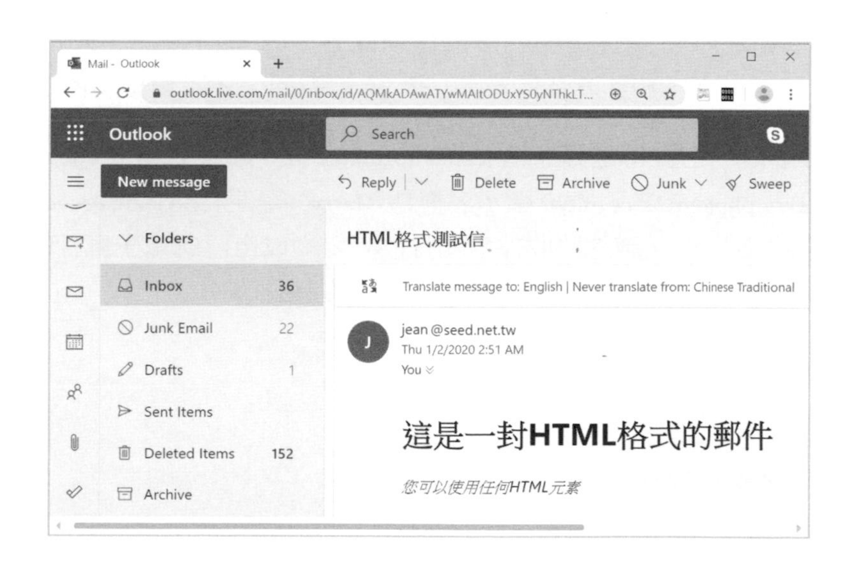

15-2-3 傳送郵件給副本及密件副本收件者

若要傳送郵件給副本及密件副本收件者，可以透過郵件標頭資訊，我們已經介紹過 MIME-Version 和 Content-type，下面是其它幾個郵件標頭資訊：

- To：設定收件人的電子郵件地址。
- From：設定寄件者的電子郵件地址。在前兩節的例子中，寄件者均為第 15-1 節所設定的 sendmail_from 參數 (jean@seed.net.tw)，這其實不太合理，因為不同的寄件者原本就該顯示不同的電子郵件地址，此時，我們可以透過 From 郵件標頭資訊來決解這個問題。
- Cc：設定副本收件者的電子郵件地址。
- Bcc：設定密件副本收件者的電子郵件地址。
- Reply-To：設定回信的電子郵件地址。

在使用這些郵件標頭資訊時，若有多個收件人，中間以逗號 (,) 隔開即可。它們均支援類似 "Jerry<jerry.php@m2k.com.tw>" 的格式，可以顯示收件者的名稱，而不是電子郵件地址。若顯示名稱包含 ASCII 以外的字元，例如 "小丸子<jean@seed.net.tw>"，那麼必須對 "小丸子" 進行編碼，才不會出現亂碼。

下面是一個例子，它會傳送郵件給 jean@hotmail.com，顯示名稱為 "Jean"，副本收件者為 jerry.php@m2k.com.tw，顯示名稱為 "Jerry"，寄件者為 jean@seed.net.tw，顯示名稱為 "小丸子"。請您將收件者和寄件者全換成自己的電子郵件地址，然後執行程式，待收到類似如下電子郵件，表示傳送成功。

\ch15\mail_03.php (下頁續 1/2)

```
<?php
  // 設定收件者
  $to = "jean@hotmail.com";
  // 設定郵件主旨
  $subject = "=?utf-8?B?" . base64_encode("HTML 格式測試信") . "?=";
  // 設定郵件內容
  $message = "
```

\ch15\mail_03.php (接上頁 2/2)

```
        <!DOCTYPE html>
        <html>
          <head>
            <title></title>
          </head>
          <body bgcolor='#FFFFCC'>
            <p><h1>這是一封 HTML 格式的郵件</h1></p>
            <p><i>您可以使用任何 HTML 元素</i></p>
          </body>
        </html>
      ";
      // 將寄件者的顯示名稱進行編碼
      $from_name = "=?utf-8?B?" . base64_encode("小丸子") . "?=";
      // 設定 Content-type 郵件標頭資訊
      $headers   = "MIME-Version: 1.0\r\n";
      $headers .= "Content-type: text/html; charset=utf-8\r\n";
      $headers .= "To: Jean<jean@hotmail.com>\r\n";
      $headers .= "From: $from_name<jean@seed.net.tw>\r\n";
      $headers .= "Cc: Jerry<jerry.php@m2k.com.tw>\r\n";
      // 傳送郵件
      mail($to, $subject, $message, $headers);
?>
```

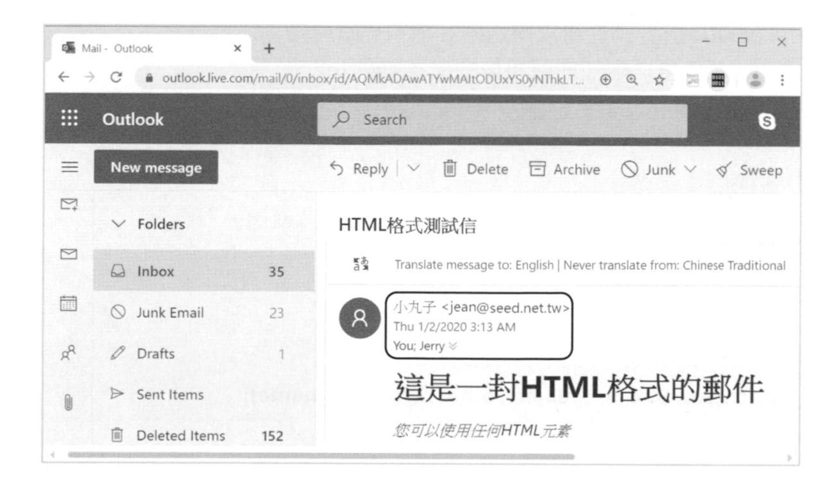

15-2-4 傳送有附加檔案的郵件

使用 mail() 函式傳送有附加檔案的郵件也是透過郵件標頭資訊，這次我們要建立 MIME (Multipurpose Internet Mail Extensions) 郵件，即包含多個區段內容的郵件。為了讓您容易瞭解，我們直接以下面的例子來做說明。

\ch15\attach.php (下頁續 1/2)

```
01:<?php
02:  // 設定收件者
03:  $to = "jean@hotmail.com";
04:
05:  // 設定寄件者
06:  $from = "jean@seed.net.tw";
07:
08:  // 設定郵件主旨
09:  $subject = "=?utf-8?B?" . base64_encode("附加檔案測試") . "?=";
10:
11:  // 設定郵件內容
12:  $message = "
13:     <!DOCTYPE html>
14:     <html>
15:        <head>
16:           <title></title>
17:        </head>
18:        <body>
19:           <p><h1>這封郵件可以傳送附加檔案</h1></p>
20:           <p><i>您可以附加任何類型的檔案</i></p>
21:        </body>
22:     </html>
23:  ";
24:
25:  // 設定要傳送的附加檔案
26:  $file_name = ".\bird.jpg";
27:
28:  // 呼叫 mail_attach() 函式來傳送郵件
29:  mail_attach($to, $from, $subject, $message, $file_name);
```

\ch15\attach.php (接上頁 2/2)

```
30: // 定義 mail_attach() 函式來傳送郵件
31: function mail_attach($to, $from, $subject, $message, $file_name)
32: {
33:     $big5_file_name = iconv("UTF-8", "Big5", $file_name);
34:     // 設定 MIME 邊界字串
35:     $mime_boundary = md5(uniqid(mt_rand(), TRUE));
36:     // 開啟指定的檔案
37:     $fp = fopen($big5_file_name, "rb");
38:     // 讀取檔案內容
39:     $data = fread($fp, filesize($big5_file_name));
40:     // 使用 MIME base64 來對$data 編碼
41:     $data = chunk_split(base64_encode($data));
42:
43:     // 設定郵件標頭資訊
44:     $header = "From: $from\r\n";
45:     $header.= "To: $to\r\n";
46:     $header.= "MIME-Version: 1.0\r\n";
47:     $header.= "Content-Type: multipart/mixed; boundary=$mime_boundary\r\n";
48:     // 設定郵件內容
49:     $content = "This is a multi-part message in MIME format.\r\n";
50:     $content .= "--$mime_boundary\r\n";
51:     $content .= "Content-Type: text/html; charset=utf-8\r\n";
52:     $content .= "Content-Transfer-Encoding: 8bit\r\n\r\n";
53:     $content .= "$message\r\n";
54:     // 加入附加檔案
55:     $content .= "--$mime_boundary\r\n";
56:     $content .= "Content-Type: image/pjpeg; name=". basename($file_name) . "\r\n";
57:     $content .= "Content-Disposition: attachment; filename=" . basename($file_name) ."\r\n";
58:     $content .= "Content-Transfer-Encoding: base64\r\n\r\n";
59:     $content .= "$data\r\n";
60:     $content .= "--$mime_boundary--\r\n";
61:
62:     // 傳送郵件
63:     mail($to, $subject, $content, $header);
64: }
65:?>
```

這個例子會傳送郵件給 jean@hotmail.com，寄件者則是 jean@seed.net.tw。請您將第 03、06 行的收件者和寄件者全換成自己的電子郵件地址，然後執行程式，待收到類似如下電子郵件，表示傳送成功。

- 02 ~ 23：設定收件者、寄件者、郵件主旨及郵件內容。
- 26：設定要傳送的附加檔案，此處是名稱為 "bird.jpg" 的 JPEG 圖檔，您也可以換成其它 JPEG 圖檔。
- 29：呼叫 mail_attach() 函式來傳送郵件。
- 31 ~ 64：定義 mail_attach() 函式來傳送郵件。
- 33：呼叫 PHP 內建的 conv() 函式將附加檔案名稱由 UTF-8 編碼轉換為 Big5。
- 35：設定 MIME 邊界字串，由於 MIME 郵件包含多個區段，所以此敘述的用途是隨機產生一個區段與區段之間的分界字串。mt_rand() 函式用來產生一個隨機的數字；uniqid() 函式用來產生一個唯一的識別碼；md5() 函式用來產生一個 MD5 雜湊碼，此敘述所產生的雜湊碼是英文字母與阿拉伯數字的組合，類似 af5e1072fb1e4221a7525bac031dc53e。

- 37：呼叫 fopen() 函式以唯讀的方式開啟欲傳送的附加檔案。
- 39：呼叫 fread() 函式以二進位的方式讀取檔案全部內容，filesize() 函式可以取得檔案大小。
- 41：附加檔案只能以 base64 編碼來傳送，所以使用 base64_encode() 函式對 $data 進行 MIME base64 編碼，chunk_split() 函式則是用來將編碼後的 $data 分割成每一列 76 個字元。
- 44 ~ 47：設定郵件標頭資訊，第 44 行用來設定寄件者的電子郵件地址，第 45 行用來設定收件者的電子郵件地址，第 46 行用來設定 MIME 版本，第 47 行用來設定郵件的 Content-Type 為 "multipart/mixed"，表示混合多個區段的郵件，並設定變數 $boundary 為變數 $mime_boundary 的值，表示區段與區段之間的分界字串為變數 $mime_boundary，它的值是第 35 行隨機產生的。
- 49 ~ 53：設定郵件的第一個區段內容，即文字的部分，其中第 49 行用來註明這是一封包含多個區段的 MIME 郵件；第 50 行用來標示邊界，表示這個區段內容由此行敘述開始；第 51 行的 Content-Type: text/html; 用來設定這個區段的 Content-Type 為 "text/html"，表示接受 HTML 語法，若不想支援 HTML 語法，可以改為 "text/plain"，而 charset=utf-8 表示郵件編碼方式為 UTF-8；第 53 行用來設定郵件內容為變數 $message 的值。
- 55 ~ 60：設定郵件的第二個區段內容，即附加檔案的部分，其中第 55 行用來標示邊界，表示這個區段內容由此行敘述開始；第 56 行用來設定這個區段的 Content-Type 為 "image/pjpeg"，且名稱 (name) 為 basename($fileName)，basename() 函式用來取得檔案名稱，若您不是傳送 JPEG 圖片，請改為對應的 MIME 檔案類型；第 57 行用來設定這個區段的處理方式為 attachment (附加檔案)；第 58、59 行用來設這個區段的編碼方式為 base64，內容為變數 $data 的值；第 60 行用來標示邊界，表示郵件內容到此結束。
- 63：呼叫 mail() 函式傳送郵件。

15-3 無法傳送附加檔案的線上寄信服務

在本節中，我們將製作如下的線上寄信服務網頁，瀏覽者只要填寫 [寄件者] 及 [電子郵件地址]、[收件者] 及 [電子郵件地址]，選擇 [郵件格式]，輸入 [郵件主旨] 及 [郵件內容]，然後按 [傳送郵件]，就可以將郵件傳送出去，要注意的是這個網頁沒有傳送附加檔案的功能。

當瀏覽者按 [傳送郵件] 時，網頁會先藉由 JavaScript 程式檢查瀏覽者是否有欄位忘記填寫，在所有欄位均填寫的情況下，才將郵件傳送出去，否則會出現對話方塊告訴瀏覽者有哪些欄位忘記填寫。

在郵件傳送出去後，網頁上並不會出現任何訊息告訴瀏覽者，若您希望有這項功能，可以補寫相關的程式碼。

sendmail_01.html

這是線上寄信服務網頁的介面，程式碼如下。

\ch15\email\sendmail_01.html (下頁續 1/2)

```
<!DOCTYPE html>
<html>
  <head>
    <meta charset="utf-8">
    <title>線上送信系統</title>
    <script type="text/javascript">
      function send()
      {
        if (document.myForm.from_name.value.length == 0)
          alert("寄件者欄位不可以空白哦！");
        else if (document.myForm.from_email.value.length == 0)
          alert("寄件者電子郵件欄位不可以空白哦！");
        else if (document.myForm.to_name.value.length == 0)
          alert("收件者欄位不可以空白哦！");
        else if (document.myForm.to_email.value.length == 0)
          alert("收件者電子郵件欄位不可以空白哦！");
        else if (document.myForm.subject.value.length == 0)
          alert("郵件主旨欄位不可以空白哦！");
        else if (document.myForm.message.value.length == 0)
          alert("郵件內容欄位不可以空白哦！");
        else
          myForm.submit();
      }
    </script>
  </head>
  <body>
    <p align="center"><img src="title.jpg"></p>
    <form name="myForm" action="send_01.php" method="post">
      <table width="800" align="center" cellspacing="2" cellpadding="3">
        <tr bgcolor="#FFFFA1">
          <td width="12%">寄件者</td>
          <td width="25%">
            <input type="text" name="from_name" size="10">
```

\ch15\email\sendmail_01.html (接上頁 2/2)

```
          </td>
          <td width="63%">電子郵件地址
            <input type="text" name="from_email" size="30">
          </td>
        </tr>
        <tr bgcolor="#FFFFF0">
          <td>收件者</td>
          <td><input type="text" name="to_name" size="10"></td>
          <td>電子郵件地址
            <input name="to_email" type="text" size="30">
          </td>
        </tr>
        <tr bgcolor="#FFFFA1">
          <td>郵件格式</td>
          <td colspan="2">
            <input type="radio" name="format" value="html" checked>HTML
            <input type="radio" name="format" value="plain">純文字
          </td>
        </tr>
        <tr bgcolor="#FFFFA1">
          <td>郵件主旨</td>
          <td colspan="2">
            <input type="text" name="subject" size="80">
          </td>
        </tr>
        <tr bgcolor="#FFFFF0">
          <td>郵件內容</td>
          <td colspan="2">
            <textarea name="message" cols="62" rows="5"></textarea>
          </td>
        </tr>
      </table>
      <p align="center"><input type="button" value="傳送郵件" onClick="send()"></p>
    </form>
  </body>
</html>
```

send_01.php

這是線上寄信服務網頁的表單處理程式，裡面的程式碼都已經介紹過，相信您很快就可以瞭解。

\ch15\email\send_01.php

```
<?php
  // 取得表單資料
  $from_name = "=?utf-8?B?" . base64_encode($_POST["from_name"]) . "?=";
  $from_email = $_POST["from_email"];
  $to_name = "=?utf-8?B?" . base64_encode($_POST["to_name"]) . "?=";
  $to_email = $_POST["to_email"];
  $format = $_POST["format"];
  $subject = "=?utf-8?B?" . base64_encode($_POST["subject"]) . "?=";
  $message = $_POST["message"];
  $message = "
    <!DOCTYPE html>
    <html>
      <head>
        <title></title>
      </head>
      <body>
        $message
      </body>
    </html>
  ";

  // 設定郵件標頭資訊
  $headers = "MIME-Version: 1.0\r\n";
  $headers .= "Content-type: text/$format; charset=utf-8\r\n";
  $headers .= "To: $to_name<$to_email>\r\n";
  $headers .= "From: $from_name<$from_email>\r\n";

  // 傳送郵件
  mail($to_email, $subject, $message, $headers);
?>
```

15-4 能夠傳送附加檔案的線上寄信服務

在本節中，我們將製作如下的線上寄信服務網頁，這個網頁與上一節的網頁主要差別在於能夠傳送附加檔案。首先，瀏覽者要填寫 [寄件者] 及 [電子郵件地址]、[收件者] 及 [電子郵件地址]，選擇 [郵件格式]，輸入 [郵件主旨] 及 [郵件內容]；接著，瀏覽者可以點取附加檔案欄位的 [選擇檔案] 按鈕，選擇要傳送的附加檔案；最後按 [傳送郵件]，就可以將郵件傳送出去。

當瀏覽者按 [傳送郵件] 時，網頁會先藉由 JavaScript 程式檢查瀏覽者是否有欄位忘記填寫，在所有欄位均填寫的情況下，才將郵件傳送出去，否則會出現對話方塊告訴瀏覽者有哪些欄位忘記填寫。

由於傳送附加檔案必須先將檔案上傳至伺服器，因此，您必須熟悉檔案上傳的功能，第 14 章有介紹過。此外，在郵件傳送出去後，網頁上並不會出現任何訊息告訴瀏覽者，若您希望有這項功能，可以補寫相關的程式碼。

sendmail_02.html

這是線上寄信服務網頁的介面，程式碼如下。

\ch15\email\sendmail_02.html (下頁續 1/3)

```
<!DOCTYPE html>
<html>
  <head>
    <meta charset="utf-8">
    <title>線上送信系統</title>
    <script type="text/javascript">
      function send()
      {
        if (document.myForm.from_name.value.length == 0)
          alert("寄件者欄位不可以空白哦！");
        else if (document.myForm.from_email.value.length == 0)
          alert("寄件者電子郵件欄位不可以空白哦！");
        else if (document.myForm.to_name.value.length == 0)
          alert("收件者欄位不可以空白哦！");
        else if (document.myForm.to_email.value.length == 0)
          alert("收件者電子郵件欄位不可以空白哦！");
        else if (document.myForm.subject.value.length == 0)
          alert("郵件主旨欄位不可以空白哦！");
        else if (document.myForm.message.value.length == 0)
          alert("郵件內容欄位不可以空白哦！");
        else
          myForm.submit();
      }
    </script>
  </head>
  <body>
    <p align="center"><img src="title.jpg"></p>
    <form action="send_02.php" method="post" enctype="multipart/form-data"
      name="myForm">
      <table width="800" align="center" cellspacing="2" cellpadding="3">
        <tr bgcolor="#FFFFA1">
```

\ch15\email\sendmail_02.html (下頁續 2/3)

```
      <td width="12%">寄件者</td>
      <td width="25%">
        <input type="text" name="from_name" size="10">
      </td>
      <td width="63%">電子郵件地址
        <input type="text" name="from_email" size="30">
      </td>
    </tr>
    <tr bgcolor="#FFFFF0">
      <td>收件者</td>
      <td><input type="text" name="to_name" size="10"></td>
      <td>電子郵件地址
        <input name="to_email" type="text" size="30">
      </td>
    </tr>
    <tr bgcolor="#FFFFA1">
      <td>郵件格式</td>
      <td colspan="2">
        <input type="radio" name="format" value="html" checked>HTML
        <input type="radio" name="format" value="plain">純文字
      </td>
    </tr>
    <tr bgcolor="#FFFFA1">
      <td>郵件主旨</td>
      <td colspan="2">
        <input type="text" name="subject" size="80">
      </td>
    </tr>
    <tr bgcolor="#FFFFF0">
      <td>郵件內容</td>
      <td colspan="2">
        <textarea name="message" cols="62" rows="5"></textarea>
      </td>
    </tr>
    <tr bgcolor="#CCCCFF">
      <td>附加檔案</td>
```

\ch15\email\sendmail_02.html (接上頁 3/3)

```
            <td colspan="2">
              <input type="file" name="myfile" size="80">
            </td>
          </tr>
        </table>
        <p align="center">
          <input type="button" value="傳送郵件" onClick="send()">
        </p>
      </form>
    </body>
</html>
```

send_02.php

這是線上寄信服務網頁的表單處理程式，裡面的程式碼都已經介紹過。

\ch15\email\send_02.php (下頁續 1/2)

```
<?php
  // 取得表單資料
  $from_name = "=?utf-8?B?" . base64_encode($_POST["from_name"]) . "?=";
  $from_email = $_POST["from_email"];
  $to_name = "=?utf-8?B?" . base64_encode($_POST["to_name"]) . "?=";
  $to_email = $_POST["to_email"];
  $format = $_POST["format"];
  $subject = "=?utf-8?B?" . base64_encode($_POST["subject"]) . "?=";
  $message = $_POST["message"];

  // 設定 MIME 邊界字串
  $mime_boundary = md5(uniqid(mt_rand(), TRUE));

  // 設定郵件標頭資訊
  $header = "From: $from_name<$from_email>\r\n";
  $header .= "To: $to_name<$to_email>\r\n";
  $header .= "MIME-Version: 1.0\r\n";
  $header .= "Content-Type: multipart/mixed; boundary=". $mime_boundary . "\r\n";
```

\ch15\email\send_02.php (接上頁 2/2)

```
    // 設定郵件內容
    $content = "This is a multi-part message in MIME format.\r\n";
    $content .= "--$mime_boundary\r\n";
    $content .= "Content-Type: text/$format; charset=utf-8\r\n";
    $content .= "Content-Transfer-Encoding: 8bit\r\n\r\n";
    $content .= "$message\r\n";
    $content .= "--$mime_boundary\r\n";

    // 若檔案名稱不是空白，表示上傳成功，就加入附加檔案
    if ($_FILES{"myfile"}{"name"} != "")
    {
      $file = $_FILES{"myfile"}{"tmp_name"};
      $file_name = $_FILES{"myfile"}{"name"};
      $content_type = $_FILES{"myfile"}{"type"};

      // 開啟檔案
      $fp = fopen($file, "rb");

      // 讀取檔案內容
      $data = fread($fp, filesize($file));

      // 使用 MIME base64 來對 $data 編碼
      $data = chunk_split(base64_encode($data));

      // 加入附加檔案
      $content .= "Content-Type: $content_type; name=$file_name\r\n";
      $content .= "Content-Disposition: attachment; filename=$file_name\r\n";
      $content .= "Content-Transfer-Encoding: base64\r\n\r\n";
      $content .= "$data\r\n";
      $content .= "--$mime_boundary--\r\n";
    }

    // 傳送郵件
    mail($to_email, $subject, $content, $header);
?>
```

會員管理系統

16-1　認識會員管理系統

16-2　組成網頁的檔案清單

16-3　網頁的執行流程

16-4　您必須具備的背景知識

16-5　完整程式碼列表

16-1 認識會員管理系統

會員管理系統也是網頁常見的功能之一，瀏覽者欲進入某個網站，必須先申請加入該網站的會員，加入會員通常是免費的。

以下各圖是我們即將要製作的會員管理系統，第一次拜訪這個網站的人都必須先加入會員，等擁有一組唯一的帳號與密碼後，就可以從首頁登入網站，如圖(一)，成功登入後，可以進一步修改自己的資料、刪除自己的資料或登出網站，如圖(二)。至於其它會員獨享的功能，就請您自己創作吧！

另外要說明的是當會員忘記密碼時，可以點取首頁的「查詢密碼」超連結來查詢自己的密碼，有使用郵件通知和網頁顯示密碼兩種選擇。

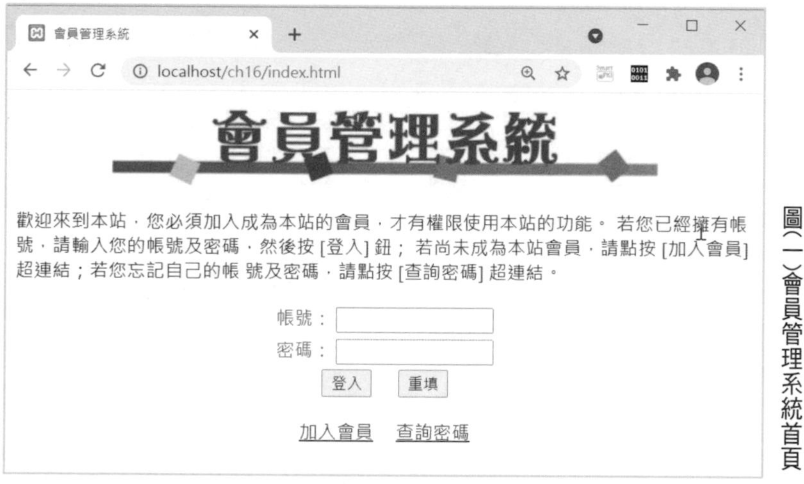

圖(一)會員管理系統首頁

圖(二)會員專區網頁

加入會員

Join

請填入下列資料 (標示「*」欄位請務必填寫)	
*使用者帳號：	jean (請使用英文或數字鍵)
*使用者密碼：	•••••••• (請使用英文或數字鍵)
*密碼確認：	•••••••• (再輸入一次密碼)
*姓名：	小丸子
*性別：	○男 ◉女
*生日：	民國 91 年 10 月 5 日
電話：	(02)1234-5678
行動電話：	(0920)168-168
地址：	台北市羅斯福路三段9號
E-mail 帳號：	jean@hotmail.com
個人網站：	http://
備註：	
加入會員 重新填寫	

圖(三)加入會員網頁

註冊成功

Register Success

恭喜您已經註冊成功了，您的資料如下：（請勿按重新整理鈕）
帳號：jean
密碼：12345678
請記下您的帳號及密碼，然後登入網站。

圖(四)註冊成功網頁

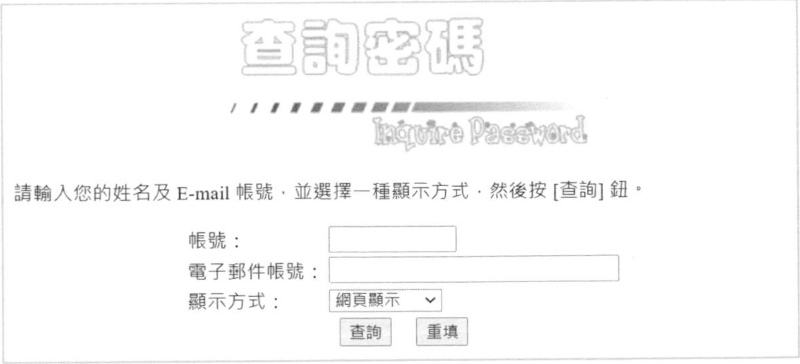

查詢密碼

Inquire Password

請輸入您的姓名及 E-mail 帳號，並選擇一種顯示方式，然後按 [查詢] 鈕。

帳號：
電子郵件帳號：
顯示方式： 網頁顯示
查詢 重填

圖(五)查詢密碼網頁

16-2 組成網頁的檔案清單

這個會員管理系統存放在本書範例程式的 \samples\ch16\ 資料夾，總共用到下列檔案。

檔案名稱	說明
所有 JPEG 圖檔	這些 JPEG 圖檔用來做為各個網頁的標題圖片。
index.html	這是首頁，瀏覽者可以加入會員、登入網站或查詢密碼，執行畫面如圖(一)。
join.html	這是加入會員網頁，執行畫面如圖(三)。
addmember.php	這是加入會員網頁 join.html 的表單處理程式，它會讀取瀏覽者在表單內輸入的資料，然後將使用者帳號和資料庫做比對，若該帳號有人使用，就顯示訊息要求更換，否則將取得的會員資料寫入資料庫，然後顯示註冊成功訊息，執行畫面如圖(四)。
checkpwd.php	這是首頁 index.html 的表單處理程式，它會檢查瀏覽者輸入的帳號與密碼是否錯誤，是就顯示對話方塊要求要求查明後再登入，否則將資料寫入 Cookie，然後導向到會員專區網頁 main.php。
main.php	在會員輸入正確的帳號與密碼後，會導向到這個程式，會員可以在此修改或刪除自己的資料，執行畫面如圖(二)。
modify.php	當會員在 main.php 點取「修改會員資料」超連結時，會連結到這個程式以修改會員資料。
update.php	這個程式負責蒐集從 modify.php 傳送出來的會員資料，然後更新會員資料。
delete.php	當會員在 main.php 點取「刪除會員資料」超連結時，會連結到這個程式以刪除會員資料。
logout.php	當會員在 main.php 點取「修改會員資料」超連結時，會連結到這個程式以登出網站。
search_pwd.html	這是查詢密碼網頁，執行畫面如圖(五)。
search.php	取得 search_pwd.html 的表單資料來查詢密碼，並根據會員選擇的查詢方式，將帳號與密碼顯示在網頁上或以電子郵件寄給會員。
member 資料庫	這個會員管理系統使用了名稱為 member 的資料庫，裡面包含一個 users 資料表，用來儲存會員資料。

這個會員管理系統使用了名稱為member的資料庫，裡面包含一個users資料表，用來儲存會員資料，其欄位結構如下。

欄位名稱	資料型態	長度	主索引鍵	說明
id	INT	-	☑	編號欄位 自動編號 (auto_increment)
account	VARCHAR	10	☐	帳號欄位
password	VARCHAR	10	☐	密碼欄位
name	VARCHAR	10	☐	姓名欄位
sex	CHAR	2	☐	性別欄位
year	TINYINT	-	☐	出生年欄位
month	TINYINT	-	☐	出生月欄位
day	TINYINT	-	☐	出生日欄位
telephone	VARCHAR	20	☐	電話欄位
cellphone	VARCHAR	20	☐	行動電話欄位
address	VARCHAR	50	☐	地址欄位
email	VARCHAR	50	☐	電子郵件欄位
url	VARCHAR	50	☐	個人網址欄位
comment	TEXT		☐	備忘欄位

您可以自己建立資料庫或匯入本書為您準備的資料庫備份檔 (位於本書範例程式的 \database\member.sql)，有關如何匯入 MariaDB/MySQL 資料庫，可以參考第 11-2-6 節的說明。

16-3 網頁的執行流程

這個會員管理系統的執行流程如下，您可以由此瞭解整個程式如何運作。

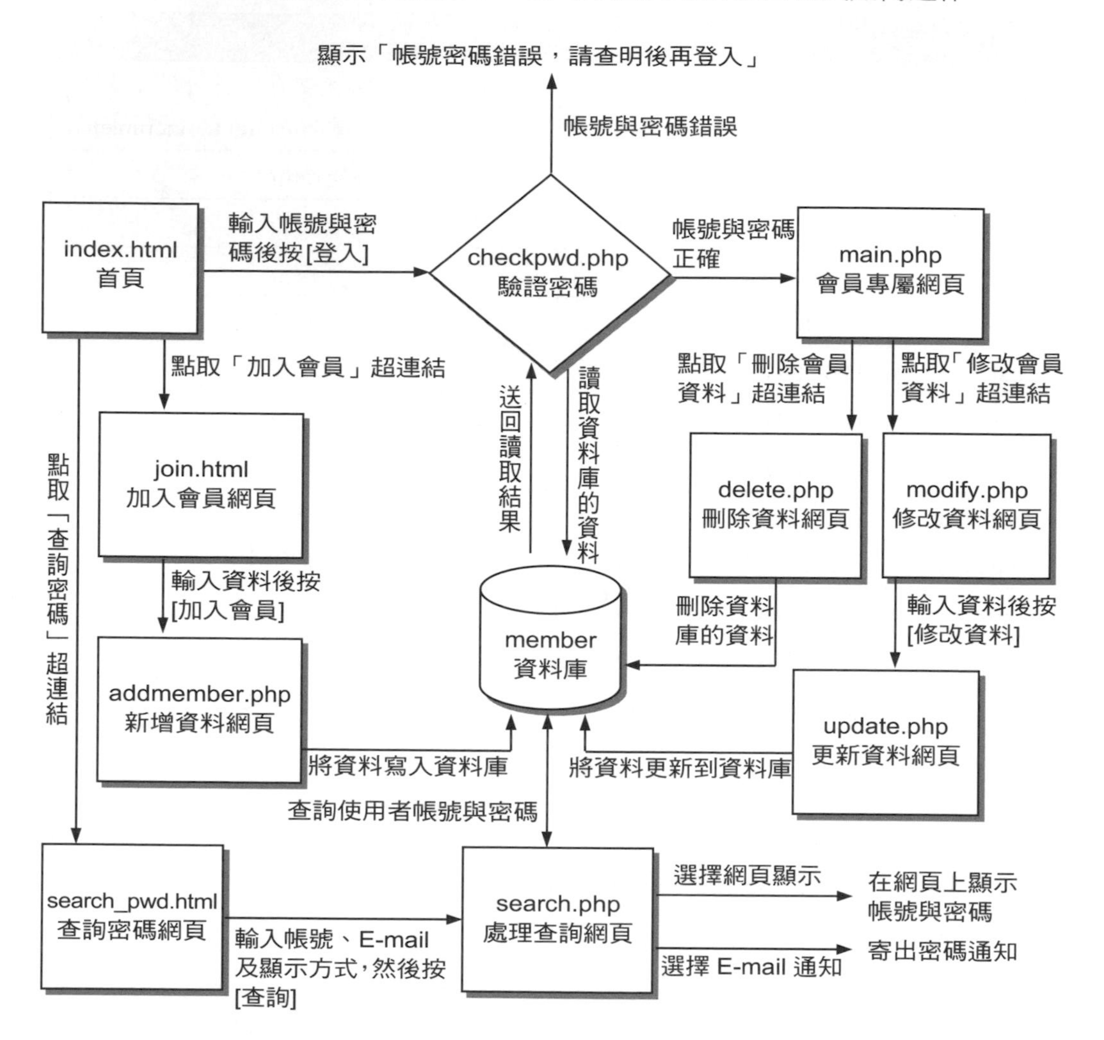

會員只要在首頁 **index.html** 中輸入帳號與密碼，然後按 [登入]，就可以登入網站；非會員可以點取「加入會員」超連結來註冊成為會員；若會員忘記密碼，可以點取「查詢密碼」超連結來查詢密碼。

當非會員在 index.html 點取「加入會員」超連結時，會連結到 join.html，待輸入會員資料 (* 符號表示一定要填寫) 並按 [加入會員] 後，就會呼叫 join.html 的 check_data() 函式，這個函式用來驗證會員資料是否正確，正確的話，就執行 addmember.php，將會員資料寫入資料庫。

當會員在 index.html 輸入帳號與密碼並按 [登入] 時，會執行 checkpwd.php，檢查帳號與密碼是否正確，錯誤的話，就顯示「帳號密碼錯誤，請查明後再登入」，否則導向到 main.php，此時，會員可以修改或刪除自己的資料。當會員點取「修改會員資料」超連結時，會連結到 modify.php，在會員輸入資料並按 [修改資料] 後，就執行 update.php，將會員資料更新到資料庫；當會員點取「刪除會員資料」超連結時，會連結到 delete.php，將會員資料從資料庫中刪除。

當會員在 index.html 點取「查詢密碼」超連結時，會連結到 search_pwd.html，只要輸入會員的帳號與 E-mail 帳號，然後選擇一種顯示方式，再按 [查詢]，就會執行 search.php，這個程式會根據輸入的帳號與 E-mail 帳號，到資料庫比對每一筆資料，若找到符合的資料，就根據會員選擇的顯示方式，將帳號與密碼顯示在網頁上或以電子郵件寄給會員。

16-4 您必須具備的背景知識

- 首先，您必須熟悉 HTML 語法或其它網頁編輯軟體。
- 其次，您必須瞭解表單的製作方式及如何讀取表單資料。
- 其三，您必須懂得如何使用 mail() 函式傳送郵件。
- 其四，您必須懂得如何存取 Cookie。
- 其五，基本的 JavaScript 語法，我們將使用它來驗證資料。
- 最後，您當然得熟悉 SQL 語法及如何存取 MariaDB/MySQL 資料庫。

16-5 完整程式碼列表

index.html

這是會員管理系統的首頁，瀏覽者可以加入會員、登入網站或查詢密碼，執行畫面如第 16-2 頁的圖(一)。

\ch16\index.html (下頁續 1/2)

```
<!DOCTYPE html>
<html>
  <head>
    <meta charset="utf-8">
    <title>會員管理系統</title>
    <script type="text/javascript">
      function check_data()
      {
        if (document.myForm.account.value.length == 0)
          alert("帳號欄位不可以空白哦！");
        else if (document.myForm.password.value.length == 0)
          alert("密碼欄位不可以空白哦！");
        else
          myForm.submit();
      }
    </script>
  </head>
  <body>
    <p align="center"><img src="member.jpg"></p>
    <p>歡迎來到本站，您必須加入成為本站的會員，才有權限使用本站的功能。若您已
    經擁有帳號，請輸入您的帳號及密碼，然後按 [登入] 鈕；若尚未成為本站會員，請
    點按 [加入會員] 超連結；若您忘記自己的帳號及密碼，請點按 [查詢密碼] 超連結。</p>
    <form action="checkpwd.php" method="post" name="myForm">
      <table width="40%" align="center">
        <tr>
          <td align="center">
            <font color="#3333FF">帳號：</font>
              <input name="account" type="text" size="15">
```

\ch16\index.html (接上頁 2/2)

```
            </td>
          </tr>
          <tr>
            <td align="center">
              <font color="#3333FF">密碼：</font>
              <input name="password" type="password" size="15">
            </td>
          </tr>
          <tr>
            <td align="center">
              <input type="button" value="登入" onClick="check_data()">
              <input type="reset" value="重填">
            </td>
          </tr>
        </table>
      </form>
      <p align="center">
        <a href="join.html">加入會員</a>
        <a href="search_pwd.html">查詢密碼</a></p>
  </body>
</html>
```

join.html

這是加入會員網頁，執行畫面如第 16-3 頁的圖(三)。

\ch16\join.html (下頁續 1/6)

```
001:<!DOCTYPE html>
002:<html>
003:  <head>
004:    <title>加入會員</title>
005:    <meta charset="utf-8">
006:    <script type="text/javascript">
007:      function check_data()
008:      {
```

\ch16\join.html (下頁續 2/6)

```
009:        if (document.myForm.account.value.length == 0)
010:        {
011:          alert("「使用者帳號」一定要填寫哦...");
012:          return false;
013:        }
014:        if (document.myForm.account.value.length > 10)
015:        {
016:          alert("「使用者帳號」不可以超過 10 個字元哦...");
017:          return false;
018:        }
019:        if (document.myForm.password.value.length == 0)
020:        {
021:          alert("「使用者密碼」一定要填寫哦...");
022:          return false;
023:        }
024:        if (document.myForm.password.value.length > 10)
025:        {
026:          alert("「使用者密碼」不可以超過 10 個字元哦...");
027:          return false;
028:        }
029:        if (document.myForm.re_password.value.length == 0)
030:        {
031:          alert("「密碼確認」欄位忘了填哦...");
032:          return false;
033:        }
034:        if (document.myForm.password.value != document.myForm.re_password.value)
035:        {
036:          alert("「密碼確認」欄位與「使用者密碼」欄位一定要相同...");
037:          return false;
038:        }
039:        if (document.myForm.name.value.length == 0)
040:        {
041:          alert("您一定要留下真實姓名哦！");
042:          return false;
043:        }
```

\ch16\join.html (下頁續 3/6)

```
044:        if (document.myForm.year.value.length == 0)
045:        {
046:          alert("您忘了填「出生年」欄位了...");
047:          return false;
048:        }
049:        if (document.myForm.month.value.length == 0)
050:        {
051:          alert("您忘了填「出生月」欄位了...");
052:          return false;
053:        }
054:        if (document.myForm.month.value > 12 | document.myForm.month.value < 1)
055:        {
056:          alert("「出生月」應該介於 1-12 之間哦！");
057:          return false;
058:        }
059:        if (document.myForm.day.value.length == 0)
060:        {
061:          alert("您忘了填「出生日」欄位了...");
062:          return false;
063:        }
064:        if (document.myForm.month.value == 2 & document.myForm.day.value > 29)
065:        {
066:          alert("二月只有 28 天，最多 29 天");
067:          return false;
068:        }
069:        if (document.myForm.month.value == 4 | document.myForm.month.value == 6
070:          | document.myForm.month.value == 9 | document.myForm.month.value == 11)
071:        {
072:          if (document.myForm.day.value > 30)
073:          {
074:            alert("4 月、6 月、9 月、11 月只有 30 天哦！");
075:            return false;
076:          }
077:        }
078:        else
```

\ch16\join.html (下頁續 4/6)

```
079:            {
080:               if (document.myForm.day.value > 31)
081:               {
082:                  alert("1 月、3 月、5 月、7 月、8 月、10 月、12 月只有 31 天哦！");
083:                  return false;
084:               }
085:            }
086:            if (document.myForm.day.value > 31 | document.myForm.day.value < 1)
087:            {
088:               alert("出生日應該在 1-31 之間");
089:               return false;
090:            }
091:            myForm.submit();
092:         }
093:      </script>
094:   </head>
095:   <body>
096:      <p align="center"><img src="join.jpg"></p>
097:      <form action="addmember.php" method="post" name="myForm">
098:         <table border="2" align="center" bordercolor="#6666FF">
099:            <tr>
100:               <td colspan="2" bgcolor="#6666FF" align="center">
101:                  <font color="#FFFFFF">請填入下列資料 (標示「*」欄位請務必填寫)</font>
102:               </td>
103:            </tr>
104:            <tr bgcolor="#99FF99">
105:               <td align="right">*使用者帳號：</td>
106:               <td><input name="account" type="text" size="15">
107:               (請使用英文或數字鍵)</td>
108:            </tr>
109:            <tr bgcolor="#99FF99">
110:               <td align="right">*使用者密碼：</td>
111:               <td><input name="password" type="password" size="15">
112:               (請使用英文或數字鍵)</td>
113:            </tr>
```

\ch16\join.html (下頁續 5/6)

```
114:        <tr bgcolor="#99FF99">
115:          <td align="right">*密碼確認：</td>
116:          <td><input name="re_password" type="password" size="15">
117:          (再輸入一次密碼)</td>
118:        </tr>
119:        <tr bgcolor="#99FF99">
120:          <td align="right">*姓名：</td>
121:          <td><input name="name" type="text" size="8"></td>
122:        </tr>
123:        <tr bgcolor="#99FF99">
124:          <td align="right">*性別：</td>
125:          <td>
126:            <input type="radio" name="sex" value="男" checked>男
127:            <input type="radio" name="sex" value="女">女
128:          </td>
129:        </tr>
130:        <tr bgcolor="#99FF99">
131:          <td align="right">*生日：</td>
132:          <td>民國
133:            <input name="year" type="TEXT" size="2">年
134:            <input name="month" type="TEXT" size="2">月
135:            <input name="day" type="TEXT" size="2">日
136:          </td>
137:        </tr>
138:        <tr bgcolor="#99FF99">
139:          <td align="right">電話：</td>
140:          <td><input name="telephone" type="text" size="20"></td>
141:        </tr>
142:        <tr bgcolor="#99FF99">
143:          <td align="right">行動電話：</td>
144:          <td><input name="cellphone" type="text" size="20"></td>
145:        </tr>
146:        <tr bgcolor="#99FF99">
147:          <td align="right">地址：</td>
148:          <td><input name="address" type="text" size="45"></td>
149:        </tr>
```

\ch16\join.html (接上頁 6/6)

```
150:            <tr bgcolor="#99FF99">
151:              <td align="right">E-mail 帳號：</td>
152:              <td><input name="email" type="text" size="30"></td>
153:            </tr>
154:            <tr bgcolor="#99FF99">
155:              <td align="right">個人網站：</td>
156:              <td><input name="url" type="text" value="http://" size="40"></td>
157:            </tr>
158:            <tr bgcolor="#99FF99">
159:              <td align="right">備註：</td>
160:              <td><textarea name="comment" cols="45" rows="4" ></textarea></td>
161:            </tr>
162:            <tr bgcolor="#99FF99">
163:              <td align="center" colspan="2">
164:                <input type="button" value="加入會員" onClick="check_data()">
165:                <input type="reset" value="重新填寫">
166:              </td>
167:            </tr>
168:          </table>
169:        </form>
170:    </body>
171:</html>
```

這個網頁的原始碼長達六頁，看似複雜，其實很單純，所有概念在前面的章節中都已經講解過，重要的是第 007 ~ 092 行的 check_data() 函式，其它說明如下：

- 054 ~ 058：判斷輸入的月份是否在 1 ~ 12 之間，若不在範圍內，表示輸入的月份錯誤。
- 064 ~ 068：判斷當輸入的月份是 2 月時，若日期超過 29 日，表示輸入的日期錯誤，若日期為 29 日，可能對也可能錯，因為每四年會出現一次 2 月 29 日。

- 069 ~ 085：判斷當輸入的月份是 4、6、9、11 月時，若日期超過 30 日，表示輸入的日期錯誤，而當輸入的月份是 1、3、5、7、8、10、12 月時，若日期超過 31 日，表示輸入的日期錯誤。

- 086 ~ 090：判斷輸入的日期是否在 1 ~ 31 之間，若不在範圍內，表示輸入的日期錯誤。

addmember.php

這是加入會員網頁 join.html 的表單處理程式，它會讀取瀏覽者在表單內輸入的資料，然後將使用者帳號（account）和資料庫的 account 欄位做比對，若有相同的 account 資料（即 mysqli_num_rows($result) != 0），表示該帳號有人使用，就執行 if 選擇結構內的程式碼，顯示訊息要求更換帳號並返回上一頁；相反的，若沒有相同的 account 資料（即 mysqli_num_rows($result) == 0），表示該帳號無人使用，就將取得的會員資料寫入資料庫，然後顯示註冊成功訊息，執行畫面如第 16-3 頁的圖(四)。

\ch16\addmember.php (下頁續 1/3)

```
<?php
  require_once("dbtools.inc.php");
  // 取得表單資料
  $account = $_POST["account"];
  $password = $_POST["password"];
  $name = $_POST["name"];
  $sex = $_POST["sex"];
  $year = $_POST["year"];
  $month = $_POST["month"];
  $day = $_POST["day"];
  $telephone = $_POST["telephone"];
  $cellphone = $_POST["cellphone"];
  $address = $_POST["address"];
  $email = $_POST["email"];
  $url = $_POST["url"];
  $comment = $_POST["comment"];
```

\ch16\addmember.php (下頁續 2/3)

```
  // 建立資料連接
  $link = create_connection();

  // 將使用者帳號 (account) 和資料庫的 account 欄位做比對
  $sql = "SELECT * FROM users Where account = '$account'";
  $result = execute_sql($link, "member", $sql);

  // 若該帳號有人使用，就顯示訊息要求更換帳號並返回上一頁
  if (mysqli_num_rows($result) != 0)
  {
    // 釋放記憶體空間
    mysqli_free_result($result);

    echo "<script type='text/javascript'>";
    echo "alert('您所指定的帳號已經有人使用，請使用其它帳號');";
    echo "history.back();";
    echo "</script>";
  }
  // 否則將取得的資料寫入資料庫
  else
  {
    // 釋放記憶體空間
    mysqli_free_result($result);

    // 將會員資料寫入資料庫
    $sql = "INSERT INTO users (account, password, name, sex,
            year, month, day, telephone, cellphone, address,
            email, url, comment) VALUES ('$account', '$password',
            '$name', '$sex', $year, $month, $day, '$telephone',
            '$cellphone', '$address', '$email', '$url', '$comment')";
    $result = execute_sql($link, "member", $sql);
  }

  // 關閉資料連接
  mysqli_close($link);
?>
```

\ch16\addmember.php (接上頁 3/3)

```
<!DOCTYPE html>
<html>
  <head>
    <meta charset="utf-8">
    <title>新增帳號成功</title>
  </head>
  <body bgcolor="#FFFFFF">
    <p align="center"><img src="Success.jpg">
    <p align="center">恭喜您已經註冊成功了，您的資料如下：（請勿按重新整理鈕）<br>
      帳號：<font color="#FF0000"><?php echo $account ?></font><br>
      密碼：<font color="#FF0000"><?php echo $password ?></font><br>
      請記下您的帳號及密碼，然後<a href="index.html">登入網站</a>。
    </p>
  </body>
</html>
```

checkpwd.php

這是首頁 index.html 的表單處理程式，它會檢查瀏覽者輸入的帳號與密碼是否錯誤，是就顯示對話方塊要求查明後再登入，否則將資料寫入 Cookie，然後導向到會員專區網頁 main.php。

\ch16\checkpwd.php (下頁續 1/2)

```
01:<?php
02:   require_once("dbtools.inc.php");
03:   header("Content-type: text/html; charset=utf-8");
04:
05:   // 取得表單資料
06:   $account = $_POST["account"];
07:   $password = $_POST["password"];
08:   // 建立資料連接
09:   $link = create_connection();
10:   // 將帳號與密碼和資料庫的記錄做比對
11:   $sql = "SELECT * FROM users Where account = '$account' AND password = '$password'";
12:   $result = execute_sql($link, "member", $sql);
```

\ch16\checkpwd.php (接上頁 2/2)

```
13:  // 若帳號與密碼錯誤，就顯示對話方塊要求查明後再登入
14:  if (mysqli_num_rows($result) == 0)
15:  {
16:    // 釋放記憶體空間
17:    mysqli_free_result($result);
18:    // 關閉資料連接
19:    mysqli_close($link);
20:    echo "<script type='text/javascript'>";
21:    echo "alert('帳號密碼錯誤，請查明後再登入');";
22:    echo "history.back();";
23:    echo "</script>";
24:  }
25:  // 否則將資料寫入 Cookie，然後導向到會員專區網頁
26:  else
27:  {
28:    // 取得 id 欄位
29:    $id = mysqli_fetch_object($result)->id;
30:
31:    // 釋放記憶體空間
32:    mysqli_free_result($result);
33:    // 關閉資料連接
34:    mysqli_close($link);
35:
36:    // 將資料寫入 Cookie，然後導向到會員專區網頁
37:    setcookie("id", $id);
38:    setcookie("passed", "TRUE");
39:    header("location:main.php");
40:  }
41:?>
```

- 14 ~ 24：若在資料庫內找不到帳號與密碼符合的資料，就顯示對話方塊要求查明後再登入。

- 26 ~ 40：若在資料庫內找到帳號與密碼符合的資料，就將資料寫入 Cookie，以利後續的驗證，然後導向到會員專區網頁。

main.php

在會員輸入正確的帳號與密碼後，會導向到這個會員專區網頁，會員可以在此修改或刪除自己的資料，執行畫面如第 16-2 頁的圖(二)。

\ch16\main.php

```
01:<?php
02:  $passed = $_COOKIE["passed"];
03:  // 若 cookie 中的變數 passed 不等於 TRUE，表示尚未登入網站，就導向到首頁
04:  if ($passed != "TRUE")
05:  {
06:    header("location:index.html");
07:    exit();
08:  }
09:?>
10:<!DOCTYPE html>
11:<html>
12:  <head>
13:    <title>會員管理</title>
14:    <meta charset="utf-8">
15:  </head>
16:  <body>
17:    <p align="center"><img src="management.jpg"></p>
18:    <p align="center">
19:      <a href="modify.php">修改會員資料</a>     
20:      <a href="delete.php">刪除會員資料</a>     
21:      <a href="logout.php">登出網站</a></p>
22:  </body>
23:</html>
```

第 04 ~ 08 行用來判斷 Cookie 中的變數 passed 是否不等於 TRUE，請您回想 checkpwd.php 的第 38 行，當瀏覽者輸入正確的帳號與密碼時，表示為會員，會執行 setcookie("passed", "TRUE")，因此，當 $_COOKIE["passed"] 不等於 TRUE 時，表示瀏覽者沒有通過密碼證驗，此時會導向到首頁 index.html，讓瀏覽者輸入帳號與密碼，此項功能用來防止有人直接從某一會員網頁進入系統。

modify.php

當會員在會員專區網頁 main.php 點取「修改會員資料」超連結時，會連結到 modify.php，執行畫面如下圖，只要填妥資料並按 [修改資料]，就會執行 update.php，將會員資料更新到資料庫。

\ch16\modify.php (下頁續 1/6)

```
001:<?php
002:   $passed = $_COOKIE["passed"];
003:   //若 cookie 中的變數 passed 不等於 TRUE，表示尚未登入網站，就導向到首頁
004:   if ($passed != "TRUE")
005:   {
006:     header("location:index.html");
007:     exit();
008:   }
009:   // 否則從資料庫讀取會員資料
010:   else
011:   {
```

\ch16\modify.php (下頁續 2/6)

```
012:      require_once("dbtools.inc.php");
013:      $id = $_COOKIE["id"];
014:      // 建立資料連接
015:      $link = create_connection();
016:      // 執行 SELECT 陳述式取得會員資料
017:      $sql = "SELECT * FROM users Where id = $id";
018:      $result = execute_sql($link, "member", $sql);
019:      $row = mysqli_fetch_assoc($result);
020:?>
021:<!DOCTYPE html>
022:<html>
023:    <head>
024:      <title>修改會員資料</title>
025:      <meta charset="utf-8">
026:      <script type="text/javascript">
027:        function check_data()
028:        {
029:          if (document.myForm.password.value.length == 0)
030:          {
031:            alert("「使用者密碼」一定要填寫哦...");
032:            return false;
033:          }
034:          if (document.myForm.password.value.length > 10)
035:          {
036:            alert("「使用者密碼」不可以超過 10 個字元哦...");
037:            return false;
038:          }
039:          if (document.myForm.re_password.value.length == 0)
040:          {
041:            alert("「密碼確認」欄位忘了填哦...");
042:            return false;
043:          }
044:          if (document.myForm.password.value != document.myForm.re_password.value)
045:          {
046:            alert("「密碼確認」欄位與「使用者密碼」欄位一定要相同...");
047:            return false;
048:          }
049:          if (document.myForm.name.value.length == 0)
```

\ch16\modify.php (下頁續 3/6)

```
050:         {
051:            alert("您一定要留下真實姓名哦！");
052:            return false;
053:         }
054:         if (document.myForm.year.value.length == 0)
055:         {
056:            alert("您忘了填「出生年」欄位了...");
057:            return false;
058:         }
059:         if (document.myForm.month.value.length == 0)
060:         {
061:            alert("您忘了填「出生月」欄位了...");
062:            return false;
063:         }
064:         if (document.myForm.month.value > 12 | document.myForm.month.value < 1)
065:         {
066:            alert("「出生月」應該介於 1-12 之間哦！");
067:            return false;
068:         }
069:         if (document.myForm.day.value.length == 0)
070:         {
071:            alert("您忘了填「出生日」欄位了...");
072:            return false;
073:         }
074:         if (document.myForm.month.value == 2 & document.myForm.day.value > 29)
075:         {
076:            alert("二月只有 28 天，最多 29 天");
077:            return false;
078:         }
079:         if (document.myForm.month.value == 4 | document.myForm.month.value == 6
080:            | document.myForm.month.value == 9 | document.myForm.month.value == 11)
081:         {
082:            if (document.myForm.day.value > 30)
083:            {
084:               alert("4 月、6 月、9 月、11 月只有 30 天哦！");
085:               return false;
086:            }
087:         }
088:         else
089:         {
```

\ch16\modify.php (下頁續 4/6)

```
090:               if (document.myForm.day.value > 31)
091:               {
092:                  alert("1 月、3 月、5 月、7 月、8 月、10 月、12 月只有 31 天哦！");
093:                  return false;
094:               }
095:            }
096:            if (document.myForm.day.value > 31 | document.myForm.day.value < 1)
097:            {
098:               alert("出生日應該在 1-31 之間");
099:               return false;
100:            }
101:            myForm.submit();
102:         }
103:      </script>
104:   </head>
105:   <body>
106:      <p align="center"><img src="modify.jpg"></p>
107:      <form name="myForm" method="post" action="update.php">
108:         <table border="2" align="center" bordercolor="#6666FF">
109:            <tr>
110:               <td colspan="2" bgcolor="#6666FF" align="center">
111:                  <font color="#FFFFFF">請填入下列資料 (標示「*」欄位請務必填寫)</font>
112:               </td>
113:            </tr>
114:            <tr bgcolor="#99FF99">
115:               <td align="right">*使用者帳號：</td>
116:               <td><?php echo $row["account"] ?></td>
117:            </tr>
118:            <tr bgcolor="#99FF99">
119:               <td align="right">*使用者密碼：</td>
120:               <td>
121:                  <input type="password" name="password" size="15"
122:                     value="<?php echo $row["password"] ?>">
123:                  (請使用英文或數字鍵，勿使用特殊字元)
124:               </td>
125:            </tr>
126:            <tr bgcolor="#99FF99">
127:               <td align="right">*密碼確認：</td>
128:               <td>
```

\ch16\modify.php (下頁續 5/6)

```
129:                <input type="password" name="re_password" size="15"
130:                  value="<?php echo $row["password"] ?>">
131:                (再輸入一次密碼，並記下您的使用者名稱與密碼)
132:              </td>
133:            </tr>
134:            <tr bgcolor="#99FF99">
135:              <td align="right">*姓名：</td>
136:              <td><input type="text" name="name" size="8"
137:                value="<?php echo $row["name"] ?>"></td>
138:            </tr>
139:            <tr bgcolor="#99FF99">
140:              <td align="right">*性別：</td>
141:              <td>
142:                <input type="radio" name="sex" value="男" checked>男
143:                <input type="radio" name="sex" value="女">女
144:              </td>
145:            </tr>
146:            <tr bgcolor="#99FF99">
147:              <td align="right">*生日：</td>
148:              <td>民國
149:                <input type="text" name="year" size="2" value="<?php echo $row["year"] ?>">年
150:                <input type="text" name="month" size="2"
151:                  value="<?php echo $row["month"] ?>">月
152:                <input type="text" name="day" size="2" value="<?php echo $row["day"] ?>">日
153:              </td>
154:            </tr>
155:            <tr bgcolor="#99FF99">
156:              <td align="right">電話：</td>
157:              <td>
158:                <input type="text" name="telephone" size="20"
159:                  value="<?php echo $row["telephone"] ?>">
160:                (依照 (02) 2311-3836 格式 or (04) 657-4587)
161:              </td>
162:            </tr>
163:            <tr bgcolor="#99FF99">
164:              <td align="right">行動電話：</td>
165:              <td>
166:                <input type="text" name="cellphone" size="20"
167:                  value="<?php echo $row["cellphone"] ?>">
```

\ch16\modify.php (接上頁 6/6)

```
168:                (依照 (0922) 302-228 格式)
169:              </td>
170:            </tr>
171:            <tr bgcolor="#99FF99">
172:              <td align="right">地址：</td>
173:              <td><input type="text" name="address" size="45"
174:                value="<?php echo $row["address"] ?>"></td>
175:            </tr>
176:            <tr bgcolor="#99FF99">
177:              <td align="right">E-mail 帳號：</td>
178:              <td><input type="text" name="email" size="30"
179:                value="<?php echo $row["email"] ?>"></td>
180:            </tr>
181:            <tr bgcolor="#99FF99">
182:              <td align="right">個人網站：</td>
183:              <td><input type="text" name="url" size="40"
184:                value="<?php echo $row["url"] ?>"></td>
185:            </tr>
186:            <tr bgcolor="#99FF99">
187:              <td align="right">備註：</td>
188:              <td><textarea name="comment" rows="4" cols="45">
189:                <?php echo $row["comment"] ?></textarea></td>
190:            </tr>
191:            <tr bgcolor="#99FF99">
192:              <td colspan="2" align="CENTER">
193:                <input type="button" value="修改資料" onClick="check_data()">
194:                <input type="reset" value="重新填寫">
195:              </td>
196:            </tr>
197:          </table>
198:        </form>
199:      </body>
200:</html>
201:<?php
202:        mysqli_free_result($result);
203:        mysqli_close($link);
204:      }
205:?>
```

- 004 ~ 008：判斷 Cookie 中的變數 passed 是否不等於 TRUE，請您回想 checkpwd.php 的第 38 行，當瀏覽者輸入正確的帳號與密碼時，表示為會員，會執行 setcookie("passed", "TRUE")，因此，當 $_COOKIE["passed"] 不等於 TRUE 時，表示瀏覽者沒有通過密碼證驗，此時會導向到首頁 index.html，讓瀏覽者輸入帳號與密碼，此項功能用來防止有人直接從某一會員網頁進入系統。
- 010 ~ 019：根據 Cookie 中變數 id 的值，從資料庫讀取目前要進行修改的會員資料。
- 107 ~ 198：這段程式碼和 join.html 的程式碼類似，只是將每個文字輸入欄位的初始值設定為原會員資料，此處不再重複講解。

update.php

這個程式負責蒐集從 modify.php 傳送出來的會員資料，然後更新到資料庫，執行畫面如下圖。

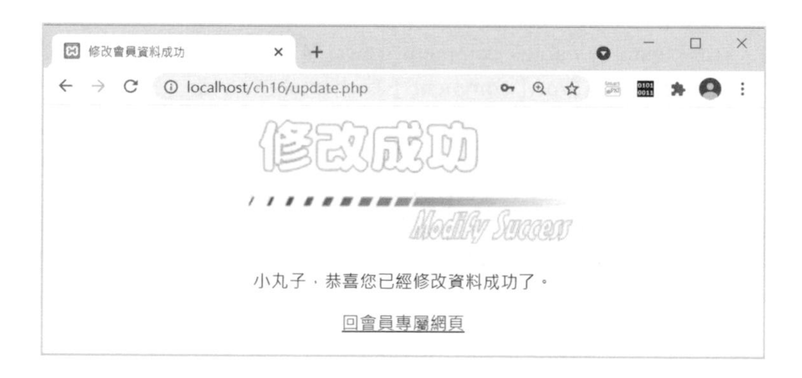

\ch16\update.php (下頁續 1/3)

```
<?php
  $passed = $_COOKIE["passed"];
  // 若 cookie 中的變數 passed 不等於 TRUE，表示尚未登入網站，就導向到首頁
  if ($passed != "TRUE")
  {
```

\ch16\update.php (下頁續 2/3)

```
    header("location:index.html");
    exit();
  }
  // 否則從資料庫讀取會員資料
  else
  {
    require_once("dbtools.inc.php");

    // 取得 modify.php 傳送出來的會員資料
    $id = $_COOKIE["id"];
    $password = $_POST["password"];
    $name = $_POST["name"];
    $sex = $_POST["sex"];
    $year = $_POST["year"];
    $month = $_POST["month"];
    $day = $_POST["day"];
    $telephone = $_POST["telephone"];
    $cellphone = $_POST["cellphone"];
    $address = $_POST["address"];
    $email = $_POST["email"];
    $url = $_POST["url"];
    $comment = $_POST["comment"];

    // 建立資料連接
    $link = create_connection();
    // 執行 UPDATE 陳述式來更新會員資料
    $sql = "UPDATE users SET password = '$password', name = '$name',
            sex = '$sex', year = $year, month = $month, day = $day,
            telephone = '$telephone', cellphone = '$cellphone',
            address = '$address', email = '$email', url = '$url',
            comment = '$comment' WHERE id = $id";
    $result = execute_sql($link, "member", $sql);
    // 關閉資料連接
    mysqli_close($link);
  }
?>
```

\ch16\update.php (接上頁 3/3)

```
<!DOCTYPE html>
<html>
  <head>
    <title>修改會員資料成功</title>
    <meta charset="utf-8">
  </head>
  <body>
    <center>
      <img src="revise.jpg"><br><br>
      <?php echo $name ?>，恭喜您已經修改資料成功了。
      <p><a href="main.php">回會員專屬網頁</a></p>
    </center>
  </body>
</html>
```

delete.php

當會員在會員專區網頁 main.php 點取「刪除會員資料」超連結時，會連結到 delete.php，將會員資料從資料庫中刪除，執行畫面如下圖。

\ch16\delete.php

```
<?php
  $passed = $_COOKIE["passed"];
  // 若 cookie 中的變數 passed 不等於 TRUE，表示尚未登入網站，就導向到首頁
  if ($passed != "TRUE")
  {
    header("location:index.html");
    exit();
  }
  // 否則刪除會員資料
  else
  {
    require_once("dbtools.inc.php");
    $id = $_COOKIE["id"];
    // 建立資料連接
    $link = create_connection();
    // 刪除會員資料
    $sql = "DELETE FROM users Where id = $id";
    $result = execute_sql($link, "member", $sql);
    // 關閉資料連接
    mysqli_close($link);
  }
?>
<!DOCTYPE html>
<html>
  <head>
    <meta charset="utf-8">
    <title>刪除會員資料成功</title>
  </head>
  <body bgcolor="#FFFFFF">
    <p align="center"><img src="erase.jpg"></p>
    <p align="center">您的資料已從本站中刪除，若要再次使用本站台服務，請重新申請，
      謝謝。</p>
    <p align="center"><a href="index.html">回首頁</a></p>
  </body>
</html>
```

search_pwd.html

這是查詢密碼網頁，執行畫面如第 16-3 頁的圖(五)。

\ch16\search_pwd.html

```
<!DOCTYPE html>
<html>
  <head>
    <meta charset="utf-8">
    <title>查詢密碼</title>
  </head>
  <body>
    <p align="center"><img src="inquire.jpg"></p>
    <p>請輸入您的姓名及 E-mail 帳號，並選擇一種顯示方式，然後按 [查詢] 鈕。</p>
    <form method="post" action="search.php" >
      <table align="center">
        <tr><td>帳號：</td>
          <td><input type="text" name="account" size="10"></td>
        </tr>
        <tr><td>電子郵件帳號：</td>
          <td><input type="text" name="email" size="30"></td>
        </tr>
        <tr><td>顯示方式：</td>
          <td>
            <select name="show_method">
              <option value="網頁顯示">網頁顯示</option>
              <option value="E-mail 傳送">E-mail 傳送</option>
            </select>
          </td>
        </tr>
        <tr>
          <td colspan="2" align="center">
            <input type="submit" value="查詢"><input type="reset" value="重填">
          </td>
        </tr>
      </table>
    </form>
  </body>
</html>
```

search.php

這是查詢密碼網頁 search_pwd.html 的表單處理程式，它會根據會員選擇的查詢方式，將帳號與密碼顯示在網頁上或以電子郵件寄給會員。

\ch16\search.php (下頁續 1/2)

```
<?php
  require_once("dbtools.inc.php");
  header("Content-type: text/html; charset=utf-8");

  // 取得表單資料
  $account = $_POST["account"];
  $email = $_POST["email"];
  $show_method = $_POST["show_method"];

  // 建立資料連接
  $link = create_connection();

  // 根據瀏覽者輸入的帳號與 email 到資料庫查詢會員資料
  $sql = "SELECT name, password FROM users WHERE
          account = '$account' AND email = '$email'";
  $result = execute_sql($link, "member", $sql);

  // 若會員資料不存在，就顯示對話方塊說明資料不存在
  if (mysqli_num_rows($result) == 0)
  {
    echo "<script type='text/javascript'>
            alert('您所查詢的資料不存在，請檢查是否輸入錯誤。');
            history.back();
          </script>";
  }
  // 否則根據會員選擇的查詢方式，將帳號與密碼顯示在網頁上或以電子郵件寄給會員
  else
  {
    $row = mysqli_fetch_object($result);
    $name = $row->name;
    $password = $row->password;
```

\ch16\search.php (接上頁 2/2)

```
    $message = "
      <!DOCTYPE html>
      <html>
        <head>
          <title></title>
          <meta http-equiv='Content-Type' content='text/html; charset=utf-8'>
        </head>
        <body>
          $name 您好，您的帳號資料如下：<br><br>
              帳號：$account<br>
              密碼：$password<br><br>
          <a href='http://localhost/ch16/index.html'>按此登入本站</a>
        </body>
      </html>";
    // 若選擇網頁顯示，就在網頁上顯示帳號與密碼
    if ($show_method == "網頁顯示")
    {
      echo $message;
    }
    // 否則將帳號與密碼寄到會員的 email 信箱，並顯示訊息通知會員
    else
    {
      $subject = "=?utf-8?B?" . base64_encode("帳號通知") . "?=";
      $headers  = "MIME-Version: 1.0\r\nContent-type: text/html; charset=utf-8\r\n ";
      mail($email, $subject, $message, $headers);
      echo "$name 您好，您的帳號資料已經寄至 $email<br><br>
        <a href='index.html'>按此登入本站</a>";
    }
  }

  // 釋放記憶體空間
  mysqli_free_result($result);
  // 關閉資料連接
  mysqli_close($link);
?>
```

線上投票系統

17-1　認識線上投票系統

17-2　組成網頁的檔案清單

17-3　網頁的執行流程

17-4　您必須具備的背景知識

17-5　完整程式碼列表

17-1 認識線上投票系統

您想設計一個線上投票系統嗎？本章可以讓您一償宿願喔！以下圖為例，您可以選擇自己喜歡的明星，然後輸入身分證字號，再按 [投票]，即可完成投票。若裡面沒有您喜歡的明星，可以按 [推薦候選人] 來推薦候選人，同時您也可以按 [觀看投票結果] 來觀看投票結果。

候選人	候選人介紹
宋芸樺	代表作「等一個人咖啡」、「我的少女時代」
郭采潔	代表作「小時代」系列
陳意涵	代表作「痞子英雄」、「新步步驚心」
張鈞甯	代表作「你照亮我星球」、「少年四大名捕」
林依晨	代表作「我可能不會愛你」、「蘭陵王」

圖(一)首頁

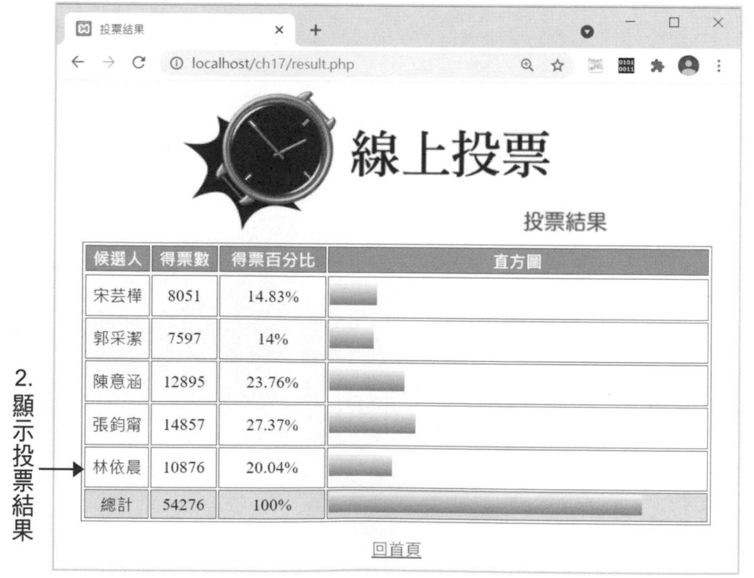

候選人	得票數	得票百分比	直方圖
宋芸樺	8051	14.83%	
郭采潔	7597	14%	
陳意涵	12895	23.76%	
張鈞甯	14857	27.37%	
林依晨	10876	20.04%	
總計	54276	100%	

圖(二)投票結果網頁

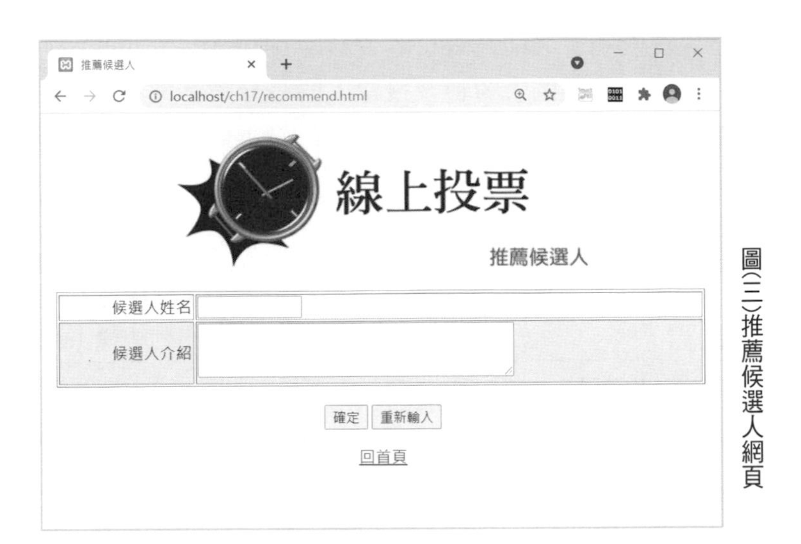

圖(三)推薦候選人網頁

17-2 組成網頁的檔案清單

這個線上投票系統存放在本書範例程式的 \samples\ch17\ 資料夾，總共用到下列檔案。

檔案名稱	說明
四個 JPEG 圖檔	三個 JPEG 圖檔用來做為各個網頁的標題圖片，另一個 JPEG 圖檔用來做為長條圖。
index.php	這是線上投票系統的首頁，瀏覽者可以在此投票，執行畫面如圖(一)。
recommend.html	這是推薦候選人網頁，執行畫面如圖(三)。
recommend.php	這是推薦候選人網頁的表單處理程式，它會檢查所推薦的人是否已經在候選人名單，若候選人已經存在，就不用推薦。
result.php	這是投票結果網頁，執行畫面如圖(二)。
vote.php	當瀏覽者在首頁 index.php 按 [投票] 時，就會執行這個程式，將瀏覽者的身分證字號寫入資料庫，並將被投票人的得票數加一。
vote 資料庫	這個線上投票系統使用了名稱為 vote 的資料庫，裡面包含 candidate 和 id_number 兩個資料表，用來儲存候選人資料及投票人的身分證字號。

這個線上投票系統使用了名稱為 vote 的資料庫，裡面包含 candidate 和 id_number 兩個資料表，用來儲存候選人資料及投票人的身分證字號，其欄位結構如下。您可以自己建立資料庫或匯入本書為您準備的資料庫備份檔（位於本書範例程式的 \database\vote.sql）。

欄位名稱	資料型態	長度	主索引鍵	說明
id	INT	-	☑	編號欄位 自動編號（auto_increment）
name	VARCHAR	20	☐	候選人姓名欄位
introduction	TEXT	-	☐	候選人介紹欄位
score	INT	-	☐	票數欄位

欄位名稱	資料型態	長度	主索引鍵	說明
id	VARCHAR	10	☐	身分證字號欄位

17-3 網頁的執行流程

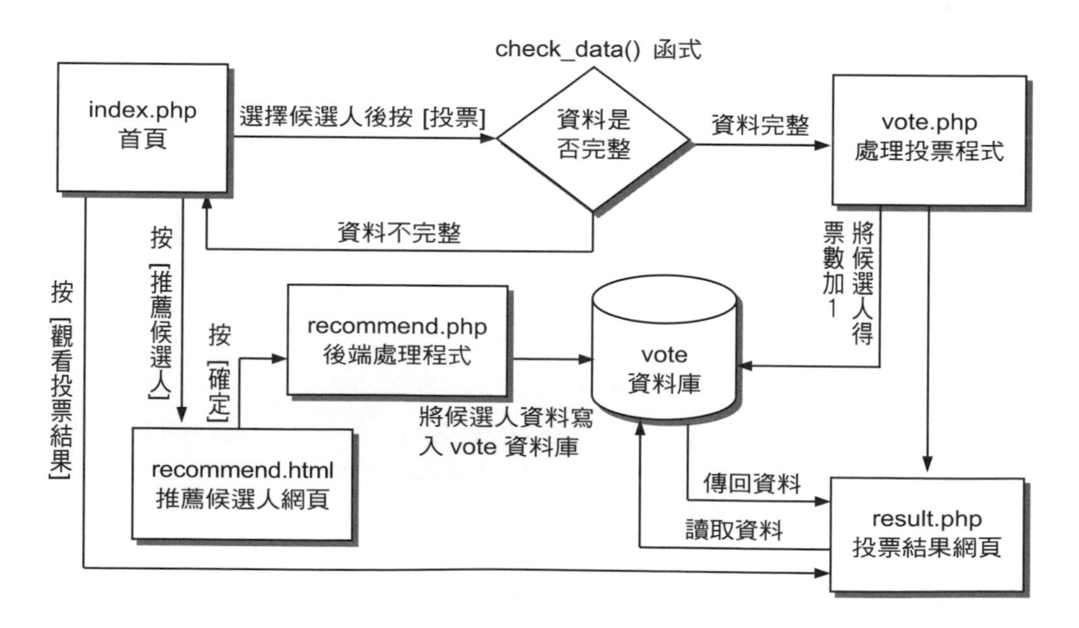

17-4 您必須具備的背景知識

- 首先，您必須熟悉 HTML 語法或其它網頁編輯軟體。
- 其次，您必須瞭解表單的製作方式及如何讀取表單資料。
- 其三，基本的 JavaScript 語法，我們將使用它來驗證身分證字號。
- 最後，您當然得熟悉 SQL 語法及如何存取 MariaDB/MySQL 資料庫。

17-5 完整程式碼列表

index.php

這是線上投票系統的首頁，瀏覽者可以在此投票，執行畫面如第 17-2 頁的圖(一)。

\ch17\index.php (下頁續 1/4)

```
001:<!DOCTYPE html>
002:<html>
003:   <head>
004:     <title>線上投票</title>
005:     <meta charset="utf-8">
006:     <script type="text/javascript">
007:       function check_data()
008:       {
009:         var id = document.myForm.id.value;
010:         var tab = "ABCDEFGHJKLMNPQRSTUVWXYZIO";
011:         var A1 = new Array (1,1,1,1,1,1,1,1,1,1,2,2,2,2,2,2,2,2,2,2,3,3,3,3,3,3 );
012:         var A2 = new Array (0,1,2,3,4,5,6,7,8,9,0,1,2,3,4,5,6,7,8,9,0,1,2,3,4,5 );
013:         var Mx = new Array (9,8,7,6,5,4,3,2,1,1);
014:
015:         // 將身分證字號的英文字母轉換為大寫
016:         id = id.toUpperCase();
017:
```

\ch17\index.php (下頁續 2/4)

```
018:         // 驗證身分證字號是否為 10 碼
019:         if (id.length != 10)
020:         {
021:           alert("身分證字號共有 10 碼");
022:           return false;
023:         }
024:
025:         // 驗證身分證字號的第一碼是否為英文字母
026:         var i = tab.indexOf(id.charAt(0));
027:         if (i == -1)
028:         {
029:           alert("身分證字號第一碼為英文字母");
030:           return false;
031:         }
032:
033:         // 驗證身分證字號進階規則
034:         var sum = A1[i] + A2[i] * 9;
035:         var v;
036:         for (i = 1; i < 10; i++)
037:         {
038:           v = parseInt(id.charAt(i));
039:           if (isNaN(v))
040:           {
041:             alert("身分證字號末九碼必須為數字");
042:             return false;
043:           }
044:
045:           sum = sum + v * Mx[i];
046:         }
047:
048:         if (sum % 10 != 0)
049:         {
050:           alert("不合法的身分證字號");
051:           return false;
052:         }
```

\ch17\index.php (下頁續 3/4)

```
053:
054:             // 驗證瀏覽者是否有選擇候選人
055:             for (var i = 0;i < document.myForm.elements.length; i++)
056:             {
057:                var e = document.myForm.elements[i];
058:                if (e.name == "name" && e.checked == true)
059:                {
060:                   var found = true;
061:                   break;
062:                }
063:             }
064:
065:             if (found != true)
066:             {
067:                alert("您沒有選擇候選人");
068:                return false;
069:             }
070:
071:             myForm.submit();
072:          }
073:       </script>
074:    </head>
075:    <body bgcolor="#FFE6CC">
076:       <p align="center"><img src="title_1.jpg"></p>
077:       <form name="myForm" action="vote.php" method="post">
078:          <table width="75%" align="center" border="2" bordercolor="#999999">
079:             <tr bgcolor="#0033CC">
080:                <td align="center"><font color="#FFFFFF">候選人</font></td>
081:                <td align="center"><font color="#FFFFFF">候選人介紹</font></td>
082:             </tr>
083:                <?php
084:                   require_once("dbtools.inc.php");
085:
086:                   //建立資料連接
087:                   $link = create_connection();
```

\ch17\index.php (接上頁 4/4)

```
088:                // 執行 Select 陳述式選取候選人資料
089:                $sql = "SELECT * FROM candidate";
090:                $result = execute_sql($link, "vote", $sql);
091:
092:                while ($row = mysqli_fetch_object($result))
093:                {
094:                  echo "<tr>";
095:                  echo "<td bgcolor='#CCFFCC'> ";
096:                  echo "<input type='radio' name='name'" .
097:                    "value='$row->name'>$row->name</td>";
098:                  echo "<td bgcolor='#FFCCCC'>$row->introduction</td>";
099:                  echo "</tr>";
100:                }
101:
102:                // 關閉資料連接
103:                mysqli_close($link);
104:              ?>
105:            <tr bgcolor="#FFFF99">
106:              <td colspan="2" align="right">請輸入您的身分證字號：
107:              <input type="text" name="id" size="10"></td>
108:            </tr>
109:          </table>
110:          <p align="center">
111:            <input type="button" value="投票" onClick="check_data()">
112:            <input type="reset" value="重新設定">
113:            <input type="button" value="推薦候選人"
114:              onclick="javascript:window.open('recommend.html','_self')">
115:            <input type="button" value="觀看投票結果"
116:              onclick="javascript:window.open('result.php','_self')">
117:          </p>
118:        </form>
119:      </body>
120:</html>
```

- 007 ~ 072：check_data() 函式用來驗證輸入的身分證字號是否正確，以及判斷是否有選擇候選人，必須通過這兩項驗證，才能繼續執行。

- 009：取得表單中 id 欄位的資料，然後指派給變數 id。
- 011 ~ 013：建立三個陣列存放驗證身分證字號的資料。
- 019 ~ 023：驗證身分證字號是否等於 10 個字，若不等於 10 個字，就顯示「身分證字號共有 10 碼」。
- 026 ~ 031：驗證身分證字號的第一個字是否等於大寫的英文字母，若不是的話，就顯示「身分證字號第一碼為英文字母」。
- 034 ~ 052：身分證字號的命名規則除了要有 10 個字，首字為大寫英文字母之外，還有一個重要的命名規則，就是身分證字號的第 2 ~ 10 個字必須為數字，第 039 ~ 043 即是驗證此規則。

  此外，我們還要套用身分證驗證公式計算出一個數字，第 045 行的變數 sum 就是存放這個數字，而且這個數字必須能被 10 整除，第 048 ~ 052 即是驗證此規則，必須通過所有條件，才算是合法的身分證字號。
- 055 ~ 069：驗證是否有選擇候選人。

vote.php

當瀏覽者在首頁 index.php 按 [投票] 時，就會執行這個程式，將瀏覽者的身分證字號寫入資料庫，並將被投票人的得票數加一。

\ch17\vote.php (下頁續 1/2)

```
01:<?php
02:   require_once("dbtools.inc.php");
03:   header("Content-type: text/html; charset=utf-8");
04:   // 取得表單資料
05:   $id = strtoupper($_POST["id"]);
06:   $name = $_POST["name"];
07:
08:   // 建立資料連接
09:   $link = create_connection();
```

\ch17\vote.php (接上頁 2/2)

```
10:  // 檢查身分證字號是否投過票
11:  $sql = "SELECT * FROM id_number Where id = '$id'";
12:  $result = execute_sql($link, "vote", $sql);
13:
14:  // 若身分證字號已投過票，就顯示訊息告知瀏覽者不能重複投票
15:  if (mysqli_num_rows($result) != 0)
16:  {
17:    // 釋放記憶體空間
18:    mysqli_free_result($result);
19:    echo "<script type='text/javascript'>";
20:    echo "alert('您已經參加過本次活動了');";
21:    echo "history.back();";
22:    echo "</script>";
23:    exit();
24:  }
25:  // 否則將身分證字號寫入資料庫並將被投票人的得票數加 1
26:  else
27:  {
28:    // 釋放記憶體空間
29:    mysqli_free_result($result);
30:
31:    // 將瀏覽者的身分證字號寫入 id_number 資料表，表示已投過票
32:    $sql = "INSERT INTO id_number (id) VALUES ('$id')";
33:    $result = execute_sql($link, "vote", $sql);
34:
35:    // 將得票數加 1
36:    $sql = "UPDATE candidate SET score = score + 1 WHERE name = '$name'";
37:    $result = execute_sql($link, "vote", $sql);
38:  }
39:
40:  // 關閉資料連接
41:  mysqli_close($link);
42:  // 導向到投票結果網頁 result.php
43:  header("location:result.php");
44:?>
```

- 05 ~ 06：取得首頁 index.php 表單中的身分證字號 (id) 及候選人 (name)，然後呼叫 strtoupper() 函式將變數 $id 的英文字母轉換成大寫。

- 11 ~ 38：使用身分證字號來驗證瀏覽者是否有投過票，變數 $id 用來與 id_number 資料表的 id 欄位做比對，若有相同的身分證字號，表示已投過票，就顯示訊息告知瀏覽者不能重複投票；相反的，若沒有相同的身分證字號，就執行第 32、33 行，將變數 $id 的值寫入 id_number 資料表的 id 欄位。這個方法可以防止同一人投多次票，避免投票結果被灌水，而第 36、37 行則是用來將被投票人的得票數加 1，然後更新回 candidate 資料表。

result.php

這是投票結果網頁，執行畫面如第 17-2 頁的圖(二)。

\ch17\result.php (下頁續 1/3)

```
01:<!DOCTYPE html>
02:<html>
03:  <head>
04:    <title>投票結果</title>
05:    <meta charset="utf-8">
06:  </head>
07:  <body>
08:    <p align='center'><img src='title_3.jpg'></p>
09:    <table align='center' width='600' border='1' bordercolor='#990033'>
10:      <tr bgcolor='#CC66FF'>
11:        <td align='center'><b><font color='#FFFFFF'>候選人</font></b></td>
12:        <td align='center'><b><font color='#FFFFFF'>得票數</font></b></td>
13:        <td align='center'><b><font color='#FFFFFF'>得票百分比</font></b></td>
14:        <td align='center'><b><font color='#FFFFFF'>直方圖</font></b></td>
15:      </tr>
16:      <tr bgcolor='#FFCCFF'>
17:      <?php
18:        require_once("dbtools.inc.php");
```

\ch17\result.php (下頁續 2/3)

```
19:
20:          // 建立資料連接
21:          $link = create_connection();
22:
23:          // 執行 SELECT 陳述式來選取候選人資料
24:          $sql = "SELECT * FROM candidate";
25:          $result = execute_sql($link, "vote", $sql);
26:
27:          // 計算總記錄數
28:          $total_records = mysqli_num_rows($result);
29:
30:          // 計算總投票數
31:          $total_score = 0;
32:          while ($row = mysqli_fetch_object($result))
33:            $total_score += $row->score;
34:
35:          // 將記錄指標移到第 1 筆記錄
36:          mysqli_data_seek($result, 0);
37:
38:          // 列出所有候選人得票資料
39:          for ($j = 0; $j < $total_records; $j++)
40:          {
41:            // 取得候選人資料
42:            $row = mysqli_fetch_assoc($result);
43:
44:            // 計算候選人得票百分比
45:            $percent = round($row["score"] / $total_score, 4) * 100;
46:
47:            // 顯示候選人各欄位的資料
48:            echo "<tr>";
49:            echo "<td align='center'>" . $row["name"] . "</td>";
50:            echo "<td align='center'>" . $row['score'] . "</td>";
51:            echo "<td align='center'>" . $percent . "%</td>";
52:            echo "<td height='35'><img src='bar.jpg' width='" .
53:              $percent * 3 . "' height='20'></tr>";
```

\ch17\result.php (接上頁 3/3)

```
54:                echo "</tr>";
55:            }
56:
57:            // 釋放記憶體空間
58:            mysqli_free_result($result);
59:
60:            // 關閉資料連接
61:            mysqli_close($link);
62:        ?>
63:        <tr bgcolor='#FFCCFF'>
64:            <td align='center'>總計</td>
65:            <td align='center'><?php echo $total_score ?></td>
66:            <td align='center'>100%</td>
67:            <td><img src='bar.jpg' width='300' height='20'></td>
68:        </tr>
69:    </table>
70:    <p align='center'><a href='index.php'>回首頁</a></p>
71:  </body>
72:</html>
```

- 31 ~ 33：計算總投票數。
- 36：目前記錄指標已經抵達資料表尾端，於是呼叫 mysqli_data_seek() 函式將記錄指標移到第 1 筆記錄。
- 39 ~ 55：顯示每個候選人的名稱、得票數、得票百分比和直方圖。

recommand.html

這是推薦候選人網頁，執行畫面如第 17-3 頁的圖(三)。

\ch17\recommand.html

```
<!DOCTYPE html>
<html>
  <head>
    <meta charset="utf-8">
    <title>推薦候選人</title>
  </head>
  <body>
    <p align="center"><img src="title_2.jpg"></p>
    <form action="recommend.php" method="post" >
      <table width="650" align="center" border="1">
        <tr bgcolor="#FFFFCC">
          <td align="right">候選人姓名</td>
          <td><input type="text" name="name" size="10"></td>
        </tr>
        <tr>
          <td bgcolor="#CCFFCC" align="right">候選人介紹</td>
          <td bgcolor="#CCFFCC">
            <textarea name="introduction" cols="40" rows="3"></textarea>
          </td>
        </tr>
      </table>
      <br>
      <div align="center">
        <input type="submit" value="確定">
        <input type="reset" value="重新輸入">
      </div>
    </form>
    <p align="center"><a href="javascript:history.back()">回首頁</a></p>
  </body>
</html>
```

recommand.php

這是推薦候選人網頁的表單處理程式，它會檢查所推薦的人是否已經在候選人名單，若候選人已經存在，就不用推薦。

\ch17\recommand.php (下頁續 1/2)

```
<?php
  require_once("dbtools.inc.php");
  header("Content-type: text/html; charset=utf-8");

  // 取得表單資料，包括候選人姓名和候選人介紹
  $name = $_POST["name"];
  $introduction = $_POST["introduction"];

  // 建立資料連接
  $link = create_connection();

  // 執行 SELECT 陳述式來選取候選人資料
  $sql = "SELECT * FROM candidate WHERE name='$name'";
  $result = execute_sql($link, "vote", $sql);

  // 若被推薦人不在候選人清單，就將候選人資料寫入資料庫
  if (mysqli_num_rows($result) == 0)
  {
    // 釋放記憶體空間
    mysqli_free_result($result);

    // 將候選人資料寫入 vote 資料庫的 candidate 資料表
    $sql = "INSERT INTO candidate (name , introduction , score)
              VALUES ('$name', '$introduction', 0)";
    $result = execute_sql($link, "vote", $sql);

    // 導向到首頁
    header("location:index.php");
  }
```

\ch17\recommand.php (接上頁 2/2)

```
  // 否則顯示被推薦人已經是候選人的訊息
  else
  {
    echo "<p align='center'>您推薦的人已經在候選人名單，不需要再推薦。</p>";

    echo "<p align='center'><a href ='javascript:history.back()'>回上一頁</a>";
    echo "        <a href='index.php'>回首頁</a></p>";
  }

  // 關閉資料連接
  mysqli_close($link);
?>
```

網路相簿

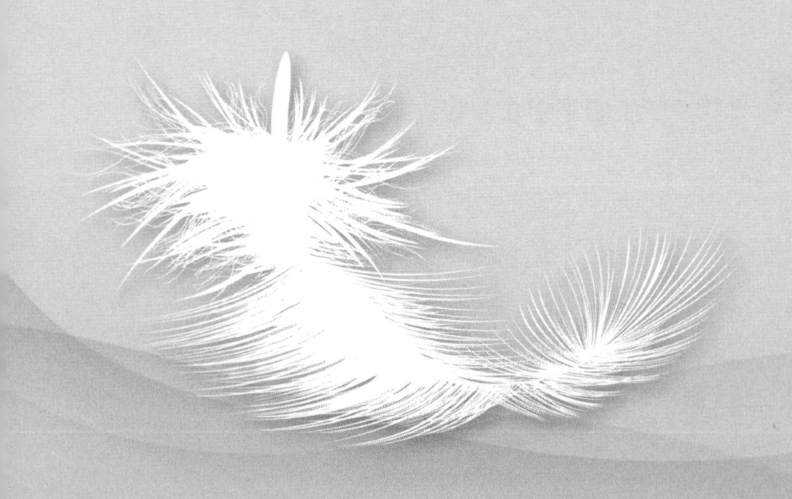

18-1 認識網路相簿

隨著數位相機和智慧型手機的普及，網路相簿是相當常見的應用，以下各圖是我們即將要製作的網路相簿範例，其中首頁會列出所有相簿。

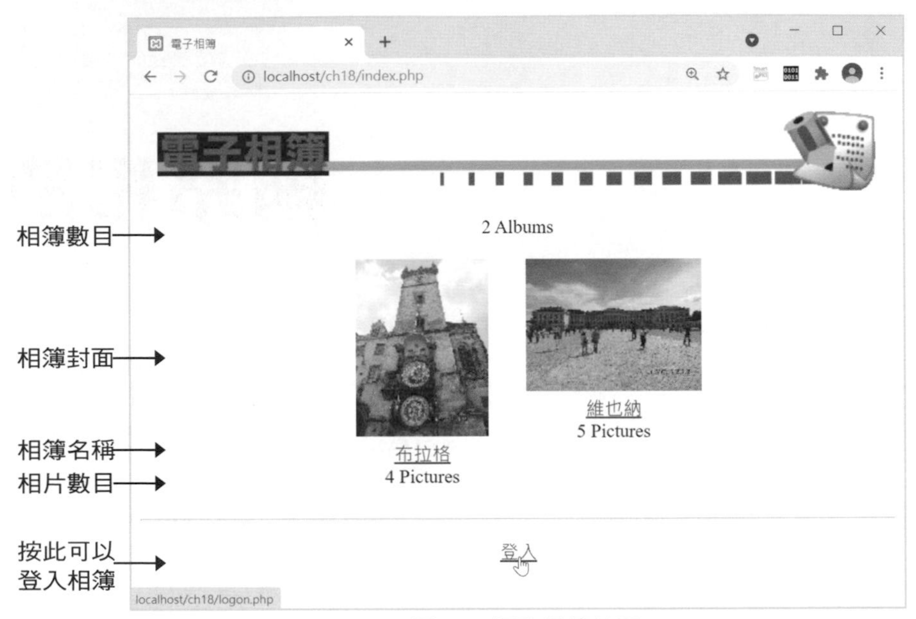

圖(一) 網路相簿首頁

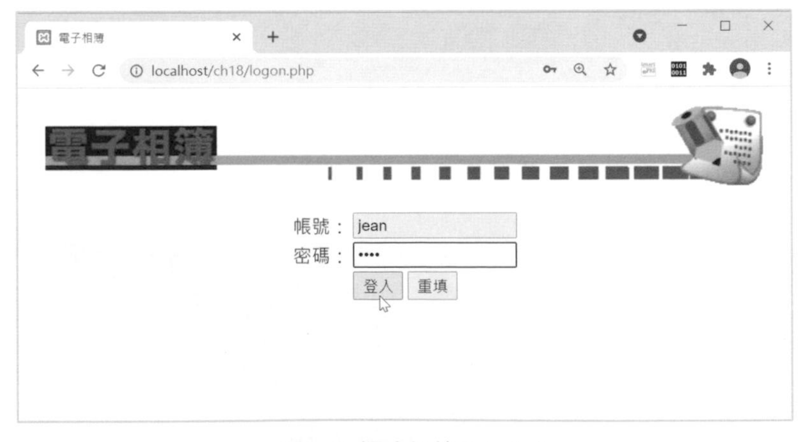

圖(二) 網路相簿登入網頁

圖(三)

電子相簿
localhost/ch18/showAlbum.php?album_id=2
電子相簿
相簿名稱
布拉格
按縮圖或名稱可以檢視相片
相片縮圖
P_20160720_132256.jpg
編輯 刪除
IMG_0098 (3).JPG
編輯 刪除
只有相簿主人可以編輯或刪除相片
相片名稱
IMG_0086.JPG
編輯 刪除
P_20160720_135641.jpg
編輯 刪除
按此可以上傳相片
上傳相片 回首頁
按此可以回首頁

圖(四)

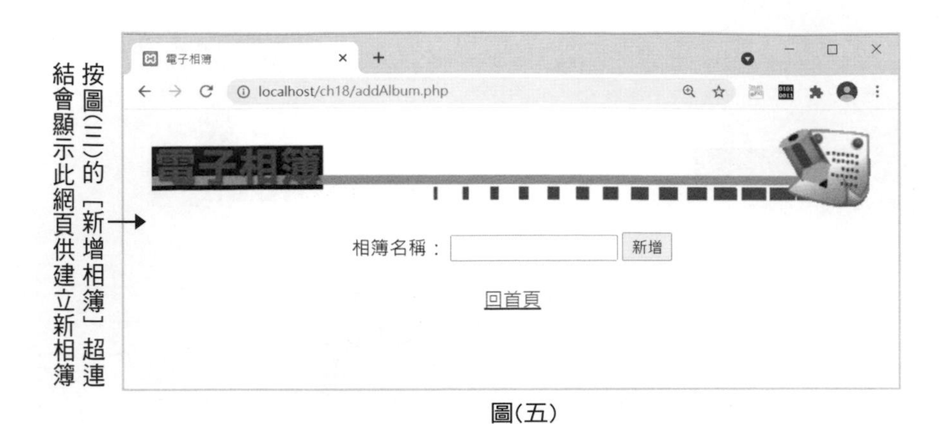
按圖(三)的［新增相簿］超連結會顯示此網頁供建立新相簿
電子相簿
localhost/ch18/addAlbum.php
相簿名稱：
新增
回首頁

圖(五)

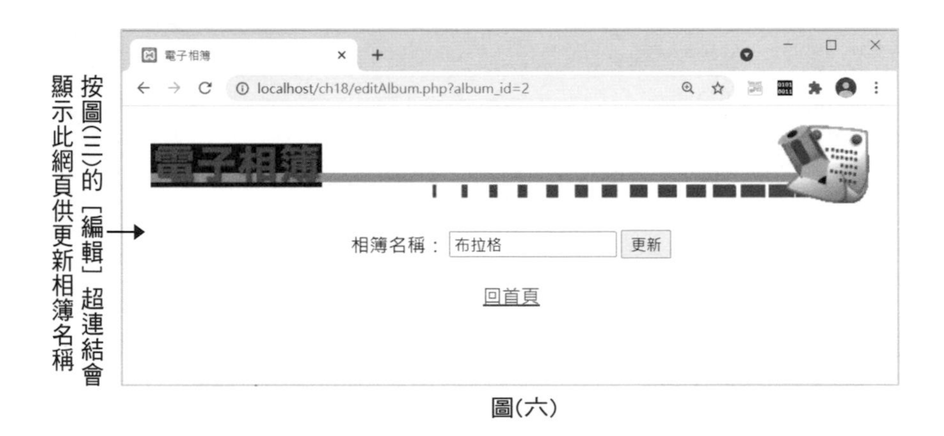
按圖(三)的［編輯］超連結會顯示此網頁供更新相簿名稱
電子相簿
localhost/ch18/editAlbum.php?album_id=2
相簿名稱：
布拉格
更新
回首頁

圖(六)

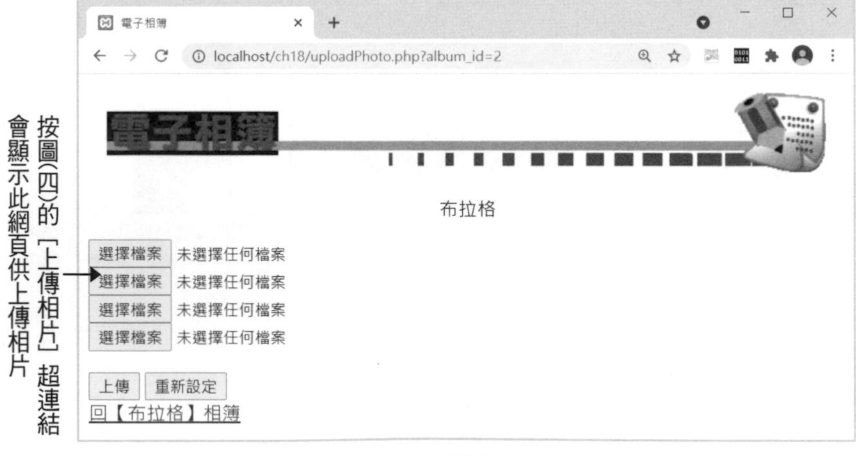
按圖(四)的［上傳相片］超連結會顯示此網頁供上傳相片
電子相簿
localhost/ch18/uploadPhoto.php?album_id=2
布拉格
選擇檔案 未選擇任何檔案
選擇檔案 未選擇任何檔案
選擇檔案 未選擇任何檔案
選擇檔案 未選擇任何檔案
上傳
重新設定
回【布拉格】相簿

圖(七)

電子相簿
localhost/ch18/editPhoto.php?photo_id=139
電子相簿
相片名稱：
P_20160720_132256.jpg
相片描述：
布拉格查爾斯橋
更新
回【布拉格】相簿
按圖(四)的［編輯］超連結會顯示此網頁供更新相片名稱及描述

圖(八)

電子相簿
localhost/ch18/photoDetail.php?album=2&photo=139
電子相簿
布拉格
布拉格查爾斯橋
回首頁 回【布拉格】相簿
原始相片（若有編輯相片描述，就會顯示在相片下方）
相片導覽區，紅色框的縮圖為目前顯示的相片，點按其它縮圖可以變更相片

圖(九)

18-2 組成網頁的檔案清單

這個網路相簿存放在本書範例程式的 \samples\ch18\ 資料夾，總共用到下列檔案。

檔案名稱	說明
Title.png	這個 PNG 圖檔是「網路相簿」的標題圖片。
index.php	這是網路相簿的首頁，用來顯示所有相簿及各相簿包含的相片數目，如圖(一)。若要登入網路相簿，可以點按 [登入] 超連結，就會執行 logon.php 以進行登入。
logon.php	這個程式用來提供使用者登入網路相簿，如圖(二)，登入後會自動導向回 index.php，如圖(三)。
editAlbum.php	當使用者點按首頁 index.php 的 [編輯] 超連結時，會執行這個程式以編輯相簿名稱，如圖(六)。
delAlbum.php	當使用者點按首頁 index.php 的 [刪除] 超連結時，會執行這個程式以刪除指定的相簿。
addAlbum.php	當使用者點按首頁 index.php 的 [新增相簿] 超連結時，會執行這個程式以建立新相簿，如圖(五)。
logout.php	當使用者點按首頁 index.php 的 [登出] 超連結時，會執行這個程式以登出網路相簿。
showAlbum.php	當使用者點按相簿封面或相簿名稱時，會執行這個程式以顯示所有相片的縮圖，並提供編輯、刪除或上傳相片，如圖(四)。
uploadPhoto.php	當使用者點按 showAlbum.php 的 [上傳相片] 超連結時，會執行這個程式以上傳相片，如圖(七)。
editPhoto.php	當使用者點按 showAlbum.php 的 [編輯] 超連結時，會執行這個程式以編輯相片名稱及描述，如圖(八)。
delPhoto.php	當使用者點按 showAlbum.php 的 [刪除] 超連結時，會執行這個程式以刪除指定的相片。
photoDetail.php	當使用者點按相片縮圖或相片名稱時，會執行這個程式以檢視相片，並在網頁下方建立相片導覽區，紅色框的縮圖為目前顯示的相片，點按其它縮圖可以變更相片，如圖(九)。
album 資料庫	這個網路相簿使用了名稱為 album 的資料庫，裡面包含 album、photo 和 user 三個資料表，用來儲存相簿資料、相片資料及使用者資料。

這個網路相簿使用了名稱為 album 的資料庫，裡面包含 album、photo 和 user 三個資料表，其中 album 資料表用來儲存相簿資料，其結構如下。

欄位名稱	資料型態	長度	主索引鍵	說明
id	INT	-	☑	相簿編號欄位
name	VARCHAR	256	☐	相簿名稱欄位
owner	VARCHAR	32	☐	相簿主人欄位

photo 資料表用來儲存相片資料，其結構如下。

欄位名稱	資料型態	長度	主索引鍵	說明
id	INT	-	☑	相片編號欄位 自動編號 (auto_increment)
name	VARCHAR	64	☐	相片名稱欄位
filename	VARCHAR	64	☐	檔案名稱欄位
comment	VARCHAR	512	☐	相片描述欄位
album_id	INT	-	☐	相簿編號欄位 (用來記錄相片屬於哪本相簿)

user 資料表用來儲存使用者資料，其結構如下，我們已經事先建立 jerry/jerry 和 jean/jean 兩組帳號。

欄位名稱	資料型態	長度	主索引鍵	說明
account	VARCHAR	32	☑	帳號欄位
password	VARCHAR	32	☐	密碼欄位
name	VARCHAR	32	☐	使用者名稱欄位

您可以自己建立資料庫或匯入本書為您準備的資料庫備份檔 (位於本書範例程式的 \database\album.sql)，有關如何匯入 MariaDB/MySQL 資料庫，可以參考第 11-2-6 節的說明。

18-3 網頁的執行流程

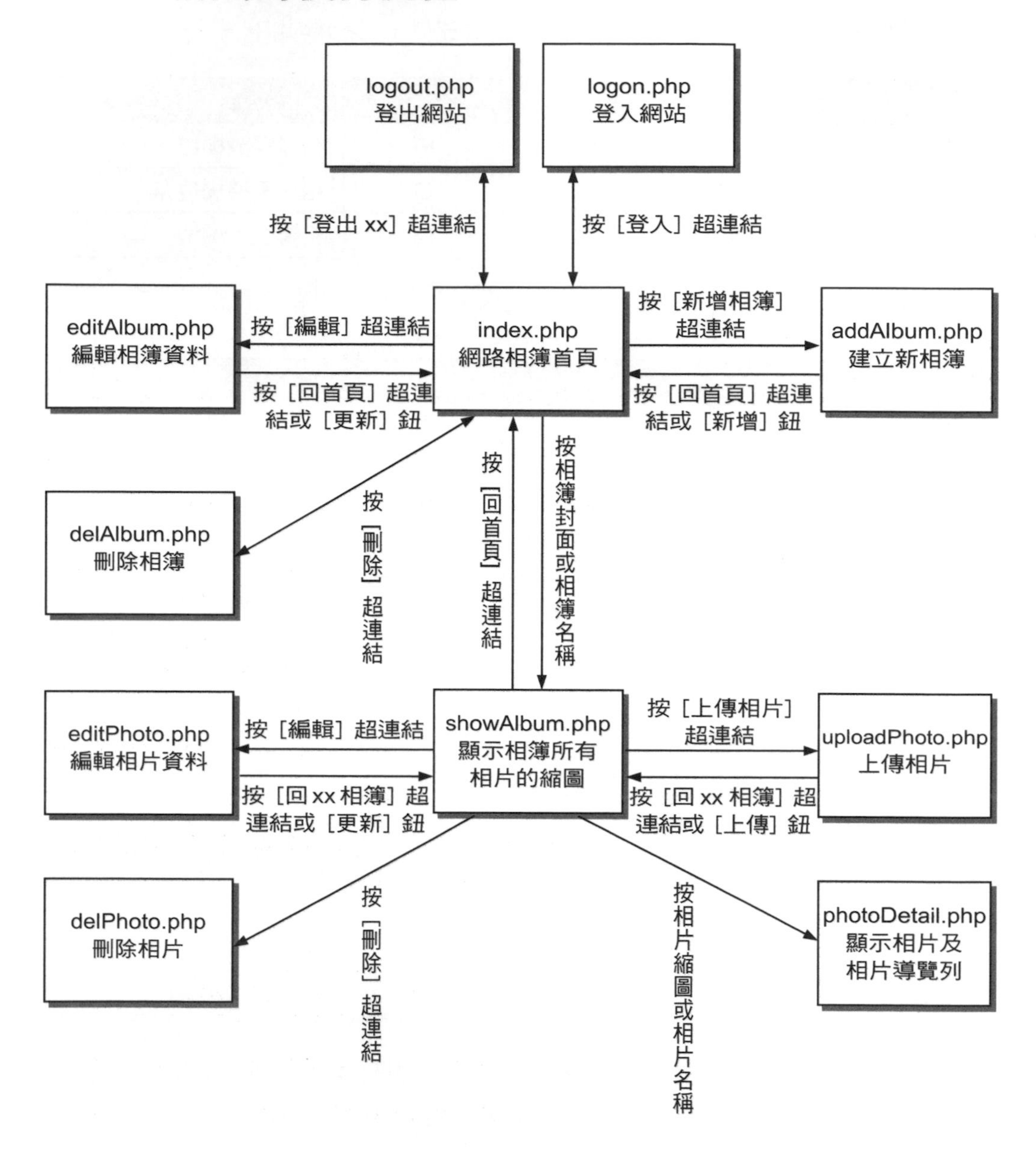
logout.php
登出網站
logon.php
登入網站
按［登出 xx］超連結
按［登入］超連結
editAlbum.php
編輯相簿資料
按［編輯］超連結
按［回首頁］超連結或［更新］鈕
index.php
網路相簿首頁
按［新增相簿］超連結
按［回首頁］超連結或［新增］鈕
addAlbum.php
建立新相簿
delAlbum.php
刪除相簿
按［刪除］超連結
按［回首頁］超連結
按相簿封面或相簿名稱
editPhoto.php
編輯相片資料
按［編輯］超連結
按［回 xx 相簿］超連結或［更新］鈕
showAlbum.php
顯示相簿所有相片的縮圖
按［上傳相片］超連結
按［回 xx 相簿］超連結或［上傳］鈕
uploadPhoto.php
上傳相片
delPhoto.php
刪除相片
按［刪除］超連結
按相片縮圖或相片名稱
photoDetail.php
顯示相片及相片導覽列

首先，執行網路相簿的首頁 index.php，它會顯示所有相簿及各相簿包含的相片數目，如圖(一)。這個網路相簿具有權限控管的功能，相簿主人可以新增、編輯或刪除相簿，也可以上傳、編輯或刪除相簿內的相片，其它使用者則只能瀏覽相簿及相片。

若要登入網路相簿，可以點按首頁 index.php 的 [登入] 超連結，就會執行 logon.php，如圖(二)，供使用者輸入帳號與密碼進行登入，之後會導向回 index.php，如圖(三)，此時，使用者所建立的相簿下方會顯示 [編輯] 與 [刪除] 超連結，供編輯與刪除相簿，畫面最下方還會顯示 [新增相簿] 超連結，供建立新相簿。

若要登出網路相簿，可以點按 index.php 的 [登出【xx】] (xx 為使用者名稱) 超連結，就會執行 logout.php，這個程式沒有介面，純粹用來將使用者登出網路相簿，之後會導向回 index.php。

若要建立新相簿，可以點按 index.php 的 [新增相簿] 超連結，就會執行 addAlbum.php，如圖(五)，只要輸入相簿名稱，然後按 [新增] 即可，之後會導向回 index.php，若要放棄建立新相簿，可以點按 [回首頁] 超連結。

若要修改相簿名稱，可以點按 index.php 的 [編輯] 超連結，就會執行 editAlbum.php，如圖(六)，只要輸入相簿名稱，然後按 [更新] 即可，之後會導向回 index.php，若要放棄修改相簿名稱，可以點按 [回首頁] 超連結。

若要刪除相簿 (同時會刪除相簿內的所有相片)，只要點按 index.php 的 [刪除] 超連結，就會執行 delAlbum.php，這個程式沒有介面，純粹用來刪除指定的相簿，之後會導向回 index.php。

若要檢視相簿內的相片，可以點按 index.php 畫面中的相簿封面或相簿名稱，就會執行 showAlbum.php，顯示相簿內的所有相片縮圖及相片名稱，如圖(四)。若使用者是相簿主人，那麼相片縮圖下方會顯示 [編輯] 與 [刪除] 超連結，供編輯與刪除相片，畫面最下方還會顯示 [上傳相片] 超連結，供上傳相片。

若要上傳相片，可以點按 showAlbum.php 的 [上傳相片] 超連結，就會執行 uploadPhoto.php，如圖(七)，只要選擇欲上傳的相片，然後按 [上傳] 即可，上傳的同時會自動變更相片大小並製作縮圖，然後儲存在伺服器。上傳成功後會導向回 showAlbum.php 並顯示原相簿的內容，若要放棄上傳，可以點按 [回 xx 相簿] (xx 為相簿名稱) 超連結，這樣也可以返回 showAlbum.php 並顯示原相簿的內容。

若要修改相片名稱及描述，可以點按 showAlbum.php 畫面中相片縮圖下方的 [編輯] 超連結，就會執行 editPhoto.php，如圖(八)，只要輸入相片名稱及描述，然後按 [更新] 即可，之後會導向回 showAlbum.php 並顯示原相簿的內容。

若要刪除相片，只要點按 showAlbum.php 畫面中相片縮圖下方的 [刪除] 超連結，就會執行 delPhoto.php，這個程式沒有介面，純粹用來刪除指定的相片，之後會導向回 showAlbum.php 並顯示原相簿的內容。

若要檢視相片，可以點按 showAlbum.php 畫面中的相片縮圖或相片名稱，就會執行 photoDetail.php 以檢視點按的相片，如圖(九)，同時畫面下方會建立相片導覽區，用來顯示相簿中其它相片的縮圖，只要點按其它相片的縮圖，就會變更檢視的相片。

此外，紅色框的相片縮圖為目前顯示的相片，無法點按，若要返回原相簿，可以點按 [回 xx 相簿] (xx 為相簿名稱) 超連結，若要返回網路相簿的首頁，可以點按 [回首頁] 超連結。

18-4 完整程式碼列表

index.php

這是網路相簿的首頁，用來顯示所有相簿及各相簿包含的相片數目，執行畫面如第 18-2 頁的圖(一)。若要登入網路相簿，可以點按 [登入] 超連結，就會執行 logon.php 以進行登入，相簿主人可以新增、編輯或刪除相簿，其它使用者則只能瀏覽相簿。

\ch18\index.php (下頁續 1/4)

```
001:<!DOCTYPE html>
002:<html>
003:  <head>
004:    <title>電子相簿</title>
005:    <meta charset="utf-8">
006:    <script type="text/javascript">
007:      function DeleteAlbum(album_id)
008:      {
009:        if (confirm("請確認是否刪除此相簿？"))
010:          location.href = "delAlbum.php?album_id=" + album_id;
011:      }
012:    </script>
013:  </head>
014:  <body>
015:    <p align="center"><img src="Title.png"></p>
016:    <?php
017:      require_once("dbtools.inc.php");
018:
019:      // 取得使用者登入的帳號與名稱
020:      session_start();
021:      if (isset($_SESSION["login_user"]))
022:      {
023:        $login_user = $_SESSION["login_user"];
024:        $login_name = $_SESSION["login_name"];
025:      }
026:
```

\ch18\index.php (下頁續 2/4)

```
027:        $link = create_connection();
028:
029:        // 取得所有相簿資料
030:        $sql = "SELECT id, name, owner FROM album order by name";
031:        $album_result = execute_sql($link, "album", $sql);
032:
033:        // 取得相簿數目
034:        $total_album = mysqli_num_rows($album_result);
035:
036:        echo "<p align='center'>$total_album Albums</p>";
037:        echo "<table border='0' align='center'>";
038:
039:        // 設定每列顯示幾個相簿
040:        $album_per_row = 5;
041:
042:        // 顯示相簿清單
043:        $i = 1;
044:        while ($row = mysqli_fetch_assoc($album_result))
045:        {
046:          // 取得相簿編號、名稱及主人
047:          $album_id = $row["id"];
048:          $album_name = $row["name"];
049:          $album_owner = $row["owner"];
050:
051:          $sql = "SELECT filename FROM photo WHERE album_id = $album_id";
052:          $photo_result = execute_sql($link, "album", $sql);
053:
054:          // 取得相簿包含的相片數目
055:          $total_photo = mysqli_num_rows($photo_result);
056:
057:          // 若相片數目大於 0，就以第一張當作封面，否則以 None.png 當作封面
058:          if ($total_photo > 0)
059:            mysqli_fetch_object($photo_result)->filename;
060:          else
061:            $cover_photo = "None.png";
062:
```

\ch18\index.php (下頁續 3/4)

```
063:         mysqli_free_result($photo_result);
064:
065:         if ($i % $album_per_row == 1)
066:            echo "<tr align='center' valign='top'>";
067:
068:         echo "<td width='160px'>
069:                 <a href='showAlbum.php?album_id=$album_id'>
070:                 <img src='Thumbnail/$cover_photo'
071:                    style='border-color:Black;border-width:1px'>
072:                 <br>$album_name</a><br>$total_photo Pictures";
073:
074:         if (isset($login_user) && $album_owner == $login_user)
075:         {
076:            echo "<br><a href='editAlbum.php?album_id=$album_id'>編輯</a>
077:                    <a href='#' onclick='DeleteAlbum($album_id)'>刪除</a>";
078:         }
079:
080:         echo "<p></td>";
081:
082:         if ($i % $album_per_row == 0 || $i == $total_album)
083:            echo "</tr>";
084:
085:         $i++;
086:      }
087:
088:      echo "</table>" ;
089:      // 釋放記憶體空間
090:      mysqli_free_result($album_result);
091:      // 關閉資料連接
092:      mysqli_close($link);
093:      echo "<hr><p align='center'>";
094:
095:      // 若 isset($login_name) 傳回 FALSE，表示使用者尚未登入
096:      if (!isset($login_name))
097:         echo "<a href='logon.php'>登入</a>";
098:      else
```

\ch18\index.php (接上頁 4/4)

```
099:         {
100:           echo "<a href='addAlbum.php'>新增相簿</a>
101:             <a href='logout.php'>登出【  $login_name  】</a>";
102:         }
103:     ?>
104:     </p>
105:   </body>
106:</html>
```

- 07 ~ 11：定義 DeleteAlbum() 函式，用來刪除指定的相簿。
- 20 ~ 25：取得使用者登入的帳號與名稱。
- 30 ~ 31：讀取所有相簿資料，並根據相簿名稱進行排序。
- 34 ~ 36：取得並顯示相簿數目。
- 40：設定每列顯示幾個相簿。
- 47 ~ 49：取得相簿編號、名稱及主人。
- 51 ~ 52：取得相簿內所有相片的檔案名稱。
- 55：取得相簿包含的相片數目。
- 58 ~ 61：若相簿包含的相片數目大於 0，就以第一張相片的縮圖當作相簿封面，否則以 None.png 當作相簿封面。
- 65 ~ 66、82 ~ 83：控制每列只顯示變數 $album_per_row 指定的相簿數目，由於此變數設定為 5，所以網路相簿每列會顯示 5 個相簿。
- 68 ~ 72：顯示相簿封面、名稱及包含的相片數目。
- 74 ~ 78：若使用者已經登入且為相簿主人，就顯示 [編輯] 與 [刪除] 超連結，點按 [編輯] 超連結會執行 editAlbum.php 以編輯相簿名稱，點按 [刪除] 超連結會呼叫 DeleteAlbum() 函式以刪除指定的相簿。

- 96 ~ 102：若使用者尚未登入，就顯示 [登入] 超連結，點按 [登入] 超連結會執行 logon.php 以進行登入；相反的，若使用者已經登入，就顯示 [新增相簿] 與 [登出【xx】] 超連結，點按 [新增相簿] 超連結會執行 addAlbum.php 以建立新相簿，點按 [登出【xx】] 超連結會執行 logout.php 以進行登出。

logon.php

這個程式用來提供使用者登入網路相簿，執行畫面如第 18-2 頁的圖(二)，登入後會自動導向回 index.php，執行畫面如第 18-3 頁的圖(三)。

\ch18\logon.php (下頁續 1/3)

```
01:<?php
02:  if (isset($_POST["account"]))
03:  {
04:    require_once("dbtools.inc.php");
05:
06:    // 取得使用者登入的帳號與密碼
07:    $login_user = $_POST["account"];
08:    $login_password = $_POST["password"];
09:
10:    // 建立資料連接
11:    $link = create_connection();
12:
13:    // 驗證帳號與密碼是否正確
14:    $sql = "SELECT account, name FROM user Where account = '$login_user'
15:            AND password = '$login_password'";
16:    $result = execute_sql($link, "album", $sql);
17:
18:    // 若沒找到資料，表示帳號與密碼錯誤
19:    if (mysqli_num_rows($result) == 0)
20:    {
21:      // 釋放記憶體空間
22:      mysqli_free_result($result);
23:
```

\ch18\logon.php (下頁續 2/3)

```
24:         // 關閉資料連接
25:         mysqli_close($link);
26:
27:         // 顯示訊息要求使用者輸入正確的帳號與密碼
28:         echo "<script type='text/javascript'>alert('帳號密碼錯誤，請查明後再登入')</script>";
29:       }
30:       else
31:       {
32:         // 將使用者資料儲存在 Session
33:         session_start();
34:         $row = mysqli_fetch_object($result);
35:         $_SESSION["login_user"] = $row->account;
36:         $_SESSION["login_name"] = $row->name;
37:
38:         // 釋放記憶體空間
39:         mysqli_free_result($result);
40:
41:         // 關閉資料連接
42:         mysqli_close($link);
43:
44:         header("location:index.php");
45:       }
46:   }
47:?>
48:<!DOCTYPE html>
49:<html>
50:   <head>
51:     <meta charset="utf-8">
52:     <title>電子相簿</title>
53:   </head>
54:   <body>
55:     <p align="center"><img src="Title.png"></p>
56:     <form action="logon.php" method="post" name="myForm">
57:       <table align="center">
58:         <tr>
```

\ch18\logon.php (接上頁 3/3)

```
59:            <td>
60:              帳號：
61:            </td>
62:            <td>
63:              <input type="text" name="account" size="15">
64:            </td>
65:          </tr>
66:          <tr>
67:            <td>
68:              密碼：
69:            </td>
70:            <td>
71:              <input type="password"name="password" size="15">
72:            </td>
73:          </tr>
74:          <tr>
75:            <td align="center" colspan="2">
76:              <input type="submit" value="登入">
77:              <input type="reset" value="重填">
78:            </td>
79:          </tr>
80:        </table>
81:      </form>
82:    </body>
83:</html>
```

- 48 ~ 83：建立表單供使用者輸入帳號與密碼，當使用者點按 [登入] 按鈕時，會執行 logon.php。

- 02 ~ 46：驗證使用者輸入的帳號與密碼，第 02 行的 if 條件式使用 isset() 函式判斷 $_POST["account"] 是否有值，有值的話，表示使用者點按 [登入] 按鈕，此時會執行第 04 ~ 44 行驗證帳號與密碼，若驗證錯誤，就執行第 21 ~ 28 行顯示錯誤訊息，否則執行第 32 ~ 44 行，將登入帳號與名稱儲存在 Session，然後導向回首頁 index.php。

logout.php

當使用者點按首頁 index.php 的 [登出] 超連結時，會執行這個程式以登出網路相簿，也就是清除 Session，然後導向回首頁 index.php。

\ch18\logout.php

```
<?php
  session_start();
  session_unset();
  header("location:index.php");
?>
```

addAlbum.php

當使用者點按首頁 index.php 的 [新增相簿] 超連結時，會執行這個程式以建立新相簿，執行畫面如第 18-4 頁的圖(五)。

\ch18\addAlbum.php (下頁續 1/2)

```
01:<?php
02:  if (isset($_POST["album_name"]))
03:  {
04:    require_once("dbtools.inc.php");
05:    $album_name = $_POST["album_name"];
06:    // 取得使用者登入的帳號
07:    session_start();
08:    $login_user = $_SESSION["login_user"];
09:
10:    $link = create_connection();
11:
12:    // 新增相簿
13:    $sql = "SELECT ifnull(max(id), 0) + 1 AS album_id FROM album";
14:    $result = execute_sql($link, "album", $sql);
15:    $album_id = mysqli_fetch_object($result)->album_id;
16:    $sql = "INSERT INTO album(id, name, owner)
17:        VALUES($album_id, '$album_name', '$login_user')";
18:    execute_sql($link, "album", $sql);
```

\ch18\addAlbum.php (接上頁 2/2)

```
19:      // 釋放記憶體空間
20:      mysqli_free_result($result);
21:      // 關閉資料連接
22:      mysqli_close($link);
23:
24:      header("location:showAlbum.php?album_id=$album_id");
25:   }
26:?>
27:<!DOCTYPE html>
28:<html>
29:   <head>
30:      <meta charset="utf-8">
31:      <title>電子相簿</title>
32:   </head>
33:   <body>
34:      <p align="center"><img src="Title.png"></p>
35:      <form action="addAlbum.php" method="post">
36:         <table align="center">
37:            <tr>
38:               <td>
39:                  相簿名稱：
40:               </td>
41:               <td>
42:                 <input type="text" name="album_name" size="15">
43:                 <input type="submit" value="新增">
44:               </td>
45:            </tr>
46:            <tr>
47:               <td colspan="3" align="center">
48:                  <br><a href="index.php">回首頁</a>
49:               </td>
50:            </tr>
51:         </table>
52:      </form>
53:   </body>
54:</html>
```

- 02：這個 if 條件式使用 isset() 函式判斷 $_POST["album_name"] 是否有值，有值的話，表示使用者按 [新增] 鈕，就執行第 04 ~ 24 行，將新相簿的資料寫入資料庫。
- 05：取得新相簿的名稱。
- 07 ~ 08：取得使用者登入的帳號。
- 13 ~ 15：取得目前最大的相簿編號，再將編號 + 1 當作新相簿的編號，當沒有任何相簿時，max(id) 會傳回 null，null + 1 仍是 null，ifnull(max(id), 0) 的目的是當 max(id) 傳回 null 時，自動將 null 取代為 0，如此即可避免 null + 1 的錯誤情況。
- 16 ~ 18：將新相簿的資料寫入 album 資料表。
- 24：導向到 showAlbum.php 並顯示剛才建立的相簿。

editAlbum.php

當使用者點按首頁 index.php 的 [編輯] 超連結時，會執行這個程式以編輯相簿名稱，執行畫面如第 18-4 頁的圖(六)。

\ch18\editAlbum.php (下頁續 1/3)

```
01:<?php
02:   require_once("dbtools.inc.php");
03:
04:   // 取得使用者登入的帳號
05:   session_start();
06:   $login_user = $_SESSION["login_user"];
07:
08:   // 建立資料連接
09:   $link = create_connection();
10:
11:   if (!isset($_POST["album_id"]))
12:   {
13:     $album_id = $_GET["album_id"];
```

\ch18\editAlbum.php (下頁續 2/3)

```
14:
15:     // 取得相簿名稱及相簿主人
16:     $sql = "SELECT name, owner FROM album where id = $album_id";
17:     $result = execute_sql($link, "album", $sql);
18:     $row = mysqli_fetch_object($result);
19:     $album_name = $row->name;
20:     $album_owner = $row->owner;
21:
22:     // 釋放記憶體空間
23:     mysqli_free_result($result);
24:
25:     // 關閉資料連接
26:     mysqli_close($link);
27:
28:     if ($album_owner != $login_user)
29:     {
30:       echo "<script type='text/javascript'>";
31:       echo "alert('您不是相簿的主人，無法修改相簿名稱。$album_owner');";
32:       echo "</script>";
33:     }
34:   }
35:   else
36:   {
37:     $album_id = $_POST["album_id"];
38:     $album_name = $_POST["album_name"];
39:
40:     $sql = "UPDATE album SET name = '$album_name'
41:       WHERE id = $album_id AND owner = '$login_user'";
42:     execute_sql($link, "album", $sql);
43:
44:     // 關閉資料連接
45:     mysqli_close($link);
46:     // 導向回首頁
47:     header("location:index.php");
48:   }
49:?>
```

\ch18\editAlbum.php (接上頁 3/3)

```
50:<!DOCTYPE html>
51:<html>
52:   <head>
53:      <meta charset="utf-8">
54:      <title>電子相簿</title>
55:   </head>
56:   <body>
57:      <p align="center"><img src="Title.png"></p>
58:      <form action="editAlbum.php" method="post">
59:         <table align="center">
60:            <tr>
61:               <td>
62:                  相簿名稱：
63:               </td>
64:               <td>
65:                  <input type="text" name="album_name" size="15"
66:                     value="<?php echo $album_name ?>">
67:                  <input type="hidden" name="album_id" value="<?php echo $album_id ?>">
68:                  <input type="submit" value="更新"
69:                     <?php if ($album_owner != $login_user) echo 'disabled' ?>>
70:               </td>
71:            </tr>
72:            <tr>
73:               <td colspan="2" align="center">
74:                  <br><a href="index.php">回首頁</a>
75:               </td>
76:            </tr>
77:         </table>
78:      </form>
79:   </body>
80:</html>
```

- 05 ~ 06：取得使用者登入的帳號。
- 11：這個 if 條件式使用 isset() 函式判斷 $_POST["album_id"] 是否有值，沒有值的話，表示使用者是點按首頁 index.php 的 [編輯] 超連結，才被導向到此網頁，就執行第 13 ~ 33 行，取得相簿名稱及相簿主人；相反的，有值的話，就執行第 37 ～ 47 行，更新相簿名稱。
- 16 ~ 20：取得相簿名稱及相簿主人。
- 28 ~ 33：若登入者不是相簿主人，就顯示無法修改相簿名稱。
- 37 ~ 38：取得相簿編號及新的相簿名稱。
- 40 ~ 42：將新的相簿名稱更新到 album 資料表。
- 47：導向回 index.php。
- 69：若登入者不是相簿主人，就取消 [更新] 按鈕的功能，使之無法點按，這樣可以防止非相簿主人修改相簿名稱。

delAlbum.php

當使用者點按首頁 index.php 的 [刪除] 超連結時，會執行這個程式以刪除指定的相簿，此舉會同時刪除儲存在資料庫的相片資料及儲存在硬碟的實體相片檔案。

\ch18\delAlbum.php (下頁續 1/2)

```
01:<?php
02:   require_once("dbtools.inc.php");
03:   $album_id = $_GET["album_id"];
04:
05:   // 取得使用者登入的帳號
06:   session_start();
07:   $login_user = $_SESSION["login_user"];
08:
09:   // 建立資料連接
10:   $link = create_connection();
11:
12:   // 刪除儲存在硬碟的相片檔案
13:   $sql = "SELECT filename FROM photo WHERE album_id = $album_id
14:      AND EXISTS(SELECT '*' FROM album WHERE id = $album_id AND owner = '$login_user')";
15:   $result = execute_sql($link, "album", $sql);
16:
17:   while ($row = mysqli_fetch_assoc($result))
18:   {
19:      $file_name = $row["filename"];
20:      $photo_path = realpath("./Photo/$file_name");
21:      $thumbnail_path = realpath("./Thumbnail/$file_name");
22:
23:      if (file_exists($photo_path))
24:         unlink($photo_path);
25:
26:      if (file_exists($thumbnail_path))
27:         unlink($thumbnail_path);
28:   }
```

\ch18\delAlbum.php (接上頁 2/2)

```
29:
30:  // 刪除儲存在資料庫的相片資料
31:  $sql = "DELETE FROM photo WHERE album_id = $album_id
32:     AND EXISTS(SELECT '*' FROM album WHERE id = $album_id AND owner = '$login_user')";
33:  execute_sql($link, "album", $sql);
34:
35:  // 刪除儲存在資料庫的相簿資料
36:  $sql = "DELETE FROM album WHERE id = $album_id AND owner = '$login_user'";
37:  execute_sql($link, "album", $sql);
38:
39:  // 釋放記憶體空間
40:  mysqli_free_result($result);
41:
42:  // 關閉資料連接
43:  mysqli_close($link);
44:
45:  header("location:index.php");
46:?>
```

- 03：取得相簿編號。
- 06 ~ 07：取得使用者登入的帳號。
- 13 ~ 15：取得相簿內所有相片的檔案名稱，SQL 語法中的 EXISTS(SELECT '*' FROM album WHERE id = $album_id AND owner = '$login_user') 是為了防止相片被非相簿主人刪除。
- 17 ~ 28：刪除相簿內的所有相片及縮圖的實體檔案。
- 31 ~ 33：刪除儲存在資料庫的相片資料。
- 36 ~ 37：刪除儲存在資料庫的相簿資料。
- 45：導向回 index.php。

showAlbum.php

當使用者點按相簿封面或相簿名稱時，會執行這個程式以顯示所有相片的縮圖，並提供編輯、刪除或上傳相片，執行畫面如第 18-3 頁的圖(四)。

\ch18\showAlbum.php (下頁續 1/3)

```
01:<!DOCTYPE html>
02:<html>
03:  <head>
04:    <title>電子相簿</title>
05:    <meta charset="utf-8">
06:    <script type="text/javascript">
07:      function DeletePhoto(album_id, photo_id)
08:      {
09:        if (confirm("請確認是否刪除此相片？"))
10:          location.href = "delPhoto.php?album_id=" + album_id + "&photo_id=" + photo_id;
11:      }
12:    </script>
13:  </head>
14:  <body>
15:    <p align="center"><img src="Title.png"></p>
16:    <?php
17:      require_once("dbtools.inc.php");
18:      $album_id = $_GET["album_id"];
19:
20:      // 取得使用者登入的帳號
21:      $login_user = "";
22:      session_start();
23:      if (isset($_SESSION["login_user"]))
24:        $login_user = $_SESSION["login_user"];
25:
26:      // 建立資料連接
27:      $link = create_connection();
28:
29:      // 取得相簿名稱及相簿主人
30:      $sql = "SELECT name, owner FROM album WHERE id = $album_id";
31:      $result = execute_sql($link, "album", $sql);
```

\ch18\showAlbum.php (下頁續 2/3)

```
32:        $row = mysqli_fetch_object($result);
33:        $album_name = $row->name;
34:        $album_owner = $row->owner;
35:        echo "<p align='center'>$album_name</p>";
36:
37:        // 取得相簿內所有相片縮圖
38:        $sql = "SELECT id, name, filename FROM photo WHERE album_id = $album_id";
39:        $result = execute_sql($link, "album", $sql);
40:        $total_photo = mysqli_num_rows($result);
41:
42:        echo "<table border='0' align='center'>";
43:        // 設定每列顯示幾張相片
44:        $photo_per_row = 5;
45:
46:        // 顯示相片縮圖及相片名稱
47:        $i = 1;
48:        while ($row = mysqli_fetch_assoc($result))
49:        {
50:          $photo_id = $row["id"];
51:          $photo_name = $row["name"];
52:          $file_name = $row["filename"];
53:
54:          if ($i % $photo_per_row == 1)
55:            echo "<tr align='center'>";
56:
57:          echo "<td width='160px'><a href='photoDetail.php?album=$album_id&photo=$photo_id'>
58:          <img src='Thumbnail/$file_name' style='border-color:Black;border-width:1px'>
59:                <br>$photo_name</a>";
60:
61:          if ($album_owner == $login_user)
62:            echo "<br><a href='editPhoto.php?photo_id=$photo_id'>編輯</a>
63:                  <a href='#' onclick='DeletePhoto($album_id, $photo_id)'>刪除</a>";
64:
65:          echo "<p></td>";
66:
67:          if ($i % $photo_per_row == 0 || $i == $total_photo)
68:            echo "</tr>";
```

\ch18\showAlbum.php (接上頁 3/3)

```
69:             $i++;
70:         }
71:
72:         echo "</table>" ;
73:         // 釋放記憶體空間
74:         mysqli_free_result($result);
75:         // 關閉資料連接
76:         mysqli_close($link);
77:
78:         echo "<hr><p align='center'>";
79:         if ($album_owner == $login_user)
80:           echo "<a href='uploadPhoto.php?album_id=$album_id'>上傳相片</a> ";
81:       ?>
82:       <a href='index.php'>回首頁</a></p>
83:   </body>
84:</html>
```

- 07 ~ 11：定義 DeletePhoto() 函式，當點按 [刪除] 超連結時，會呼叫此函式以刪除指定的相片。
- 21 ~ 24：取得使用者登入的帳號。
- 30 ~ 34：取得相簿名稱及相簿主人。
- 38 ~ 39：取得相簿內所有相片縮圖。
- 44：設定每列顯示幾張相片。
- 47 ~ 70：顯示相片縮圖及相片名稱。
- 50 ~ 52：取得相片編號、名稱及實體檔案名稱。
- 54 ~ 55、67 ~ 68：控制每列只顯示變數 $photo_per_row 指定的相片數目，由於變數 $photo_per_row 等於 5，所以每列會顯示 5 張相片。
- 57 ~ 59：顯示相片縮圖及相片名稱。

- 61 ~ 63：若使用者已經登入且為相簿主人，就顯示 [編輯] 與 [刪除] 超連結，點按前者會執行 editPhoto.php 以編輯相片名稱及描述，點按後者會執行 DeletePhoto() 函式以刪除指定的相片。
- 79 ~ 80：若使用者已經登入且為相簿主人，就顯示 [上傳相片] 超連結，點按此超連結會執行 uploadPhoto.php 以上傳新相片。

editPhoto.php

當使用者點按 showAlbum.php 的 [編輯] 超連結時，會執行這個程式以編輯相片名稱及描述，執行畫面如第 18-5 頁的圖(八)。

\ch18\editPhoto.php (下頁續 1/3)

```
01:<?php
02:   require_once("dbtools.inc.php");
03:
04:   // 取得使用者登入的帳號
05:   session_start();
06:   $login_user = $_SESSION["login_user"];
07:
08:   $link = create_connection();
09:
10:   if (!isset($_POST["photo_name"]))
11:   {
12:     $photo_id = $_GET["photo_id"];
13:
14:     // 取得相簿及相片資料
15:     $sql = "SELECT a.name, a.filename, a.comment, a.album_id, b.name AS album_name,
16:       b.owner FROM photo a, album b where a.id = $photo_id and b.id = a.album_id";
17:     $result = execute_sql($link, "album", $sql);
18:     $row = mysqli_fetch_object($result);
19:     $album_id = $row->album_id;
20:     $album_name = $row->album_name;
21:     $album_owner = $row->owner;
22:     $photo_name = $row->name;
23:     $file_name = $row->filename;
24:     $photo_comment = $row->comment;
```

\ch18\editPhoto.php (下頁續 2/3)

```
25:
26:       // 釋放記憶體空間
27:       mysqli_free_result($result);
28:
29:       // 關閉資料連接
30:       mysqli_close($link);
31:
32:       if ($album_owner != $login_user)
33:       {
34:         echo "<script type='text/javascript'>";
35:         echo "alert('您不是相片的主人，無法修改相片名稱。')";
36:         echo "</script>";
37:       }
38:   }
39:   else
40:   {
41:     $album_id = $_POST["album_id"];
42:     $photo_id = $_POST["photo_id"];
43:     $photo_name = $_POST["photo_name"];
44:     $photo_comment = $_POST["photo_comment"];
45:
46:     $sql = "UPDATE photo SET name = '$photo_name', comment = '$photo_comment'
47:       WHERE id = $photo_id AND EXISTS(SELECT '*' FROM album
48:       WHERE id = $album_id AND owner = '$login_user')";
49:     execute_sql($link, "album", $sql);
50:
51:     mysqli_close($link);
52:     header("location:showAlbum.php?album_id=$album_id");
53:   }
54:?>
55:<!DOCTYPE html>
56:<html>
57:   <head>
58:     <meta charset="utf-8">
59:     <title>電子相簿</title>
60:   </head>
```

\ch18\editPhoto.php (接上頁 3/3)

```
61:  <body>
62:     <p align="center"><img src="Title.png"></p>
63:     <form action="editPhoto.php" method="post">
64:        <table align="center">
65:           <tr>
66:              <td>
67:                 相片名稱：
68:              </td>
69:              <td>
70:                 <input type="text" name="photo_name" size="31"
71:                    value="<?php echo $photo_name ?>">
72:              </td>
73:           </tr>
74:           <tr>
75:              <td>
76:                 相片描述：
77:              </td>
78:              <td>
79:                 <textarea name="photo_comment" rows="5" cols="25">
80:                 <?php echo $photo_comment ?></textarea>
81:                 <input type="hidden" name="photo_id" value="<?php echo $photo_id ?>">
82:                 <input type="hidden" name="album_id" value="<?php echo $album_id ?>">
83:                 <input type="submit" value="更新"
84:                    <?php if ($album_owner != $login_user) echo 'disabled' ?>>
85:              </td>
86:           </tr>
87:           <tr>
88:              <td colspan="2" align="center">
89:                 <br><a href="showAlbum.php?album_id=<?php echo $album_id ?>">
90:                 回【<?php echo $album_name ?>】相簿</a>
91:              </td>
92:           </tr>
93:        </table>
94:     </form>
95:  </body>
96:</html>
```

- 10：這個 if 條件式使用 isset() 函式判斷 $_POST["photo_name"] 是否有值，沒有值的話，表示使用者是點按 showAlbum.php 的 [編輯] 超連結，才被導向到此網頁，就執行第 12 ~ 37 行，取得相簿及相片資料；相反的，有值的話，就執行第 41 ～ 52 行，更新相片名稱及相片描述。
- 15 ~ 24：取得相簿編號、相簿名稱、相簿主人、相片名稱、檔案名稱及相片描述。
- 32 ~ 37：若登入者不是相簿主人，就顯示無法修改相片名稱。
- 41 ~ 44：取得相簿編號、相片編號、相片名稱及相片描述。
- 46 ~ 49：將相片名稱及相片描述更新到 photo 資料表。
- 52：導向回 showAlbum.php。

delPhoto.php

當使用者點按 showAlbum.php 的 [刪除] 超連結時，會執行這個程式以刪除指定的相片。

\ch18\delPhoto.php (下頁續 1/2)

```
01:<?php
02:   require_once("dbtools.inc.php");
03:   $album_id = $_GET["album_id"];
04:   $photo_id = $_GET["photo_id"];
05:
06:   // 取得使用者登入的帳號
07:   session_start();
08:   $login_user = $_SESSION["login_user"];
09:
10:   // 建立資料連接
11:   $link = create_connection();
12:
13:   // 刪除儲存在硬碟的相片
14:   $sql = "SELECT filename FROM photo WHERE id = $photo_id
```

\ch18\delPhoto.php (接上頁 2/2)

```
15:     AND EXISTS(SELECT '*' FROM album WHERE id = $album_id AND owner = '$login_user')";
16:   $result = execute_sql($link, "album", $sql);
17:
18:   $file_name = mysqli_fetch_object($result)->filename;
19:   $photo_path = realpath("./Photo/$file_name");
20:   $thumbnail_path = realpath("./Thumbnail/$file_name");
21:
22:   if (file_exists($photo_path))
23:     unlink($photo_path);
24:   if (file_exists($thumbnail_path))
25:     unlink($thumbnail_path);
26:
27:   // 刪除儲存在資料庫的相片資料
28:   $sql = "DELETE FROM photo WHERE id = $photo_id
29:     AND EXISTS(SELECT '*' FROM album WHERE id = $album_id AND owner = '$login_user')";
30:   execute_sql($link, "album", $sql);
31:   // 釋放記憶體空間
32:   mysqli_free_result($result);
33:   // 關閉資料連接
34:   mysqli_close($link);
35:   header("location:showAlbum.php?album_id=$album_id");
36:?>
```

- 03、04：取得相簿編號及相片編號。
- 14 ~ 16：取得相片的實體檔案名稱，SQL 查詢中的 EXISTS(SELECT '*' FROM album WHERE id = $album_id AND owner = '$login_user') 是為了防止相片被非相簿主人刪除。
- 22 ~ 25：刪除儲存在硬碟的相片及相片縮圖檔案。
- 28 ~ 30：刪除儲存在資料庫的相片資料。
- 35：導向回 showAlbum.php。

uploadPhoto.php

當使用者點按 **showAlbum.php** 的 [上傳相片] 超連結時，會執行這個程式以上傳相片，執行畫面如第 18-4 頁的圖(七)。

\ch18\uploadPhoto.php (下頁續 1/4)

```
001:<?php
002:  require_once("dbtools.inc.php");
003:
004:  // 建立資料連接
005:  $link = create_connection();
006:
007:  if (!isset($_POST["album_id"]))
008:  {
009:    $album_id = $_GET["album_id"];
010:
011:    // 取得相簿名稱及相簿主人
012:    $sql = "SELECT name, owner FROM album WHERE id = $album_id";
013:    $result = execute_sql($link, "album", $sql);
014:    $row = mysqli_fetch_object($result);
015:    $album_name = $row->name;
016:    $album_owner = $row->owner;
017:
018:    // 釋放記憶體空間
019:    mysqli_free_result($result);
020:  }
021:  else
022:  {
023:    $album_id = $_POST["album_id"];
024:    $album_owner = $_POST["album_owner"];
025:    // 取得使用者登入的帳號
026:    session_start();
027:    $login_user = $_SESSION["login_user"];
028:
029:    if (isset($login_user) && $album_owner == $login_user)
030:    {
031:      for ($i = 0; $i <= 3; $i++)
032:      {
```

\ch18\uploadPhoto.php (下頁續 2/4)

```
033:          // 若檔案名稱不是空字串，表示上傳成功，就將暫存檔案移至指定的資料夾
034:          if ($_FILES["myfile"]["name"][$i] != "")
035:          {
036:             $src_file = $_FILES["myfile"]["tmp_name"][$i];
037:             $src_file_name = $_FILES["myfile"]["name"][$i];
038:             $src_ext = strtolower(strrchr($_FILES["myfile"]["name"][$i], "."));
039:             $desc_file_name = uniqid() . ".jpg";
040:
041:             $photo_file_name = "./Photo/$desc_file_name";
042:             $thumbnail_file_name = "./Thumbnail/$desc_file_name";
043:
044:             resize_photo($src_file, $src_ext, $photo_file_name, 600);
045:             resize_photo($src_file, $src_ext, $thumbnail_file_name, 150);
046:
047:             $sql = "insert into photo(name, filename, album_id) values('$src_file_name',
048:                '$desc_file_name', $album_id)";
049:             execute_sql($link, "album", $sql);
050:          }
051:       }
052:    }
053:    // 關閉資料連接
054:    mysqli_close($link);
055:    // 導向回 showAlbum.php
056:    header("location:showAlbum.php?album_id=$album_id");
057: }
058:
059: function resize_photo($src_file, $src_ext, $dest_name, $max_size)
060: {
061:    switch ($src_ext)
062:    {
063:       case ".jpg":
064:          $src = imagecreatefromjpeg($src_file);
065:          break;
066:       case ".png":
067:          $src = imagecreatefrompng($src_file);
068:          break;
069:       case ".gif":
```

\ch18\uploadPhoto.php (下頁續 3/4)

```
070:            $src = imagecreatefromgif($src_file);
071:            break;
072:        }
073:
074:        $src_w = imagesx($src);
075:        $src_h = imagesy($src);
076:
077:        // 建立新的空圖形
078:        if($src_w > $src_h)
079:        {
080:            $thumb_w = $max_size;
081:            $thumb_h = intval($src_h / $src_w * $thumb_w);
082:        }
083:        else
084:        {
085:            $thumb_h = $max_size;
086:            $thumb_w = intval($src_w / $src_h * $thumb_h);
087:        }
088:
089:        $thumb = imagecreatetruecolor($thumb_w, $thumb_h);
090:        // 進行複製並縮圖
091:        imagecopyresized($thumb, $src, 0, 0, 0, 0, $thumb_w, $thumb_h, $src_w, $src_h);
092:        // 儲存相片
093:        imagejpeg($thumb, $dest_name, 100);
094:
095:        // 釋放影像佔用的記憶體空間
096:        imagedestroy($src);
097:        imagedestroy($thumb);
098:    }
099:?>
100:<!DOCTYPE html>
100:<html>
102:    <head>
103:        <title>電子相簿</title>
104:        <meta charset="utf-8">
105:    </head>
```

\ch18\uploadPhoto.php (接上頁 4/4)

```
106:  <body>
107:    <p align="center"><img src="Title.png"></p>
108:    <p align="center">
109:      <?php echo $album_name ?>
110:      <form method="post" action="uploadPhoto.php" enctype="multipart/form-data">
111:        <input type="file" name="myfile[]" size="50"><br>
112:        <input type="file" name="myfile[]" size="50"><br>
113:        <input type="file" name="myfile[]" size="50"><br>
114:        <input type="file" name="myfile[]" size="50"><br><br>
115:        <input type="hidden" name="album_id" value="<?php echo $album_id ?>">
116:        <input type="hidden" name="album_owner" value="<?php echo $album_owner ?>">
117:        <input type="submit" value="上傳">
118:        <input type="reset" value="重新設定">
119:      </form>
120:      <a href="showAlbum.php?album_id=<?php echo $album_id ?>">
121:        回【<?php echo $album_name ?>】相簿</a>
122:    </P>
123:  </body>
124:</html>
```

- 007：這個 if 條件式使用 isset() 函式判斷 $_POST["album_id"] 是否有值，沒有值的話，表示是點按 showAlbum.php 的 [上傳相片] 超連結，才被導向到此網頁，就執行第 009 ~ 019 行；相反的，有值的話，表示是點按 [上傳] 鈕，就執行第 23 ~ 57 行以上傳相片。

- 012 ~ 016：取得相簿名稱及相簿主人。

- 023 ~ 024：取得相簿編號及相簿主人。

- 029 ~ 052：若使用者已經登入且為相簿主人，就開始處理上傳的相片，第 39 行使用 uniqid() 函式是為了產生唯一的檔案名稱，第 044、045 行呼叫 resize_photo() 函式，第 44 行用來儲存相片，第 45 行用來製作一張縮圖，第 047 ~ 049 行用來將相片資料寫入 photo 資料表。

- 059 ~ 098：定義 resize_photo() 函式，對相片進行縮圖並儲存在伺服器。

photoDetail.php

當使用者點按相片縮圖或相片名稱時，會執行這個程式以檢視相片，並在網頁下方建立相片導覽區，紅色框的縮圖為目前顯示的相片，點按其它縮圖可以變更相片，執行畫面如第 18-5 頁的圖(九)。

\ch18\photoDetail.php (下頁續 1/3)

```
01:<!DOCTYPE html>
02:<html>
03:  <head>
04:    <title>電子相簿</title>
05:    <meta charset="utf-8">
06:  </head>
07:  <body>
08:    <p align="center"><img src="Title.png"></p>
09:    <?php
10:      require_once("dbtools.inc.php");
11:
12:      $album_id = $_GET["album"];
13:      $photo_id = $_GET["photo"];
14:
15:      // 建立資料連接
16:      $link = create_connection();
17:
18:      // 取得並顯示相簿名稱
19:      $sql = "SELECT name FROM album WHERE id = $album_id";
20:      $result = execute_sql($link, "album", $sql);
21:      $album_name = mysqli_fetch_object($result)->name;
22:      echo "<p align='center'>$album_name</p>";
23:
24:      // 取得並顯示相片資料
25:      $sql = "SELECT filename, comment FROM photo WHERE id = $photo_id";
26:      $result = execute_sql($link, "album", $sql);
27:      $row = mysqli_fetch_object($result);
28:      $file_name = $row->filename;
29:      $comment = $row->comment;
```

\ch18\photoDetail.php (下頁續 2/3)

```
30:     echo "<p align='center'><img src='Photo/$file_name'
31:       style='border-style:solid;border-width:1px'></p>";
32:     echo "<p align='center'>$comment</p>";
33:
34:     // 取得並建立相片導覽資料
35:     $sql = "SELECT a.id, a.filename FROM (SELECT id, filename FROM photo
36:       WHERE album_id = $album_id AND (id <= $photo_id)
37:       ORDER BY id desc) a ORDER BY a.id";
38:     $result = execute_sql($link, "album", $sql);
39:     echo "<hr><p align='center'>";
40:     while ($row = mysqli_fetch_assoc($result))
41:     {
42:       if ($row["id"] == $photo_id)
43:       {
44:         echo "<img src='Thumbnail/" . $row["filename"] .
45:           "' style='border-style:solid;border-color: Red;border-width:2px'>    ";
46:       }
47:       else
48:       {
49:         echo "<a href='photoDetail.php?album=$album_id&photo=" . $row["id"] .
50:           "'><img src='Thumbnail/" . $row["filename"] .
51:           "' style='border-style:solid;border-color:Black;border-width:1px'></a>    ";
52:       }
53:     }
54:
55:     $sql = "SELECT id, filename FROM photo WHERE album_id = $album_id AND
56:       (id > $photo_id) ORDER BY id";
57:     $result = execute_sql($link, "album", $sql);
58:     while ($row = mysqli_fetch_assoc($result))
59:     {
60:       echo "<a href='photoDetail.php?album=$album_id&photo=" . $row["id"] .
61:         "'><img src='Thumbnail/" . $row["filename"] .
62:         "' style='border-style:solid;border-color:Black;border-width:1px'></a>    ";
63:     }
64:     echo "</p>";
```

\ch18\photoDetail.php (接上頁 3/3)

```
65:
66:         // 釋放記憶體空間
67:         mysqli_free_result($result);
68:         // 關閉資料連接
69:         mysqli_close($link);
70:     ?>
71:     <p align="center">
72:         <a href="index.php">回首頁</a>
73:         <a href="showAlbum.php?album_id=<?php echo $album_id ?>">
74:             回【<?php echo $album_name ?>】相簿
75:     </p>
76:   </body>
77: </html>
```

- 19 ~ 22：取得並顯示相簿名稱。
- 25 ~ 32：取得並顯示相片資料。
- 35 ~ 64：取得並建立相片導覽資料。

購物車

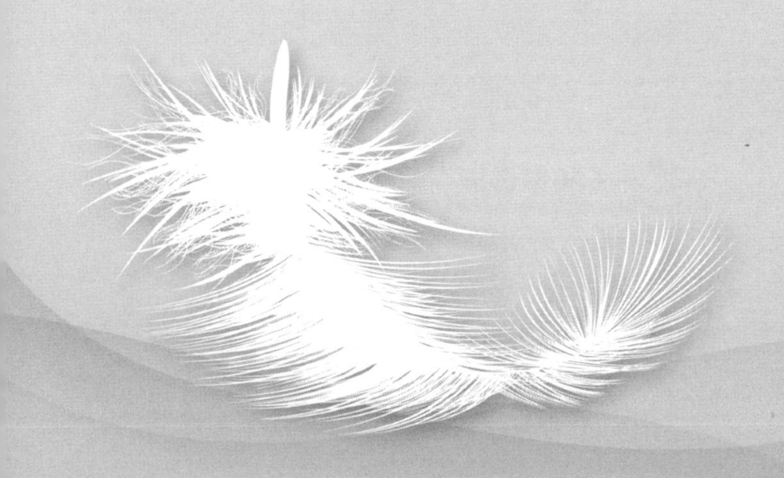

19-1 認識購物車

線上購物是目前流行的趨勢，您無須準備大筆的創業資金就可以架設網站，開立網路商店。以下各圖是我們即將要製作的購物車範例，瀏覽者在如圖(一)的首頁輸入名字以登入網站，接著會進入如圖(二)的產品型錄網頁，然後輸入欲訂購的數量並按 [加入購物車]，就會顯示如圖(三)的畫面。

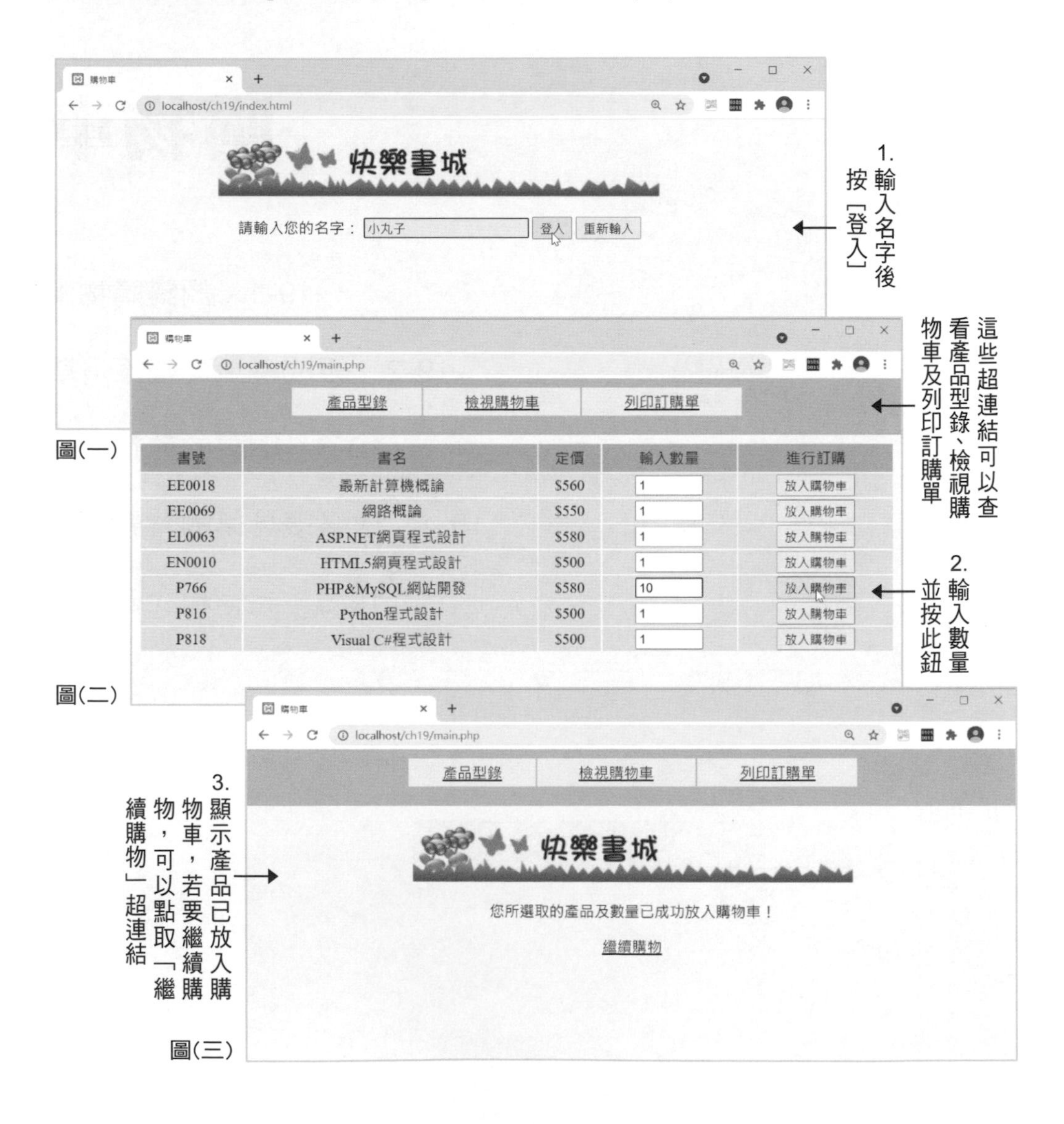

圖(一)

圖(二)

圖(三)

若在圖(二)或圖(三)的上方框架中點取「檢視購物車」超連結，下方框架就會顯示放入購物車的所有產品，圖(四)是購物車內沒有產品的情況，而圖(五)是購物車內有產品的情況。

圖(四)購物車內沒有產品

圖(五)購物車內有產品

若在圖(二)或圖(三)的上方框架中點取「列印訂購單」超連結，下方框架就會顯示如圖(六)的訂購單，請檢查上面的訂單細目，不正確的話，可以回到購物車去做修改，正確的話，可以將它列印出來，然後依照指示使用郵政劃撥或信用卡方式進行訂購。

購物車
localhost/ch19/main.php

產品型錄 | 檢視購物車 | 列印訂購單

注意事項

1. 訂購方法一：請填妥信用卡專用訂購單後裝訂，免貼郵票，直接投郵即可，亦可放大傳真至 02-23695588。
2. 訂購方法二：請利用郵局劃撥單，填妥姓名、戶名、書名、數量、電話，直接至郵局劃撥付款。帳號：12345678戶名：快樂書城
3. 寄書與補書：您將於付款之後的3-5天收到書籍，若沒有收到，請來電洽詢 02-23695599。

個人資料

姓名：小丸子

電話：

地址：

郵寄方式：□國內限時 □國內掛號 (另加20元郵資)

付款方式：□JCB CARD □VISA CARD □MASTER CARD

信用卡卡號：

簽名(與信用卡簽名相同)：

支付總金額：

開立發票：□二聯式 □三聯式

發票地址：

統一編號：

訂單細目

書名	定價	數量	小計
最新計算機概論	$560	10	$5600
網路概論	$550	5	$2750

總金額 = 8350

圖(六)列印訂購單網頁

19-2 組成網頁的檔案清單

這個購物車存放在本書範例程式的 \samples\ch19\ 資料夾，總共用到下列檔案。

檔案名稱	說明
fig1.jpg	這個 JPEG 圖檔是「快樂書城」的標題圖片。
bg1.jpg	這個 JPEG 圖檔是列印訂購單網頁 (圖(六)) 的背景圖片。
index.html	這是購物車的首頁，執行畫面如圖(一)，負責提供表單讓瀏覽者輸入名字，然後按 [登入]，就會執行表單處理程式 main.php。
main.php	這是購物車第二個畫面的框架網頁，執行畫面如圖(二)，負責指定上方框架的來源網頁為 show_link.html，高度為 60 像素，下方框架的來源網頁為 catalog.php。
show_link.html	這是 main.php 的上方框架網頁，用來顯示「產品型錄」、「檢視購物車」、「列印訂購單」三個超連結，分別連結至 catalog.php、shopping_car.php、print_order.php。
catalog.php	這是 main.php 預設的下方框架網頁，用來讀取並顯示 store 資料庫內 product_list 資料表的所有記錄，同時瀏覽者可以在此輸入欲訂購的產品數量，然後按 [放入購物車]，就會執行 add_to_car.php，將指定的產品放入購物車 (即寫入 Cookie)。
add_to_car.php	當瀏覽者輸入訂購數量並按 [放入購物車] 時，會執行這個程式，將指定的產品及數量寫入 Cookie，並顯示成功訊息，執行畫面如圖(三)。
shopping_car.php	這個程式是從 Cookie 讀取瀏覽者放入購物車的產品並顯示出來，執行畫面如圖(四)、(五)，同時各個產品後面有一個 [修改] 按鈕，瀏覽者只要輸入數量，然後按 [修改]，就會執行 change.php 變更訂購數量，若數量為 0 或空白，表示取消訂購。
change.php	當瀏覽者在 shopping_car.php 購物車內按 [修改] 變更訂購數量時，會執行這個程式在購物車內修改指定產品的數量。
delete_order.php	當瀏覽者在購物車內按 [退回所有產品] 時，會執行這個程式刪除購物車內的所有產品資料。
print_order.php	這個程式會根據購物車內的產品顯示訂購單，讓瀏覽者列印出來，以進行郵政劃撥訂購或信用卡訂購，執行畫面如圖(六)。
store 資料庫	這個購物車使用了名稱為 store 的資料庫，裡面包含一個 product_list 資料表，用來儲存產品資料。

這個購物車使用了名稱為 store 的資料庫，裡面包含一個 product_list 資料表，用來儲存產品資料，其欄位結構如下。您可以自己建立資料庫或匯入本書為您準備的資料庫備份檔 (位於本書範例程式的 \database\store.sql)，有關如何匯入 MariaDB/MySQL 資料庫，可以參考第 11-2-6 節的說明。

欄位名稱	資料型態	長度	主索引鍵	說明
book_no	VARCHAR	20	☑	書號欄位
book_name	VARCHAR	30	☐	書名欄位
price	INT	-	☐	定價欄位

19-3 網頁的執行流程

首先，執行首頁 index.html，要求瀏覽者輸入名字，然後按 [登入] (圖(一))；接著，執行表單處理程式 main.php，這是構成購物車第二個畫面的框架網頁 (圖(二))，負責指定上方框架的來源網頁為 show_link.htm，高度為 60 像素，下方框架的來源網頁為 catalog.php；此外，main.php 會使用 Cookie 儲存瀏覽者的名字。

當瀏覽者點取「產品型錄」超連結時，會執行 catalog.php 列出所有產品；當瀏覽者在產品型錄中按 [放入購物車] 時，會執行 add_to_car.php 將瀏覽者訂購的產品及數量加入購物車 (圖(三))，在加入購物車之前，會先檢查購物車內是否有相同的產品，有的話，就將購物車內的數量加上目前所訂購的數量，沒有的話，才加入一筆新資料。

當瀏覽者點取「檢視購物車」或「列印訂購單」超連結時，會分別執行 shopping_car.php、print_order.php，這兩個程式均會讀取 Cookie 的資料，然後顯示購物車內的產品資料 (圖(四)、(五)、(六))。

當瀏覽者在 shopping_car.php 按 [修改] 時，會執行 change.php 在購物車內修改指定產品的數量；當瀏覽者按 [退回所有產品] 時，會執行 delete_order.php，刪除購物車內的所有產品資料。

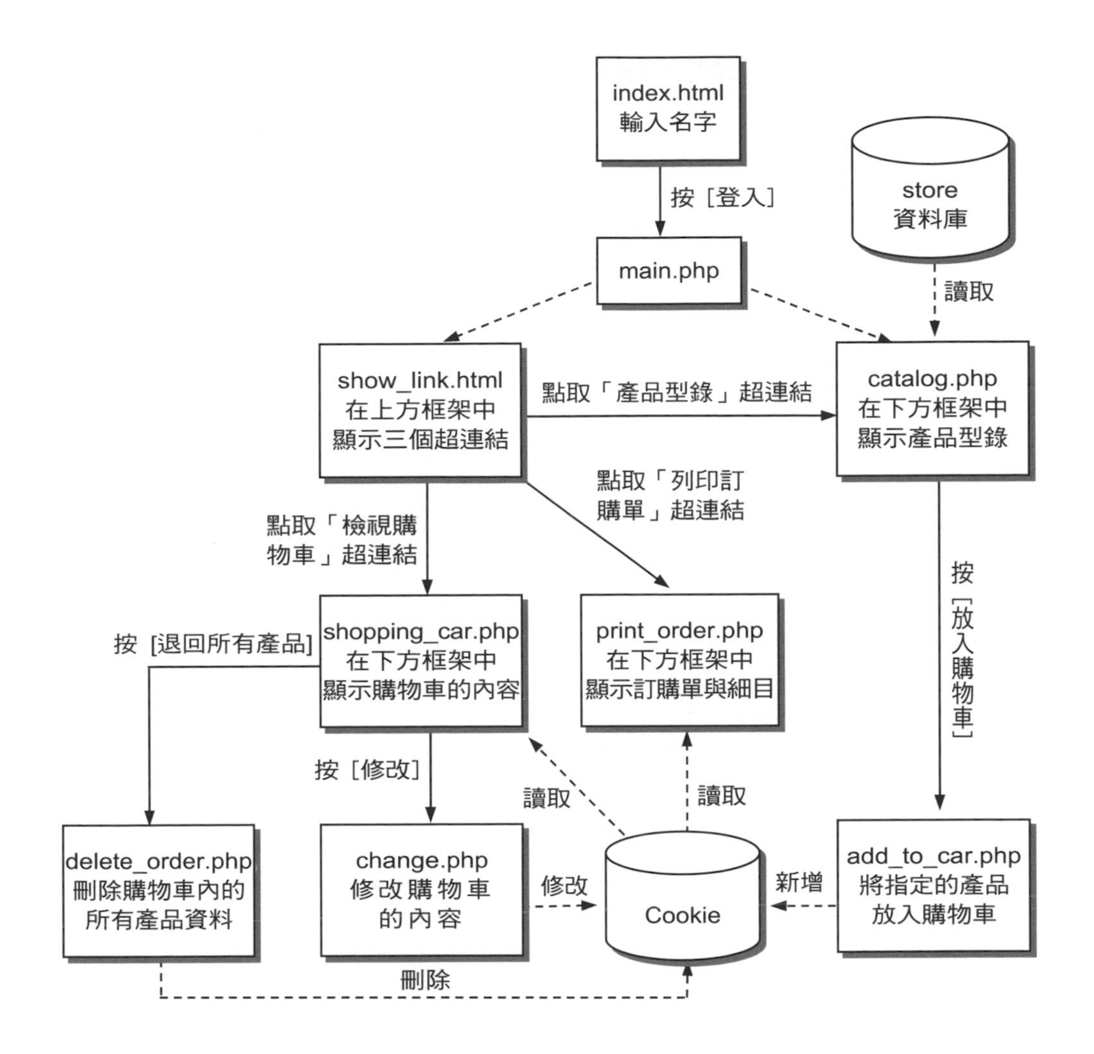

19-4 您必須具備的背景知識

- 首先，您必須熟悉 HTML 語法或其它網頁編輯軟體。
- 其次，您必須瞭解表單的製作方式及如何讀取表單資料。
- 其三，您必須懂得如何存取 Cookie。
- 最後，您當然得熟悉 SQL 語法及如何存取 MariaDB/MySQL 資料庫。

19-5 完整程式碼列表

index.html

這是購物車的首頁，執行畫面如第 19-2 頁的圖(一)，負責提供表單讓瀏覽者輸入名字，然後按 [登入]，就會執行表單處理程式 main.php。

\ch19\index.html

```
<!DOCTYPE html>
<html>
  <head>
    <meta charset="utf-8">
    <title>購物車</title>
  </head>
  <body bgcolor="lightyellow">
    <form method="post" action="main.php">
      <p align="center">
        <img src="fig1.jpg"><br><br>請輸入您的名字：
        <input type="text" name="name" size="20">
        <input type="submit" value="登入">
        <input type="reset" value="重新輸入">
      </p>
    </form>
  </body>
</html>
```

main.php

這是購物車第二個畫面的框架網頁，執行畫面如第 19-2 頁的圖(二)，負責指定上方框架的來源網頁為 show_link.html，高度為 60 像素，下方框架的來源網頁為 catalog.php。請注意第 2 行，這是將瀏覽者輸入的名字記錄在 Cookie 變數 name。

\ch19\main.php

```
<?php
  setcookie("name", $_POST["name"]);
?>
<!DOCTYPE html>
<html>
  <head>
    <meta charset="utf-8">
    <title>購物車</title>
  </head>
  <frameset rows="60, *" border="0">
    <frame name="top" noresize scrolling="no" src="show_link.html">
    <frame name="bottom" noresize src="catalog.php">
  </frameset>
</html>
```

show_link.html

這是 main.php 的上方框架網頁，用來顯示「產品型錄」、「檢視購物車」、「列印訂購單」三個超連結，分別連結至 catalog.php、shopping_car.php、print_order.php。

\ch19\show_link.html

```
<!DOCTYPE html>
<html>
  <head>
    <meta charset="utf-8">
  </head>
  <body bgcolor="#9CCDCD">
    <table align="center" width="60%" border="0">
      <tr height="30" bgcolor="#EDF5F5" align="center">
        <td><a href="catalog.php" target="bottom">產品型錄</a></td>
        <td><a href="shopping_car.php" target="bottom">檢視購物車</a></td>
        <td><a href="print_order.php" target="bottom">列印訂購單</a></td>
      </tr>
    </table>
  </body>
</html>
```

catalog.php

這是 main.php 預設的下方框架網頁，用來讀取並顯示 store 資料庫內 product_list 資料表的所有記錄，同時瀏覽者可以在此輸入欲訂購的產品數量，然後按 [放入購物車]，就會執行 add_to_car.php，將指定的產品放入購物車 (即寫入 Cookie)。

\ch19\catalog.php (下頁續 1/2)

```
01:<!DOCTYPE html>
02:<html>
03:  <head>
04:    <meta charset="utf-8">
05:  </head>
06:  <body bgcolor="lightyellow">
07:    <table border="0" align="center" width="800" cellspacing="2">
08:      <tr bgcolor="#BABA76" height="30" align="center">
09:        <td>書號</td>
10:        <td>書名</td>
11:        <td>定價</td>
12:        <td>輸入數量</td>
13:        <td>進行訂購</td>
14:      </tr>
15:        <?php
16:          require_once("dbtools.inc.php");
17:
18:          // 建立資料連接
19:          $link = create_connection();
20:
21:          // 選取所有產品資料
22:          $sql = "SELECT * FROM product_list";
23:          $result = execute_sql($link, "store", $sql);
24:
25:          // 計算總記錄數
26:          $total_records = mysqli_num_rows($result);
```

\ch19\catalog.php (接上頁 2/2)

```
27:
28:             // 列出所有產品資料
29:             for ($i = 0; $i < $total_records; $i++)
30:             {
31:               // 取得產品資料
32:               $row = mysqli_fetch_assoc($result);
33:
34:               // 顯示產品各個欄位的資料
35:               echo "<form method='post' action='add_to_car.php?book_no=" .
36:                 $row["book_no"] . "&book_name=" . urlencode($row["book_name"]) .
37:                 "&price=" . $row["price"] . "'>";
38:               echo "<tr align='center' bgcolor='#EDEAB1'>";
39:               echo "<td>" . $row["book_no"] . "</td>";
40:               echo "<td>" . $row["book_name"] . "</td>";
41:               echo "<td>$" . $row["price"] . "</td>";
42:               echo "<td><input type='text' name='quantity' size='5' value='1'></td>";
43:               echo "<td><input type='submit' value='放入購物車'></td>";
44:               echo "</tr>";
45:               echo "</form>";
46:             }
47:             // 釋放記憶體空間
48:             mysqli_free_result($result);
49:             // 關閉資料連接
50:             mysqli_close($link);
51:           ?>
52:       </table>
53:   </body>
54:</html>
```

15 ~ 51：讀取 product_list 資料表的所有記錄，其中第 35 ~ 45 行用來插入表單和單行文字方塊，而且在執行表單處理程式 add_to_car.php 的同時會傳送 book_no、book_name、price 三個參數，分別表示書號、書名及定價；第 39 ~ 41 用來顯示所有欄位的資料。

add_to_car.php

當瀏覽者輸入訂購數量並按［放入購物車］時，會執行這個程式，將指定的產品及數量寫入 Cookie，並顯示成功訊息，執行畫面如第 19-2 頁的圖(三)。

\ch19\add_to_car.php (下頁續 1/2)

```
01:<?php
02:   // 取得表單資料
03:   $book_no = $_GET["book_no"];
04:   $book_name = $_GET["book_name"];
05:   $price = $_GET["price"];
06:   $quantity = $_POST["quantity"];
07:   if (empty($quantity)) $quantity = 1;
08:
09:   // 若購物車內沒有產品，就將產品資料加入購物車
10:   if (empty($_COOKIE["book_no_list"]))
11:   {
12:     setcookie("book_no_list", $book_no);
13:     setcookie("book_name_list", $book_name);
14:     setcookie("price_list", $price);
15:     setcookie("quantity_list", $quantity);
16:   }
17:   // 否則做如下處理
18:   else
19:   {
20:     $book_no_array = explode(",", $_COOKIE["book_no_list"]);
21:     $book_name_array = explode(",", $_COOKIE["book_name_list"]);
22:     $price_array = explode(",", $_COOKIE["price_list"]);
23:     $quantity_array = explode(",", $_COOKIE["quantity_list"]);
24:
25:     // 若訂購的產品已經在購物車內，就變更產品的數量
26:     if (in_array($book_no, $book_no_array))
27:     {
```

\ch19\add_to_car.php (接上頁 2/2)

```
28:          $key = array_search($book_no, $book_no_array);
29:          $quantity_array[$key] += $quantity;
30:       }
31:       // 否則將產品資料加入購物車
32:       else
33:       {
34:          $book_no_array[] = $book_no;
35:          $book_name_array[] = $book_name;
36:          $price_array[] = $price;
37:          $quantity_array[] = $quantity;
38:       }
39:
40:       // 儲存購物車資料
41:       setcookie("book_no_list", implode(",", $book_no_array));
42:       setcookie("book_name_list", implode(",", $book_name_array));
43:       setcookie("price_list", implode(",", $price_array));
44:       setcookie("quantity_list", implode(",", $quantity_array));
45:    }
46:?>
47:<!DOCTYPE html>
48:<html>
49:    <head>
50:       <meta charset="utf-8">
51:    </head>
52:    <body bgcolor="lightyellow">
53:       <p align="center"><img src="fig1.jpg"></p>
54:       <p align="center">您所選取的產品及數量已成功放入購物車！</p>
55:       <p align="center"><a href="catalog.php">繼續購物</a></p>
56:    </body>
57:</html>
```

在說明這個程式之前，我們先來解釋如何儲存購物車的資料，此處是以 Cookie 來儲存資料，假設瀏覽者小丸子購買了下列幾個產品：

書號	書名	定價	數量
P766	PHP&MySQL 網站開發	$580	50
P816	Python 程式設計	$500	10
P818	Visual C#程式設計	$500	20

那麼儲存在 Cookie 的資料將如下，不同的產品之間以逗號 (,) 隔開：

鍵名	數值
book_no_list	P766,P816,P818
book_name_list	PHP&MySQL 網站開發,Python 程式設計,Visual C#程式設計
price_list	580,500,500
quantity_list	50,10,20

- 03 ~ 07：取得表單資料，由於 book_no、book_name、price 三個參數是以 GET 的方式傳送出來，所以必須透過變數 $_GET 取得其值，而第 07 行表示當瀏覽者將訂購數量保持空白但又按 [放入購物車] 時，產品數量會自動設定為 1，表示訂購一個單位。

- 10 ~ 45：若 Cookie 變數 book_no_list 為空白 (即購物車是空的)，就執行第 11 ~ 16 行，直接將瀏覽者訂購的產品資料加入購物車 (即寫入 Cookie)；否則執行第 19 ~ 45 行，做如下處理：

  - 20 ~ 23：讀取購物車的資料並存放在字串陣列中，由於不同的產品之間以逗號 (,) 隔開，因此，$_COOKIE["book_no_list"] 的傳回值會類似 "P766,P816,P818" 的形式。

    explode(*separator, string*) 函式用來分割字串，它會以參數 *separator* 做為分隔符號，將參數 *string* 分割為多個字串，然後傳回字串陣列，陣列的每個元素代表一個分離出來的字串。

例如第 20 行的 explode(",", $_COOKIE["book_no_list"]) 會傳回一個包含 3 個元素的陣列，然後將陣列指派給變數 book_no_array，其中 $book_no_array[0] 為 "P766"、$book_no_array[1] 為 "P816"、$book_no_array[2] 為 "P818"。

- 26 ~ 38：第 26 行使用 in_array() 函式判斷瀏覽者所訂購的產品是否已經在購物車內，是的話，就執行第 28 ~ 30 行，否則執行第 34 ~ 38 行。

- 26 ~ 39：第 26 行使用 in_array() 函式判斷瀏覽者所選購的產品是否已經在購物車內，若已經在購物車內，就執行第 28 ~ 29 行，否則執行第 34 ~ 37 行。

- 28 ~ 29：第 28 行用來取得瀏覽者訂購的產品在購物車內的鍵值，然後將鍵值存放在變數 key 中；第 30 行用來變更購物車內該產品的數量。

- 34 ~ 37：若瀏覽者所訂購的產品不在購物車內，就執行這些程式碼，將產品資料加入購物車。

- 41 ~ 44：$book_no_array、$book_name_array、$price_array、$quantity_array 四個陣列變數用來暫時存放購物車的資料，而第 41 ~ 44 行用來將購物車的資料存回 Cookie，其中 implode(*glue*, *pieces*) 函式剛好與 explode() 函式相反，它可以將參數 *pieces* 指定之陣列的資料，以參數 *glue* 指定的分隔符號轉換成單一字串，因此，存放在 Cookie 中的資料又變成是以逗號 (,) 分隔的字串。

shopping_car.php

這個程式是從 Cookie 讀取瀏覽者放入購物車的產品並顯示出來，執行畫面如第 19-3 頁的圖(四)、(五)，同時各個產品後面有一個 [修改] 按鈕，瀏覽者只要輸入數量，然後按 [修改]，就會執行 change.php 變更訂購數量，若數量為 0 或空白，表示取消訂購該產品。

此外，網頁最下方有一個 [退回所有產品] 按鈕，只要點取此鈕，就會執行 delete_order.php 刪除購物車內的所有產品資料。

\ch19\shopping_car.php (下頁續 1/3)

```
01:<!DOCTYPE html>
02:<html>
03:  <head>
04:    <meta charset="utf-8">
05:  </head>
06:  <body bgcolor="LightYellow">
07:    <p align="center"><img src='fig1.jpg'></p>
08:    <table border="0" align="center" width="800">
09:      <tr bgcolor="#ACACFF" height="30" align="center">
10:        <td>書號</td>
11:        <td>書名</td>
12:        <td>定價</td>
13:        <td>數量</td>
14:        <td>小計</td>
15:        <td>變更數量</td>
16:      </tr>
17:        <?php
18:          // 若購物車是空的，就顯示沒有任何產品
19:          if (empty($_COOKIE["book_no_list"]))
20:          {
21:            echo "<tr align='center'>";
22:            echo "<td colspan='6'>目前購物車內沒有任何產品及數量！</td>";
23:            echo "</tr>";
24:          }
25:          else
```

\ch19\shopping_car.php (下頁續 2/3)

```
26:         {
27:           // 取得購物車的產品資料
28:           $book_no_array = explode(",", $_COOKIE["book_no_list"]);
29:           $book_name_array = explode(",", $_COOKIE["book_name_list"]);
30:           $price_array = explode(",", $_COOKIE["price_list"]);
31:           $quantity_array = explode(",", $_COOKIE["quantity_list"]);
32:
33:           // 顯示購物車的產品資料
34:           $total = 0;
35:           for ($i = 0; $i < count($book_no_array); $i++)
36:           {
37:             // 計算小計
38:             $sub_total = $price_array[$i] * $quantity_array[$i];
39:
40:             // 計算總計
41:             $total += $sub_total;
42:
43:             // 顯示各個欄位資料
44:             echo "<form method='post' action='change.php?book_no=" .
45:               $book_no_array[$i] . "'>";
46:             echo "<tr bgcolor='#EDEAB1'>";
47:             echo "<td align='center'>" . $book_no_array[$i] . "</td>";
48:             echo "<td align='center'>" . $book_name_array[$i] . "</td>";
49:             echo "<td align='center'>$" . $price_array[$i] . "</td>";
50:             echo "<td align='center'><input type='text' name='quantity' value='" .
51:               $quantity_array[$i] . "' size='5'></td>";
52:             echo "<td align='center'>$" . $sub_total . "</td>";
53:             echo "<td align='center'><input type='submit' value='修改'></td>";
54:             echo "</tr>";
55:             echo "</form>";
56:           }
57:
58:           echo "<tr align='right' bgcolor='#EDEAB1'>";
59:           echo "<td colspan='6'>總金額  = " . $total . "</td>";
60:           echo "</tr>";
```

\ch19\shopping_car.php (接上頁 3/3)

```
61:                echo "<tr align='center'>";
62:                echo "<td colspan='6'>" . "<br><input type='button' value='退回所有產品'
63:                    onClick=\"javascript:window.open('delete_order.php','_self')\">";
64:                echo "</td>";
65:                echo "</tr>";
66:            }
67:        ?>
68:     </table>
69:   </body>
70:</html>
```

- 17 ~ 67：從 Cookie 讀取購物車的產品資料並顯示出來。
- 19 ~ 24：若購物車是空的，就顯示「目前購物車內沒有任何產品及數量！」，執行畫面如第 19-3 頁的圖(四)。
- 27 ~ 65：若購物車不是空的，就顯示購物車的內容，執行畫面如第 19-3 頁的圖(五)。
- 28 ~ 31：取得購物車的產品資料。
- 34 ~ 56：插入表單和單行文字方塊，在執行表單處理程式 change.php 的同時會傳送 book_no 參數，表示書號；第 47 ~ 52 用來顯示所有欄位的資料，其中第 52 行的變數 sub_total 是第 38 行計算出來的單一產品小計金額。
- 53：插入一個 submit 按鈕，上面的文字為「修改」。
- 58 ~ 60：顯示第 41 行計算的購物車總金額。
- 62 ~ 63：插入 [退回所有產品] 按鈕，連結至 delete_order.php 程式，以刪除購物車的所有產品資料。

change.php

當瀏覽者在 shopping_car.php 購物車內按［修改］變更訂購數量時，會執行 change.php 在購物車內修改指定產品的數量。

\ch19\change.php (下頁續 1/2)

```
01:<?php
02:  // 取得表單資料
03:  $book_no = $_GET["book_no"];
04:  $quantity = $_POST["quantity"];
05:
06:  // 取得購物車的產品資料
07:  $book_no_array = explode(",", $_COOKIE["book_no_list"]);
08:  $book_name_array = explode(",", $_COOKIE["book_name_list"]);
09:  $price_array = explode(",", $_COOKIE["price_list"]);
10:  $quantity_array = explode(",", $_COOKIE["quantity_list"]);
11:
12:  $key = array_search($book_no, $book_no_array);
13:
14:  // 若數量等於 0，就從購物車內刪除產品
15:  if ($quantity == 0 || empty($quantity))
16:  {
17:    unset($book_no_array[$key]);
18:    unset($book_name_array[$key]);
19:    unset($price_array[$key]);
20:    unset($quantity_array[$key]);
21:  }
22:  // 否則更新訂購的數量
23:  else
24:  {
25:    $quantity_array[$key] = $quantity;
26:  }
```

\ch19\change.php (接上頁 2/2)

```
27:
28:  // 儲存購物車的產品資料
29:  setcookie("book_no_list", implode(",", $book_no_array));
30:  setcookie("book_name_list", implode(",", $book_name_array));
31:  setcookie("price_list", implode(",", $price_array));
32:  setcookie("quantity_list", implode(",", $quantity_array));
33:
34:  // 導向到 shopping_car.php
35:  header("location:shopping_car.php");
36:?>
```

- 03 ~ 04：取得表單資料，由於 book_no 參數是以 GET 的方式傳送出來，所以必須透過變數 $_GET 來取得其值。

- 07 ~ 10：取得購物車的產品資料，我們在第 19-14 頁解釋過 explode() 函式的用途。

- 12：取得瀏覽者欲修改的產品在購物車內的鍵值，然後將鍵值存放在變數 key 中。

- 15 ~ 21：若瀏覽者輸入的數量為 0 或空白，表示要刪除該產品，第 17 ~ 20 行使用 unset() 函式將該產品從陣列中刪除。

- 23 ~ 26：若瀏覽者輸入的數量不為 0 或空白，就更新訂購的數量。

- 29 ~ 32：$book_no_array、$book_name_array、$price_array、$quantity_array 陣列變數用來暫存購物車的產品資料，第 29 ~ 32 行用來將購物車的產品資料存回 Cookie，我們在第 19-15 頁解釋過 implode() 函式的用途。

- 35：導向到 shopping_car.php。

delete_order.php

當瀏覽者在購物車內按［退回所有產品］時，會執行 delete_order.php 刪除購物車內的所有產品資料。

\ch19\delete_order.php

```
<?php
  // 刪除購物車的產品資料
  setcookie("book_no_list", "");
  setcookie("book_name_list", "");
  setcookie("price_list", "");
  setcookie("quantity_list", "");

  // 導向到 shopping_car.php
  header("location:shopping_car.php");
?>
```

print_order.php

這個程式會根據購物車內的產品顯示訂購單，讓瀏覽者列印出來，以進行郵政劃撥訂購或信用卡訂購，執行畫面如第 19-4 頁的圖(六)。基本上，這個程式雖然冗長，但沒有使用特殊的技巧，最費時的就是調整訂購單的格式，好讓畫面看起來整齊美觀，因此，您可以直接套用，也可以自行設計訂購單的格式。

\ch19\print_order.php (下頁續 1/5)

```
<?php
  // 若購物車是空的，就顯示尚未選購產品
  if (empty($_COOKIE["book_no_list"]))
  {
    echo "<script type='text/javascript'>";
    echo "alert('您尚未選購任何產品');";
    echo "history.back();";
    echo "</script>";
  }
?>
```

\ch19\print_order.php (下頁續 2/5)

```
<!DOCTYPE html>
<html>
  <head>
    <meta charset="utf-8">
  </head>
  <body background="bg1.jpg">
    <h3>注意事項</h3>
    <ol type="1">
      <li>
        訂購方法一：請填妥信用卡專用訂購單後裝訂，免貼郵票，
        直接投郵即可，亦可放大傳真至 02-23695588。
      </li>
      <li>
       訂購方法二：請利用郵局劃撥單，填妥姓名、戶名、書名、數量、
       電話，直接至郵局劃撥付款。帳號：12345678 戶名：快樂書城
      </li>
      <li>
        寄書與補書：您將於付款之後的 3-5 天收到書籍，若沒有收到，
        請來電洽詢 02-23695599。
      </li>
    </ol>
    <hr>
    <table border="1" bgcolor="white" rules="cols" align="center" cellpadding="5">
    <tr height="25">
      <td colspan="4" align="Center" bgcolor="#CCCC00">個人資料</td>
    </tr>
    <tr height="25">
      <td colspan="4">姓名：<u><?php echo $_COOKIE["name"] ?>
        <?php for ($i = 0; $i <= 100 - 2* strlen($_COOKIE["name"]); $i++) echo " "; ?></u>
      </td>
    </tr>
    <tr height="25">
      <td colspan="4">電話：
```

\ch19\print_order.php (下頁續 3/5)

```
        <u><?php for ($i = 0; $i <= 100; $i++) echo " "; ?></u>
      </td>
    </tr>
    <tr height="25">
      <td colspan="4">地址：
        <u><?php for ($i = 0; $i <= 100; $i++) echo " "; ?></u>
      </td>
    </tr>
    <tr height="25">
      <td colspan="4">
        郵寄方式：□國內限時    □國內掛號 (另加 20 元郵資)
      </td>
    </tr>
    <tr height="25">
      <td colspan="4">
        付款方式：□JCB CARD   □VISA CARD   
          □MASTER CARD
      </td>
    </tr>
    <tr height="25">
      <td colspan="4">
        信用卡卡號：<u><?php for ($i = 0; $i <= 89; $i++) echo " "; ?></u>
      </td>
    </tr>
    <tr height="25">
      <td colspan="4">
        有效日期：<u>西元<?php for ($i = 0; $i <= 85; $i++) echo " "; ?></u>
      </td>
    </tr>
    <tr height="25">
      <td colspan="4">
        簽名(與信用卡簽名相同)：<u><?php for ($i = 0; $i <= 66; $i++) echo " "; ?></u>
      </td>
    </tr>
```

\ch19\print_order.php (下頁續 4/5)

```
<tr height="25">
  <td colspan="4">
    支付總金額：<u><?php for ($i = 0; $i <= 89; $i++) echo " "; ?></u>
  </td>
</tr>     <tr height="25">
  <td colspan="4">
    開立發票：□二聯式    □三聯式
  </td>
</tr>
<tr height="25">
  <td colspan="4">
    發票地址：<u><?php for ($i = 0; $i <= 93; $i++) echo " "; ?></u>
  </td>
</tr>
<tr height="25">
  <td colspan="4">
    統一編號：<u><?php for ($i = 0; $i <= 93; $i++) echo " "; ?></u>
  </td>
</tr>
<tr height="25">
  <td colspan="4" align="center" bgcolor="#CCCC00">訂單細目</td>
</tr>
<tr height="25" align="center" bgcolor="FFFF99">
  <td>書名</td>
  <td>定價</td>
  <td>數量</td>
  <td>小計</td>
</tr>
  <?php
    // 取得購物車的產品資料
    $book_name_array = explode(",", $_COOKIE["book_name_list"]);
    $price_array = explode(",", $_COOKIE["price_list"]);
    $quantity_array = explode(",", $_COOKIE["quantity_list"]);
```

\ch19\print_order.php (接上頁 5/5)

```
      // 顯示購物車的產品資料
      $total = 0;
      for ($i = 0; $i < count($book_name_array); $i++)
      {
        // 計算小計
        $sub_total = $price_array[$i] * $quantity_array[$i];

        // 計算總計
        $total += $sub_total;

        // 顯示各個欄位的資料
        echo "<tr>";
        echo "<td align='center'>" . $book_name_array[$i] . "</td>";
        echo "<td align='center'>$" . $price_array[$i] . "</td>";
        echo "<td align='center'>" . $quantity_array[$i] . "</td>";
        echo "<td align='center'>$" . $sub_total . "</td>";
        echo "</tr>";
      }
      echo "<tr align='right' bgcolor='#CCCC00'>";
      echo "<td colspan='4'>總金額  = " . $total . "</td>";
      echo "</tr>";
    ?>
  </table>
 </body>
</html>
```

PHP8 & MariaDB/MySQL 網站開發-超威範例集

作　　者：陳惠貞 / 陳俊榮
企劃編輯：江佳慧
文字編輯：江雅鈴
設計裝幀：張寶莉
發 行 人：廖文良

發 行 所：碁峰資訊股份有限公司
地　　址：台北市南港區三重路 66 號 7 樓之 6
電　　話：(02)2788-2408
傳　　真：(02)8192-4433
網　　站：www.gotop.com.tw
書　　號：AEL025000
版　　次：2021 年 11 月初版
　　　　　2024 年 01 月初版四刷
建議售價：NT$560

國家圖書館出版品預行編目資料

PHP8 & MariaDB/MySQL 網站開發：超威範例集 / 陳惠貞, 陳俊榮著. -- 初版. -- 臺北市：碁峰資訊, 2021.11
面； 公分
ISBN 978-626-324-017-9(平裝)
1.PHP(電腦程式語言) 2.SQL(電腦程式語言) 3 .網頁設計 4.網路資料庫 5.資料庫管理系統
312.754　　110018192